| 수학 영역 | 1학년 \| 1~2학기 | 2학년 \| 1~2학기 | 3학년 \| 1~2학기 |
|---|---|---|---|
| 수와 연산 | • 한 자리 수<br>• 두 자리 수<br>• 덧셈과 뺄셈 | • 세 자리 수<br>• 네 자리 수<br>• 덧셈과 뺄셈<br>• 곱셈<br>• 곱셈구구 | • 세 자리 수의 덧셈과 뺄셈<br>• 곱셈<br>• 나눗셈<br>• 분수<br>• 소수 |
| 변화와 관계 | • 규칙 찾기 | • 규칙 찾기 | |
| 도형과 측정 | • 여러 가지 모양<br>• 길이, 무게, 넓이, 들이 비교하기<br>• 시계 보기 | • 여러 가지 도형<br>• 시각과 시간<br>• 길이 재기(cm, m) | • 평면도형, 원<br>• 시각과 시간<br>• 길이, 들이, 무게 |
| 자료와 가능성 | | • 분류하기<br>• 표와 그래프 | • 그림그래프 |

수학은 **수와 연산 영역이 모든 영역의 문제를 푸는 데 연계**되기 때문에
모든 단원에서 연산 학습을 해야 완벽한 수학 기초 실력을 쌓을 수 있습니다.
특히 초등 수학은 **연산 능력이 바탕인 수학 개념이 많기** 때문에
모든 단원의 개념을 기초로 연산 실력을 다져야 합니다.

# 큐브 연산

| **4학년** \| 1~2학기 | **5학년** \| 1~2학기 | **6학년** \| 1~2학기 |
|---|---|---|
| • 큰 수<br>• 곱셈과 나눗셈<br>• 분수의 덧셈과 뺄셈<br>• 소수의 덧셈과 뺄셈 | • 약수와 배수<br>• 수의 범위와 어림하기<br>• 자연수의 혼합 계산<br>• 약분과 통분<br>• 분수의 덧셈과 뺄셈<br>• 분수의 곱셈, 소수의 곱셈 | • 분수의 나눗셈<br>• 소수의 나눗셈 |
| • 규칙 찾기 | • 규칙과 대응 | • 비와 비율<br>• 비례식과 비례배분 |
| • 각도<br>• 평면도형의 이동<br>• 수직과 평행<br>• 삼각형, 사각형, 다각형 | • 합동과 대칭<br>• 직육면체와 정육면체<br>• 다각형의 둘레와 넓이 | • 각기둥과 각뿔<br>• 원기둥, 원뿔, 구<br>• 원주율과 원의 넓이<br>• 직육면체와 정육면체의 겉넓이와 부피 |
| • 막대그래프<br>• 꺾은선그래프 | • 평균<br>• 가능성 | • 띠그래프<br>• 원그래프 |

# 큐브 연산

초등 수학

# 4·2

## ① 전 단원 연산 학습을 수학 교과서의 단원별 개념 순서에 맞게 구성

**큐브 연산**

교과서 개념 순서에 맞춰 모든 단원의 연산 학습을 해야
기초 실력과 연산 실력이 동시에 향상돼요.

## ② 하루 4쪽, 4단계 연산 유형으로 체계적인 연산 학습

**큐브 연산**

개념 → 연습 → 적용 → 완성 체계적인 4단계 구성으로
연산 실력을 효과적으로 키울 수 있어요.

## ③ 연산 실수를 방지하는 TIP과 문제 제공

실수 콕! 15~22번 문제

$$3.15 + 0.4 = 3.55$$

$$3.15 + 0.4 \neq 3.19$$

자릿수가 다를 때에는
소수점의 자리를
잘 맞추어 써야 해.

**큐브 연산**

학생들이 자주 실수하는 부분을 콕 짚고 실수하기
쉬운 문제를 집중해서 풀어 보면서 실수를 방지해요.

# 하루 4쪽 4단계 학습

**개념** — 자세한 개념 설명으로 개념 원리와 연산 방법 이해

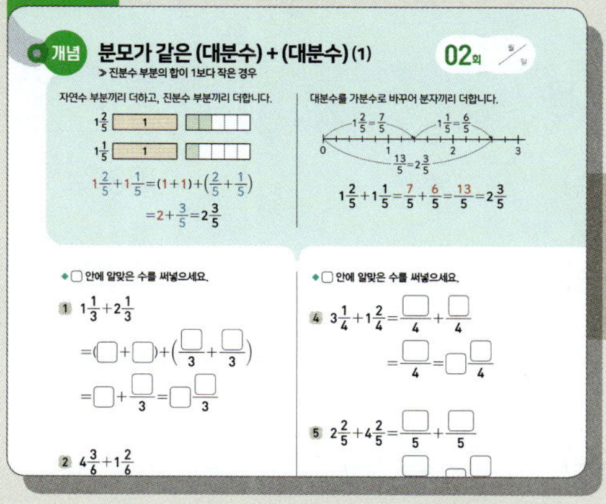

**연습** — 실수 콕과 문제로 연산 실수 방지

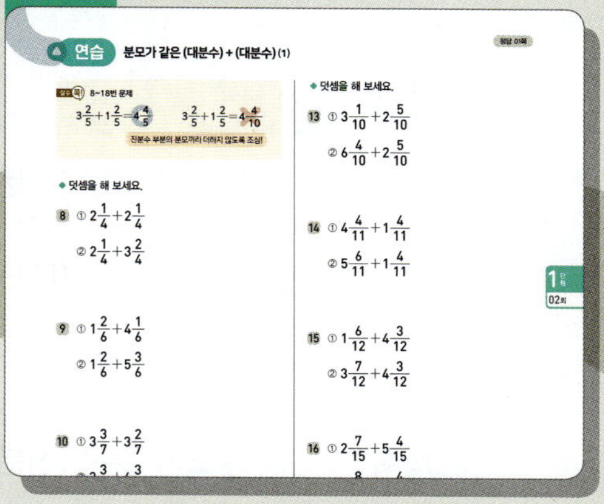

**적용** — 다양한 유형 문제에 적용하여 연산 실력 강화

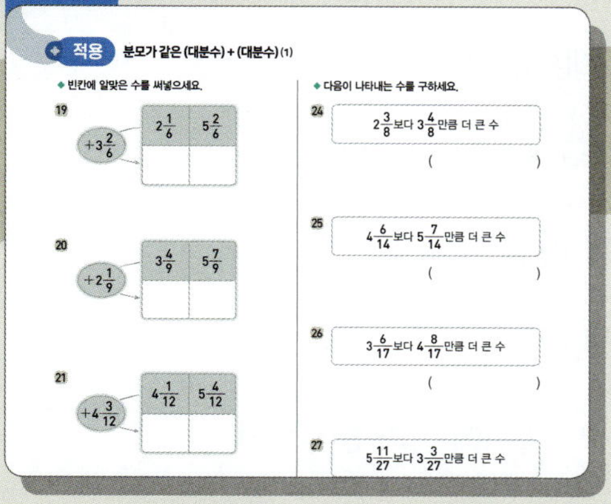

**완성** — 재미있는 소재의 문제와 문해력 연결을 통해 연산 실력 완성

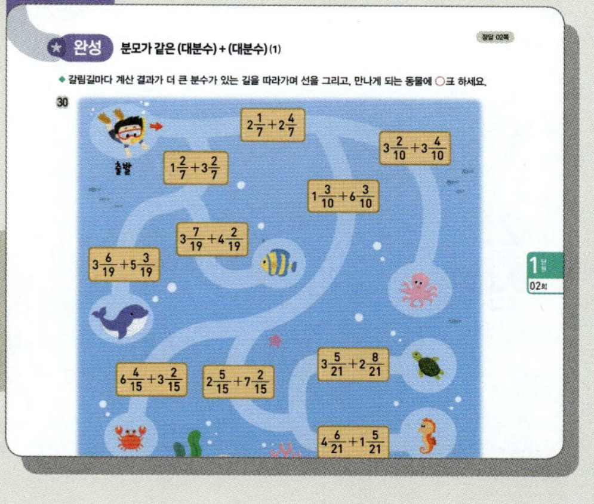

## 평가 A, B

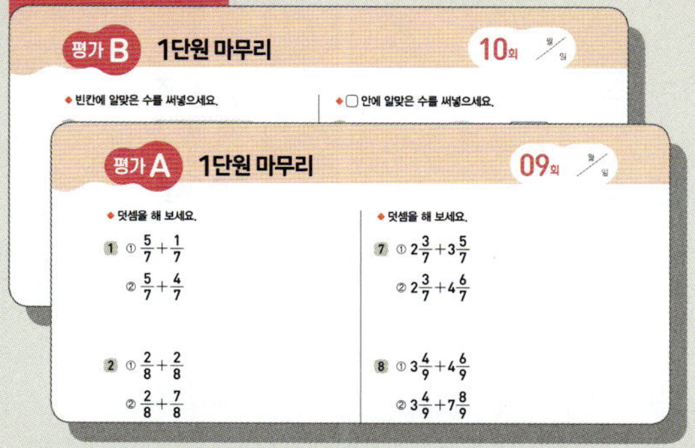

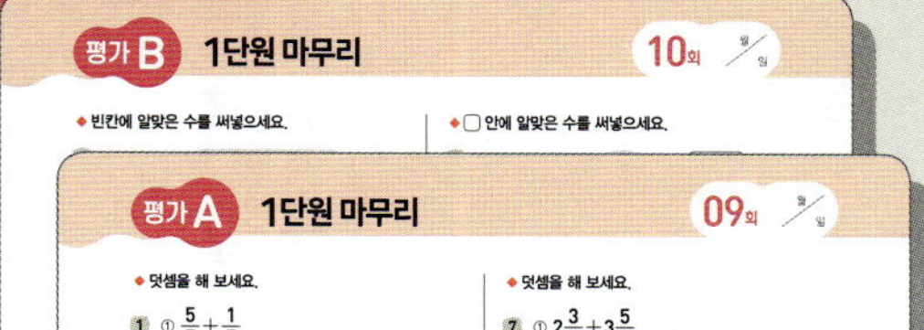

## 1~6단원 총정리

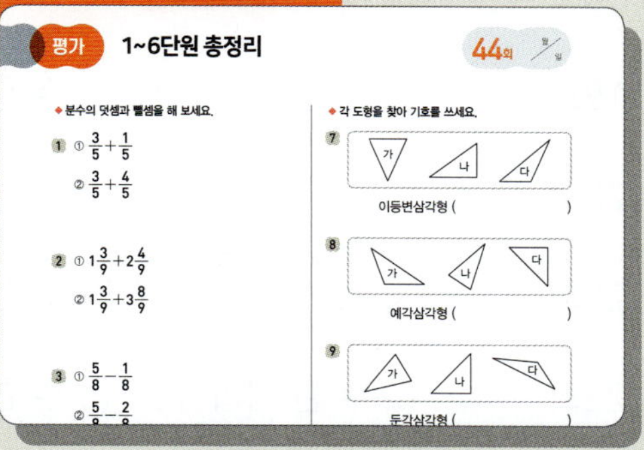

단원별 평가와 전 단원 평가를 통해 연산 실력 점검

# 1 분수의 덧셈과 뺄셈

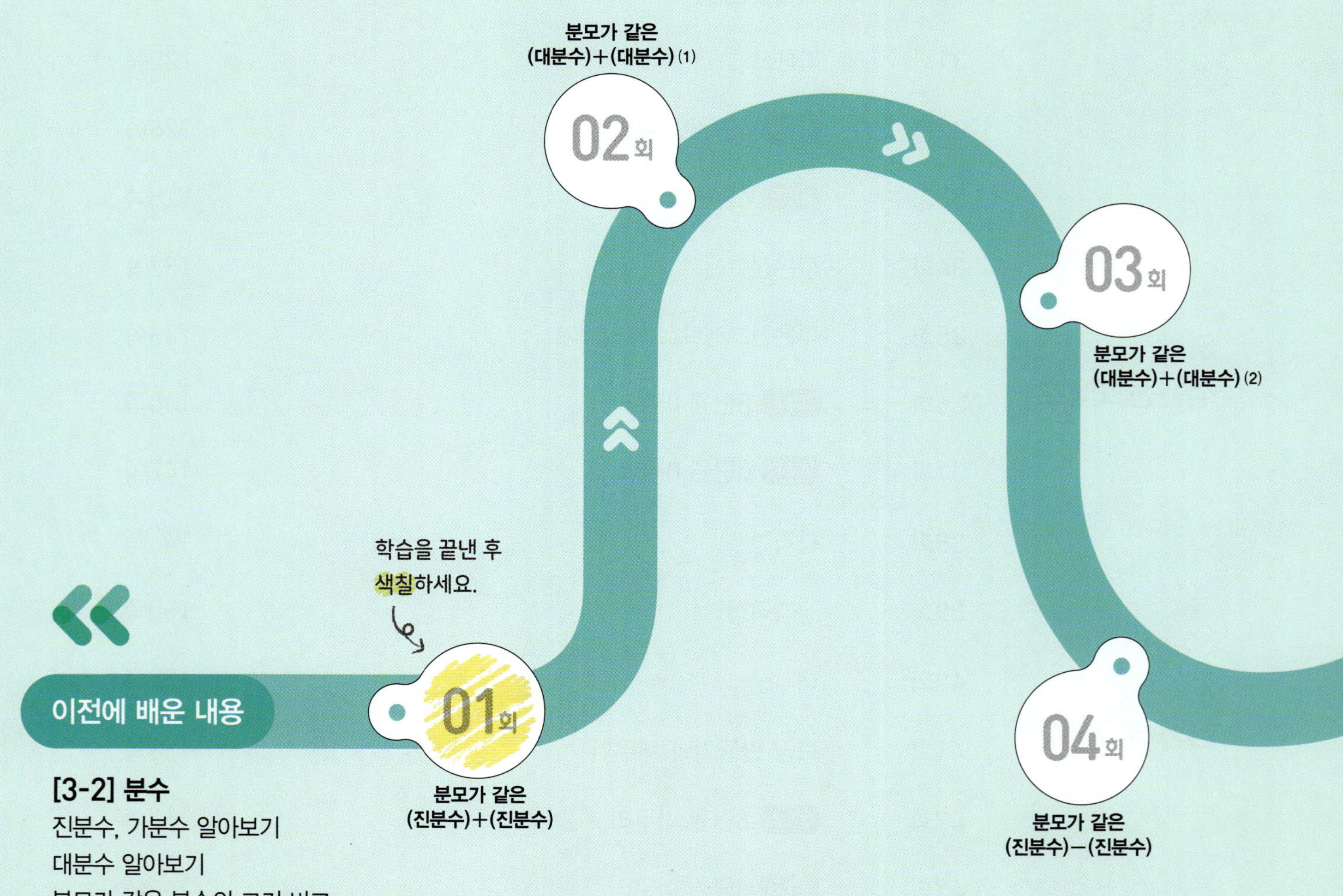


**[3-2] 분수**
진분수, 가분수 알아보기
대분수 알아보기
분모가 같은 분수의 크기 비교

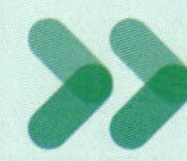


다음에 배울 내용

[5-1] 분수의 덧셈과 뺄셈
분모가 다른 분수의 덧셈
분모가 다른 분수의 뺄셈

10회
평가 B

09회
평가 A

08회
분모가 같은
(대분수)-(대분수) (2)

07회
(자연수)-(대분수)

06회
(자연수)-(진분수)

05회
분모가 같은
(대분수)-(대분수) (1)

# 개념 분모가 같은 (진분수) + (진분수)

분모는 그대로 쓰고 분자끼리 더합니다.

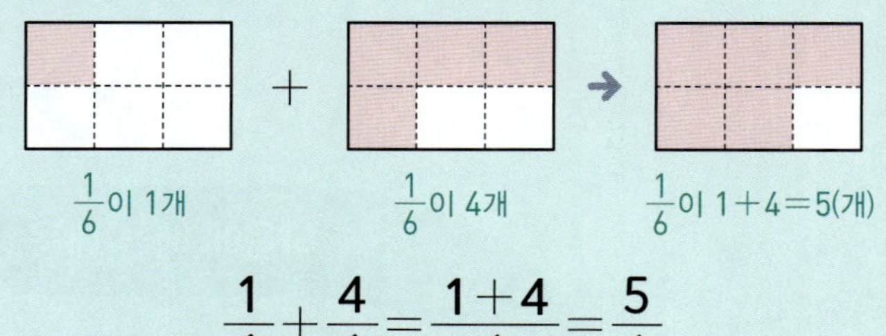

$\dfrac{1}{6}$이 1개    $\dfrac{1}{6}$이 4개    $\dfrac{1}{6}$이 $1+4=5$(개)

$$\dfrac{1}{6}+\dfrac{4}{6}=\dfrac{1+4}{6}=\dfrac{5}{6}$$

계산 결과가 가분수이면 대분수로 나타낼 수 있습니다.

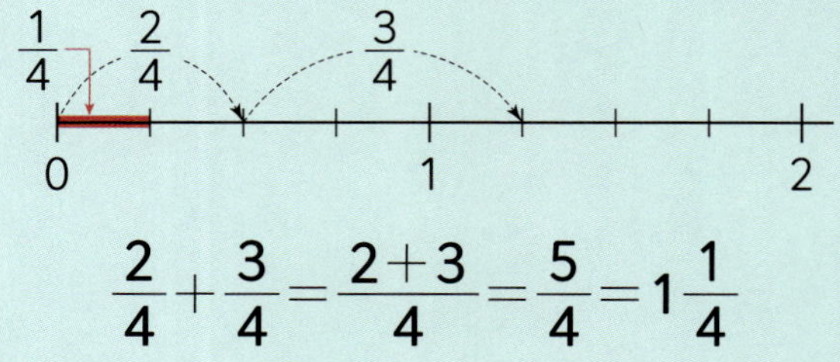

$$\dfrac{2}{4}+\dfrac{3}{4}=\dfrac{2+3}{4}=\dfrac{5}{4}=1\dfrac{1}{4}$$

---

◆ 그림을 보고 ☐ 안에 알맞은 수를 써넣으세요.

**1**

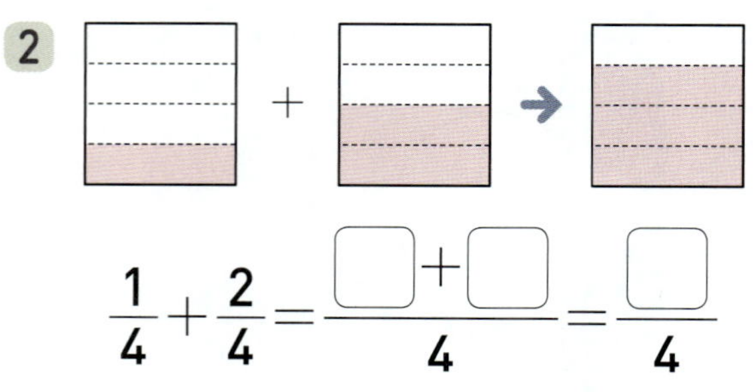

$$\dfrac{1}{3}+\dfrac{1}{3}=\dfrac{\boxed{\phantom{0}}+\boxed{\phantom{0}}}{3}=\dfrac{\boxed{\phantom{0}}}{3}$$

**2**

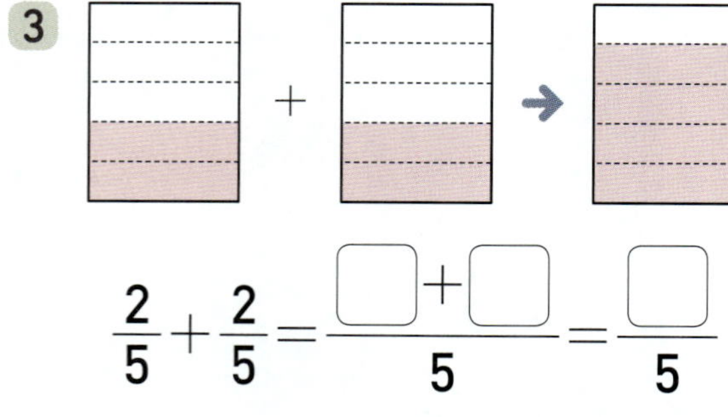

$$\dfrac{1}{4}+\dfrac{2}{4}=\dfrac{\boxed{\phantom{0}}+\boxed{\phantom{0}}}{4}=\dfrac{\boxed{\phantom{0}}}{4}$$

**3**

$$\dfrac{2}{5}+\dfrac{2}{5}=\dfrac{\boxed{\phantom{0}}+\boxed{\phantom{0}}}{5}=\dfrac{\boxed{\phantom{0}}}{5}$$

**4**

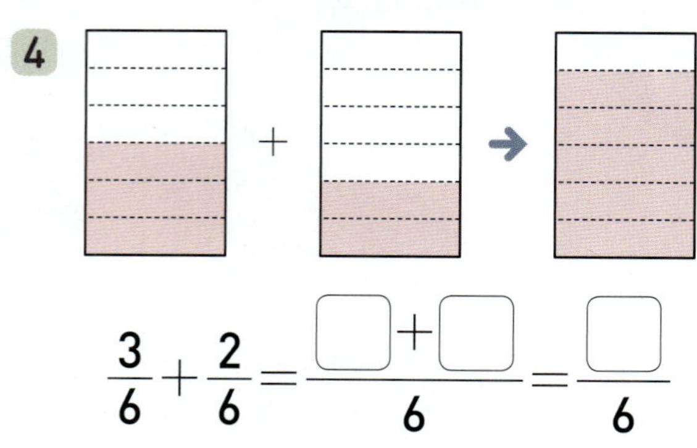

$$\dfrac{3}{6}+\dfrac{2}{6}=\dfrac{\boxed{\phantom{0}}+\boxed{\phantom{0}}}{6}=\dfrac{\boxed{\phantom{0}}}{6}$$

---

◆ ☐ 안에 알맞은 수를 써넣으세요.

**5**

$$\dfrac{5}{7}+\dfrac{6}{7}=\dfrac{\boxed{\phantom{0}}+\boxed{\phantom{0}}}{7}=\dfrac{\boxed{\phantom{0}}}{7}$$
$$=\boxed{\phantom{0}}\dfrac{\boxed{\phantom{0}}}{7}$$

**6**

$$\dfrac{3}{9}+\dfrac{7}{9}=\dfrac{\boxed{\phantom{0}}+\boxed{\phantom{0}}}{9}=\dfrac{\boxed{\phantom{0}}}{9}$$
$$=\boxed{\phantom{0}}\dfrac{\boxed{\phantom{0}}}{9}$$

**7**

$$\dfrac{2}{10}+\dfrac{9}{10}=\dfrac{\boxed{\phantom{0}}+\boxed{\phantom{0}}}{10}=\dfrac{\boxed{\phantom{0}}}{10}$$
$$=\boxed{\phantom{0}}\dfrac{\boxed{\phantom{0}}}{10}$$

**8**

$$\dfrac{6}{12}+\dfrac{8}{12}=\dfrac{\boxed{\phantom{0}}+\boxed{\phantom{0}}}{12}=\dfrac{\boxed{\phantom{0}}}{12}$$
$$=\boxed{\phantom{0}}\dfrac{\boxed{\phantom{0}}}{12}$$

## 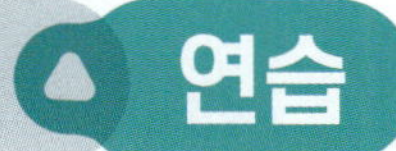 연습 ┃ 분모가 같은 (진분수) + (진분수)

**실수 콕!** 9~19번 문제

$$\frac{2}{6}+\frac{1}{6}=\frac{2+1}{6}=\frac{3}{6}$$

$$\frac{2}{6}+\frac{1}{6}=\frac{2+1}{6+6}=\frac{3}{12}$$

분모끼리 더해서 계산 결과의 분모를 12라고 쓰지 않도록 조심!

◆ 덧셈을 해 보세요.

**9** ① $\dfrac{1}{5}+\dfrac{2}{5}$

② $\dfrac{1}{5}+\dfrac{3}{5}$

**10** ① $\dfrac{2}{7}+\dfrac{3}{7}$

② $\dfrac{2}{7}+\dfrac{4}{7}$

**11** ① $\dfrac{4}{8}+\dfrac{2}{8}$

② $\dfrac{4}{8}+\dfrac{3}{8}$

**12** ① $\dfrac{6}{11}+\dfrac{3}{11}$

② $\dfrac{6}{11}+\dfrac{4}{11}$

**13** ① $\dfrac{7}{15}+\dfrac{1}{15}$

② $\dfrac{7}{15}+\dfrac{6}{15}$

◆ 덧셈을 해 보세요.

**14** ① $\dfrac{4}{6}+\dfrac{2}{6}$

② $\dfrac{5}{6}+\dfrac{2}{6}$

**15** ① $\dfrac{3}{7}+\dfrac{5}{7}$

② $\dfrac{4}{7}+\dfrac{5}{7}$

**16** ① $\dfrac{2}{9}+\dfrac{8}{9}$

② $\dfrac{4}{9}+\dfrac{8}{9}$

**17** ① $\dfrac{7}{10}+\dfrac{6}{10}$

② $\dfrac{8}{10}+\dfrac{6}{10}$

**18** ① $\dfrac{5}{11}+\dfrac{10}{11}$

② $\dfrac{9}{11}+\dfrac{10}{11}$

**19** ① $\dfrac{7}{13}+\dfrac{9}{13}$

② $\dfrac{11}{13}+\dfrac{9}{13}$

1 단원 / 01 회

◆ 빈칸에 알맞은 수를 써넣으세요.

**20**

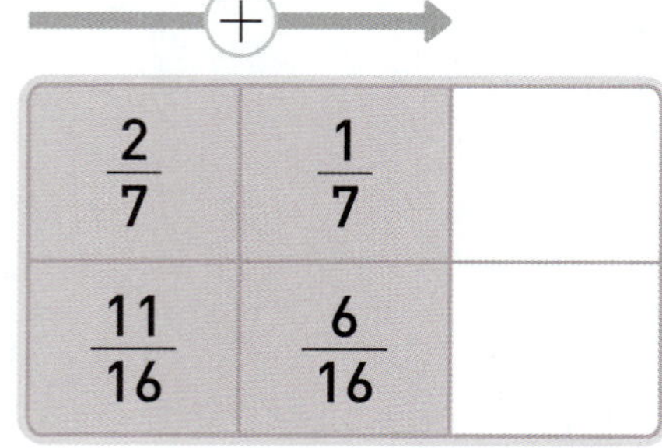

**21**

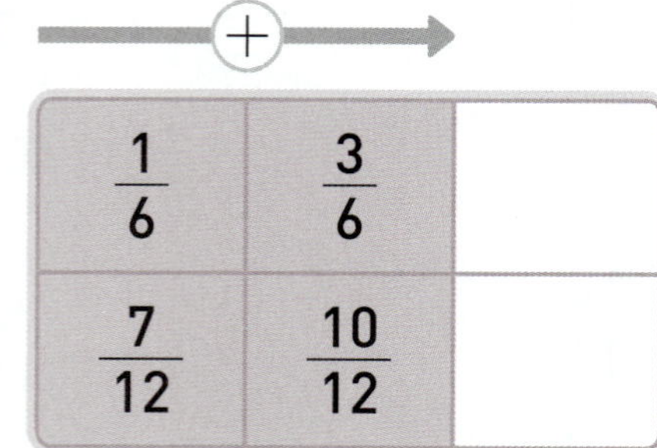

**22**

**23**

**24**

◆ 계산 결과를 비교하여 ○ 안에 >, =, <를 알맞게 써넣으세요.

**25**   $\dfrac{5}{9} + \dfrac{3}{9}$ ◯ $\dfrac{6}{9} + \dfrac{5}{9}$

**26**   $\dfrac{11}{14} + \dfrac{6}{14}$ ◯ $\dfrac{7}{14} + \dfrac{9}{14}$

**27**   $\dfrac{5}{15} + \dfrac{6}{15}$ ◯ $\dfrac{4}{15} + \dfrac{8}{15}$

**28**   $\dfrac{5}{20} + \dfrac{7}{20}$ ◯ $\dfrac{4}{20} + \dfrac{9}{20}$

**29**   $\dfrac{17}{21} + \dfrac{13}{21}$ ◯ $\dfrac{19}{21} + \dfrac{11}{21}$

**30**   $\dfrac{16}{38} + \dfrac{9}{38}$ ◯ $\dfrac{3}{38} + \dfrac{23}{38}$

**31**   $\dfrac{10}{45} + \dfrac{7}{45}$ ◯ $\dfrac{13}{45} + \dfrac{3}{45}$

**32**   $\dfrac{36}{50} + \dfrac{22}{50}$ ◯ $\dfrac{45}{50} + \dfrac{19}{50}$

★ **완성**  **분모가 같은 (진분수) + (진분수)**

◆ 새가 들고 있는 식의 계산 결과가 쓰여 있는 둥지를 찾아 ◯표 하세요.

**33** 

$$\frac{2}{6} + \frac{2}{6}$$

$\frac{4}{6}$   $\frac{4}{12}$   $\frac{5}{6}$

( )   ( )   ( )

**35** 

$$\frac{1}{7} + \frac{4}{7}$$

$\frac{5}{7}$   $\frac{6}{7}$   $1\frac{1}{7}$

( )   ( )   ( )

**34** 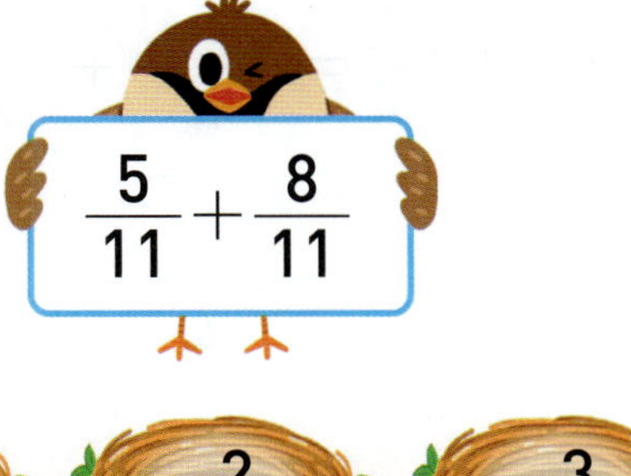

$$\frac{5}{11} + \frac{8}{11}$$

$1\frac{1}{11}$   $1\frac{2}{11}$   $1\frac{3}{11}$

( )   ( )   ( )

**36** 

$$\frac{12}{17} + \frac{9}{17}$$

$1\frac{2}{17}$   $1\frac{3}{17}$   $1\frac{4}{17}$

( )   ( )   ( )



**+ 문해력**

**37** 피자를 한 판 사서 연준이는 전체의 $\frac{3}{8}$ 만큼 먹었고, 동생은 전체의 $\frac{1}{8}$ 만큼 먹었습니다. 연준이와 동생이 먹은 피자는 전체의 몇 분의 몇일까요?

**풀이** (연준이가 먹은 피자) + (동생이 먹은 피자)

$$= \boxed{\phantom{0}} + \boxed{\phantom{0}} = \boxed{\phantom{0}}$$

**답** 연준이와 동생이 먹은 피자는 전체의 $\boxed{\phantom{0}}$ 입니다.

≫ 진분수 부분의 합이 1보다 작은 경우

자연수 부분끼리 더하고, 진분수 부분끼리 더합니다.

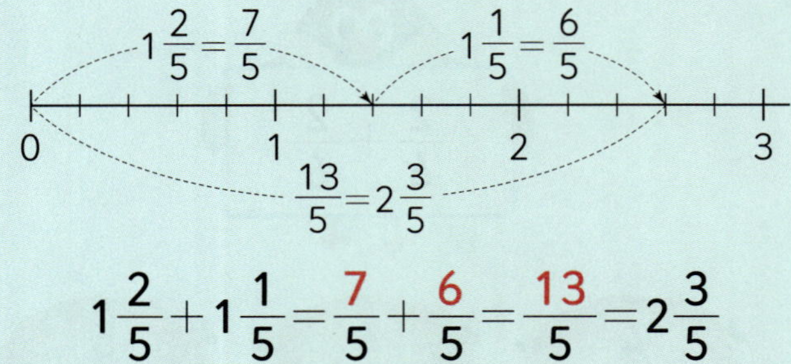

$$1\frac{2}{5}+1\frac{1}{5}=(1+1)+\left(\frac{2}{5}+\frac{1}{5}\right)$$
$$=2+\frac{3}{5}=2\frac{3}{5}$$

대분수를 가분수로 바꾸어 분자끼리 더합니다.

$$1\frac{2}{5}+1\frac{1}{5}=\frac{7}{5}+\frac{6}{5}=\frac{13}{5}=2\frac{3}{5}$$

◆ ☐ 안에 알맞은 수를 써넣으세요.

**1** $1\frac{1}{3}+2\frac{1}{3}$

$$=\left(\boxed{\phantom{0}}+\boxed{\phantom{0}}\right)+\left(\frac{\boxed{\phantom{0}}}{3}+\frac{\boxed{\phantom{0}}}{3}\right)$$
$$=\boxed{\phantom{0}}+\frac{\boxed{\phantom{0}}}{3}=\boxed{\phantom{0}}\frac{\boxed{\phantom{0}}}{3}$$

**2** $4\frac{3}{6}+1\frac{2}{6}$

$$=\left(\boxed{\phantom{0}}+\boxed{\phantom{0}}\right)+\left(\frac{\boxed{\phantom{0}}}{6}+\frac{\boxed{\phantom{0}}}{6}\right)$$
$$=\boxed{\phantom{0}}+\frac{\boxed{\phantom{0}}}{6}=\boxed{\phantom{0}}\frac{\boxed{\phantom{0}}}{6}$$

**3** $2\frac{5}{7}+1\frac{1}{7}$

$$=\left(\boxed{\phantom{0}}+\boxed{\phantom{0}}\right)+\left(\frac{\boxed{\phantom{0}}}{7}+\frac{\boxed{\phantom{0}}}{7}\right)$$
$$=\boxed{\phantom{0}}+\frac{\boxed{\phantom{0}}}{7}=\boxed{\phantom{0}}\frac{\boxed{\phantom{0}}}{7}$$

◆ ☐ 안에 알맞은 수를 써넣으세요.

**4** $3\frac{1}{4}+1\frac{2}{4}=\frac{\boxed{\phantom{0}}}{4}+\frac{\boxed{\phantom{0}}}{4}$

$$=\frac{\boxed{\phantom{0}}}{4}=\boxed{\phantom{0}}\frac{\boxed{\phantom{0}}}{4}$$

**5** $2\frac{2}{5}+4\frac{2}{5}=\frac{\boxed{\phantom{0}}}{5}+\frac{\boxed{\phantom{0}}}{5}$

$$=\frac{\boxed{\phantom{0}}}{5}=\boxed{\phantom{0}}\frac{\boxed{\phantom{0}}}{5}$$

**6** $2\frac{3}{8}+1\frac{2}{8}=\frac{\boxed{\phantom{0}}}{8}+\frac{\boxed{\phantom{0}}}{8}$

$$=\frac{\boxed{\phantom{0}}}{8}=\boxed{\phantom{0}}\frac{\boxed{\phantom{0}}}{8}$$

**7** $3\frac{4}{9}+2\frac{3}{9}=\frac{\boxed{\phantom{0}}}{9}+\frac{\boxed{\phantom{0}}}{9}$

$$=\frac{\boxed{\phantom{0}}}{9}=\boxed{\phantom{0}}\frac{\boxed{\phantom{0}}}{9}$$

## 연습   분모가 같은 (대분수) + (대분수) (1)

**실수 콕!** 8~18번 문제

$$3\frac{2}{5}+1\frac{2}{5}=4\frac{4}{5} \qquad 3\frac{2}{5}+1\frac{2}{5}=4\frac{4}{10}$$

진분수 부분의 분모끼리 더하지 않도록 조심!

◆ 덧셈을 해 보세요.

**8** ① $2\frac{1}{4}+2\frac{1}{4}$

② $2\frac{1}{4}+3\frac{2}{4}$

**9** ① $1\frac{2}{6}+4\frac{1}{6}$

② $1\frac{2}{6}+5\frac{3}{6}$

**10** ① $3\frac{3}{7}+3\frac{2}{7}$

② $3\frac{3}{7}+6\frac{3}{7}$

**11** ① $2\frac{4}{8}+2\frac{2}{8}$

② $2\frac{4}{8}+4\frac{1}{8}$

**12** ① $4\frac{2}{9}+1\frac{3}{9}$

② $4\frac{2}{9}+5\frac{5}{9}$

◆ 덧셈을 해 보세요.

**13** ① $3\frac{1}{10}+2\frac{5}{10}$

② $6\frac{4}{10}+2\frac{5}{10}$

**14** ① $4\frac{4}{11}+1\frac{4}{11}$

② $5\frac{6}{11}+1\frac{4}{11}$

**15** ① $1\frac{6}{12}+4\frac{3}{12}$

② $3\frac{7}{12}+4\frac{3}{12}$

**16** ① $2\frac{7}{15}+5\frac{4}{15}$

② $4\frac{8}{15}+5\frac{4}{15}$

**17** ① $2\frac{7}{16}+1\frac{1}{16}$

② $5\frac{3}{16}+1\frac{1}{16}$

**18** ① $1\frac{3}{21}+3\frac{8}{21}$

② $2\frac{12}{21}+3\frac{8}{21}$

◆ 빈칸에 알맞은 수를 써넣으세요.

**19**

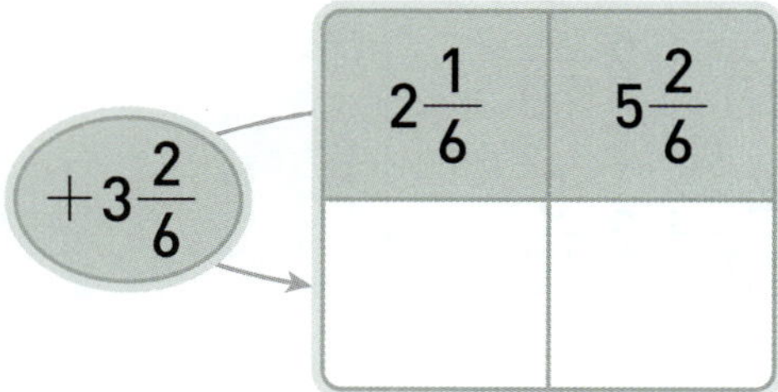

**20**

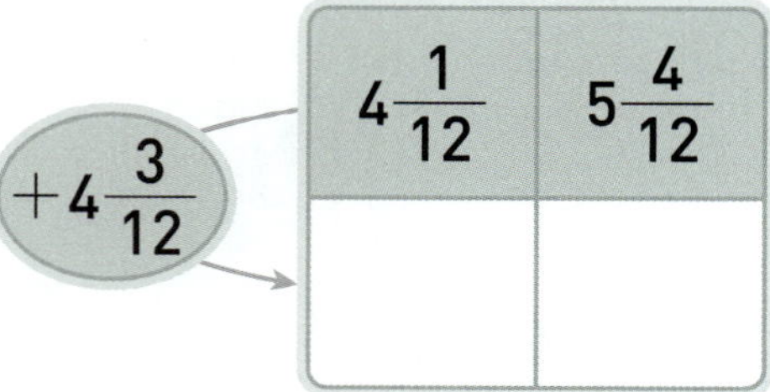

**21**

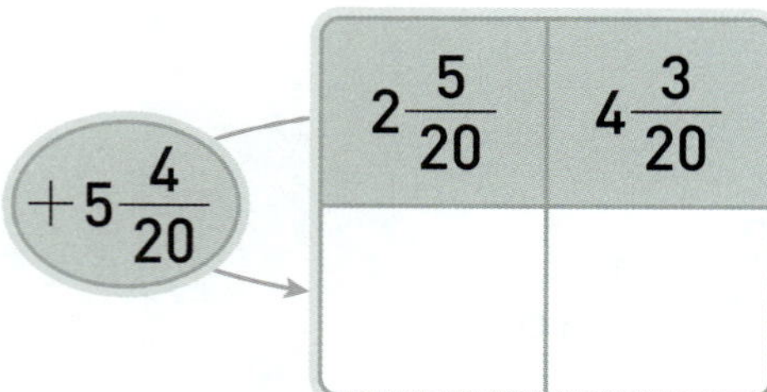

**22**

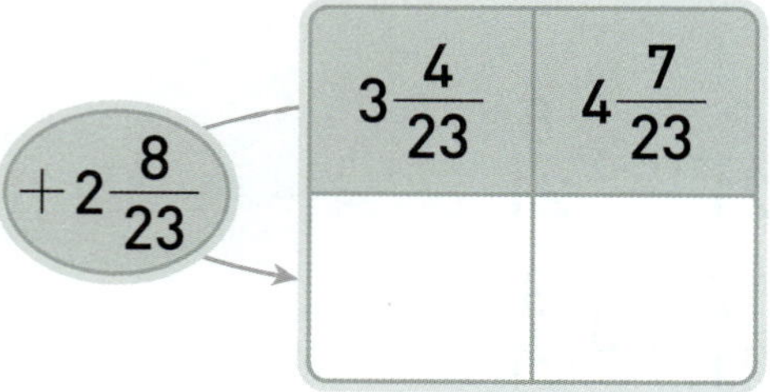

**23**

◆ 다음이 나타내는 수를 구하세요.

**24**

$2\dfrac{3}{8}$ 보다 $3\dfrac{4}{8}$ 만큼 더 큰 수

(                    )

**25**

$4\dfrac{6}{14}$ 보다 $5\dfrac{7}{14}$ 만큼 더 큰 수

(                    )

**26**

$3\dfrac{6}{17}$ 보다 $4\dfrac{8}{17}$ 만큼 더 큰 수

(                    )

**27**

$5\dfrac{11}{27}$ 보다 $3\dfrac{3}{27}$ 만큼 더 큰 수

(                    )

**28**

$1\dfrac{2}{31}$ 보다 $2\dfrac{8}{31}$ 만큼 더 큰 수

(                    )

**29**

$6\dfrac{13}{40}$ 보다 $1\dfrac{9}{40}$ 만큼 더 큰 수

(                    )

## ★ 완성  분모가 같은 (대분수) + (대분수) (1)

◆ 갈림길마다 계산 결과가 더 큰 분수가 있는 길을 따라가며 선을 그리고, 만나게 되는 동물에 ◯표 하세요.

**30**

### + 문해력

**31** 무게가 $1\frac{1}{5}$ kg인 상자에 사과 $4\frac{3}{5}$ kg을 담았습니다. 사과를 담은 상자의 무게는 몇 kg일까요?

**풀이** (상자의 무게) + (사과의 무게)

$$= \boxed{\phantom{00}} + \boxed{\phantom{00}} = \boxed{\phantom{00}}$$

**답** 사과를 담은 상자의 무게는 $\boxed{\phantom{00}}$ kg입니다.

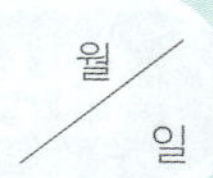

≫ 진분수 부분의 합이 1보다 큰 경우

자연수 부분끼리 더하고, 진분수 부분끼리 더합니다.

$$2\frac{3}{4} \qquad \boxed{1} \quad \boxed{1}$$

$$1\frac{2}{4} \qquad \boxed{1}$$

$$2\frac{3}{4} + 1\frac{2}{4} = 3 + \boxed{\frac{5}{4}} = 3 + \boxed{1\frac{1}{4}} = 4\frac{1}{4}$$

분수 부분끼리 더한 결과가 가분수이면 대분수로 바꿔.

대분수를 가분수로 바꾸어 분자끼리 더합니다.

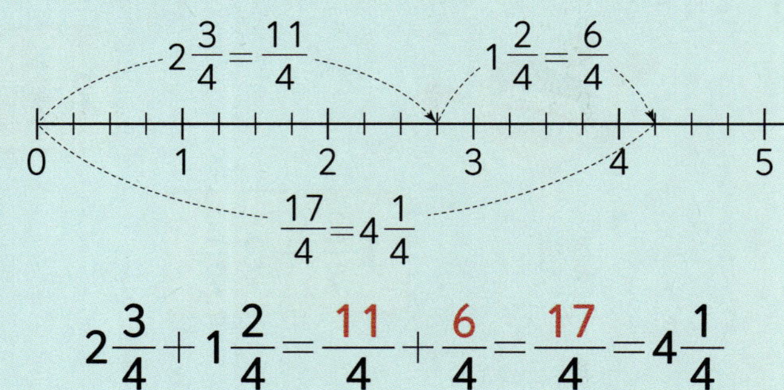


$$2\frac{3}{4} + 1\frac{2}{4} = \frac{11}{4} + \frac{6}{4} = \frac{17}{4} = 4\frac{1}{4}$$

---

◆ ☐ 안에 알맞은 수를 써넣으세요.

**1**   $1\dfrac{3}{5} + 2\dfrac{4}{5}$

$$= \boxed{\phantom{0}} + \frac{\boxed{\phantom{0}}}{5} = \boxed{\phantom{0}} + \boxed{\phantom{0}}\frac{\boxed{\phantom{0}}}{5}$$

$$= \boxed{\phantom{0}}\frac{\boxed{\phantom{0}}}{5}$$

**2**   $3\dfrac{6}{7} + 1\dfrac{3}{7}$

$$= \boxed{\phantom{0}} + \frac{\boxed{\phantom{0}}}{7} = \boxed{\phantom{0}} + \boxed{\phantom{0}}\frac{\boxed{\phantom{0}}}{7}$$

$$= \boxed{\phantom{0}}\frac{\boxed{\phantom{0}}}{7}$$

**3**   $1\dfrac{8}{9} + 3\dfrac{2}{9}$

$$= \boxed{\phantom{0}} + \frac{\boxed{\phantom{0}}}{9} = \boxed{\phantom{0}} + \boxed{\phantom{0}}\frac{\boxed{\phantom{0}}}{9}$$

$$= \boxed{\phantom{0}}\frac{\boxed{\phantom{0}}}{9}$$

◆ ☐ 안에 알맞은 수를 써넣으세요.

**4**   $1\dfrac{2}{3} + 3\dfrac{2}{3} = \dfrac{\boxed{\phantom{0}}}{3} + \dfrac{\boxed{\phantom{0}}}{3}$

$$= \frac{\boxed{\phantom{0}}}{3} = \boxed{\phantom{0}}\frac{\boxed{\phantom{0}}}{3}$$

**5**   $2\dfrac{4}{6} + 1\dfrac{3}{6} = \dfrac{\boxed{\phantom{0}}}{6} + \dfrac{\boxed{\phantom{0}}}{6}$

$$= \frac{\boxed{\phantom{0}}}{6} = \boxed{\phantom{0}}\frac{\boxed{\phantom{0}}}{6}$$

**6**   $1\dfrac{5}{8} + 2\dfrac{6}{8} = \dfrac{\boxed{\phantom{0}}}{8} + \dfrac{\boxed{\phantom{0}}}{8}$

$$= \frac{\boxed{\phantom{0}}}{8} = \boxed{\phantom{0}}\frac{\boxed{\phantom{0}}}{8}$$

**7**   $1\dfrac{7}{10} + 1\dfrac{5}{10} = \dfrac{\boxed{\phantom{0}}}{10} + \dfrac{\boxed{\phantom{0}}}{10}$

$$= \frac{\boxed{\phantom{0}}}{10} = \boxed{\phantom{0}}\frac{\boxed{\phantom{0}}}{10}$$

**연습** 분모가 같은 (대분수) + (대분수) (2)

---

**실수 콕!** 8~18번 문제

$$2\frac{3}{4}+3\frac{2}{4}=6\frac{1}{4} \qquad 2\frac{3}{4}+3\frac{2}{4}=5\frac{5}{4}$$

계산 결과를 대분수로 쓸 때 분수 부분을 가분수로 쓰지 않도록 조심!

---

◆ 덧셈을 해 보세요.

**8** ① $4\frac{3}{5}+1\frac{3}{5}$

② $4\frac{3}{5}+3\frac{4}{5}$

**9** ① $3\frac{4}{6}+2\frac{3}{6}$

② $3\frac{4}{6}+3\frac{5}{6}$

**10** ① $1\frac{6}{7}+6\frac{4}{7}$

② $1\frac{6}{7}+8\frac{6}{7}$

**11** ① $4\frac{5}{8}+3\frac{5}{8}$

② $4\frac{5}{8}+4\frac{7}{8}$

**12** ① $5\frac{5}{9}+5\frac{5}{9}$

② $5\frac{5}{9}+7\frac{7}{9}$

◆ 덧셈을 해 보세요.

**13** ① $2\frac{5}{10}+1\frac{6}{10}$

② $8\frac{8}{10}+1\frac{6}{10}$

**14** ① $5\frac{6}{11}+2\frac{8}{11}$

② $6\frac{7}{11}+2\frac{8}{11}$

**15** ① $1\frac{7}{12}+3\frac{7}{12}$

② $4\frac{11}{12}+3\frac{7}{12}$

**16** ① $3\frac{6}{15}+2\frac{13}{15}$

② $5\frac{8}{15}+2\frac{13}{15}$

**17** ① $2\frac{8}{17}+4\frac{10}{17}$

② $4\frac{9}{17}+4\frac{10}{17}$

**18** ① $1\frac{16}{21}+3\frac{11}{21}$

② $5\frac{14}{21}+3\frac{11}{21}$

**1**단원 **03**회

◆ ☐ 안에 알맞은 수를 써넣으세요.

◆ 계산 결과가 더 큰 것에 ◯표 하세요.

**19** 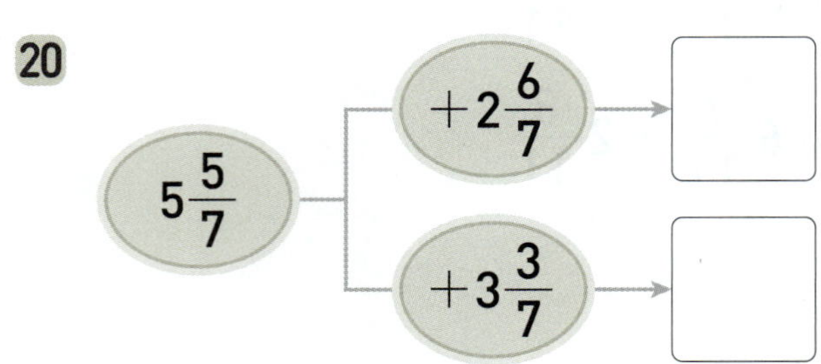

**20** 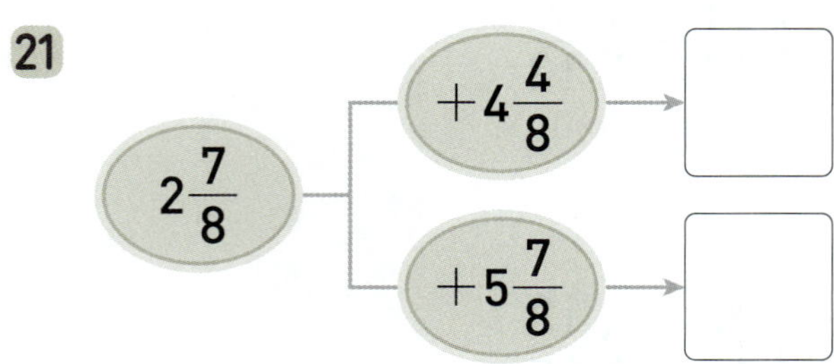

**21**

**22**

**23** 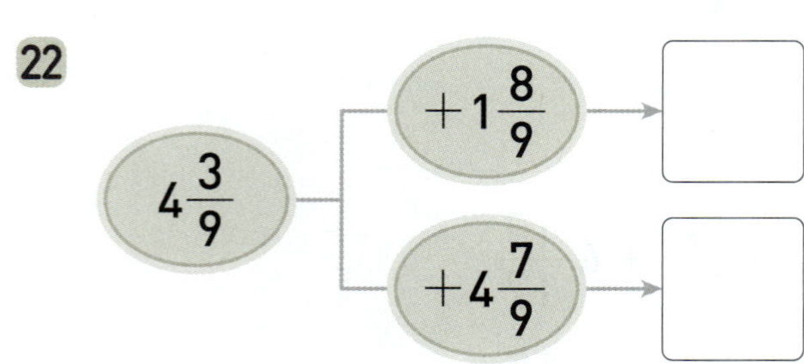

**24**

$$3\frac{3}{5}+2\frac{3}{5}$$

$$1\frac{4}{5}+3\frac{2}{5}$$

(       )      (       )

**25**

$$5\frac{3}{10}+8\frac{9}{10}$$

$$6\frac{7}{10}+8\frac{4}{10}$$

(       )      (       )

**26**

$$9\frac{8}{13}+1\frac{11}{13}$$

$$3\frac{4}{13}+7\frac{12}{13}$$

(       )      (       )

**27**

$$3\frac{15}{20}+2\frac{17}{20}$$

$$4\frac{9}{20}+1\frac{19}{20}$$

(       )      (       )

**28**

$$1\frac{23}{27}+2\frac{7}{27}$$

$$2\frac{20}{27}+1\frac{13}{27}$$

(       )      (       )

**29**

$$2\frac{20}{35}+2\frac{30}{35}$$

$$3\frac{15}{35}+1\frac{25}{35}$$

(       )      (       )

# ★ 완성  분모가 같은 (대분수) + (대분수) (2)

◆ 사다리를 타고 내려가서 도착한 곳에 알맞은 계산 결과를 써넣으세요.

**30**

## ＋ 문해력

**31** 은행에서 학교까지의 거리는 $3\frac{5}{7}$ km 이고, 학교에서 병원까지의 거리는 $1\frac{6}{7}$ km 입니다.

은행에서 학교를 거쳐 병원까지 가는 거리는 몇 km일까요?

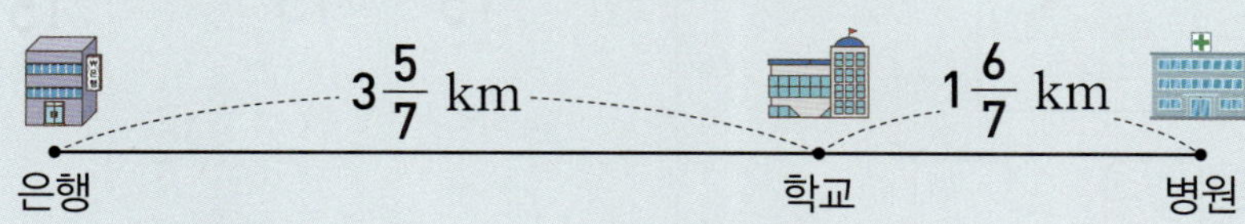


**풀이** (은행에서 학교까지의 거리)＋(학교에서 병원까지의 거리)

= ☐ ＋ ☐ = ☐

**답** 은행에서 학교를 거쳐 병원까지 가는 거리는 ☐ km입니다.

분모는 그대로 쓰고 분자끼리 뺍니다.

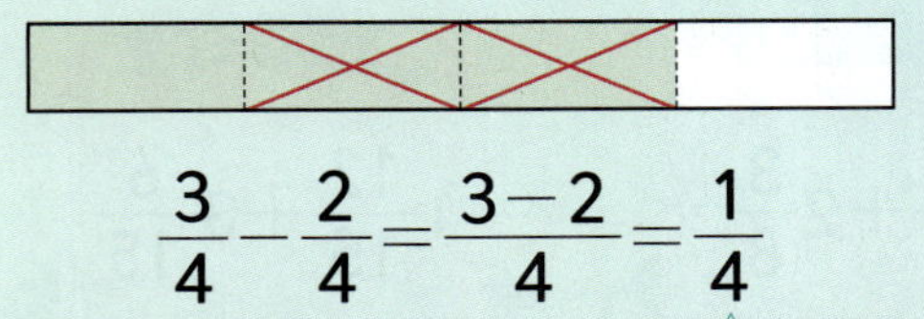

$$\frac{3}{4} - \frac{2}{4} = \frac{3-2}{4} = \frac{1}{4}$$

색칠한 부분에서 $\frac{2}{4}$ 만큼 ×표 하면 $\frac{1}{4}$ 만큼이 남아.

수직선을 이용하여 알아봅니다.

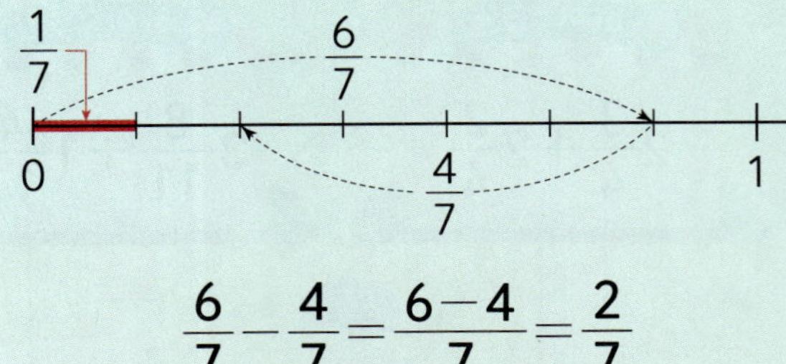

$$\frac{6}{7} - \frac{4}{7} = \frac{6-4}{7} = \frac{2}{7}$$

◆ ☐ 안에 알맞은 수를 써넣으세요.

**1**
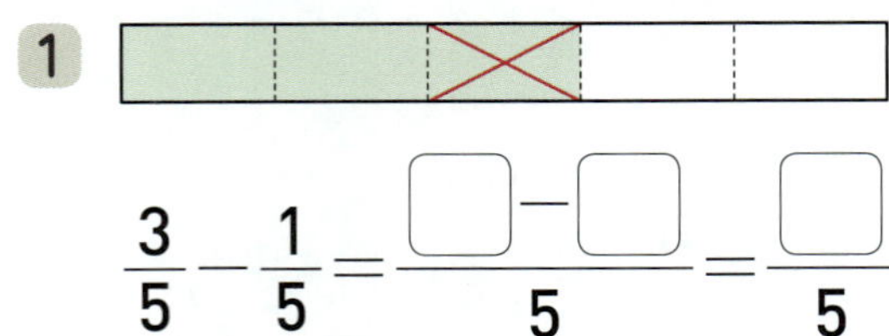

$$\frac{3}{5} - \frac{1}{5} = \frac{\boxed{\phantom{0}}-\boxed{\phantom{0}}}{5} = \frac{\boxed{\phantom{0}}}{5}$$

**2**
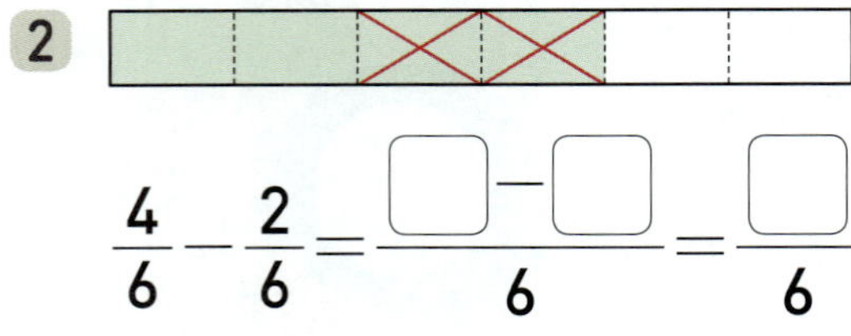

$$\frac{4}{6} - \frac{2}{6} = \frac{\boxed{\phantom{0}}-\boxed{\phantom{0}}}{6} = \frac{\boxed{\phantom{0}}}{6}$$

**3**
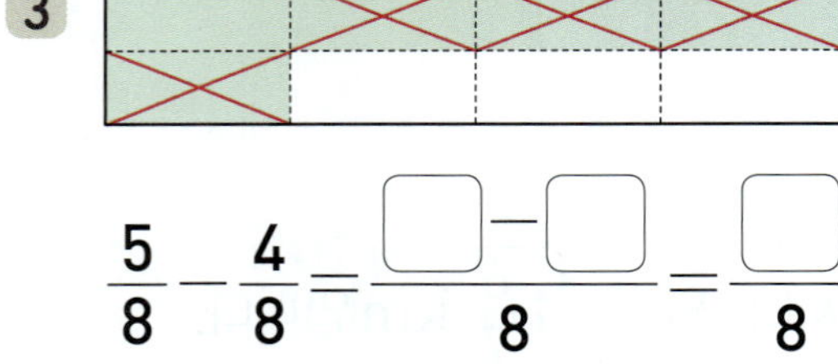

$$\frac{5}{8} - \frac{4}{8} = \frac{\boxed{\phantom{0}}-\boxed{\phantom{0}}}{8} = \frac{\boxed{\phantom{0}}}{8}$$

**4**
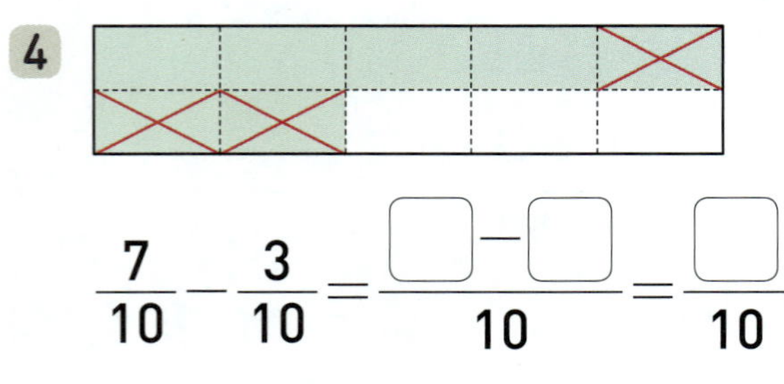

$$\frac{7}{10} - \frac{3}{10} = \frac{\boxed{\phantom{0}}-\boxed{\phantom{0}}}{10} = \frac{\boxed{\phantom{0}}}{10}$$

**5**
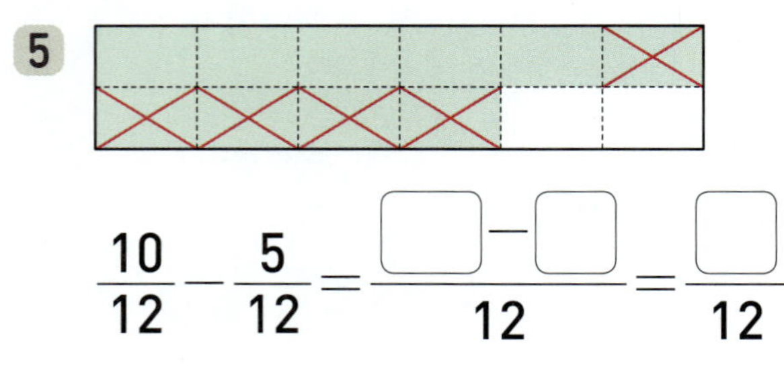

$$\frac{10}{12} - \frac{5}{12} = \frac{\boxed{\phantom{0}}-\boxed{\phantom{0}}}{12} = \frac{\boxed{\phantom{0}}}{12}$$

◆ ☐ 안에 알맞은 수를 써넣으세요.

**6**
$$\frac{6}{7} - \frac{1}{7} = \frac{\boxed{\phantom{0}}-\boxed{\phantom{0}}}{7} = \frac{\boxed{\phantom{0}}}{7}$$

**7**
$$\frac{7}{9} - \frac{4}{9} = \frac{\boxed{\phantom{0}}-\boxed{\phantom{0}}}{9} = \frac{\boxed{\phantom{0}}}{9}$$

**8**
$$\frac{7}{11} - \frac{2}{11} = \frac{\boxed{\phantom{0}}-\boxed{\phantom{0}}}{11} = \frac{\boxed{\phantom{0}}}{11}$$

**9**
$$\frac{10}{15} - \frac{3}{15} = \frac{\boxed{\phantom{0}}-\boxed{\phantom{0}}}{15} = \frac{\boxed{\phantom{0}}}{15}$$

**10**
$$\frac{12}{16} - \frac{6}{16} = \frac{\boxed{\phantom{0}}-\boxed{\phantom{0}}}{16} = \frac{\boxed{\phantom{0}}}{16}$$

**11**
$$\frac{15}{20} - \frac{9}{20} = \frac{\boxed{\phantom{0}}-\boxed{\phantom{0}}}{20} = \frac{\boxed{\phantom{0}}}{20}$$

 **연습** 분모가 같은 (진분수) - (진분수)

**실수 콕!** 15, 20번 문제

$$\frac{6}{11} - \frac{6}{11} = \frac{6-6}{11} = \frac{0}{11} = 0$$

전체를 똑같이 11로 나눈 것 중의 6에서
6만큼을 빼면 계산 결과는 0이야.

◆ 뺄셈을 해 보세요.

**12** ① $\dfrac{4}{5} - \dfrac{1}{5}$

② $\dfrac{4}{5} - \dfrac{2}{5}$

**13** ① $\dfrac{5}{6} - \dfrac{2}{6}$

② $\dfrac{5}{6} - \dfrac{3}{6}$

**14** ① $\dfrac{5}{7} - \dfrac{2}{7}$

② $\dfrac{5}{7} - \dfrac{4}{7}$

**실수 콕!**
**15** ① $\dfrac{6}{8} - \dfrac{1}{8}$

② $\dfrac{6}{8} - \dfrac{6}{8}$

**16** ① $\dfrac{7}{9} - \dfrac{5}{9}$

② $\dfrac{7}{9} - \dfrac{6}{9}$

◆ 뺄셈을 해 보세요.

**17** ① $\dfrac{8}{10} - \dfrac{5}{10}$

② $\dfrac{9}{10} - \dfrac{5}{10}$

**18** ① $\dfrac{9}{13} - \dfrac{4}{13}$

② $\dfrac{11}{13} - \dfrac{4}{13}$

**19** ① $\dfrac{8}{14} - \dfrac{3}{14}$

② $\dfrac{12}{14} - \dfrac{3}{14}$

**실수 콕!**
**20** ① $\dfrac{7}{19} - \dfrac{7}{19}$

② $\dfrac{18}{19} - \dfrac{7}{19}$

**21** ① $\dfrac{13}{26} - \dfrac{9}{26}$

② $\dfrac{21}{26} - \dfrac{9}{26}$

**22** ① $\dfrac{16}{30} - \dfrac{8}{30}$

② $\dfrac{25}{30} - \dfrac{8}{30}$

**1단원**
**04회**

◆ 빈칸에 알맞은 수를 써넣으세요.

**23**

| $\dfrac{3}{6}$ | $\dfrac{1}{6}$ | |
| $\dfrac{6}{7}$ | $\dfrac{3}{7}$ | |

**24**

| $\dfrac{8}{9}$ | $\dfrac{5}{9}$ | |
| $\dfrac{7}{11}$ | $\dfrac{3}{11}$ | |

**25**

| $\dfrac{10}{14}$ | $\dfrac{4}{14}$ | |
| $\dfrac{13}{16}$ | $\dfrac{9}{16}$ | |

**26**

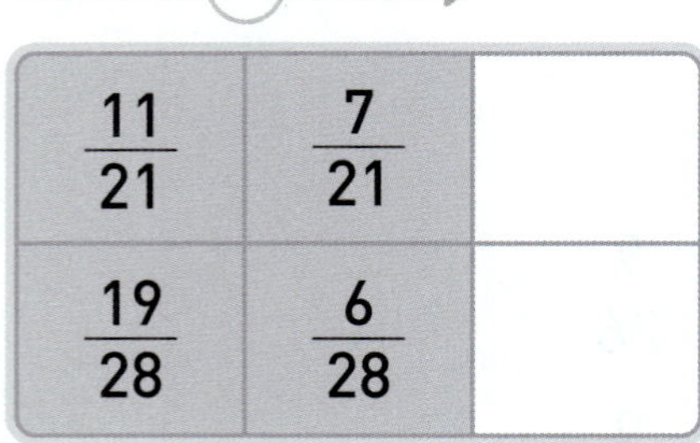

| $\dfrac{11}{21}$ | $\dfrac{7}{21}$ | |
| $\dfrac{19}{28}$ | $\dfrac{6}{28}$ | |

**27**

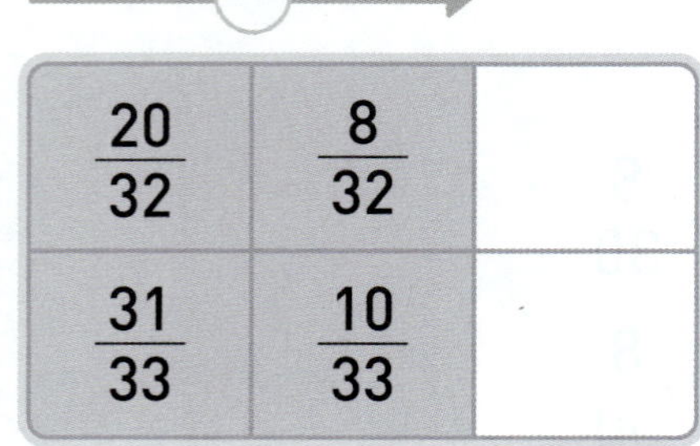

| $\dfrac{20}{32}$ | $\dfrac{8}{32}$ | |
| $\dfrac{31}{33}$ | $\dfrac{10}{33}$ | |

◆ 계산 결과를 비교하여 ○ 안에 >, =, <를 알맞게 써넣으세요.

**28** $\dfrac{4}{5} - \dfrac{3}{5} \;\bigcirc\; \dfrac{3}{5} - \dfrac{2}{5}$

**29** $\dfrac{8}{10} - \dfrac{6}{10} \;\bigcirc\; \dfrac{5}{10} - \dfrac{4}{10}$

**30** $\dfrac{6}{12} - \dfrac{2}{12} \;\bigcirc\; \dfrac{8}{12} - \dfrac{3}{12}$

**31** $\dfrac{9}{15} - \dfrac{7}{15} \;\bigcirc\; \dfrac{7}{15} - \dfrac{1}{15}$

**32** $\dfrac{11}{17} - \dfrac{3}{17} \;\bigcirc\; \dfrac{15}{17} - \dfrac{8}{17}$

**33** $\dfrac{19}{21} - \dfrac{4}{21} \;\bigcirc\; \dfrac{16}{21} - \dfrac{9}{21}$

**34** $\dfrac{14}{25} - \dfrac{9}{25} \;\bigcirc\; \dfrac{8}{25} - \dfrac{3}{25}$

**35** $\dfrac{17}{36} - \dfrac{1}{36} \;\bigcirc\; \dfrac{19}{36} - \dfrac{2}{36}$

## ★ 완성  분모가 같은 (진분수) - (진분수)

◆ 계산 결과가 같은 칸을 찾아 주어진 색으로 칠해 보세요.

36

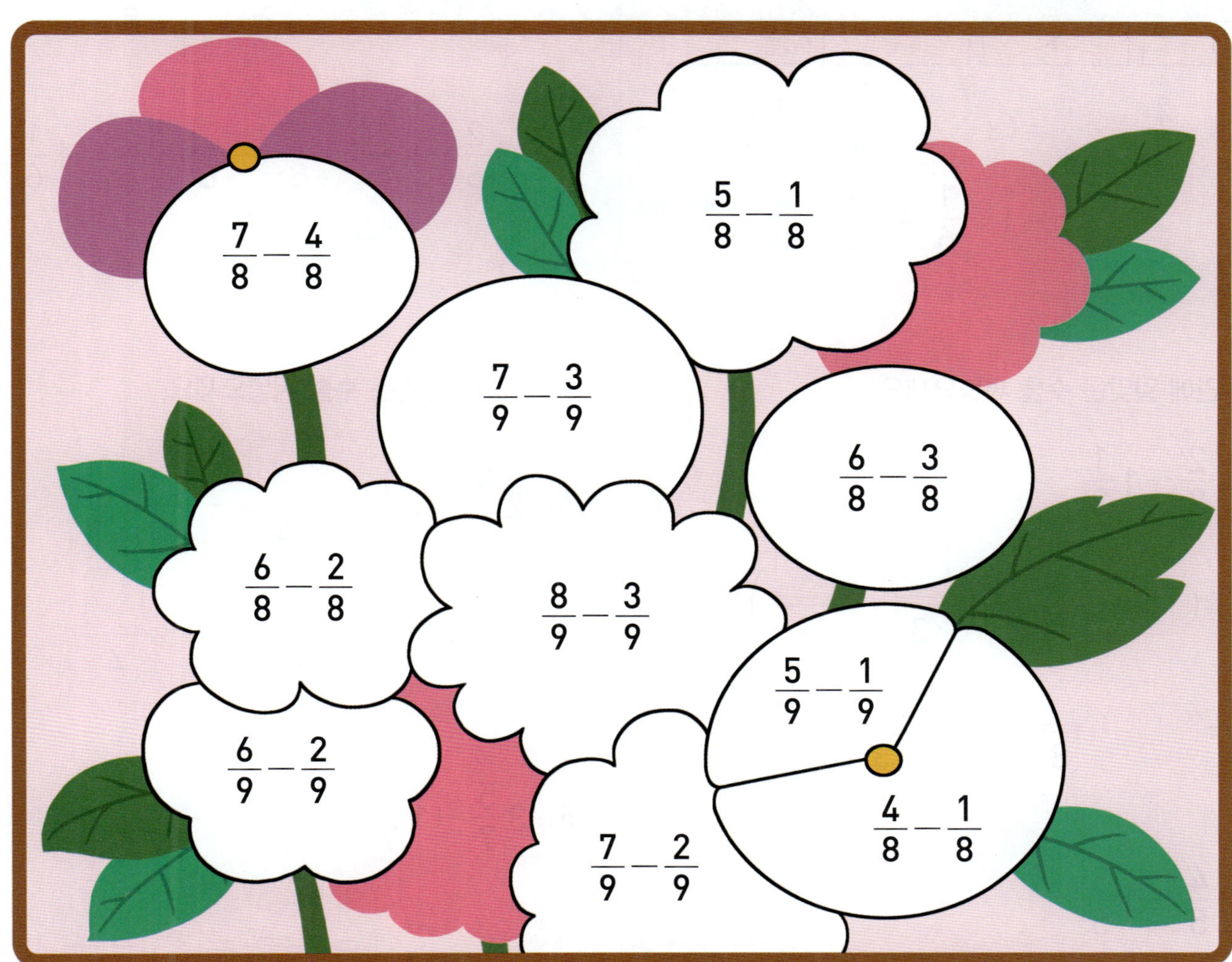




### + 문해력

37 진영이는 주스 $\dfrac{7}{10}$ L 중에서 $\dfrac{2}{10}$ L를 마셨습니다. 진영이가 마시고 남은 주스의 양은 몇 L일까요?

풀이 (처음에 있던 주스의 양) − (마신 주스의 양)

$$= \boxed{\phantom{00}} - \boxed{\phantom{00}} = \boxed{\phantom{00}}$$

답 진영이가 마시고 남은 주스의 양은 $\boxed{\phantom{00}}$ L입니다.

# 분모가 같은 (대분수) - (대분수) (1)

≫ 진분수 부분끼리 뺄 수 있는 경우

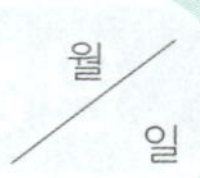

**05회** 월 일

**자연수 부분끼리 빼고, 진분수 부분끼리 뺍니다.**

$$3\frac{2}{6} - 2\frac{1}{6} = (3-2) + \left(\frac{2}{6} - \frac{1}{6}\right)$$
$$= 1 + \frac{1}{6} = 1\frac{1}{6}$$

**대분수를 가분수로 바꾸어 분자끼리 뺍니다.**

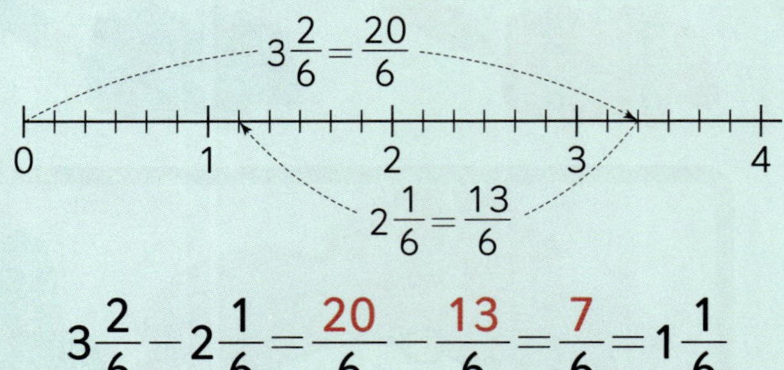


$$3\frac{2}{6} - 2\frac{1}{6} = \frac{20}{6} - \frac{13}{6} = \frac{7}{6} = 1\frac{1}{6}$$

◆ ☐ 안에 알맞은 수를 써넣으세요.

**1** $4\frac{2}{3} - 1\frac{1}{3}$

$$= (\boxed{\phantom{0}} - \boxed{\phantom{0}}) + \left(\frac{\boxed{\phantom{0}}}{3} - \frac{\boxed{\phantom{0}}}{3}\right)$$
$$= \boxed{\phantom{0}} + \frac{\boxed{\phantom{0}}}{3} = \boxed{\phantom{0}}\frac{\boxed{\phantom{0}}}{3}$$

**2** $2\frac{4}{5} - 1\frac{3}{5}$

$$= (\boxed{\phantom{0}} - \boxed{\phantom{0}}) + \left(\frac{\boxed{\phantom{0}}}{5} - \frac{\boxed{\phantom{0}}}{5}\right)$$
$$= \boxed{\phantom{0}} + \frac{\boxed{\phantom{0}}}{5} = \boxed{\phantom{0}}\frac{\boxed{\phantom{0}}}{5}$$

**3** $5\frac{7}{8} - 3\frac{2}{8}$

$$= (\boxed{\phantom{0}} - \boxed{\phantom{0}}) + \left(\frac{\boxed{\phantom{0}}}{8} - \frac{\boxed{\phantom{0}}}{8}\right)$$
$$= \boxed{\phantom{0}} + \frac{\boxed{\phantom{0}}}{8} = \boxed{\phantom{0}}\frac{\boxed{\phantom{0}}}{8}$$

◆ ☐ 안에 알맞은 수를 써넣으세요.

**4** $2\frac{3}{4} - 1\frac{1}{4} = \frac{\boxed{\phantom{0}}}{4} - \frac{\boxed{\phantom{0}}}{4}$
$$= \frac{\boxed{\phantom{0}}}{4} = \boxed{\phantom{0}}\frac{\boxed{\phantom{0}}}{4}$$

**5** $3\frac{5}{7} - 1\frac{4}{7} = \frac{\boxed{\phantom{0}}}{7} - \frac{\boxed{\phantom{0}}}{7}$
$$= \frac{\boxed{\phantom{0}}}{7} = \boxed{\phantom{0}}\frac{\boxed{\phantom{0}}}{7}$$

**6** $3\frac{8}{9} - 2\frac{5}{9} = \frac{\boxed{\phantom{0}}}{9} - \frac{\boxed{\phantom{0}}}{9}$
$$= \frac{\boxed{\phantom{0}}}{9} = \boxed{\phantom{0}}\frac{\boxed{\phantom{0}}}{9}$$

**7** $4\frac{3}{10} - 1\frac{1}{10} = \frac{\boxed{\phantom{0}}}{10} - \frac{\boxed{\phantom{0}}}{10}$
$$= \frac{\boxed{\phantom{0}}}{10} = \boxed{\phantom{0}}\frac{\boxed{\phantom{0}}}{10}$$

 **연습** **분모가 같은 (대분수) - (대분수) (1)**

실수 콕! 10, 14번 문제

$$3\frac{3}{4} - 3\frac{1}{4} = \frac{2}{4} \quad\bigcirc \qquad 3\frac{3}{4} - 3\frac{1}{4} = 0 \quad\times$$

자연수 부분끼리만 계산한 다음 답을 0이라고 쓰면 안 돼.

◆ 뺄셈을 해 보세요.

8 ① $5\frac{4}{5} - 1\frac{1}{5}$

② $5\frac{4}{5} - 2\frac{3}{5}$

9 ① $7\frac{4}{6} - 4\frac{3}{6}$

② $7\frac{4}{6} - 2\frac{2}{6}$

실수 콕!

10 ① $6\frac{5}{7} - 3\frac{2}{7}$

② $6\frac{5}{7} - 6\frac{3}{7}$

11 ① $7\frac{7}{8} - 5\frac{1}{8}$

② $7\frac{7}{8} - 6\frac{3}{8}$

12 ① $8\frac{8}{9} - 4\frac{3}{9}$

② $8\frac{8}{9} - 5\frac{5}{9}$

◆ 뺄셈을 해 보세요.

13 ① $4\frac{9}{10} - 3\frac{4}{10}$

② $5\frac{5}{10} - 3\frac{4}{10}$

실수 콕!

14 ① $7\frac{10}{11} - 7\frac{3}{11}$

② $10\frac{7}{11} - 7\frac{3}{11}$

15 ① $2\frac{3}{12} - 1\frac{1}{12}$

② $4\frac{2}{12} - 1\frac{1}{12}$

16 ① $6\frac{4}{13} - 2\frac{2}{13}$

② $5\frac{3}{13} - 2\frac{2}{13}$

17 ① $8\frac{7}{16} - 6\frac{7}{16}$

② $9\frac{10}{16} - 6\frac{7}{16}$

18 ① $9\frac{13}{21} - 8\frac{10}{21}$

② $12\frac{20}{21} - 8\frac{10}{21}$

1단원 05회

◆ 빈칸에 알맞은 수를 써넣으세요.

**19**

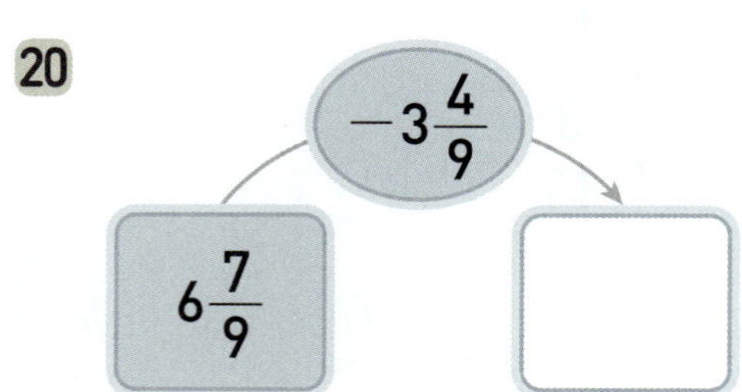


**20**

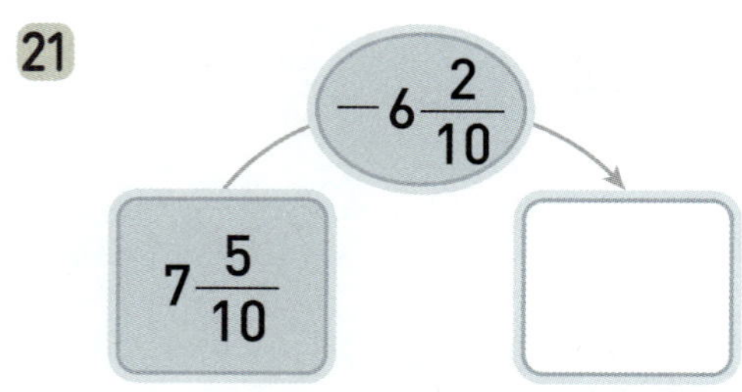


**21**

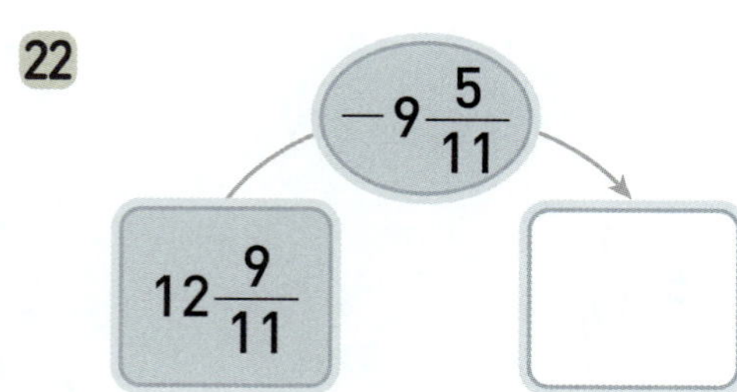


**22**



**23**

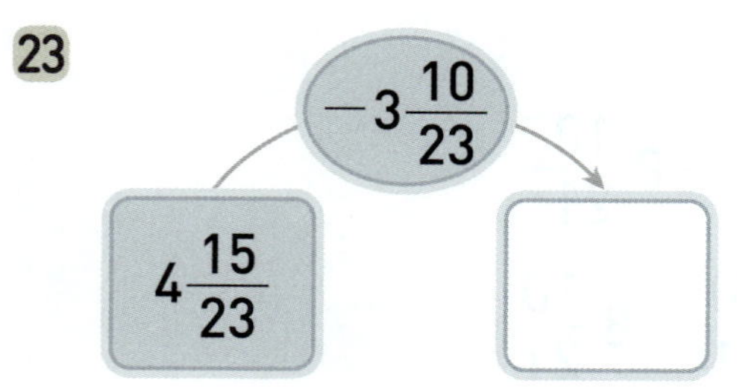


◆ 다음이 나타내는 수를 구하세요.

**24**

$3\dfrac{6}{7}$ 보다 $3\dfrac{5}{7}$ 만큼 더 작은 수

(                    )

**25**

$10\dfrac{6}{10}$ 보다 $6\dfrac{2}{10}$ 만큼 더 작은 수

(                    )

**26**

$8\dfrac{11}{13}$ 보다 $5\dfrac{2}{13}$ 만큼 더 작은 수

(                    )

**27**

$4\dfrac{8}{15}$ 보다 $1\dfrac{3}{15}$ 만큼 더 작은 수

(                    )

**28**

$5\dfrac{9}{22}$ 보다 $3\dfrac{3}{22}$ 만큼 더 작은 수

(                    )

**29**

$6\dfrac{16}{30}$ 보다 $1\dfrac{7}{30}$ 만큼 더 작은 수

(                    )

## ★ 완성  분모가 같은 (대분수) − (대분수) (1)

◆ 서하네 가족이 캠핑장을 찾아가려고 합니다. 알맞은 계산 결과를 따라가며 선을 그리고, 도착한 곳에 ◯표 하세요.

**30**

### ＋문해력

**31** 강아지의 무게는 $6\dfrac{3}{5}$ kg 이고, 고양이의 무게는 $3\dfrac{2}{5}$ kg 입니다. 강아지는 고양이보다 몇 kg 더 무거울까요?

**풀이** (강아지의 무게) − (고양이의 무게)

$$= \boxed{\phantom{00}} - \boxed{\phantom{00}} = \boxed{\phantom{00}}$$

**답** 강아지는 고양이보다 $\boxed{\phantom{00}}$ kg 더 무겁습니다.

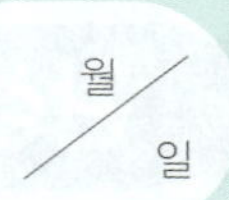

1을 가분수로 바꾸어 분모는 그대로 쓰고 분자끼리 뺍니다.

$$1 - \frac{3}{5} = \frac{5}{5} - \frac{3}{5} = \frac{2}{5}$$

1을 가분수로 바꿀 때 분모는 빼는 진분수의 분모와 같게 바꿔야 해.

3을 가분수로 바꾸어 분모는 그대로 쓰고 분자끼리 뺍니다.

$$3 - \frac{3}{4} = \frac{12}{4} - \frac{3}{4} = \frac{9}{4} = 2\frac{1}{4}$$

3을 가분수로 바꿀 때 분모는 빼는 진분수의 분모와 같게 바꿔야 해.

◆ ☐ 안에 알맞은 수를 써넣으세요.

**1**   $1 - \dfrac{1}{4} = \dfrac{\boxed{\phantom{0}}}{4} - \dfrac{1}{4} = \dfrac{\boxed{\phantom{0}}}{4}$

**2**   $1 - \dfrac{5}{6} = \dfrac{\boxed{\phantom{0}}}{6} - \dfrac{5}{6} = \dfrac{\boxed{\phantom{0}}}{6}$

**3**   $1 - \dfrac{2}{7} = \dfrac{\boxed{\phantom{0}}}{7} - \dfrac{2}{7} = \dfrac{\boxed{\phantom{0}}}{7}$

**4**   $1 - \dfrac{4}{8} = \dfrac{\boxed{\phantom{0}}}{8} - \dfrac{4}{8} = \dfrac{\boxed{\phantom{0}}}{8}$

**5**   $1 - \dfrac{9}{12} = \dfrac{\boxed{\phantom{0}}}{12} - \dfrac{9}{12} = \dfrac{\boxed{\phantom{0}}}{12}$

**6**   $1 - \dfrac{8}{13} = \dfrac{\boxed{\phantom{0}}}{13} - \dfrac{8}{13} = \dfrac{\boxed{\phantom{0}}}{13}$

◆ ☐ 안에 알맞은 수를 써넣으세요.

**7**   $3 - \dfrac{3}{5} = \dfrac{\boxed{\phantom{0}}}{5} - \dfrac{\boxed{\phantom{0}}}{5} = \dfrac{\boxed{\phantom{0}}}{5} = \boxed{\phantom{0}}\dfrac{\boxed{\phantom{0}}}{5}$

**8**   $4 - \dfrac{1}{3} = \dfrac{\boxed{\phantom{0}}}{3} - \dfrac{\boxed{\phantom{0}}}{3} = \dfrac{\boxed{\phantom{0}}}{3} = \boxed{\phantom{0}}\dfrac{\boxed{\phantom{0}}}{3}$

**9**   $5 - \dfrac{1}{2} = \dfrac{\boxed{\phantom{0}}}{2} - \dfrac{\boxed{\phantom{0}}}{2} = \dfrac{\boxed{\phantom{0}}}{2} = \boxed{\phantom{0}}\dfrac{\boxed{\phantom{0}}}{2}$

**10**   $7 - \dfrac{5}{7} = \dfrac{\boxed{\phantom{0}}}{7} - \dfrac{\boxed{\phantom{0}}}{7} = \dfrac{\boxed{\phantom{0}}}{7} = \boxed{\phantom{0}}\dfrac{\boxed{\phantom{0}}}{7}$

## 연습  (자연수) - (진분수)

**실수 콕!** 11~21번 문제

$$4 - \dfrac{1}{5} = \dfrac{20}{5} - \dfrac{1}{5} = \dfrac{19}{5} = 3\dfrac{4}{5}$$

4를 분모가 5인 분수로 바꿔야 해.
분모를 다른 수로 나타내지 않도록 조심!

◆ 뺄셈을 해 보세요.

**11** ① $1 - \dfrac{1}{5}$

② $1 - \dfrac{3}{5}$

**12** ① $1 - \dfrac{4}{7}$

② $1 - \dfrac{6}{7}$

**13** ① $1 - \dfrac{2}{8}$

② $1 - \dfrac{5}{8}$

**14** ① $1 - \dfrac{2}{9}$

② $1 - \dfrac{4}{9}$

**15** ① $1 - \dfrac{5}{11}$

② $1 - \dfrac{8}{11}$

◆ 뺄셈을 해 보세요.

**16** ① $2 - \dfrac{1}{3}$

② $2 - \dfrac{1}{4}$

**17** ① $3 - \dfrac{2}{4}$

② $3 - \dfrac{5}{7}$

**18** ① $4 - \dfrac{2}{3}$

② $4 - \dfrac{3}{6}$

**19** ① $5 - \dfrac{4}{8}$

② $5 - \dfrac{2}{9}$

**20** ① $6 - \dfrac{4}{5}$

② $6 - \dfrac{5}{10}$

**21** ① $7 - \dfrac{1}{6}$

② $7 - \dfrac{3}{8}$

1단원
06회

◆ 빈칸에 알맞은 수를 써넣으세요.

**22**

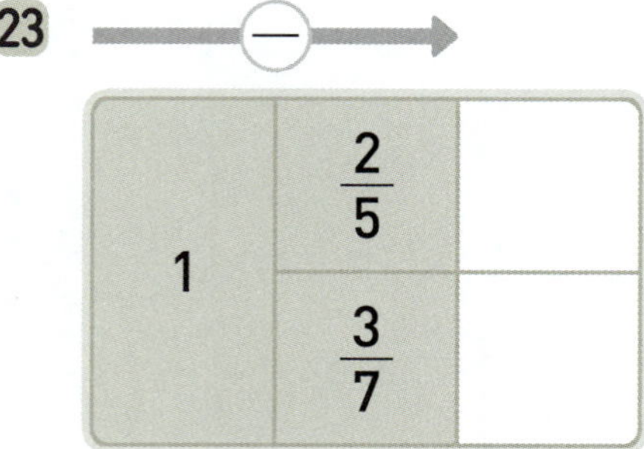


**23**

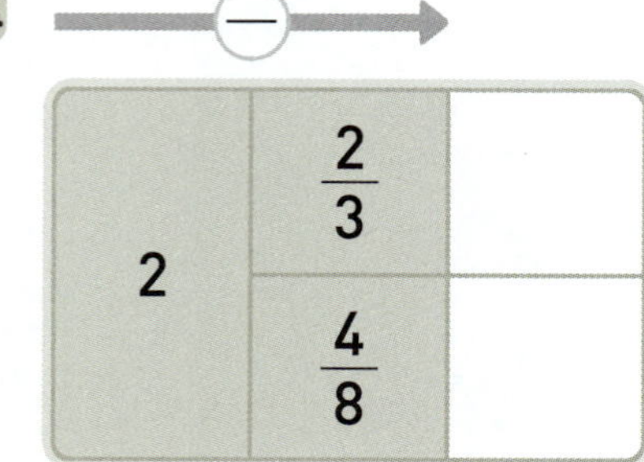


**24**

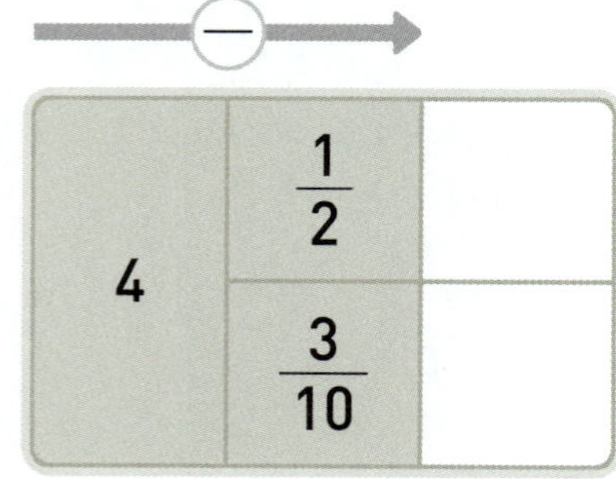


**25**



**26**



◆ 계산 결과가 더 작은 것에 ◯표 하세요.

**27**

$1-\dfrac{1}{8}$  　　  $1-\dfrac{7}{8}$

(　　　)　　　(　　　)

**28**

$1-\dfrac{3}{9}$  　　  $1-\dfrac{7}{9}$

(　　　)　　　(　　　)

**29**

$2-\dfrac{2}{5}$  　　  $1-\dfrac{4}{5}$

(　　　)　　　(　　　)

**30**

$3-\dfrac{5}{6}$  　　  $3-\dfrac{4}{6}$

(　　　)　　　(　　　)

**31**

$4-\dfrac{6}{7}$  　　  $3-\dfrac{1}{7}$

(　　　)　　　(　　　)

**32**

$5-\dfrac{4}{5}$  　　  $5-\dfrac{3}{5}$

(　　　)　　　(　　　)

# ★ 완성 (자연수) - (진분수)

정답 05쪽

◆ 원숭이가 바나나를 찾으러 가는 길이 올바른 뺄셈식이 되도록 선을 그어 보세요.

33

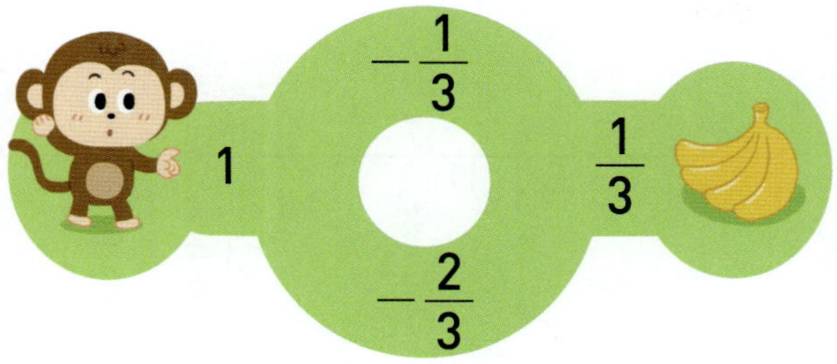
1
$-\frac{1}{3}$
$-\frac{2}{3}$
$\frac{1}{3}$

36

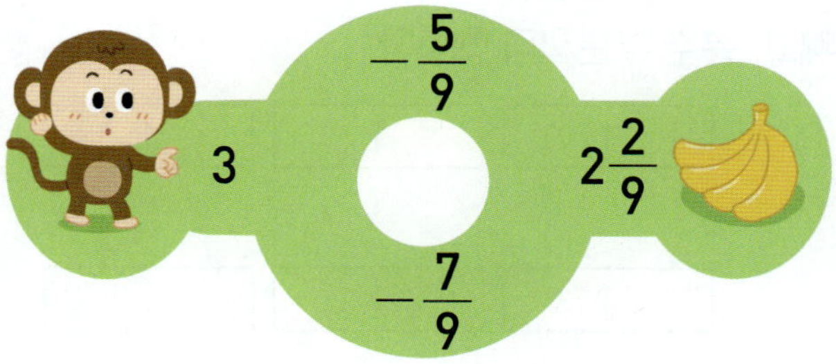
3
$-\frac{5}{9}$
$-\frac{7}{9}$
$2\frac{2}{9}$

34

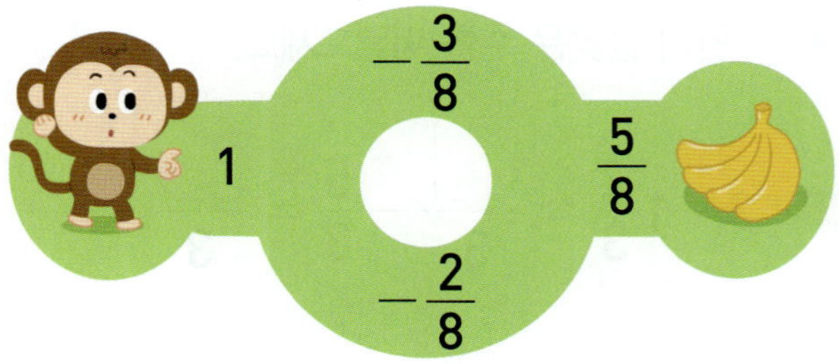
1
$-\frac{3}{8}$
$-\frac{2}{8}$
$\frac{5}{8}$

37

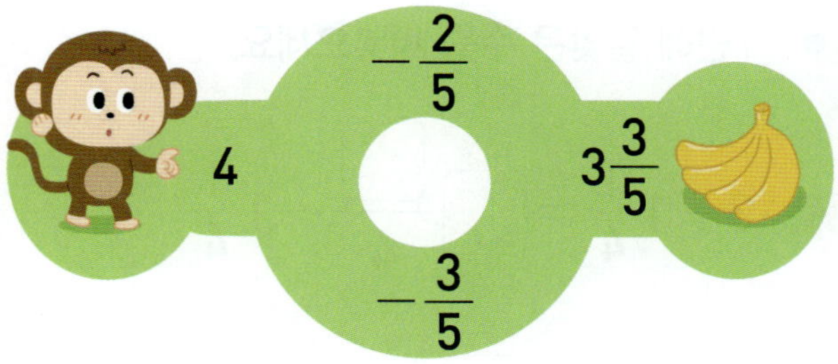
4
$-\frac{2}{5}$
$-\frac{3}{5}$
$3\frac{3}{5}$

35

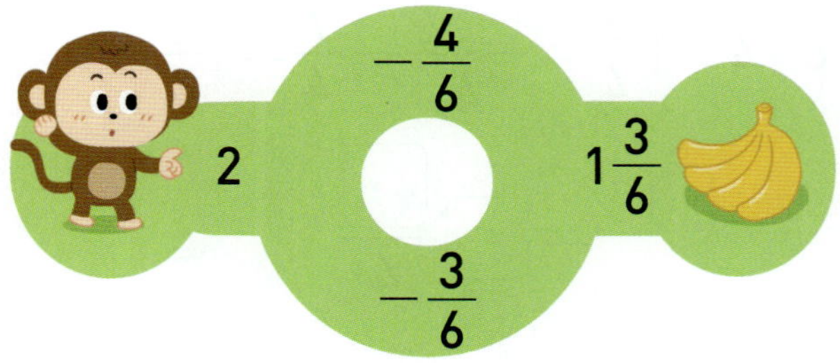
2
$-\frac{4}{6}$
$-\frac{3}{6}$
$1\frac{3}{6}$

38

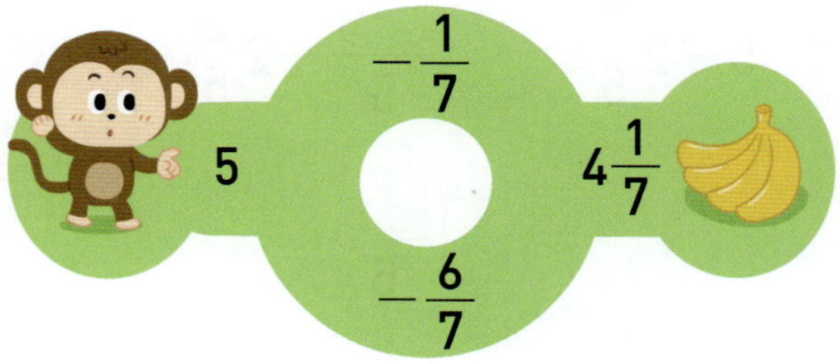
5
$-\frac{1}{7}$
$-\frac{6}{7}$
$4\frac{1}{7}$

1 단원 06회

+문해력

39 정윤이는 물뿌리개에 물을 2 L 담은 후 화단에 물을 주는 데 $\frac{2}{8}$ L를 사용했습니다. 물뿌리개에 남은 물은 몇 L일까요?

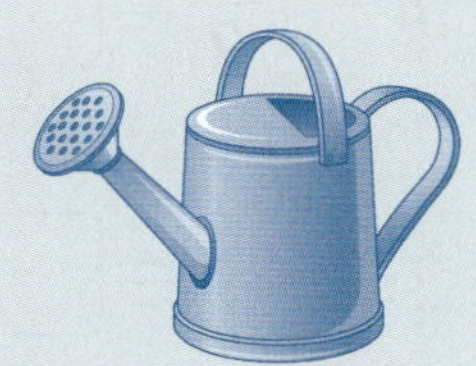

풀이 (처음에 담은 물의 양) − (화단에 물을 주는 데 사용한 물의 양)

= ☐ − ☐ = ☐

답 물뿌리개에 남은 물은 ☐ L입니다.

자연수에서 1만큼을 가분수로 바꾸어 자연수 부분끼리 빼고, 분수 부분끼리 뺍니다.

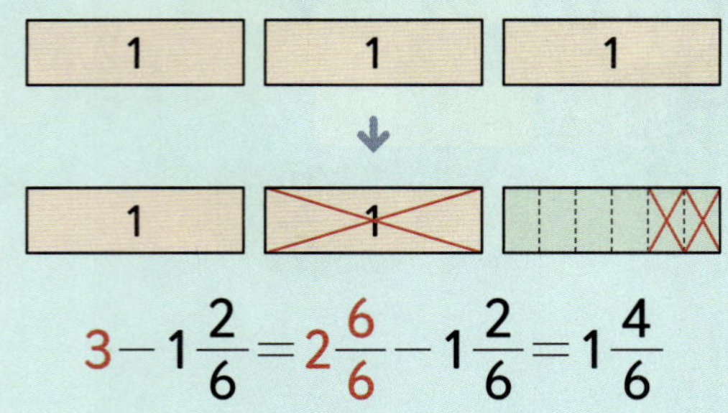

$$3 - 1\frac{2}{6} = 2\frac{6}{6} - 1\frac{2}{6} = 1\frac{4}{6}$$

자연수와 대분수를 가분수로 바꾸어 분자끼리 뺍니다.

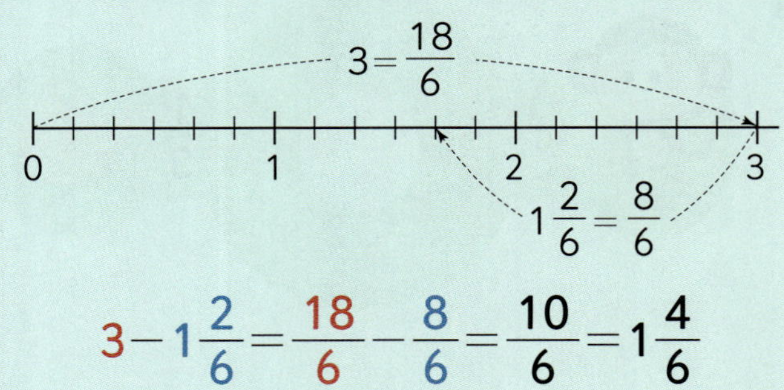


$$3 - 1\frac{2}{6} = \frac{18}{6} - \frac{8}{6} = \frac{10}{6} = 1\frac{4}{6}$$

◆ ☐ 안에 알맞은 수를 써넣으세요.

**1** $3 - 1\frac{1}{4} = \dfrac{\boxed{\ }}{4} - 1\frac{1}{4}$

$= \dfrac{\boxed{\ }}{4}$

**2** $5 - 2\frac{2}{5} = \dfrac{\boxed{\ }}{5} - 2\frac{2}{5}$

$= \dfrac{\boxed{\ }}{5}$

**3** $4 - 1\frac{5}{7} = \dfrac{\boxed{\ }}{7} - 1\frac{5}{7}$

$= \dfrac{\boxed{\ }}{7}$

**4** $6 - 4\frac{7}{9} = \dfrac{\boxed{\ }}{9} - 4\frac{7}{9}$

$= \dfrac{\boxed{\ }}{9}$

◆ ☐ 안에 알맞은 수를 써넣으세요.

**5** $3 - 1\frac{2}{3} = \dfrac{\boxed{\ }}{3} - \dfrac{5}{3} = \dfrac{\boxed{\ }}{3}$

$= \dfrac{\boxed{\ }}{3}$

**6** $4 - 1\frac{3}{4} = \dfrac{\boxed{\ }}{4} - \dfrac{7}{4} = \dfrac{\boxed{\ }}{4}$

$= \dfrac{\boxed{\ }}{4}$

**7** $7 - 3\frac{4}{6} = \dfrac{\boxed{\ }}{6} - \dfrac{22}{6} = \dfrac{\boxed{\ }}{6}$

$= \dfrac{\boxed{\ }}{6}$

**8** $6 - 1\frac{5}{8} = \dfrac{\boxed{\ }}{8} - \dfrac{13}{8} = \dfrac{\boxed{\ }}{8}$

$= \dfrac{\boxed{\ }}{8}$

## 연습 (자연수) - (대분수)

실수 콕! 9~19번 문제

$$3 - 1\frac{3}{4} = 1\frac{1}{4} \qquad 3 - 1\frac{3}{4} = 2\frac{3}{4}$$

자연수 부분만 빼서 계산하지 않도록 조심!

◆ 뺄셈을 해 보세요.

**9** ① $4 - 1\dfrac{3}{5}$

② $4 - 2\dfrac{1}{5}$

**10** ① $5 - 3\dfrac{2}{7}$

② $5 - 4\dfrac{1}{7}$

**11** ① $7 - 4\dfrac{4}{9}$

② $7 - 6\dfrac{5}{9}$

**12** ① $9 - 5\dfrac{3}{10}$

② $9 - 7\dfrac{6}{10}$

**13** ① $12 - 9\dfrac{5}{13}$

② $12 - 10\dfrac{11}{13}$

◆ 뺄셈을 해 보세요.

**14** ① $5 - 2\dfrac{1}{6}$

② $7 - 2\dfrac{1}{6}$

**15** ① $6 - 3\dfrac{4}{7}$

② $8 - 3\dfrac{4}{7}$

**16** ① $9 - 4\dfrac{5}{8}$

② $11 - 4\dfrac{5}{8}$

**17** ① $7 - 6\dfrac{4}{10}$

② $10 - 6\dfrac{4}{10}$

**18** ① $9 - 5\dfrac{11}{12}$

② $12 - 5\dfrac{11}{12}$

**19** ① $3 - 1\dfrac{7}{15}$

② $9 - 1\dfrac{7}{15}$

1단원 07회

◆ 빈칸에 알맞은 수를 써넣으세요.

**20**　$3$　$-1\dfrac{4}{5}$　□

**21**　$6$　$-2\dfrac{3}{6}$　□

**22**　$4$　$-3\dfrac{1}{7}$　□

**23**　$8$　$-3\dfrac{7}{9}$　□

**24**　$10$　$-6\dfrac{5}{12}$　□

**25**　$12$　$-9\dfrac{13}{14}$　□

**26**　$9$　$-4\dfrac{8}{15}$　□

◆ 관계있는 것끼리 이어 보세요.

**27**

$8-3\dfrac{1}{5}$ ·

$7-2\dfrac{4}{5}$ ·

· $5\dfrac{1}{5}$

· $4\dfrac{1}{5}$

· $4\dfrac{4}{5}$

**28**

$10-6\dfrac{1}{7}$ ·

$5-1\dfrac{3}{7}$ ·

· $3\dfrac{6}{7}$

· $3\dfrac{4}{7}$

· $4\dfrac{4}{7}$

**29**

$6-4\dfrac{5}{9}$ ·

$7-3\dfrac{5}{9}$ ·

· $1\dfrac{4}{9}$

· $2\dfrac{4}{9}$

· $3\dfrac{4}{9}$

**30**

$13-3\dfrac{8}{11}$ ·

$13-4\dfrac{5}{11}$ ·

· $10\dfrac{3}{11}$

· $9\dfrac{3}{11}$

· $8\dfrac{6}{11}$

## ★ 완성 (자연수) − (대분수)

◆ 상자에 걸려 있는 자물쇠를 열려면 ?에 알맞은 수가 적혀 있는 열쇠가 필요합니다. 알맞은 열쇠를 찾아 ○표 하세요.

**31** 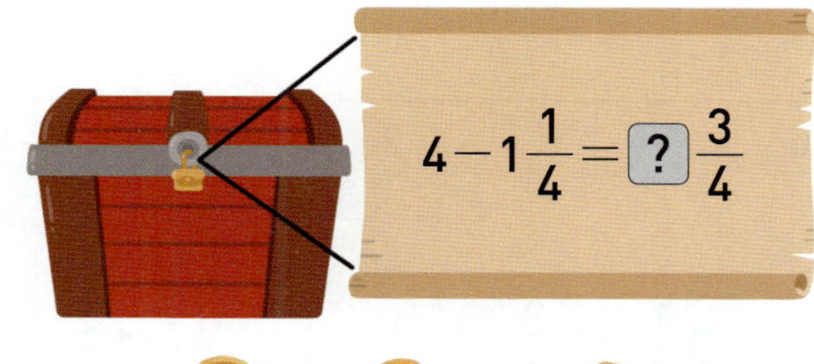
$$4 - 1\frac{1}{4} = \boxed{?}\,\frac{3}{4}$$

**33** 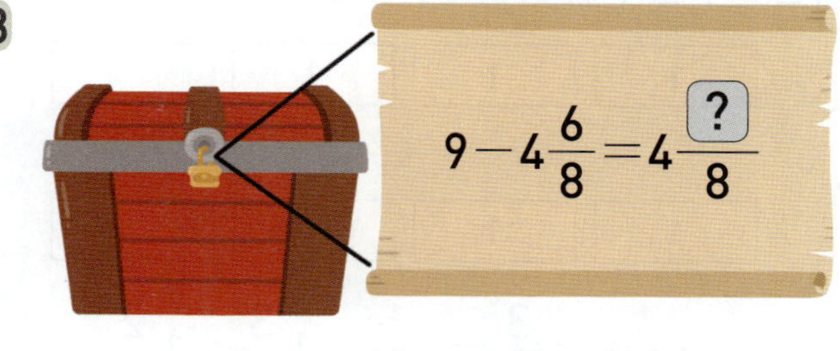
$$9 - 4\frac{6}{8} = 4\frac{\boxed{?}}{8}$$

**32** 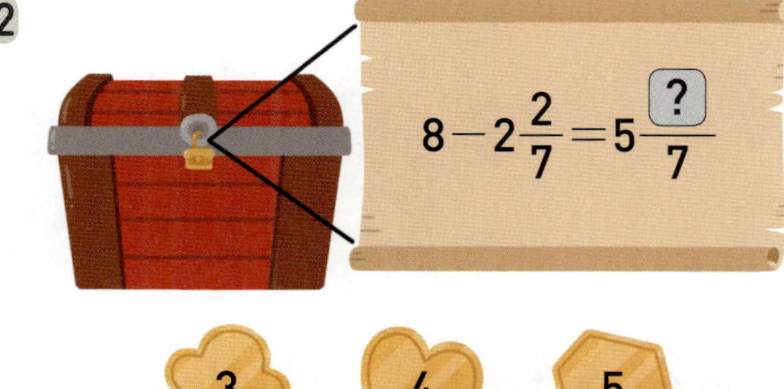
$$8 - 2\frac{2}{7} = 5\frac{\boxed{?}}{7}$$

**34** 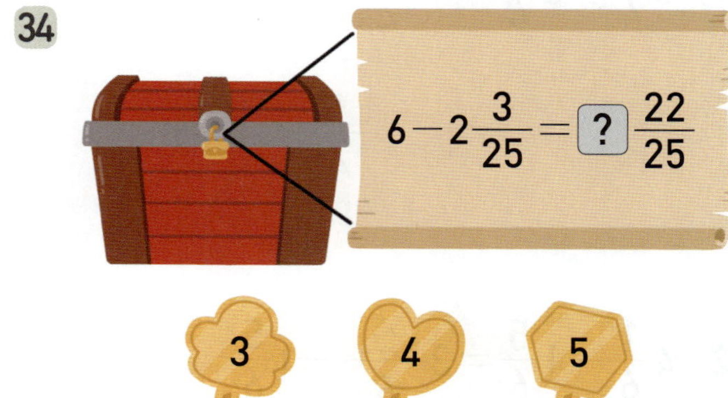
$$6 - 2\frac{3}{25} = \boxed{?}\,\frac{22}{25}$$

### ＋문해력

**35** 지후가 사용하고 남은 색 테이프의 길이는 몇 m일까요?

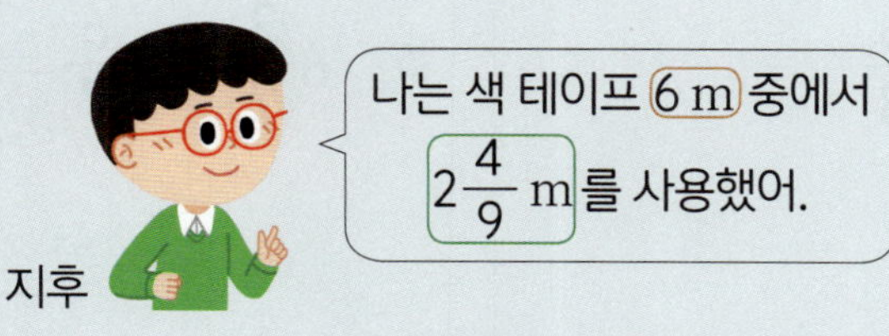


**풀이** (색 테이프의 전체 길이) − (사용한 색 테이프의 길이)

$$= \boxed{\phantom{0}} - \boxed{\phantom{0}} = \boxed{\phantom{0}}$$

**답** 지후가 사용하고 남은 색 테이프의 길이는 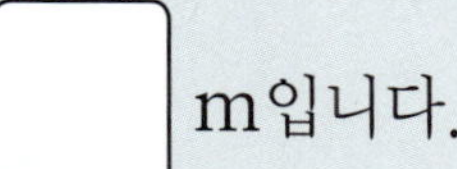 m입니다.

# 분모가 같은 (대분수) − (대분수) (2)
≫ 진분수 부분끼리 뺄 수 없는 경우

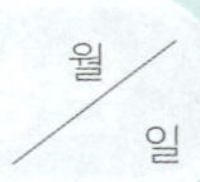

빼지는 대분수의 자연수에서 1만큼을 가분수로 바꾸어 자연수 부분끼리 빼고, 분수 부분끼리 뺍니다.

$$3\frac{1}{4} - 1\frac{3}{4} = 2\frac{5}{4} - 1\frac{3}{4} = 1\frac{2}{4}$$

대분수를 가분수로 바꾸어 분자끼리 뺍니다.

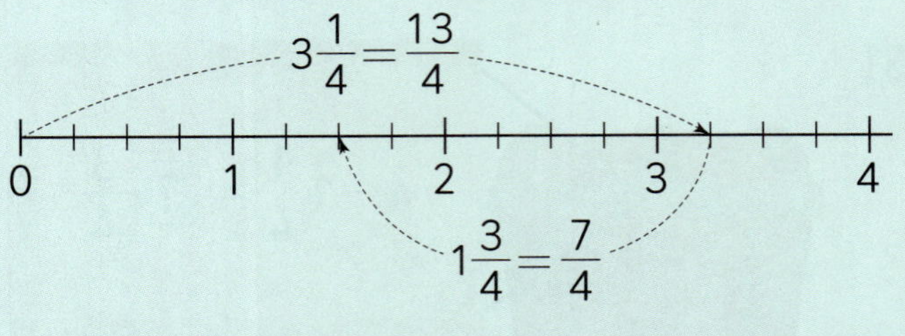

$$3\frac{1}{4} = \frac{13}{4} \qquad 1\frac{3}{4} = \frac{7}{4}$$

$$3\frac{1}{4} - 1\frac{3}{4} = \frac{13}{4} - \frac{7}{4} = \frac{6}{4} = 1\frac{2}{4}$$

◆ ☐ 안에 알맞은 수를 써넣으세요.

**1**   $5\dfrac{2}{4} - 2\dfrac{3}{4} = 4\dfrac{\boxed{\phantom{0}}}{4} - 2\dfrac{3}{4}$

$= \boxed{\phantom{0}}\dfrac{\boxed{\phantom{0}}}{4}$

**2**   $4\dfrac{1}{6} - 1\dfrac{5}{6} = 3\dfrac{\boxed{\phantom{0}}}{6} - 1\dfrac{5}{6}$

$= \boxed{\phantom{0}}\dfrac{\boxed{\phantom{0}}}{6}$

**3**   $7\dfrac{4}{8} - 3\dfrac{6}{8} = 6\dfrac{\boxed{\phantom{0}}}{8} - 3\dfrac{6}{8}$

$= \boxed{\phantom{0}}\dfrac{\boxed{\phantom{0}}}{8}$

**4**   $6\dfrac{3}{9} - 3\dfrac{7}{9} = 5\dfrac{\boxed{\phantom{0}}}{9} - 3\dfrac{7}{9}$

$= \boxed{\phantom{0}}\dfrac{\boxed{\phantom{0}}}{9}$

◆ ☐ 안에 알맞은 수를 써넣으세요.

**5**   $5\dfrac{1}{3} - 2\dfrac{2}{3} = \dfrac{\boxed{\phantom{0}}}{3} - \dfrac{\boxed{\phantom{0}}}{3}$

$= \dfrac{\boxed{\phantom{0}}}{3} = \boxed{\phantom{0}}\dfrac{\boxed{\phantom{0}}}{3}$

**6**   $3\dfrac{2}{5} - 1\dfrac{4}{5} = \dfrac{\boxed{\phantom{0}}}{5} - \dfrac{\boxed{\phantom{0}}}{5}$

$= \dfrac{\boxed{\phantom{0}}}{5} = \boxed{\phantom{0}}\dfrac{\boxed{\phantom{0}}}{5}$

**7**   $6\dfrac{3}{7} - 2\dfrac{6}{7} = \dfrac{\boxed{\phantom{0}}}{7} - \dfrac{\boxed{\phantom{0}}}{7}$

$= \dfrac{\boxed{\phantom{0}}}{7} = \boxed{\phantom{0}}\dfrac{\boxed{\phantom{0}}}{7}$

**8**   $2\dfrac{5}{11} - 1\dfrac{10}{11} = \dfrac{\boxed{\phantom{0}}}{11} - \dfrac{\boxed{\phantom{0}}}{11}$

$= \dfrac{\boxed{\phantom{0}}}{11}$

 **연습** 분모가 같은 (대분수) - (대분수) (2)

**실수 콕!** 9~19번 문제

$$3\frac{1}{4} - 1\frac{2}{4} = 1\frac{3}{4} \qquad 3\frac{1}{4} - 1\frac{2}{4} = 2\frac{1}{4}$$

진분수 부분끼리 뺄 수 없을 때,
큰 진분수 $\frac{2}{4}$ 에서 작은 진분수 $\frac{1}{4}$ 를 빼지 않도록 조심!

◆ 뺄셈을 해 보세요.

**9** ① $4\frac{2}{5} - 2\frac{3}{5}$

② $4\frac{2}{5} - 3\frac{4}{5}$

**10** ① $5\frac{3}{6} - 3\frac{5}{6}$

② $5\frac{3}{6} - 4\frac{4}{6}$

**11** ① $5\frac{2}{7} - 1\frac{3}{7}$

② $5\frac{2}{7} - 2\frac{6}{7}$

**12** ① $6\frac{1}{8} - 2\frac{4}{8}$

② $6\frac{1}{8} - 4\frac{6}{8}$

**13** ① $7\frac{2}{9} - 3\frac{3}{9}$

② $7\frac{2}{9} - 5\frac{4}{9}$

◆ 뺄셈을 해 보세요.

**14** ① $7\frac{2}{10} - 5\frac{5}{10}$

② $9\frac{3}{10} - 5\frac{5}{10}$

**15** ① $10\frac{4}{11} - 6\frac{6}{11}$

② $12\frac{5}{11} - 6\frac{6}{11}$

**16** ① $3\frac{5}{13} - 1\frac{8}{13}$

② $5\frac{1}{13} - 1\frac{8}{13}$

**17** ① $4\frac{2}{14} - 2\frac{3}{14}$

② $6\frac{1}{14} - 2\frac{3}{14}$

**18** ① $8\frac{5}{15} - 3\frac{11}{15}$

② $10\frac{8}{15} - 3\frac{11}{15}$

**19** ① $6\frac{2}{20} - 4\frac{5}{20}$

② $8\frac{1}{20} - 4\frac{5}{20}$

**1**단원

**08**회

◆ ☐ 안에 알맞은 수를 써넣으세요.

**20** $3\frac{5}{7}$ → $-1\frac{6}{7}$ → ☐

**21** $7\frac{1}{8}$ → $-4\frac{2}{8}$ → ☐

**22** $8\frac{4}{9}$ → $-3\frac{5}{9}$ → ☐

**23** $6\frac{3}{10}$ → $-2\frac{7}{10}$ → ☐

**24** $11\frac{3}{12}$ → $-9\frac{7}{12}$ → ☐

**25** $10\frac{9}{17}$ → $-5\frac{15}{17}$ → ☐

**26** $8\frac{6}{21}$ → $-7\frac{15}{21}$ → ☐

◆ 계산 결과가 더 큰 것에 ◯표 하세요.

**27** $5\frac{2}{4}-4\frac{3}{4}$ （　　） $3\frac{1}{4}-2\frac{3}{4}$ （　　）

**28** $7\frac{3}{8}-2\frac{4}{8}$ （　　） $5\frac{2}{8}-1\frac{7}{8}$ （　　）

**29** $7\frac{4}{9}-5\frac{7}{9}$ （　　） $10\frac{3}{9}-8\frac{4}{9}$ （　　）

**30** $5\frac{2}{18}-3\frac{3}{18}$ （　　） $9\frac{3}{18}-7\frac{5}{18}$ （　　）

**31** $8\frac{15}{29}-4\frac{20}{29}$ （　　） $9\frac{3}{29}-5\frac{6}{29}$ （　　）

**32** $6\frac{5}{32}-1\frac{17}{32}$ （　　） $7\frac{10}{32}-2\frac{21}{32}$ （　　）

## ★ 완성  분모가 같은 (대분수) - (대분수) (2)

◆ 계산한 결과가 옳으면 ➡, 틀리면 ➡를 따라갈 때 도착하는 곳에 ◯표 하세요.

**33**

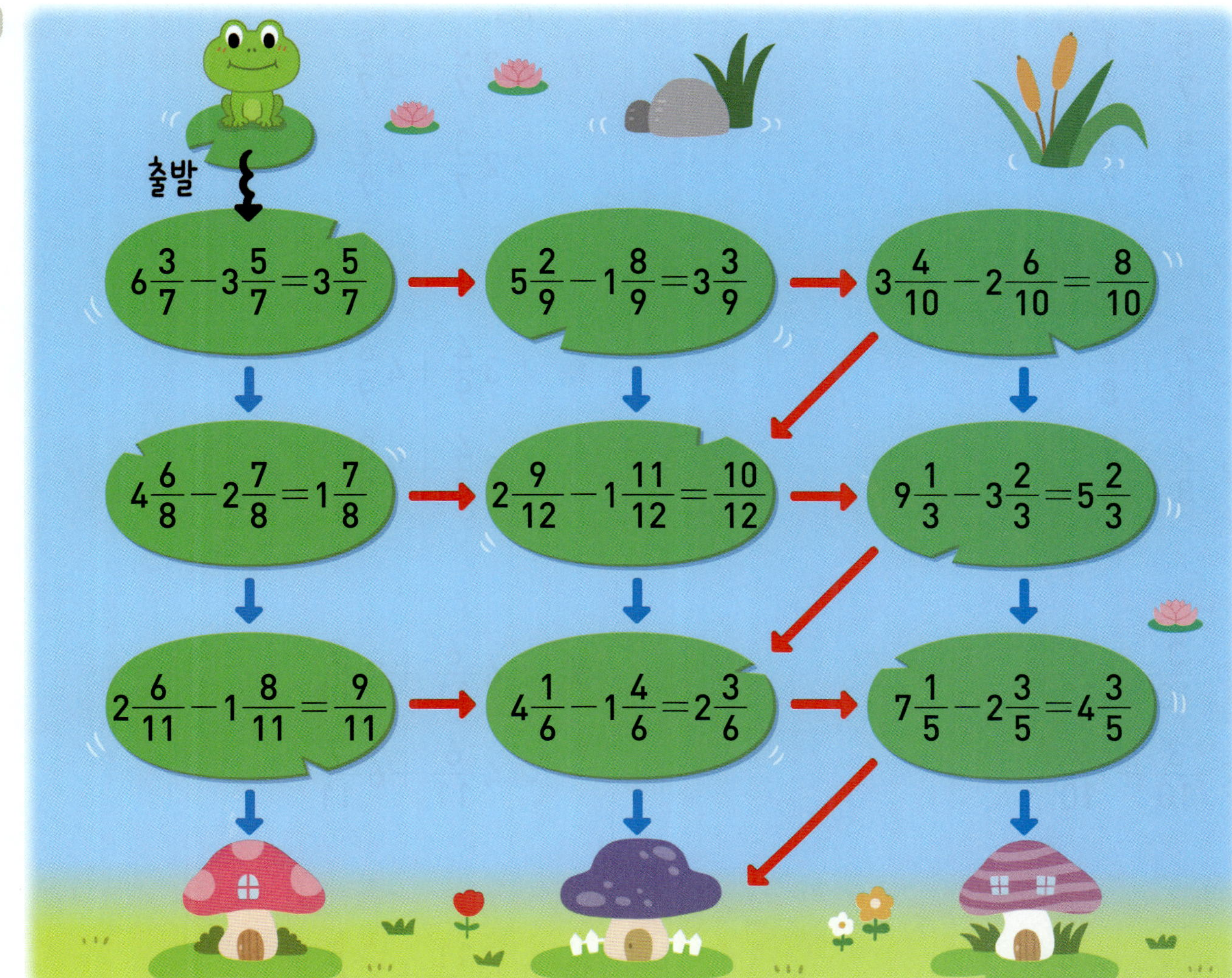




### ＋문해력

**34** 끈을 하민이는 $2\frac{2}{4}$ m, 신우는 $1\frac{3}{4}$ m 가지고 있습니다. 하민이는 신우보다 끈을 몇 m 더 많이 가지고 있을까요?

$2\frac{2}{4}$ m          $1\frac{3}{4}$ m

**풀이** (하민이가 가지고 있는 끈의 길이) － (신우가 가지고 있는 끈의 길이)

$= \boxed{\phantom{00}} - \boxed{\phantom{00}} = \boxed{\phantom{00}}$

**답** 하민이는 신우보다 끈을 $\boxed{\phantom{00}}$ m 더 많이 가지고 있습니다.

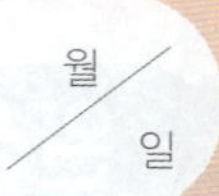

◆ 덧셈을 해 보세요.

**1** ① $\dfrac{5}{7}+\dfrac{1}{7}$

② $\dfrac{5}{7}+\dfrac{4}{7}$

**2** ① $\dfrac{2}{8}+\dfrac{2}{8}$

② $\dfrac{2}{8}+\dfrac{7}{8}$

**3** ① $\dfrac{3}{10}+\dfrac{3}{10}$

② $\dfrac{3}{10}+\dfrac{9}{10}$

**4** ① $1\dfrac{1}{6}+2\dfrac{2}{6}$

② $1\dfrac{1}{6}+3\dfrac{4}{6}$

**5** ① $2\dfrac{2}{8}+2\dfrac{3}{8}$

② $2\dfrac{2}{8}+5\dfrac{5}{8}$

**6** ① $3\dfrac{2}{10}+1\dfrac{4}{10}$

② $3\dfrac{2}{10}+6\dfrac{7}{10}$

◆ 덧셈을 해 보세요.

**7** ① $2\dfrac{3}{7}+3\dfrac{5}{7}$

② $2\dfrac{3}{7}+4\dfrac{6}{7}$

**8** ① $3\dfrac{4}{9}+4\dfrac{6}{9}$

② $3\dfrac{4}{9}+7\dfrac{8}{9}$

**9** ① $4\dfrac{6}{11}+2\dfrac{9}{11}$

② $4\dfrac{6}{11}+6\dfrac{7}{11}$

**10** ① $5\dfrac{11}{12}+3\dfrac{5}{12}$

② $5\dfrac{11}{12}+4\dfrac{7}{12}$

**11** ① $7\dfrac{8}{13}+2\dfrac{11}{13}$

② $7\dfrac{8}{13}+8\dfrac{8}{13}$

**12** ① $9\dfrac{14}{20}+1\dfrac{13}{20}$

② $9\dfrac{14}{20}+3\dfrac{17}{20}$

◆ 뺄셈을 해 보세요.

**13** ① $\dfrac{5}{6} - \dfrac{1}{6}$

② $\dfrac{5}{6} - \dfrac{4}{6}$

**14** ① $\dfrac{9}{10} - \dfrac{4}{10}$

② $\dfrac{9}{10} - \dfrac{6}{10}$

**15** ① $5\dfrac{3}{4} - 2\dfrac{1}{4}$

② $5\dfrac{3}{4} - 3\dfrac{2}{4}$

**16** ① $7\dfrac{2}{5} - 1\dfrac{1}{5}$

② $7\dfrac{2}{5} - 3\dfrac{2}{5}$

**17** ① $1 - \dfrac{3}{7}$

② $1 - \dfrac{5}{7}$

**18** ① $5 - \dfrac{2}{5}$

② $5 - \dfrac{3}{9}$

◆ 뺄셈을 해 보세요.

**19** ① $8 - 4\dfrac{2}{3}$

② $8 - 5\dfrac{1}{3}$

**20** ① $9 - 2\dfrac{4}{6}$

② $9 - 3\dfrac{2}{6}$

**21** ① $12 - 4\dfrac{3}{7}$

② $12 - 6\dfrac{5}{7}$

**22** ① $5\dfrac{3}{6} - 3\dfrac{5}{6}$

② $5\dfrac{3}{6} - 4\dfrac{4}{6}$

**23** ① $7\dfrac{2}{8} - 2\dfrac{7}{8}$

② $7\dfrac{2}{8} - 5\dfrac{6}{8}$

**24** ① $8\dfrac{1}{10} - 4\dfrac{3}{10}$

② $8\dfrac{1}{10} - 6\dfrac{8}{10}$

1단원 09회

◆ 빈칸에 알맞은 수를 써넣으세요.

**1**
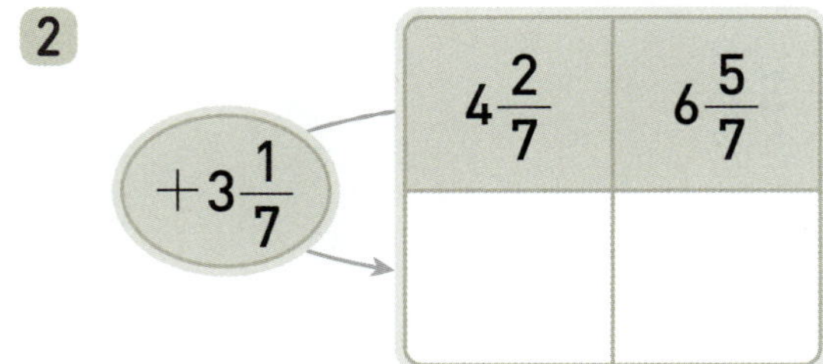

**2**
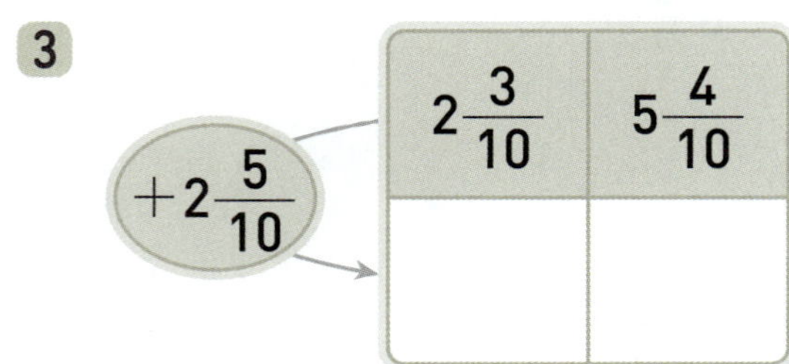

**3**
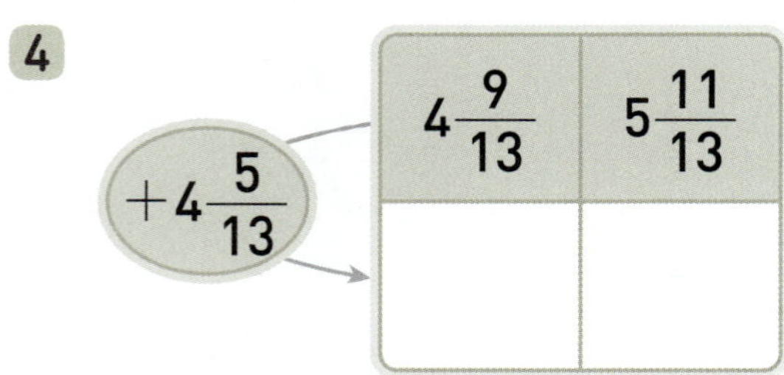

**4**

**5**

◆ ☐ 안에 알맞은 수를 써넣으세요.

**6**
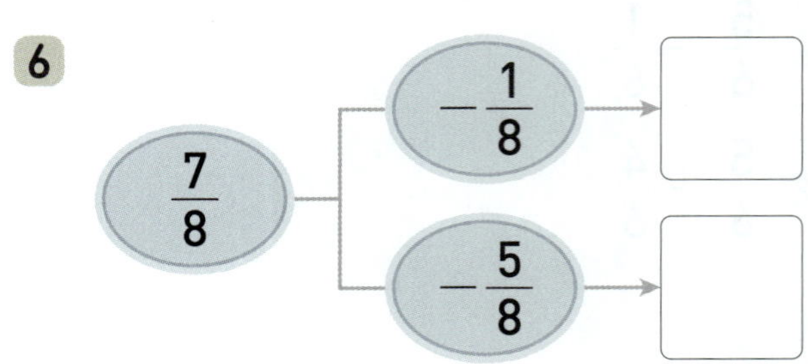

**7**
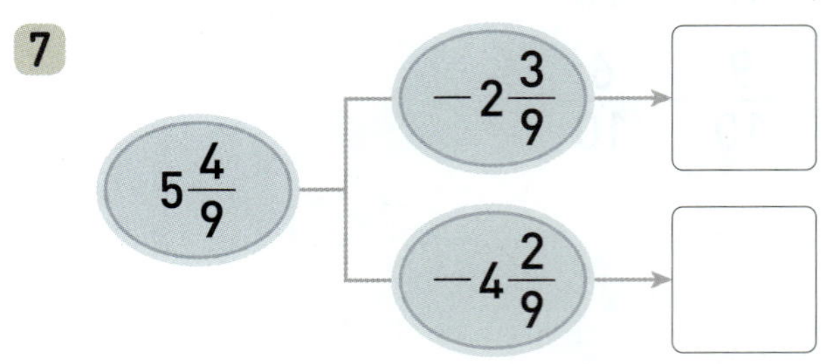

**8**
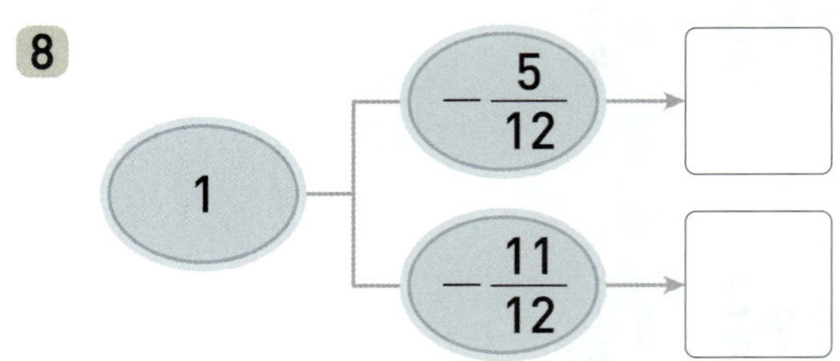

**9**
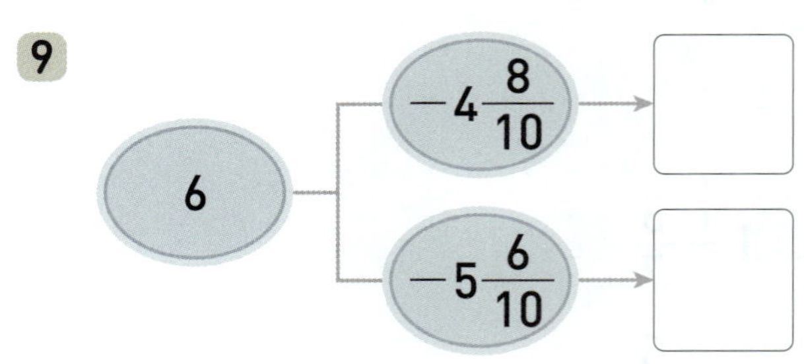

**10**
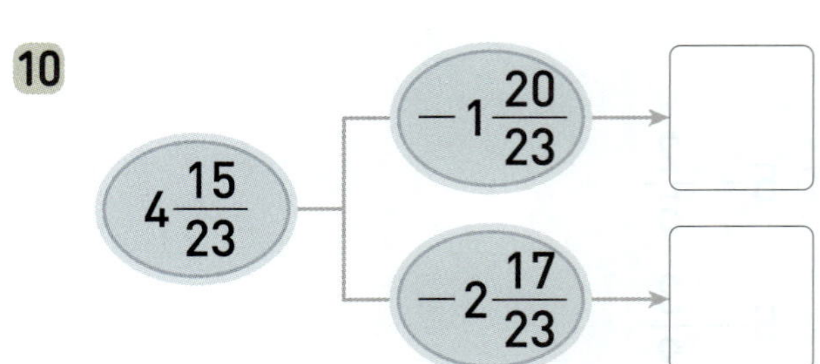

◆ 계산 결과를 비교하여 ○ 안에 $>$, $=$, $<$를 알맞게 써넣으세요.

**11** $\dfrac{1}{7}+\dfrac{3}{7}$ ○ $\dfrac{6}{7}-\dfrac{2}{7}$

**12** $\dfrac{8}{11}+\dfrac{4}{11}$ ○ $3-1\dfrac{4}{11}$

**13** $1\dfrac{4}{8}+3\dfrac{3}{8}$ ○ $5-1\dfrac{4}{8}$

**14** $3\dfrac{3}{5}-1\dfrac{4}{5}$ ○ $1\dfrac{3}{5}+1\dfrac{4}{5}$

**15** $5\dfrac{5}{6}-4\dfrac{1}{6}$ ○ $2-\dfrac{3}{6}$

**16** $\dfrac{11}{13}-\dfrac{7}{13}$ ○ $1-\dfrac{6}{13}$

**17** $2\dfrac{2}{9}+1\dfrac{6}{9}$ ○ $4\dfrac{7}{9}-1\dfrac{5}{9}$

**18** $3\dfrac{8}{10}+3\dfrac{7}{10}$ ○ $8\dfrac{6}{10}-1\dfrac{8}{10}$

◆ 다음이 나타내는 수를 구하세요.

**19**
$\dfrac{6}{24}$보다 $\dfrac{11}{24}$만큼 더 큰 수

(                    )

**20**
$2\dfrac{3}{8}$보다 $4\dfrac{3}{8}$만큼 더 큰 수

(                    )

**21**
$3\dfrac{5}{10}$보다 $4\dfrac{6}{10}$만큼 더 큰 수

(                    )

**22**
$8\dfrac{9}{11}$보다 $2\dfrac{4}{11}$만큼 더 작은 수

(                    )

**23**
$5$보다 $3\dfrac{2}{7}$만큼 더 작은 수

(                    )

**24**
$7\dfrac{2}{9}$보다 $2\dfrac{4}{9}$만큼 더 작은 수

(                    )

# 2 삼각형

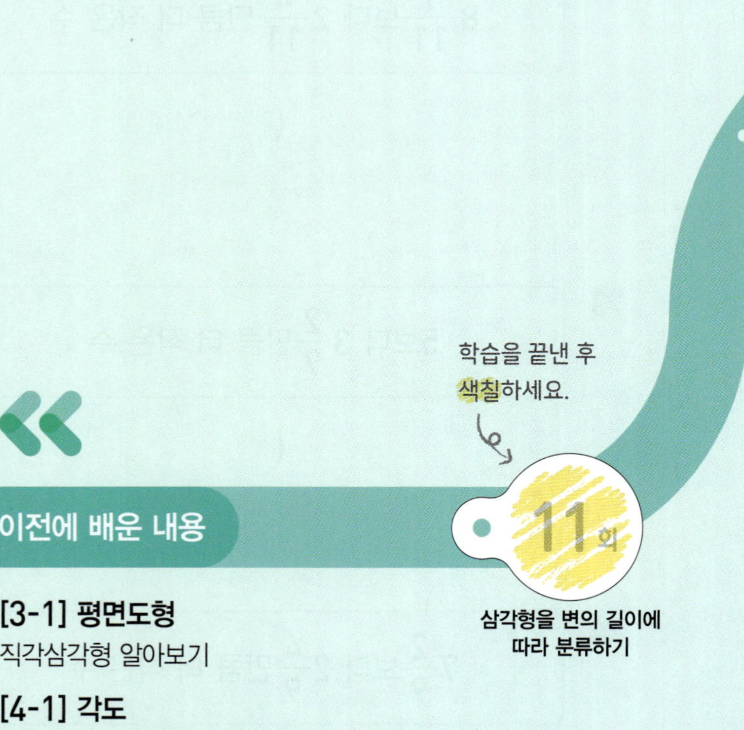



**[3-1] 평면도형**
직각삼각형 알아보기

**[4-1] 각도**
예각과 둔각 알아보기
삼각형의 세 각의 크기의 합

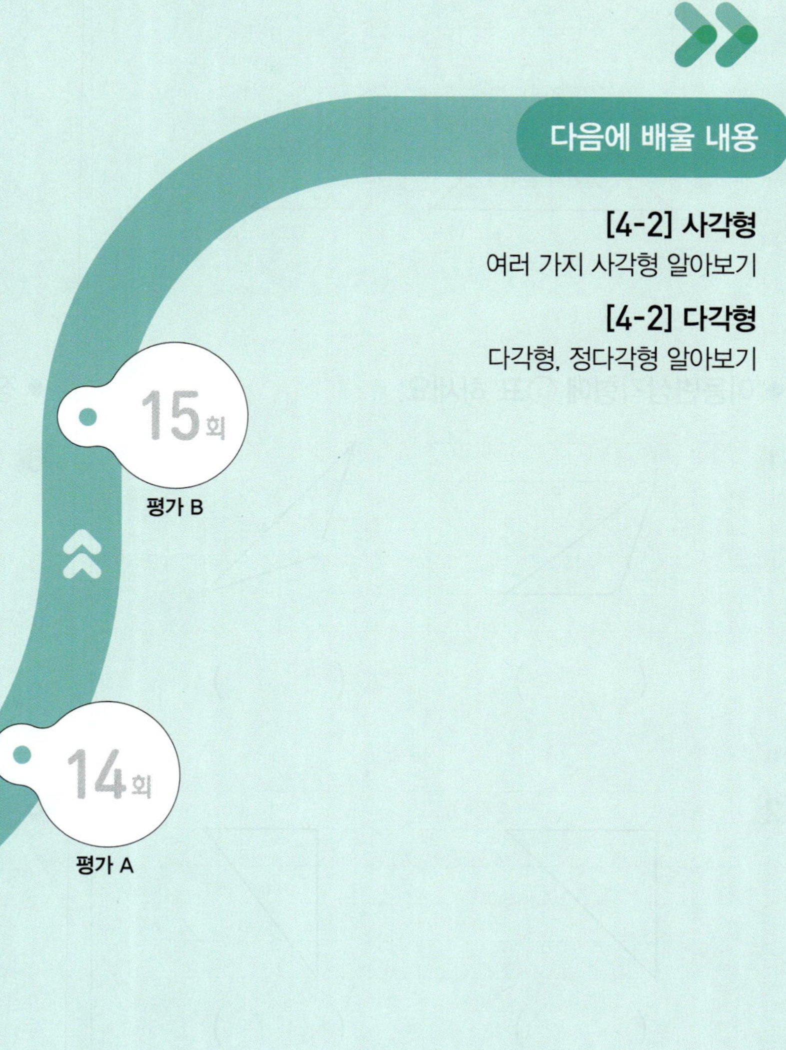


다음에 배울 내용

[4-2] 사각형
여러 가지 사각형 알아보기

[4-2] 다각형
다각형, 정다각형 알아보기

15회
평가 B

14회
평가 A

13회
삼각형을 각의 크기에
따라 분류하기

두 변의 길이가 같은 삼각형을 이등변삼각형이라고 합니다.

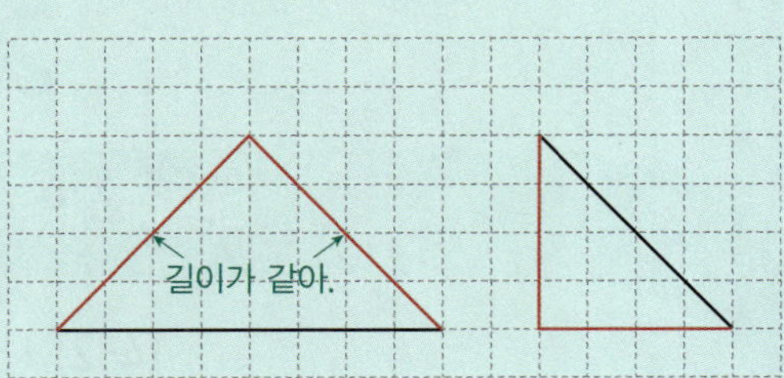


세 변의 길이가 같은 삼각형을 정삼각형이라고 합니다.

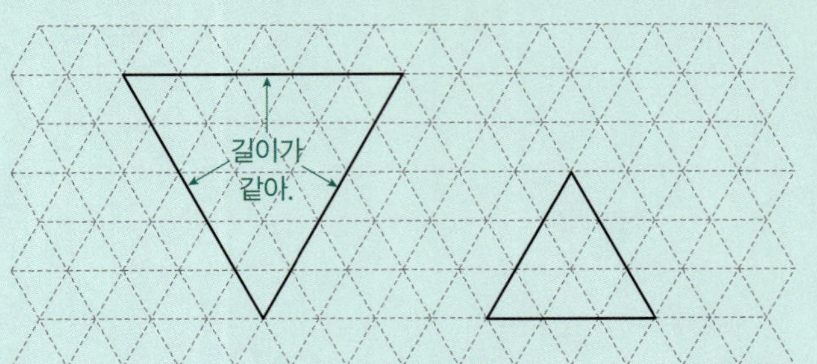


◆ 이등변삼각형에 ◯표 하세요.

**1**
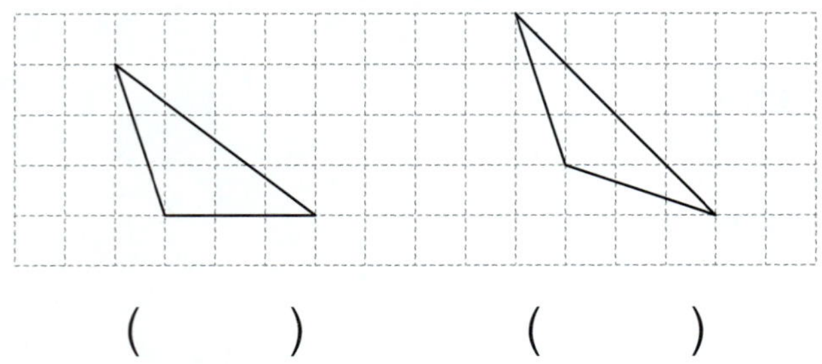
(       )       (       )

**2**

(       )       (       )

**3**
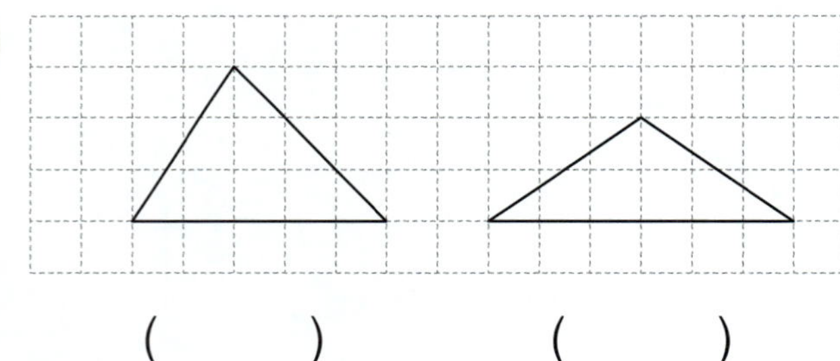
(       )       (       )

**4**
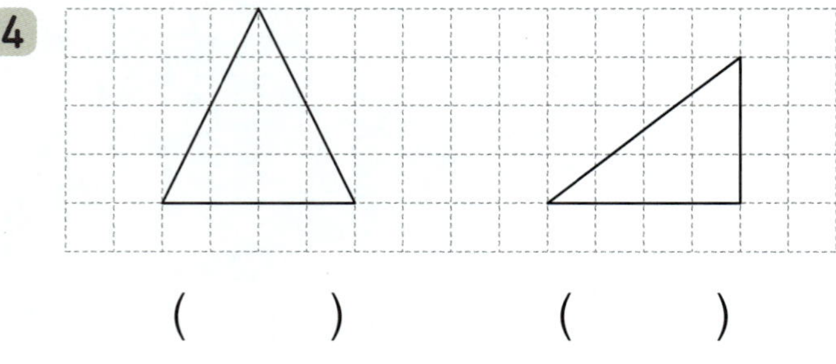
(       )       (       )

◆ 정삼각형에 ◯표 하세요.

**5**
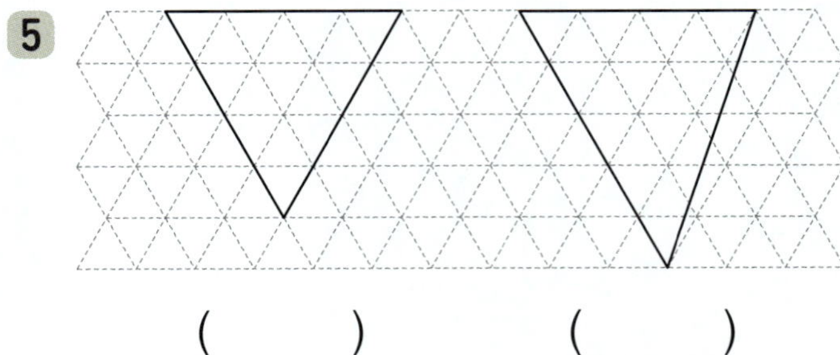
(       )       (       )

**6**
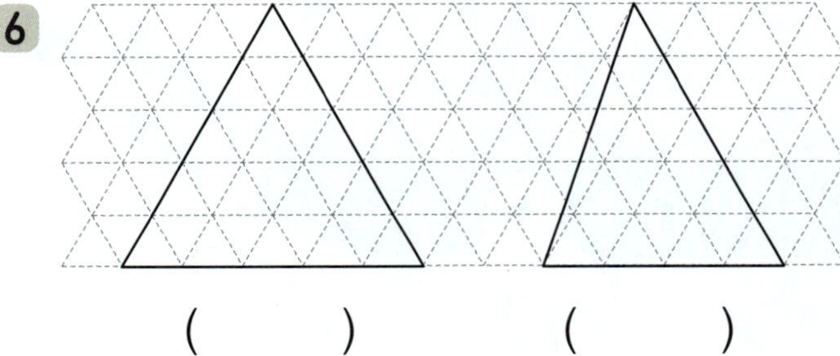
(       )       (       )

**7**
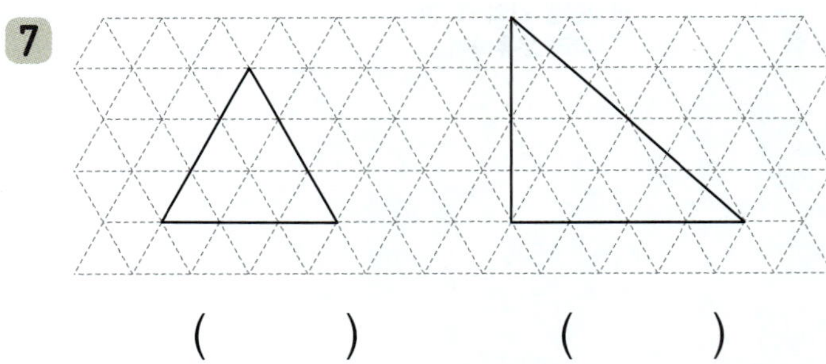
(       )       (       )

**8**
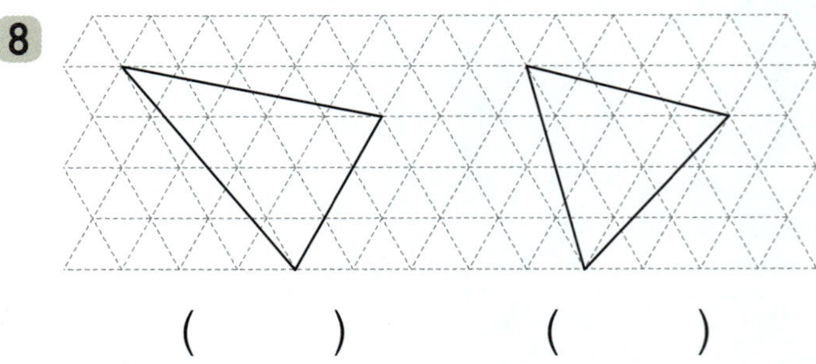
(       )       (       )

## 연습 · 삼각형을 변의 길이에 따라 분류하기

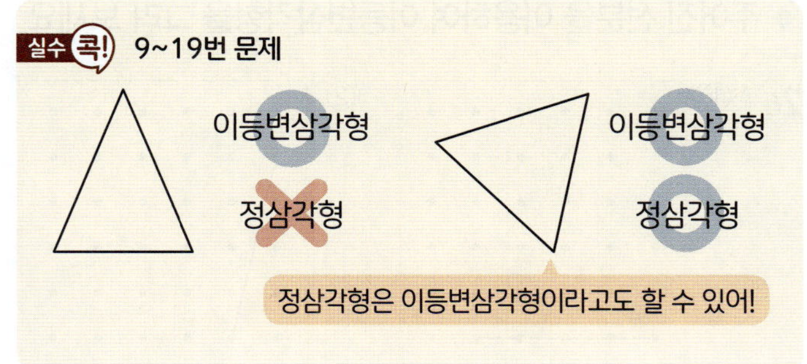


◆ 이등변삼각형을 모두 찾아 기호를 쓰세요.

**9**

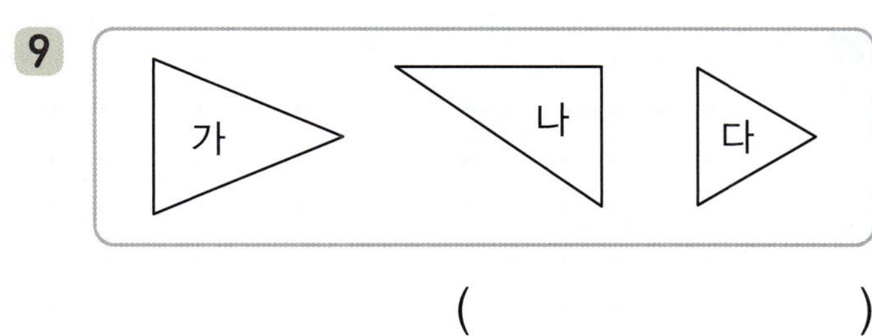


(                    )

**10**

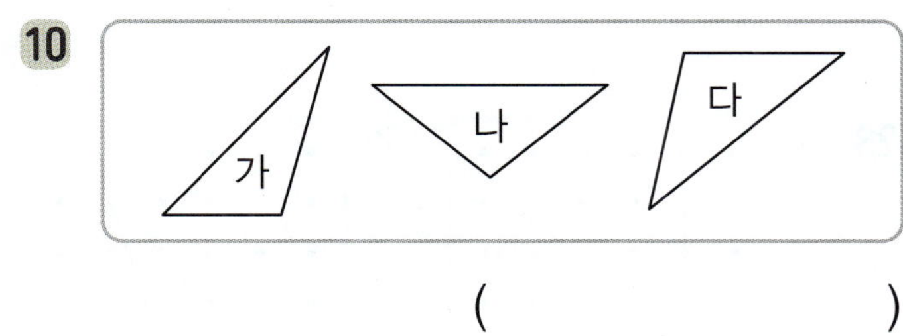


(                    )

**11**

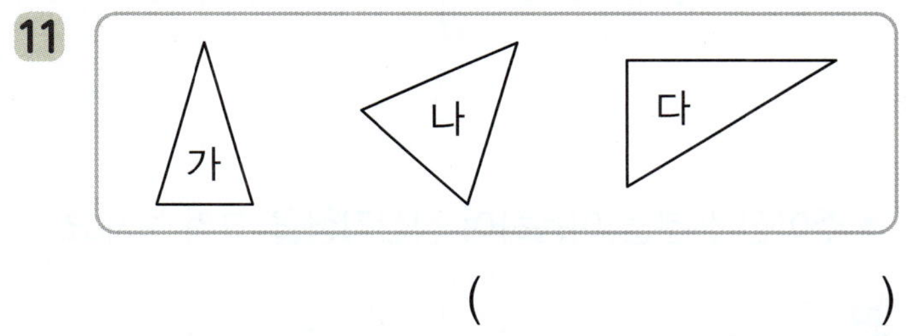


(                    )

**12**

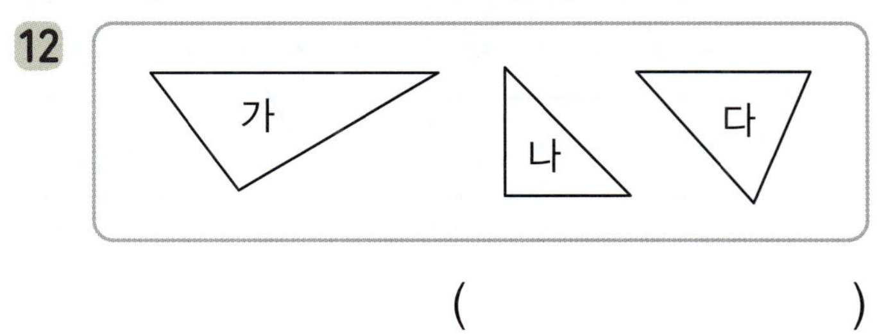


(                    )

**13**

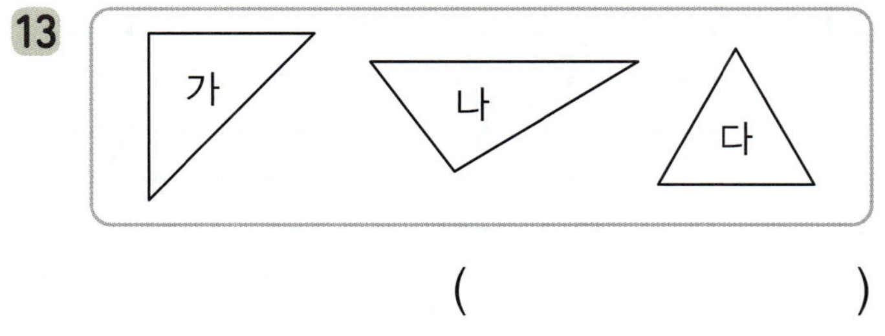


(                    )

◆ 정삼각형을 찾아 기호를 쓰세요.

**14**

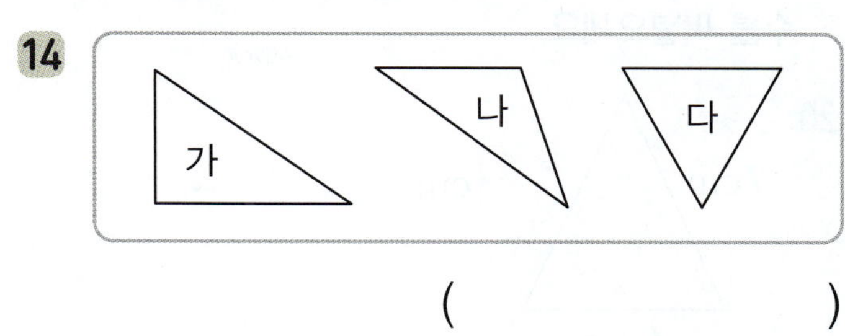


(                    )

**15**

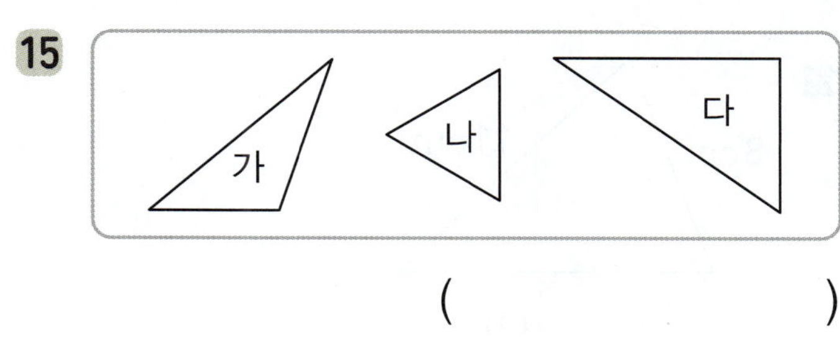


(                    )

**16**

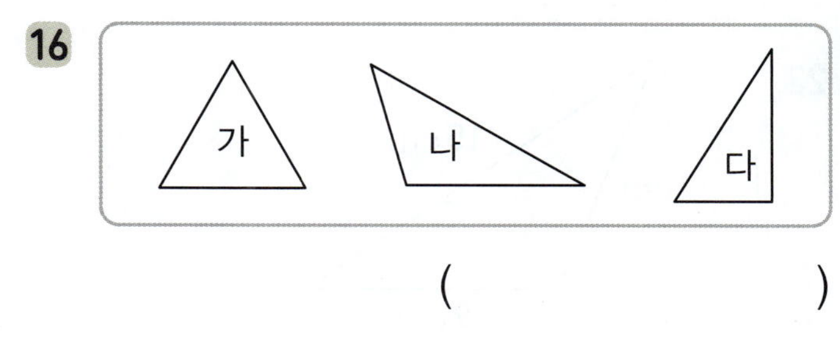


(                    )

**17**

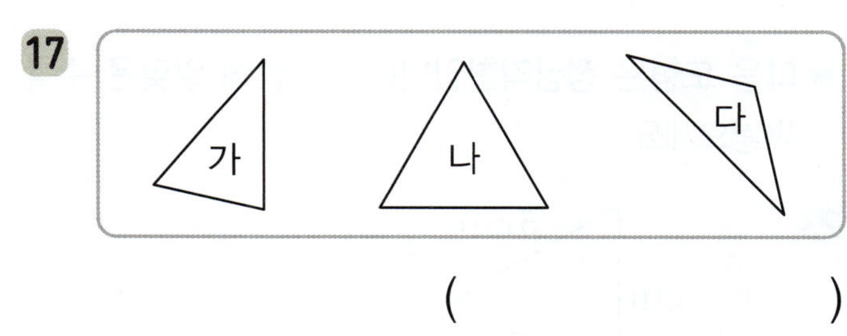


(                    )

**18**

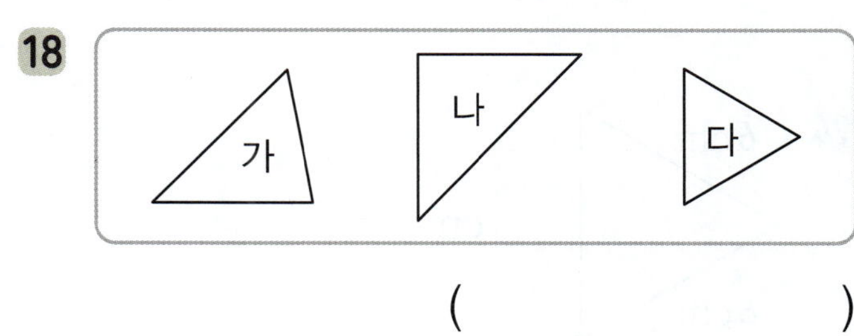


(                    )

**19**

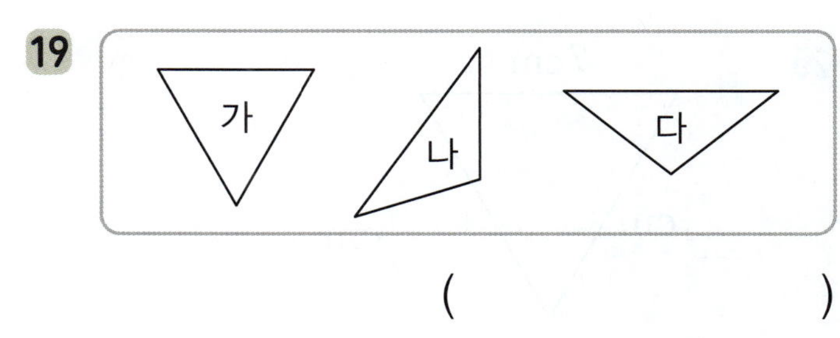


(                    )

◆ 다음 도형은 이등변삼각형입니다. ☐ 안에 알맞은 수를 써넣으세요.

**20**

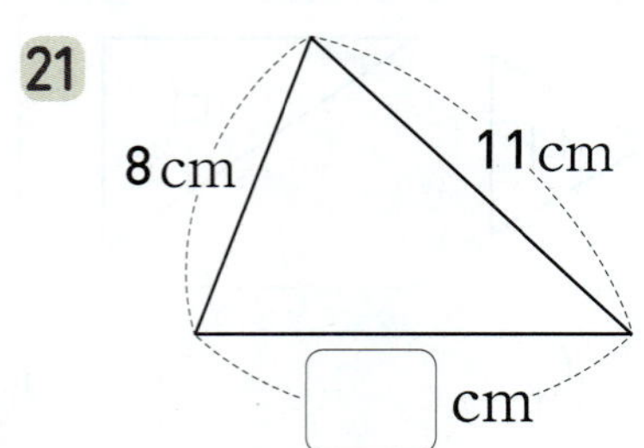


**21**

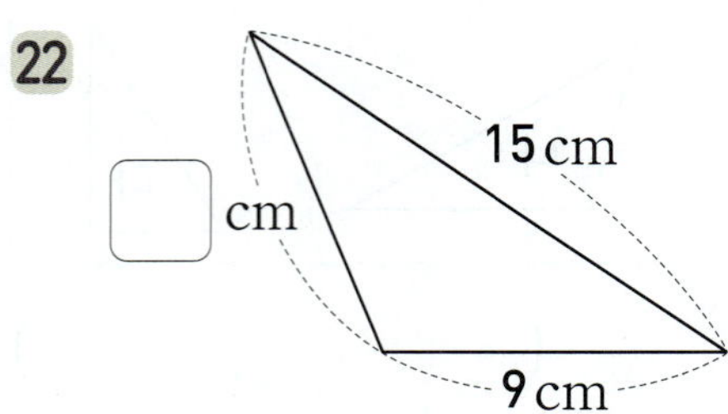


**22**

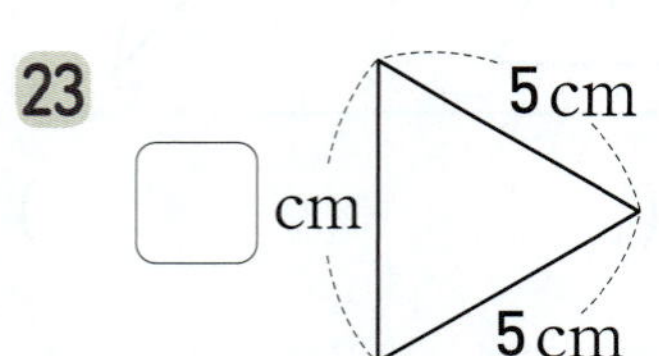


◆ 다음 도형은 정삼각형입니다. ☐ 안에 알맞은 수를 써넣으세요.

**23**

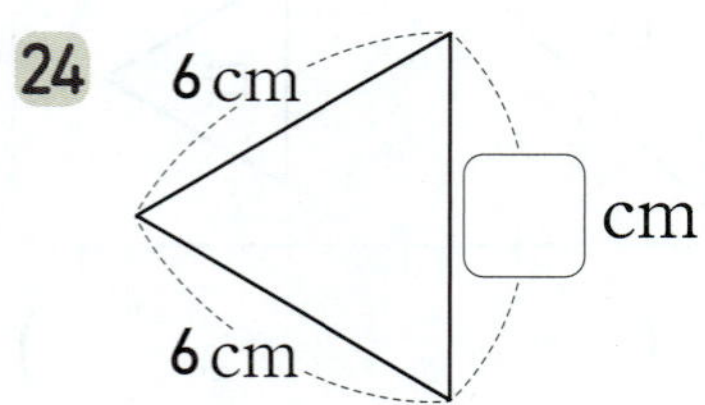


**24**

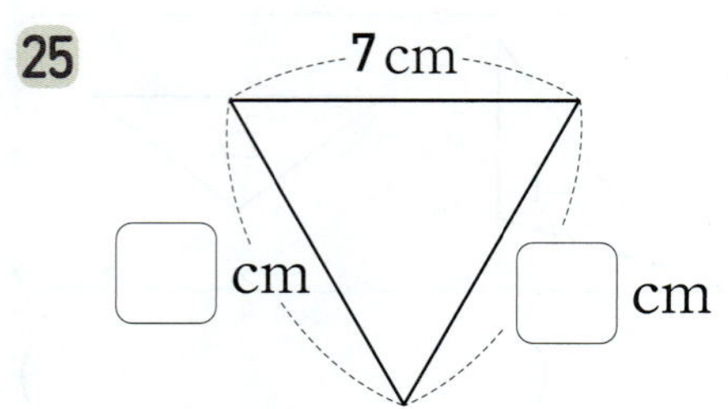


**25**



◆ 주어진 선분을 이용하여 이등변삼각형을 그려 보세요.

**26** ① ②

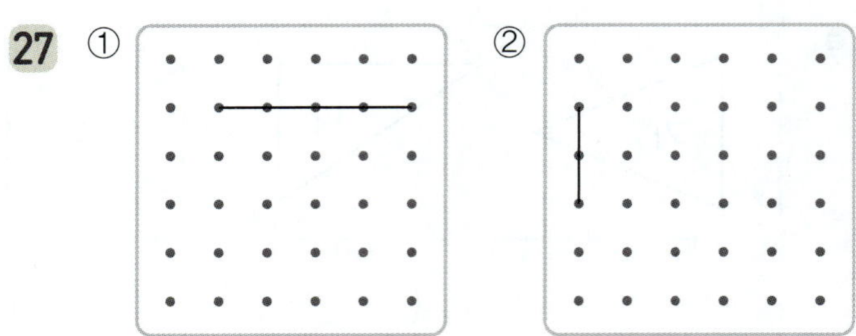

**27** ① ②

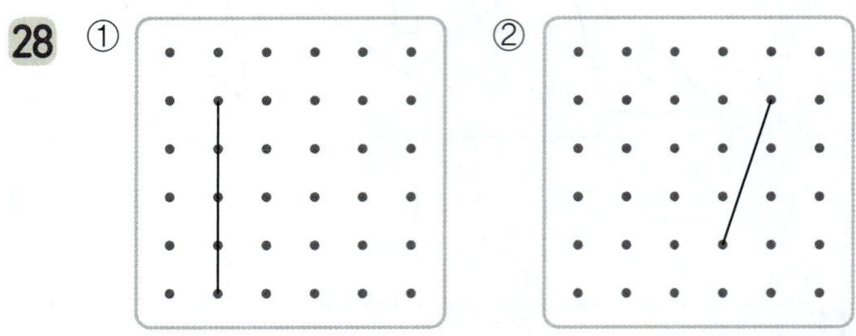

**28** ① ②

◆ 주어진 선분을 이용하여 정삼각형을 그려 보세요.

**29** ① ②

**30** ① ②

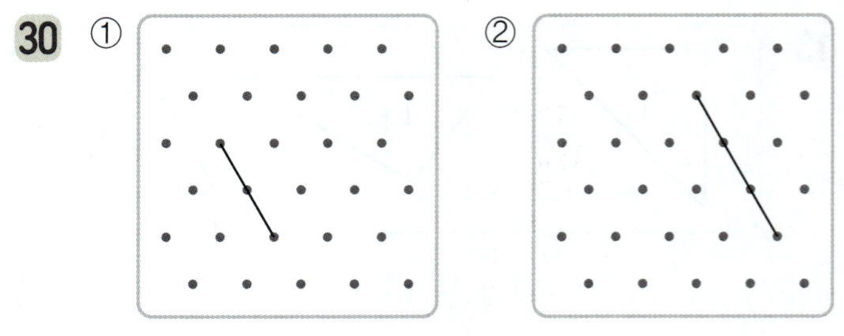

## ★ 완성  삼각형을 변의 길이에 따라 분류하기

◆ 그림을 보고 이등변삼각형을 찾아 빨간색으로 선을 따라 그리고, 정삼각형을 찾아 노란색으로 칠해 보세요.

**31**

**2**단원
**11**회

### ➕ 문해력

**32** 오른쪽 도형은 이등변삼각형입니다. 삼각형의 세 변의 길이의 합은 몇 cm일까요?

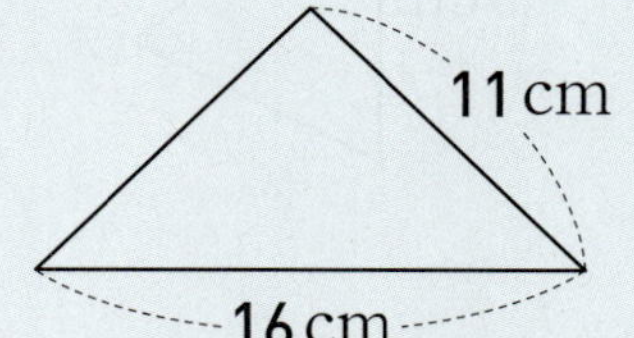


**풀이** 이등변삼각형이므로 나머지 한 변의 길이는 ☐ cm입니다.

➡ (삼각형의 세 변의 길이의 합)

= ☐ + 16 + 11 = ☐

**답** 삼각형의 세 변의 길이의 합은 ☐ cm입니다.

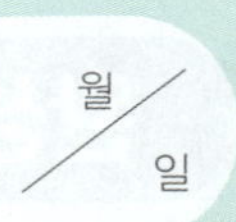

이등변삼각형은 두 각의 크기가 같습니다.

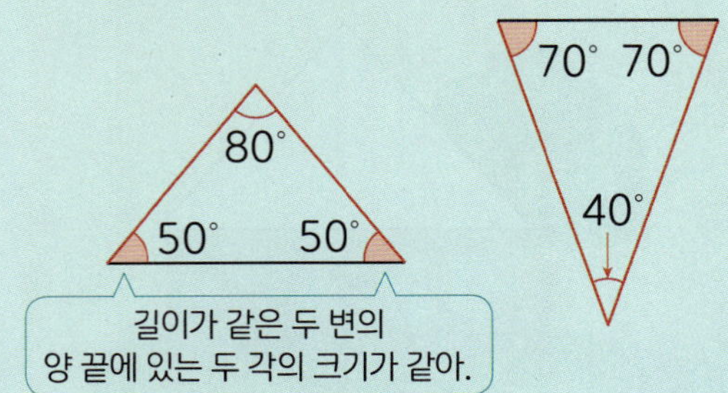



정삼각형은 세 각의 크기가 같습니다.

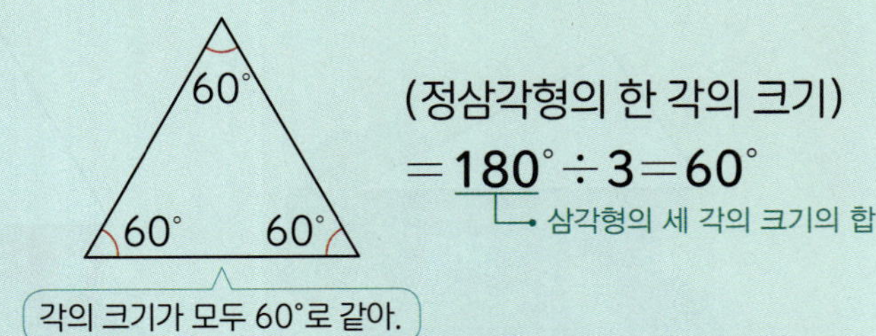



(정삼각형의 한 각의 크기)
$= 180° \div 3 = 60°$
└→ 삼각형의 세 각의 크기의 합

---

◆ 이등변삼각형에서 크기가 같은 각을 찾아 ○표 하세요.

**1** ①

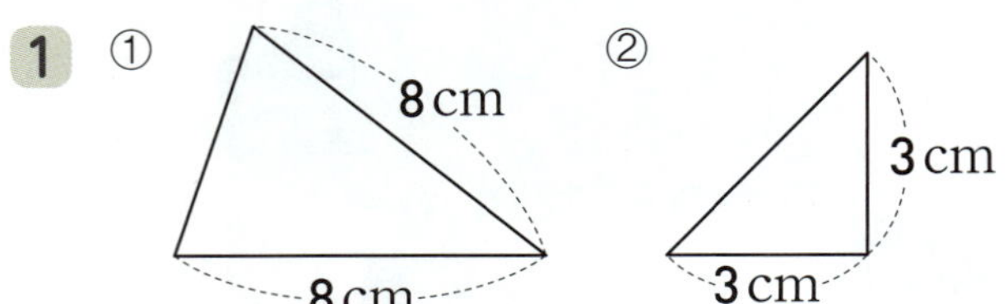



②

**2** ①

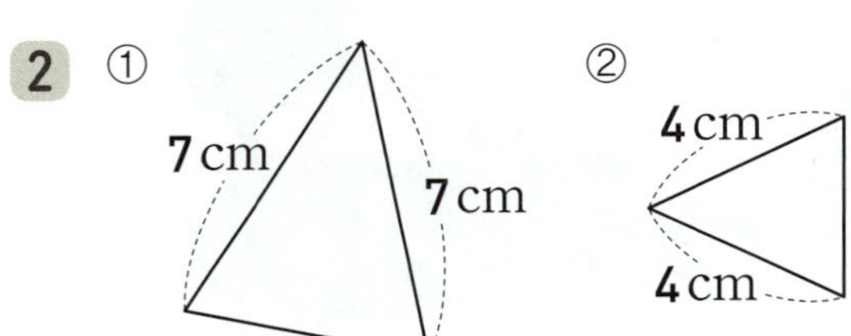



②

**3** ①

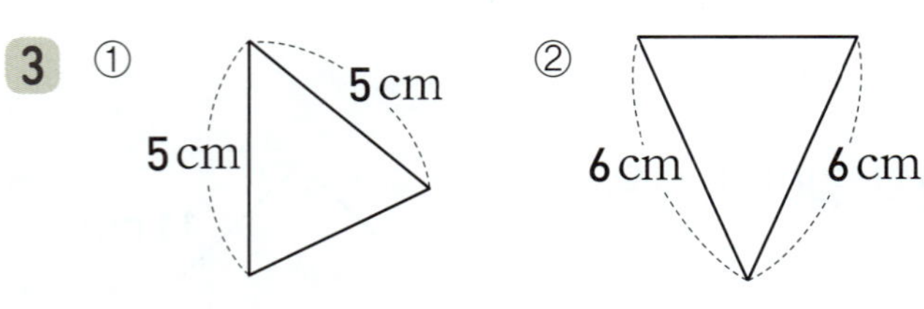



②

**4** ①

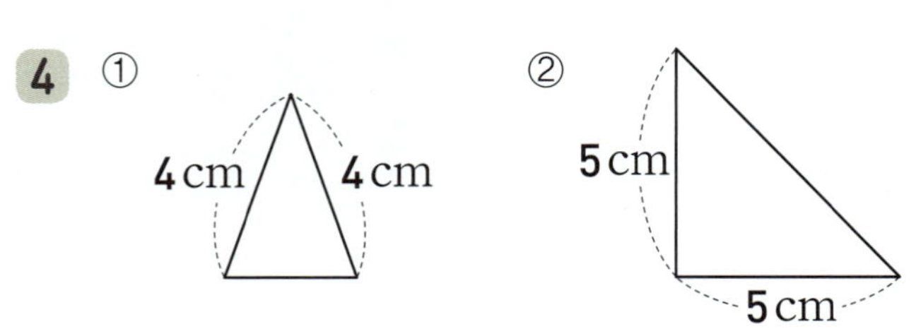



②

---

◆ 다음 도형은 이등변삼각형입니다. ☐ 안에 알맞은 수나 말을 써넣으세요.

**5**

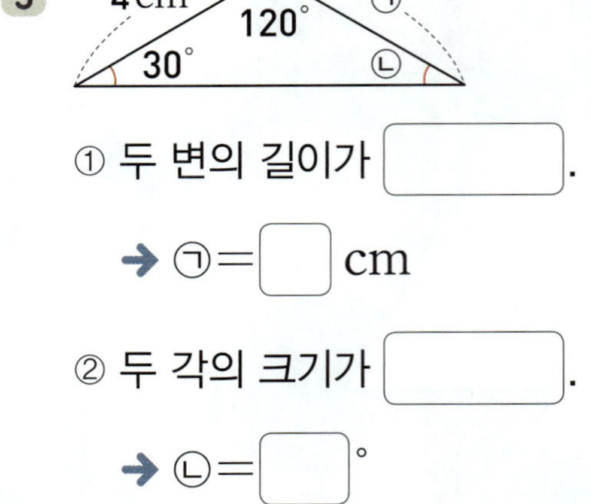



① 두 변의 길이가 ☐.

→ ㉠ = ☐ cm

② 두 각의 크기가 ☐.

→ ㉡ = ☐ °

---

◆ 다음 도형은 정삼각형입니다. ☐ 안에 알맞은 수나 말을 써넣으세요.

**6**

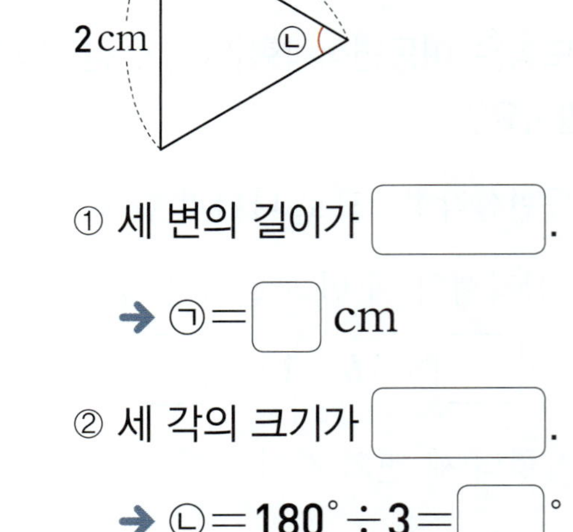



① 세 변의 길이가 ☐.

→ ㉠ = ☐ cm

② 세 각의 크기가 ☐.

→ ㉡ $= 180° \div 3 =$ ☐ °

## 연습 — 이등변삼각형과 정삼각형의 성질

◆ 다음 도형은 이등변삼각형입니다. ☐ 안에 알맞은 수를 써넣으세요.

**7**

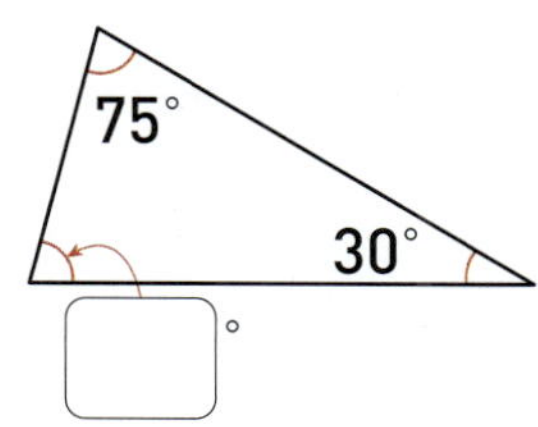


**8**

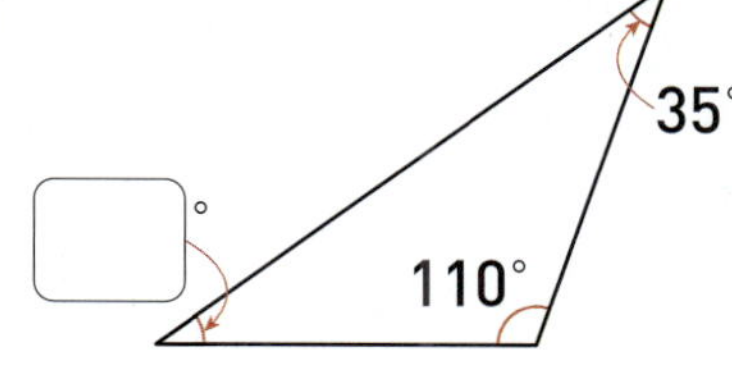


**9**

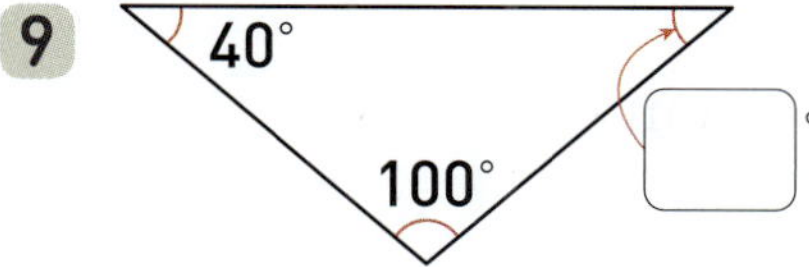


**10**

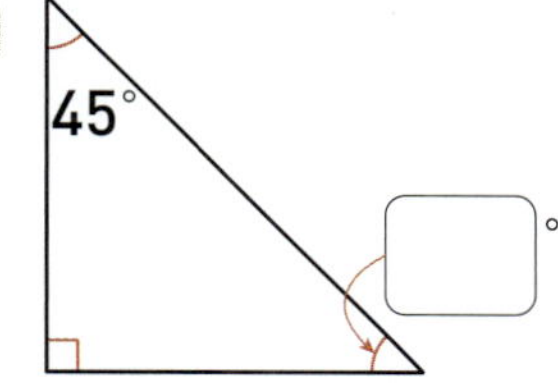


**11**

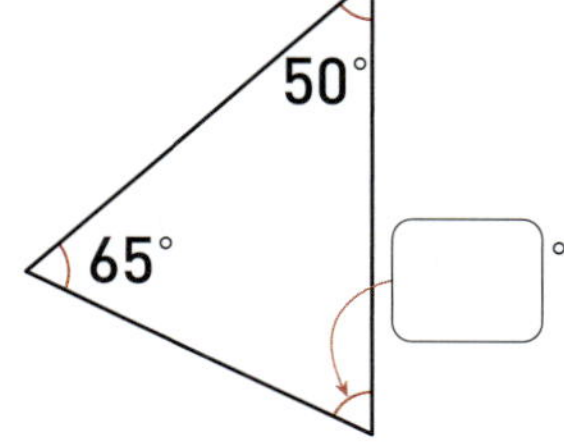


**12**

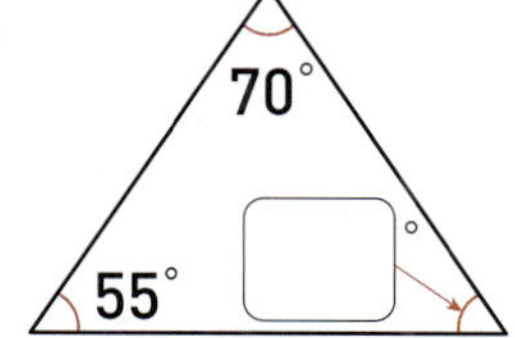


◆ 다음 도형은 정삼각형입니다. ☐ 안에 알맞은 수를 써넣으세요.

**13**

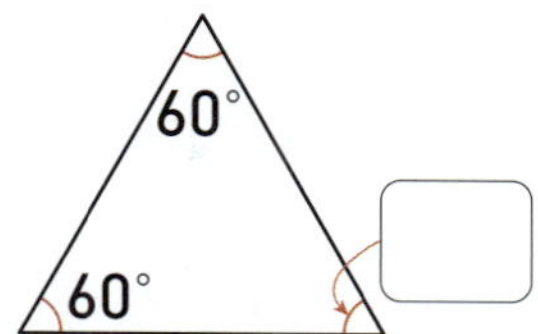


**14**

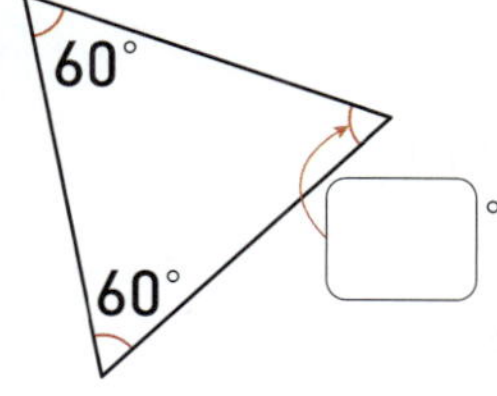


**15**

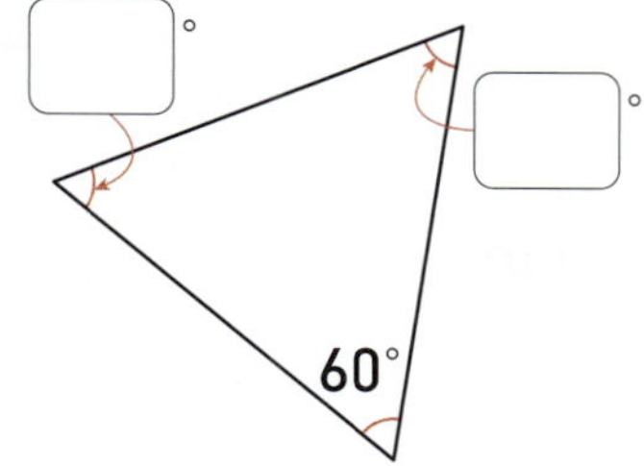


**16**

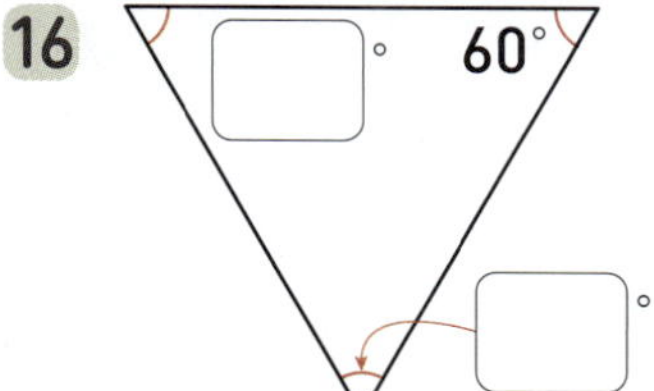


**17**

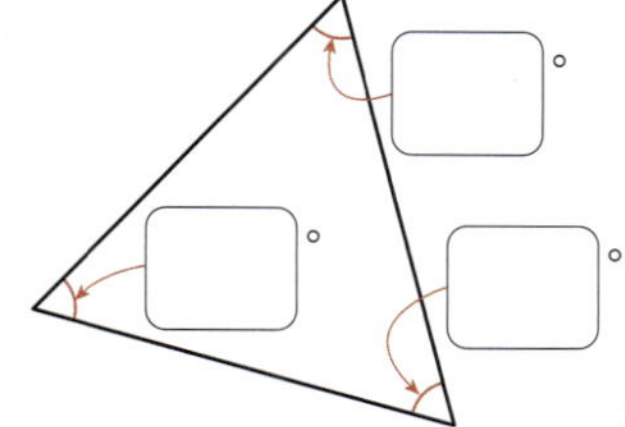

**18**

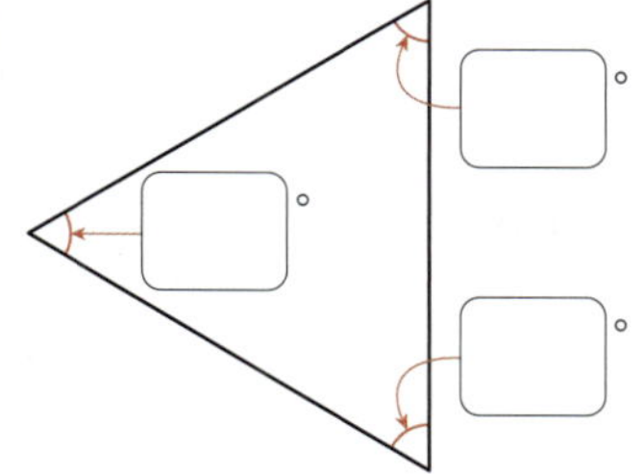

◆ 다음 도형은 이등변삼각형입니다. ☐ 안에 알맞은 수를 써넣으세요.

**19**

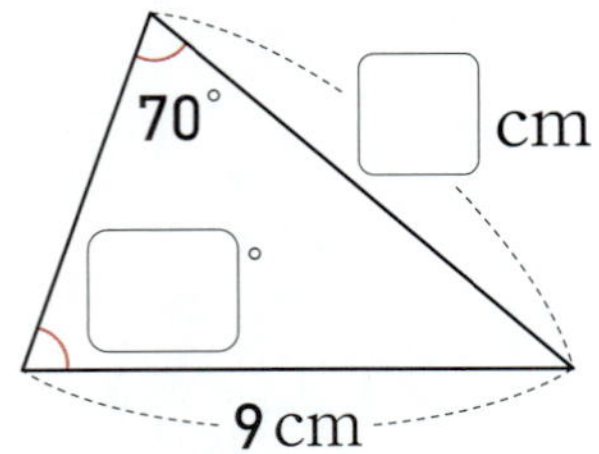


**20**

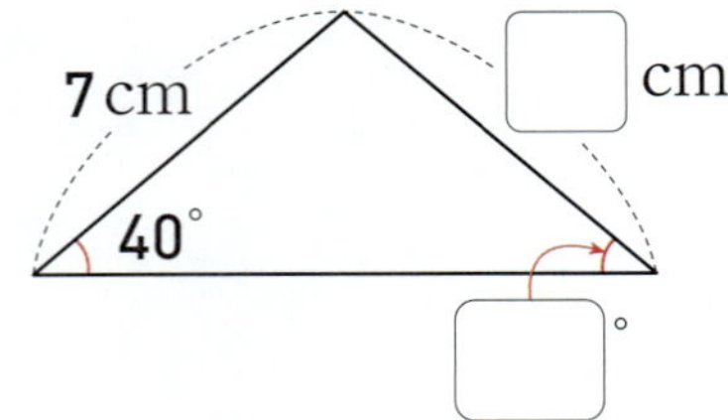


**21**

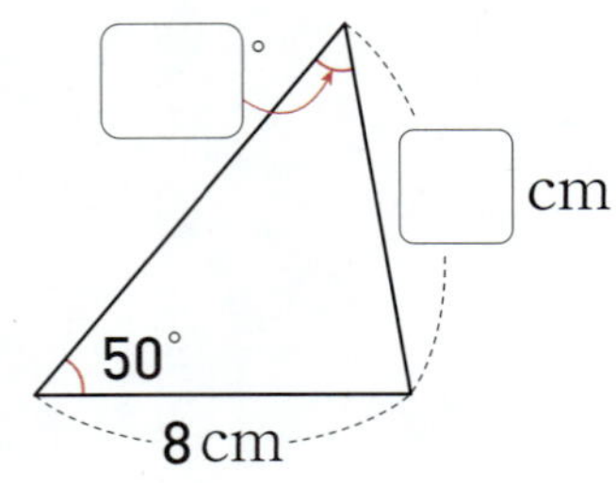


**22**

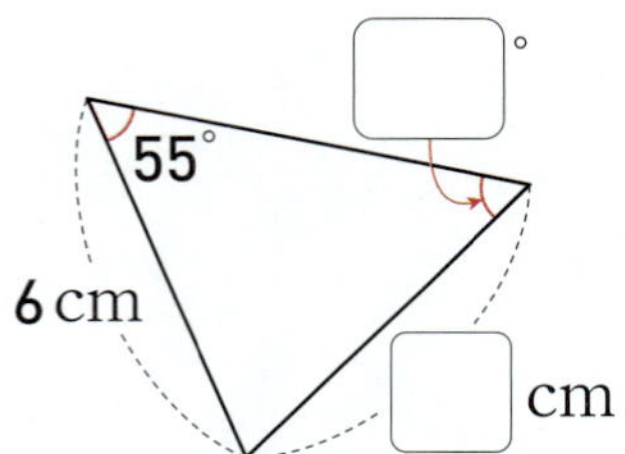


**23**

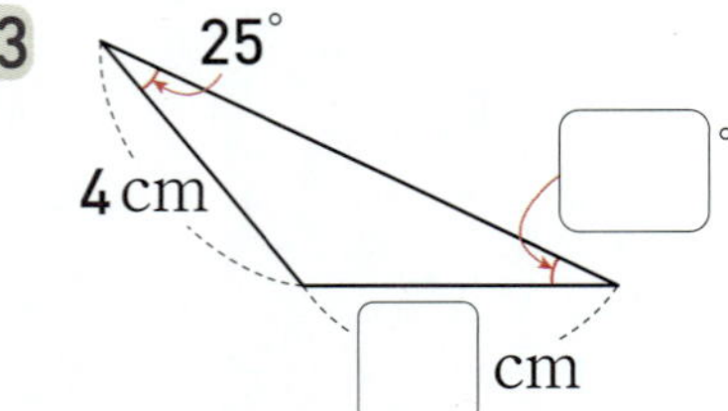


**24**

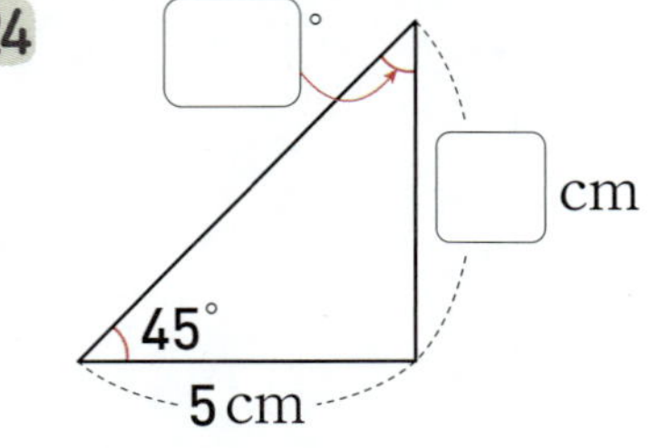


◆ 다음 도형은 정삼각형입니다. ☐ 안에 알맞은 수를 써넣으세요.

**25**

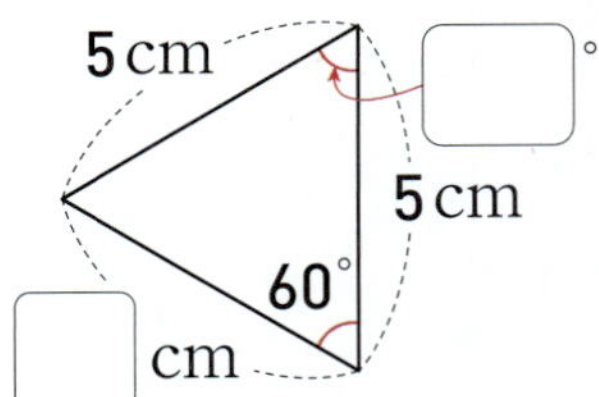


**26**

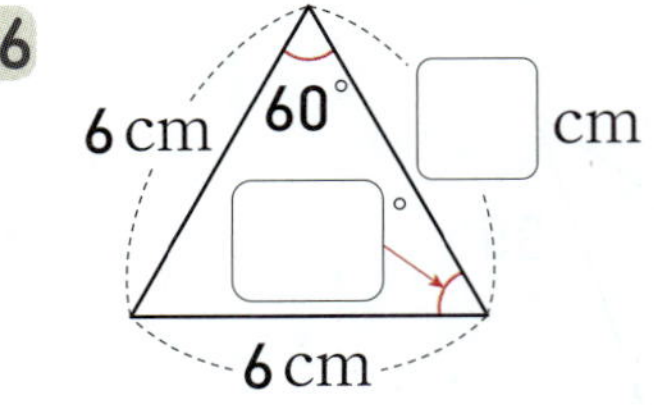


**27**

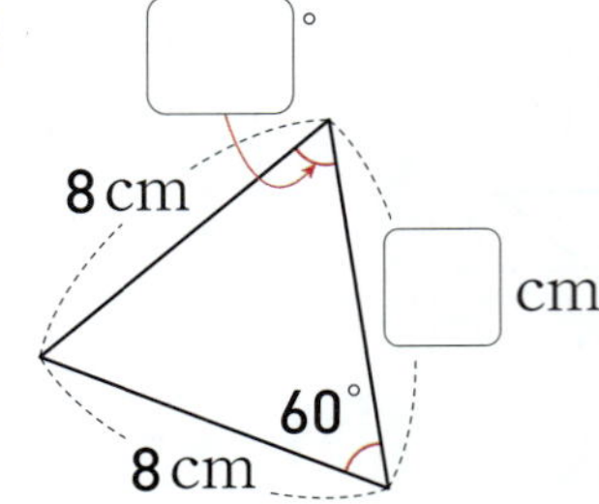


**28**

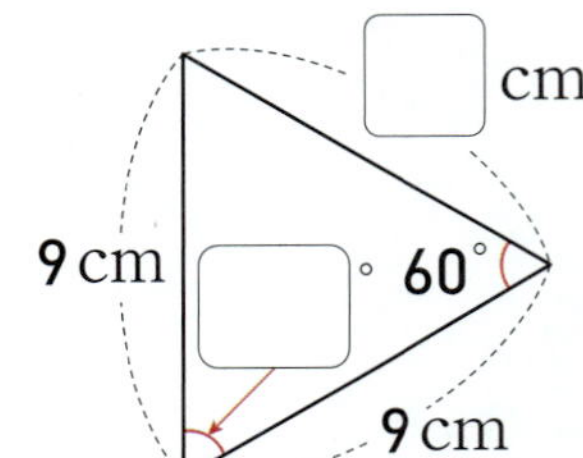


**29**

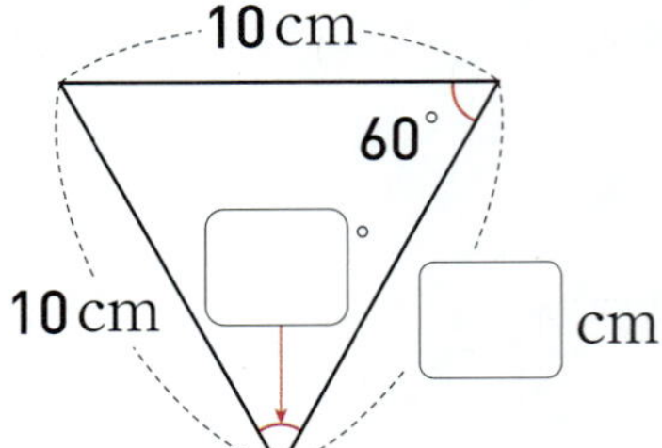


**30**

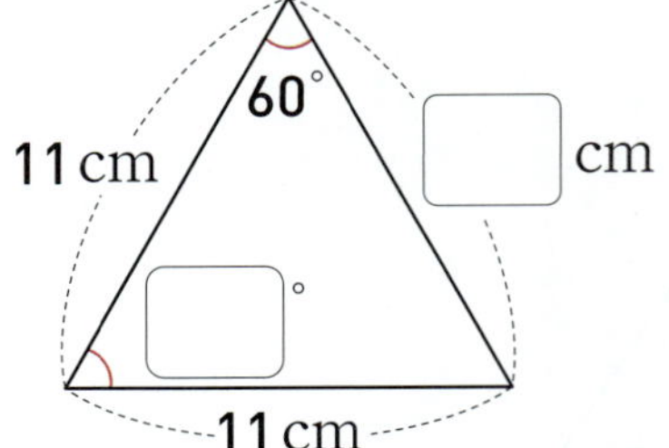

## ★ 완성　이등변삼각형과 정삼각형의 성질

◆ ☐ 안에 알맞은 수가 적혀 있는 상자를 찾아 이어 보세요.

31 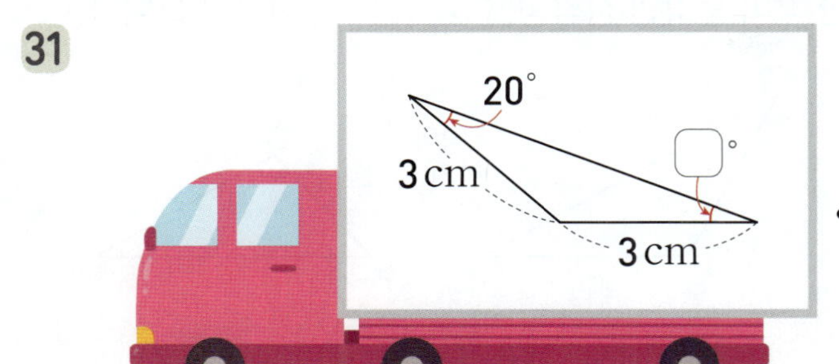

32 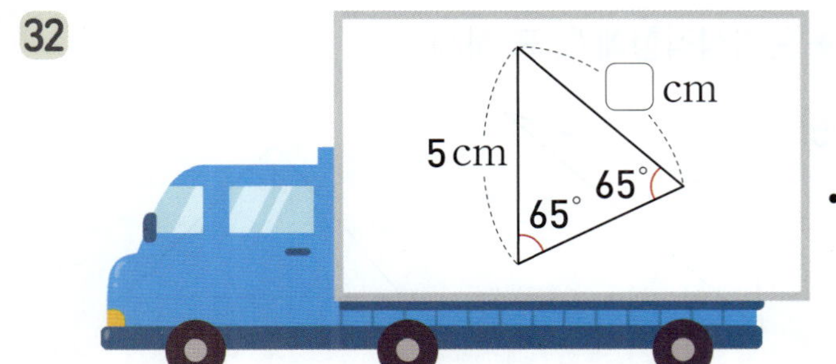

33 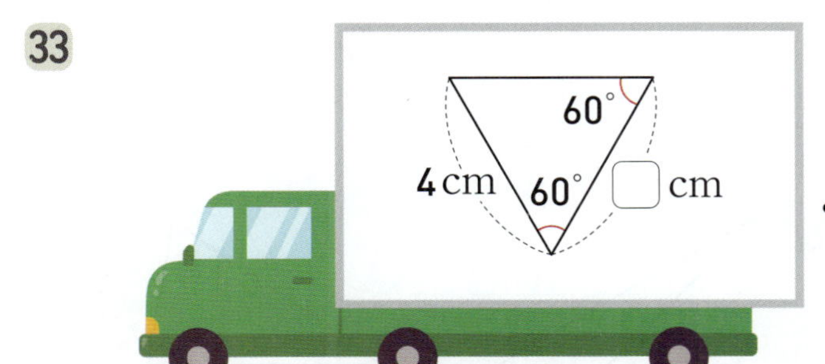

34 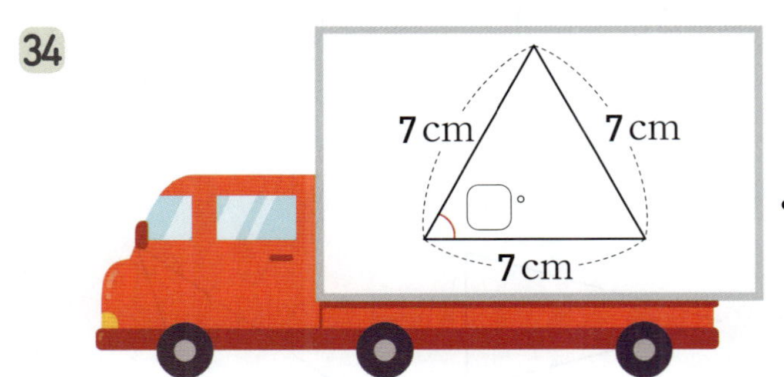

2단원 12회

### ✚ 문해력

35 오른쪽 도형은 이등변삼각형입니다. ㉠의 각도는 몇 도일까요?

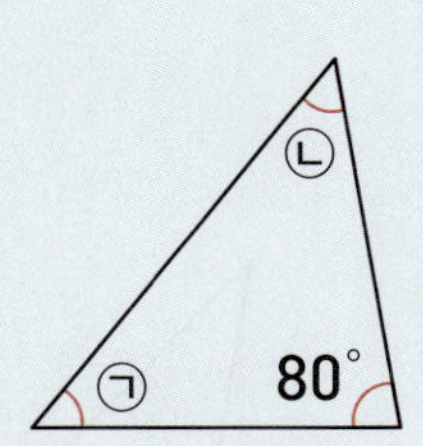


**풀이**　㉠＋㉡＝ ☐ °－80°＝ ☐ °

→ ㉠과 ㉡의 각도는 같으므로 ㉠＝ ☐ °÷2＝ ☐ °입니다.

**답**　㉠의 각도는 ☐ °입니다.

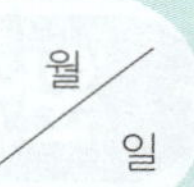

세 각이 모두 예각인 삼각형을 예각삼각형이라고 합니다.

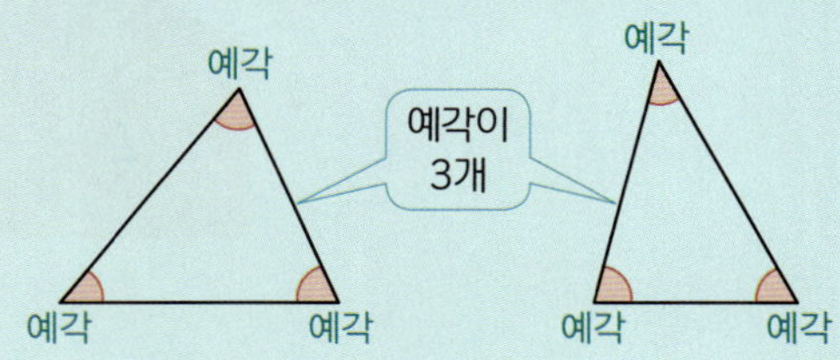


한 각이 둔각인 삼각형을 둔각삼각형이라고 합니다.

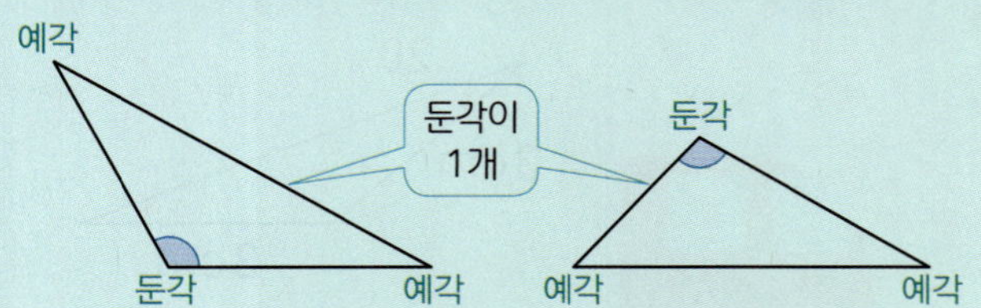


◆ 예각삼각형에 ◯표 하세요.

**1**

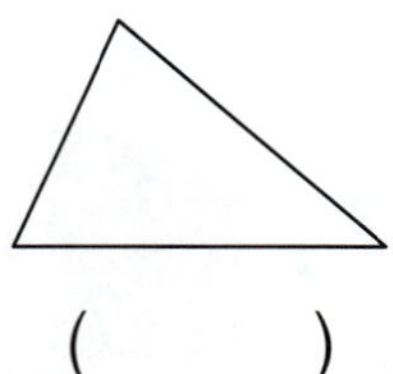 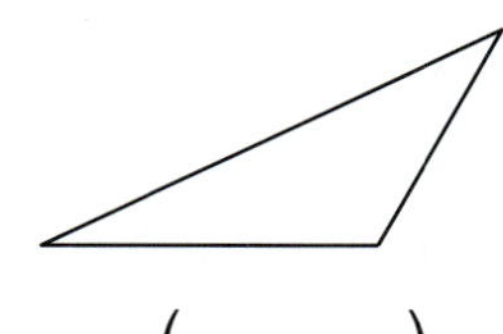

( )　　　　( )

**2**

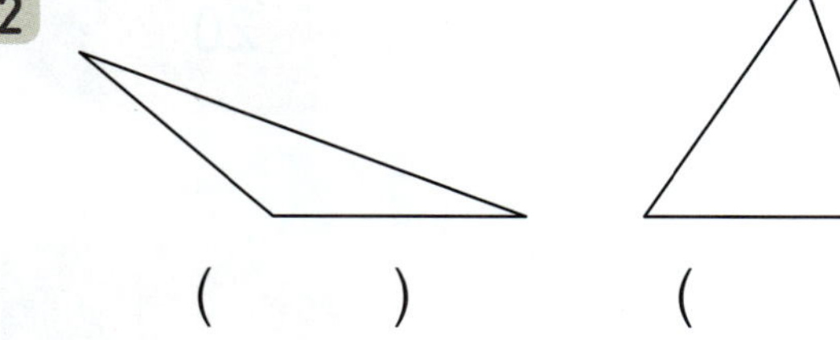

( )　　　　( )

**3**

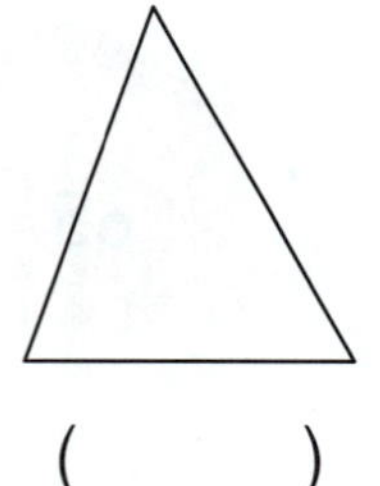 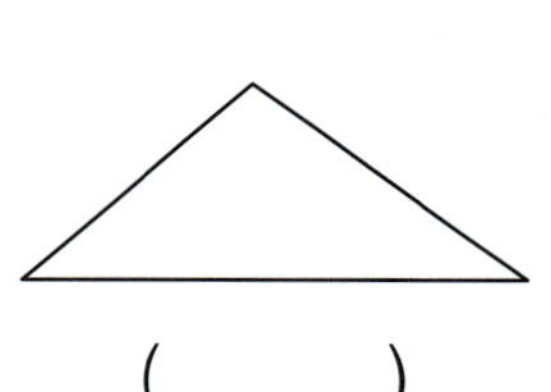

( )　　　　( )

**4**

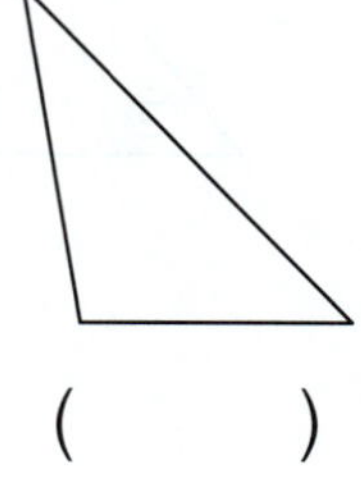 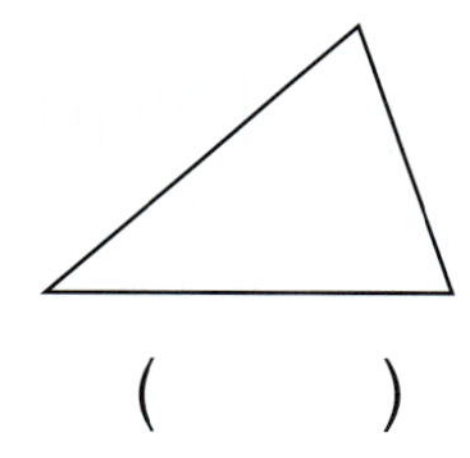

( )　　　　( )

◆ 둔각삼각형에 ◯표 하세요.

**5**

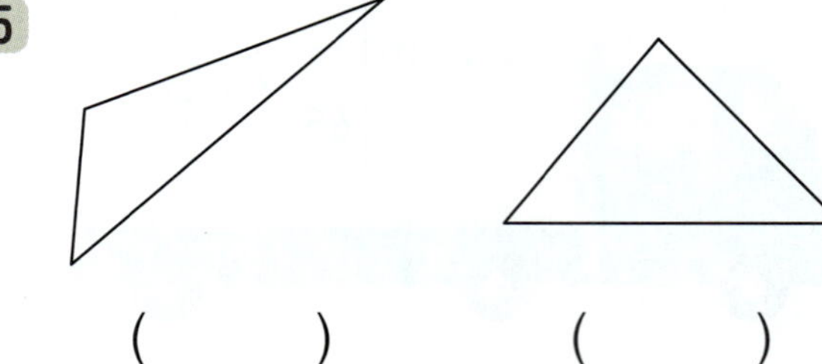

( )　　　　( )

**6**

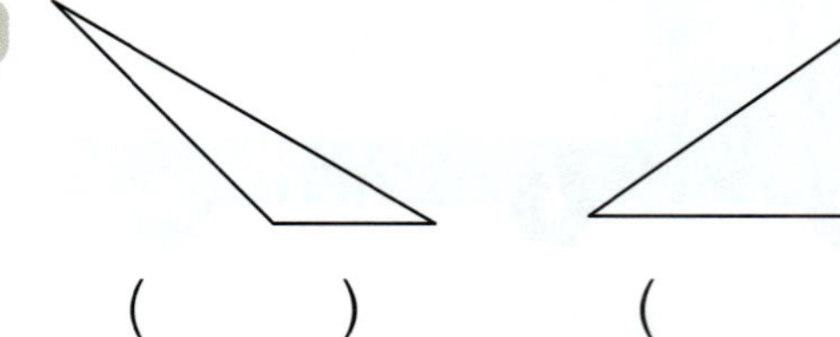

( )　　　　( )

**7**

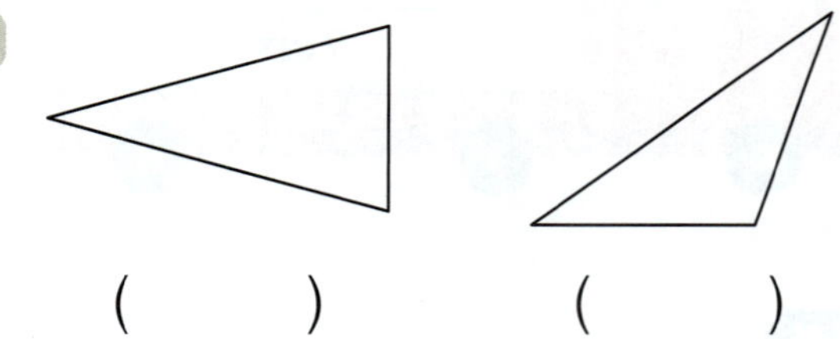

( )　　　　( )

**8**

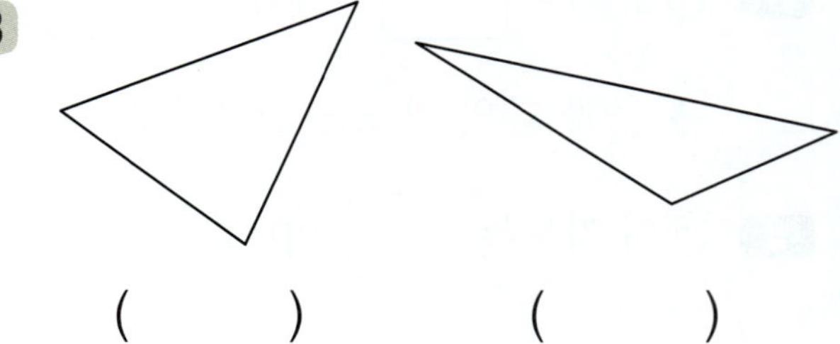

( )　　　　( )

## 연습  삼각형을 각의 크기에 따라 분류하기

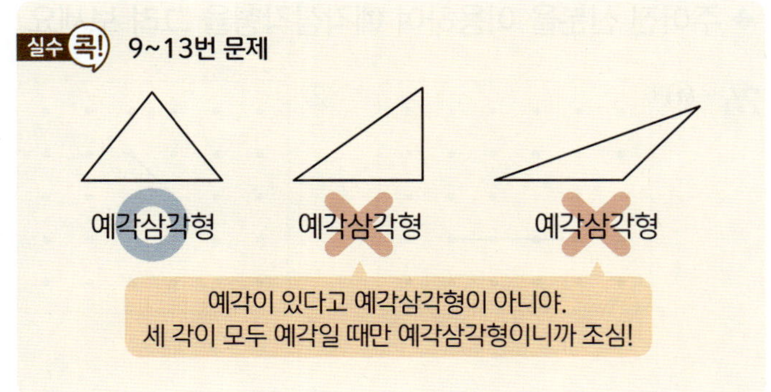


◆ 예각삼각형을 찾아 기호를 쓰세요.

**9**
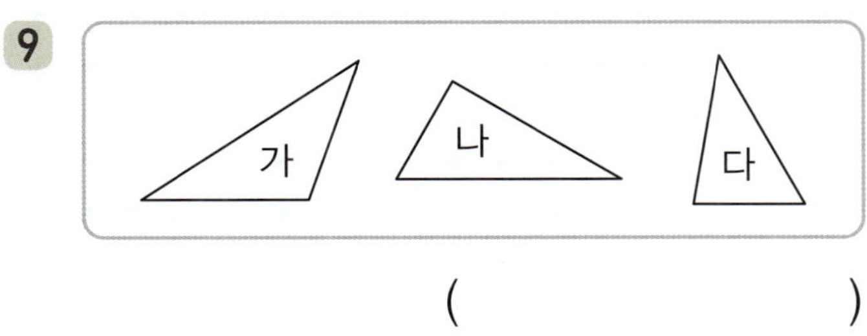


( )

**10**
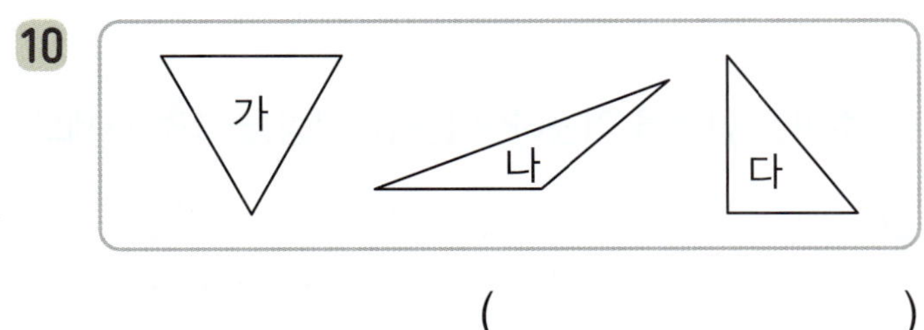


( )

**11**
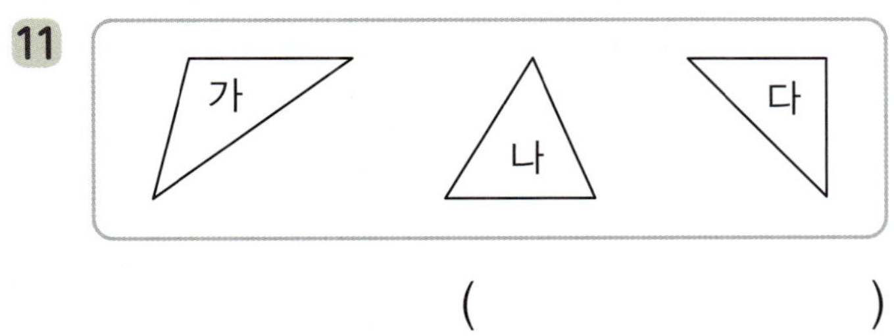


( )

**12**
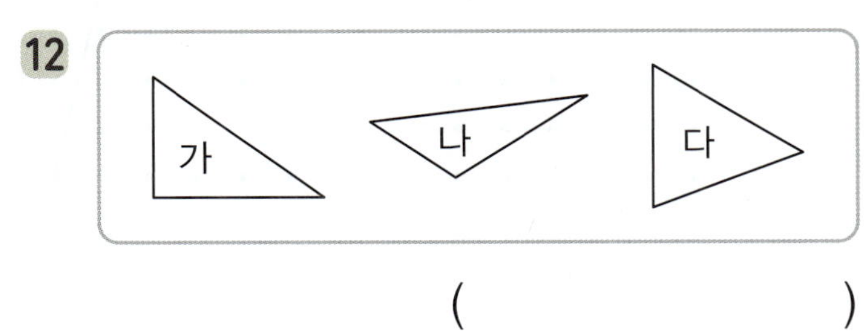


( )

**13**
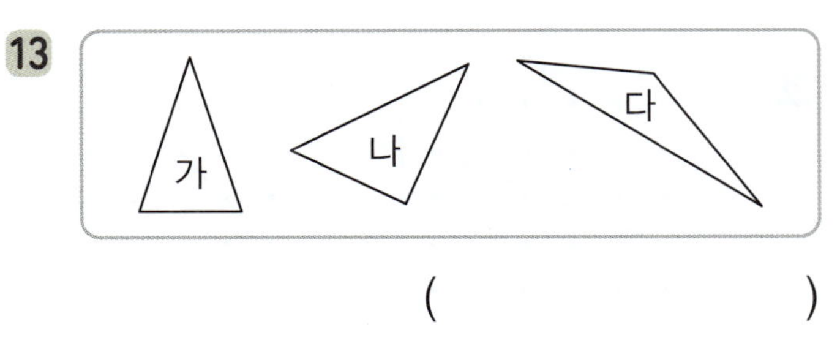


( )

◆ 둔각삼각형을 찾아 기호를 쓰세요.

**14**
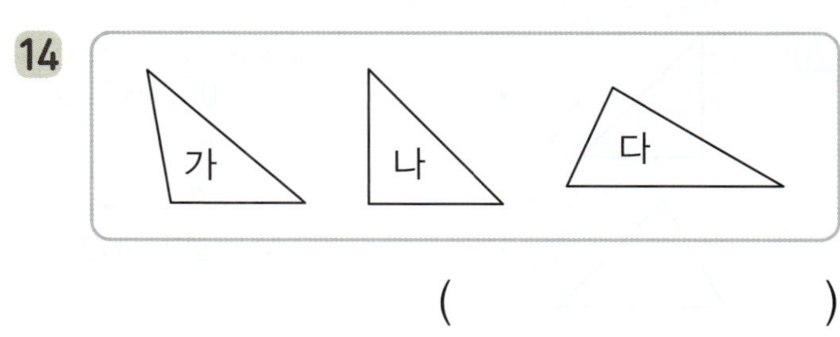


( )

**15**
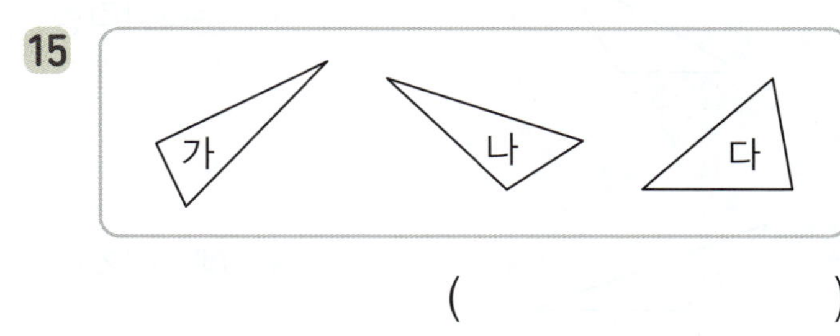


( )

**16**
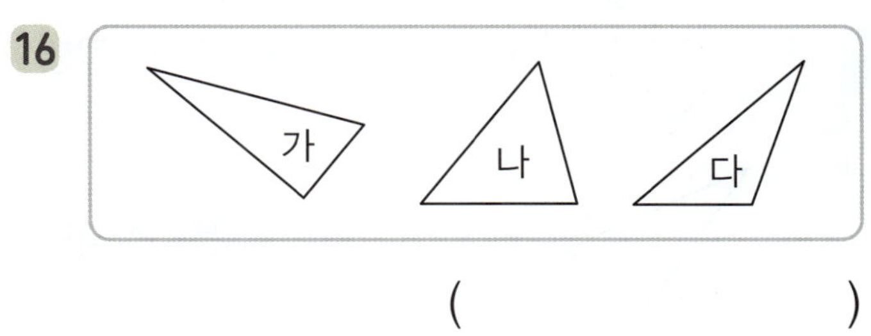


( )

**17**
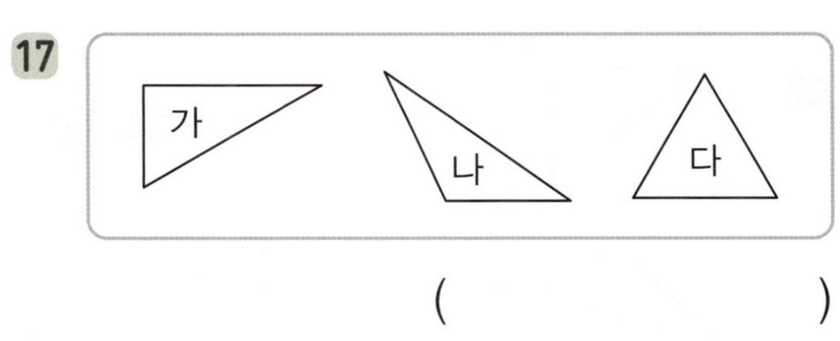


( )

**18**
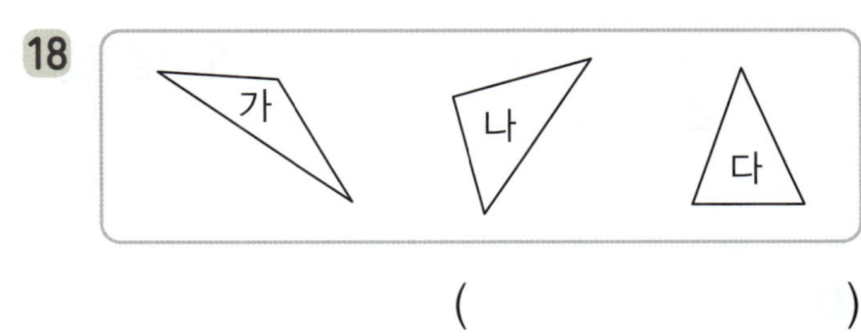


( )

**19**
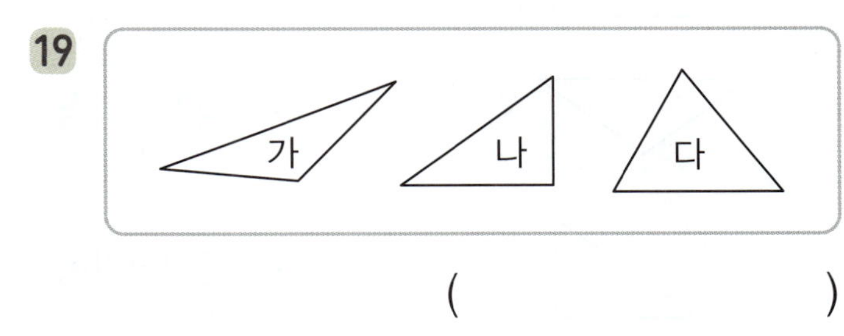


( )

2단원 13회

◆ 관계있는 것끼리 이어 보세요.

**20** 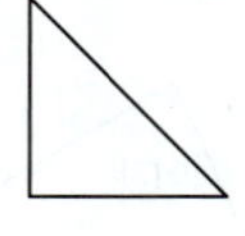 · · 예각삼각형

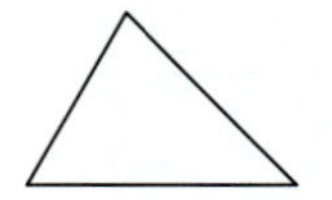 · · 직각삼각형

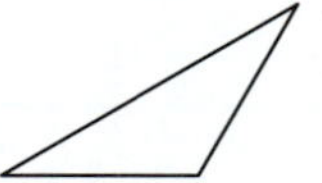 · · 둔각삼각형

**21** 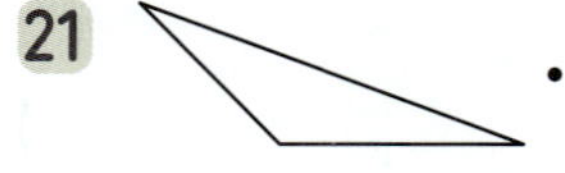 · · 예각삼각형

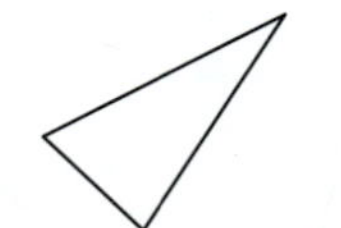 · · 직각삼각형

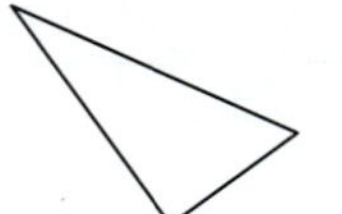 · · 둔각삼각형

**22** 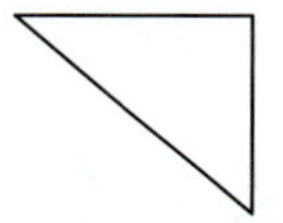 · · 예각삼각형

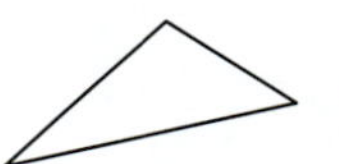 · · 직각삼각형

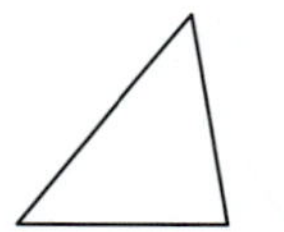 · · 둔각삼각형

**23**  · · 예각삼각형

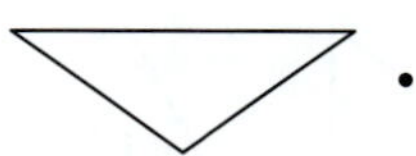 · · 직각삼각형

 · · 둔각삼각형

◆ 주어진 선분을 이용하여 예각삼각형을 그려 보세요.

**24** ① 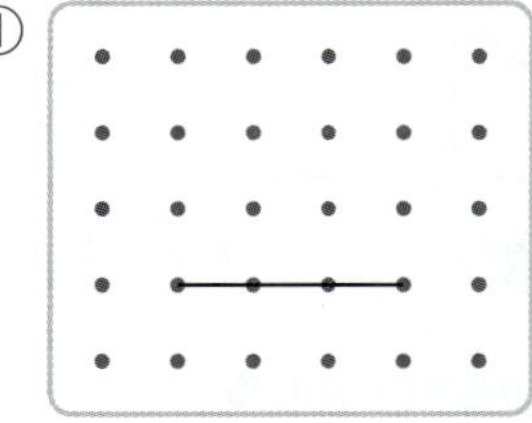  ② 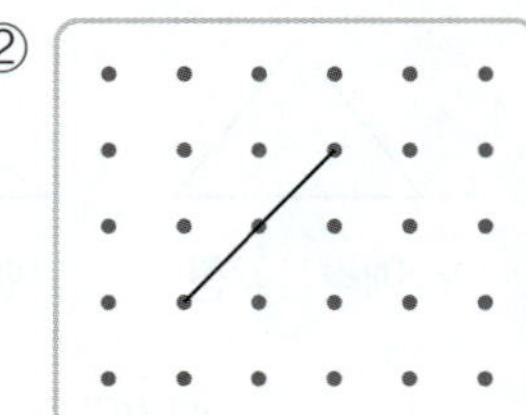

**25** ① 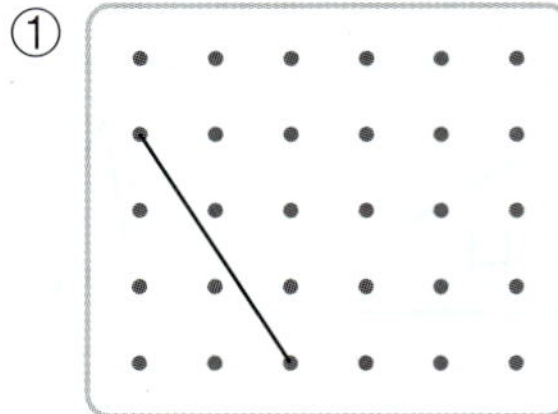  ② 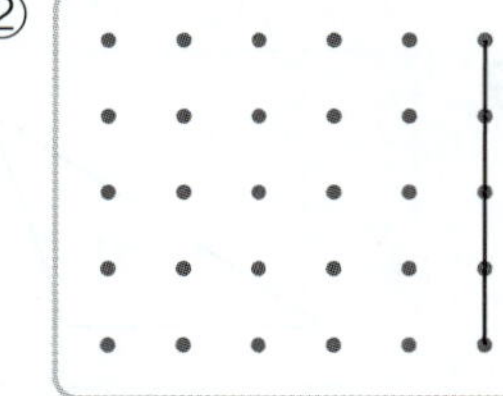

◆ 주어진 선분을 이용하여 둔각삼각형을 그려 보세요.

**26** ① 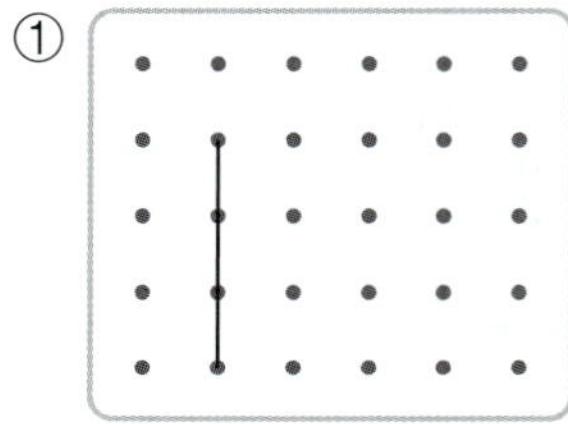  ② 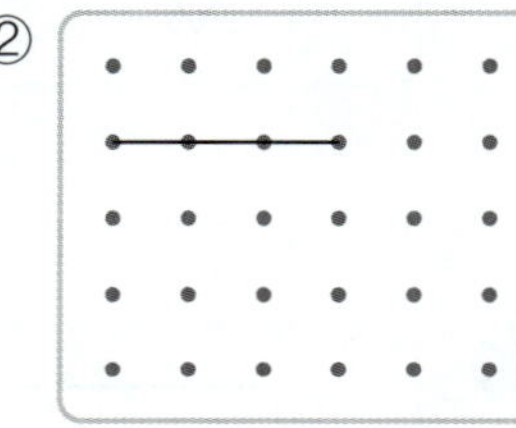

**27** ① 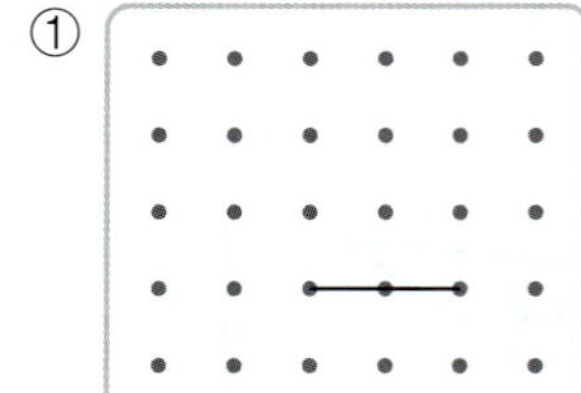  ② 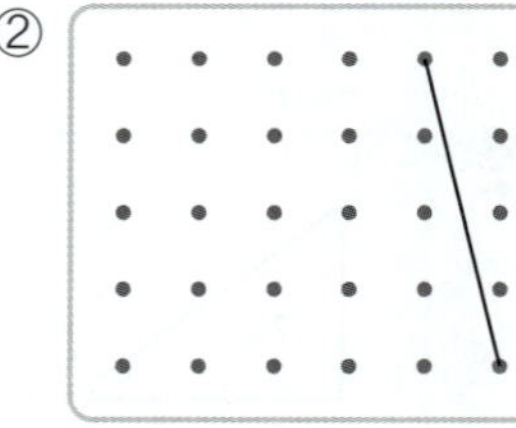

**28** ① 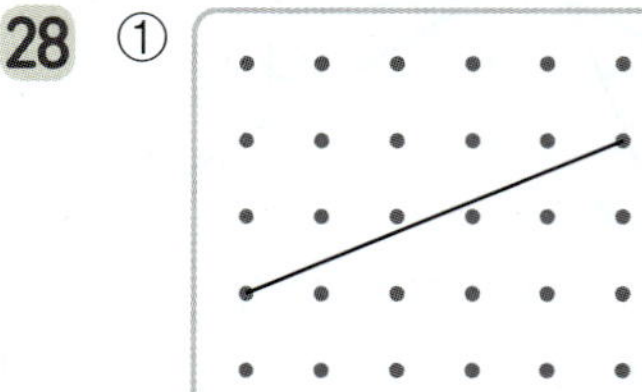  ②

# ★ 완성  삼각형을 각의 크기에 따라 분류하기

◆ 갈림길마다 주어진 삼각형의 이름이 맞으면 ➡(빨강), 틀리면 ➡(파랑)를 따라가려고 합니다. 알맞은 길을 따라가 보세요.

**29**

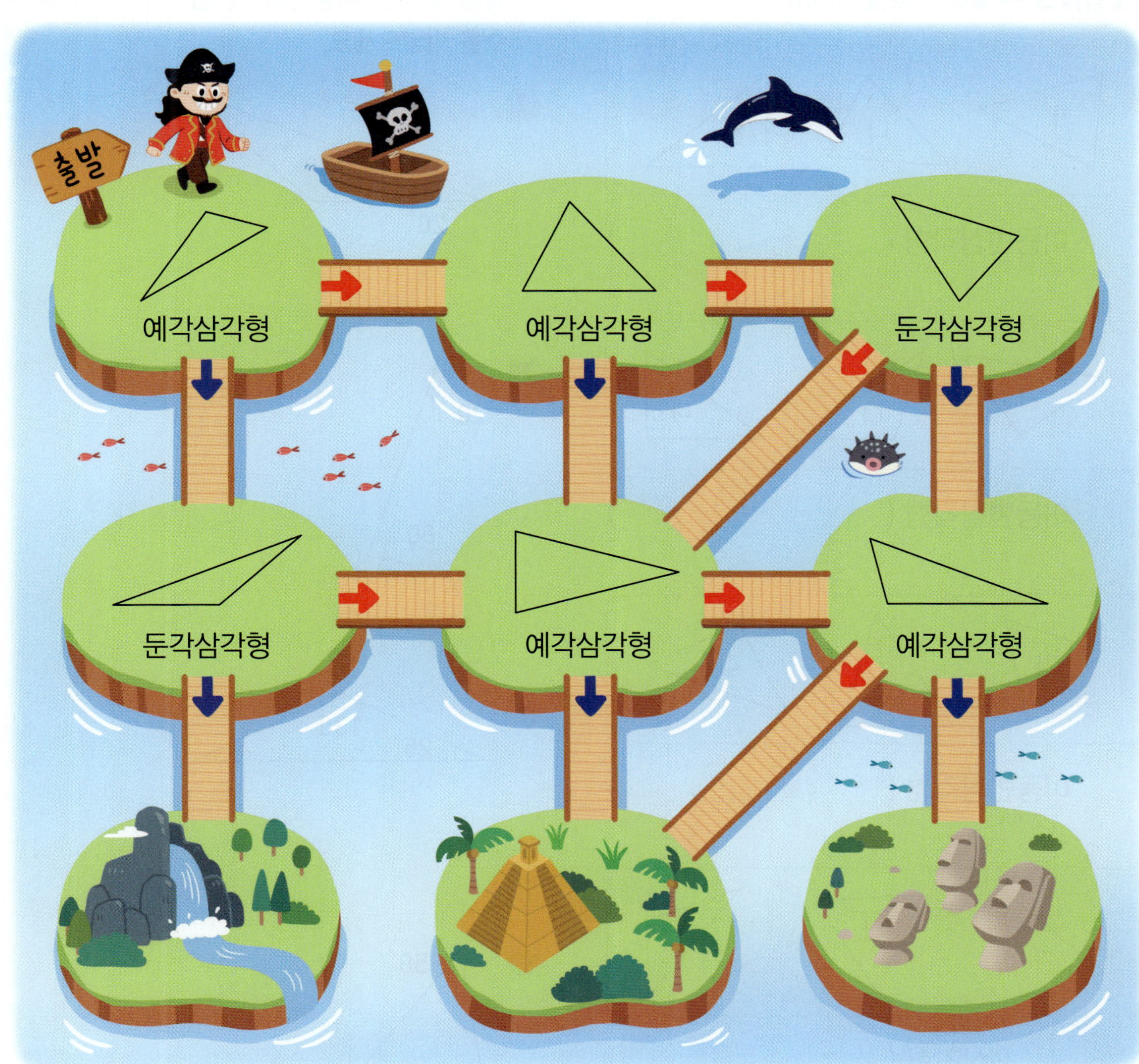




## + 문해력

**30** 세 각의 크기가 다음과 같은 삼각형이 있습니다. 주어진 삼각형은 예각삼각형, 직각삼각형, 둔각삼각형 중에서 어떤 삼각형일까요?

$$95°, 40°, 45°$$

풀이 95° ➡ ( 예각 , 직각 , 둔각 ), 40° ➡ ( 예각 , 직각 , 둔각 ), 45° ➡ ( 예각 , 직각 , 둔각 )

한 각이 ( 예각 , 직각 , 둔각 )인 삼각형이므로 ⬚ 입니다.

답 주어진 삼각형은 ⬚ 입니다.

◆ 각 도형을 모두 찾아 기호를 쓰세요.

**1**
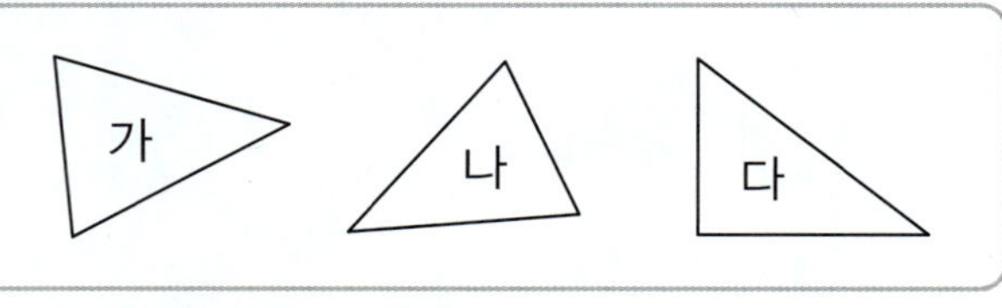

이등변삼각형 (     )

**2**
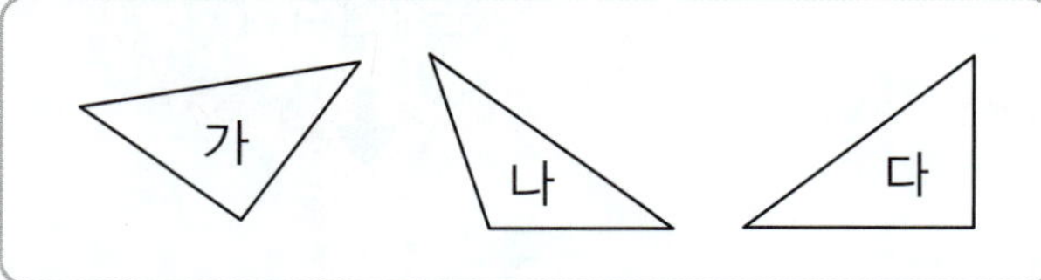

이등변삼각형 (     )

**3**
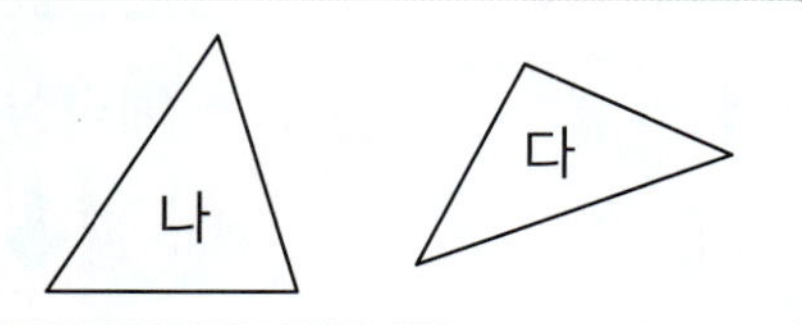

이등변삼각형 (     )

**4**
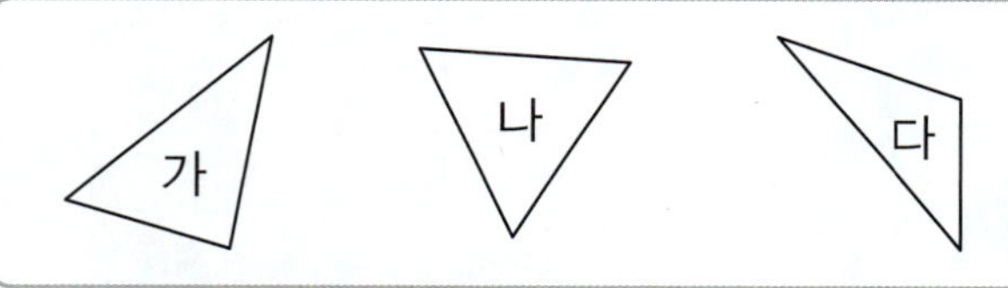

정삼각형 (     )

**5**
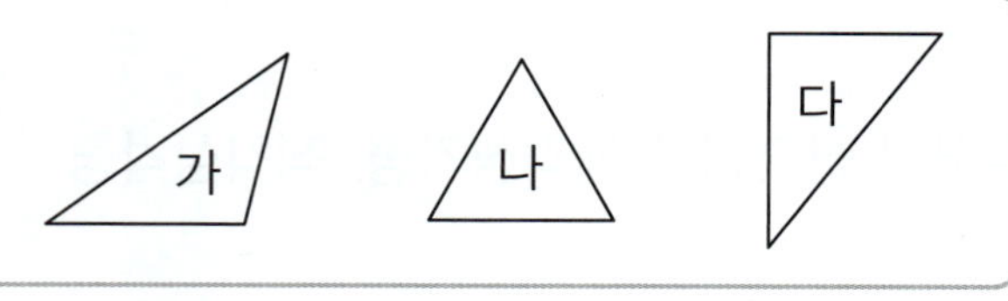

정삼각형 (     )

**6**
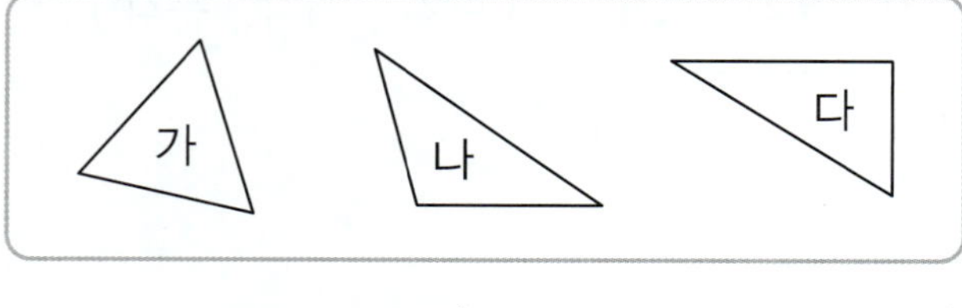

정삼각형 (     )

◆ 다음 도형은 이등변삼각형입니다. ☐ 안에 알맞은 수를 써넣으세요.

**7**
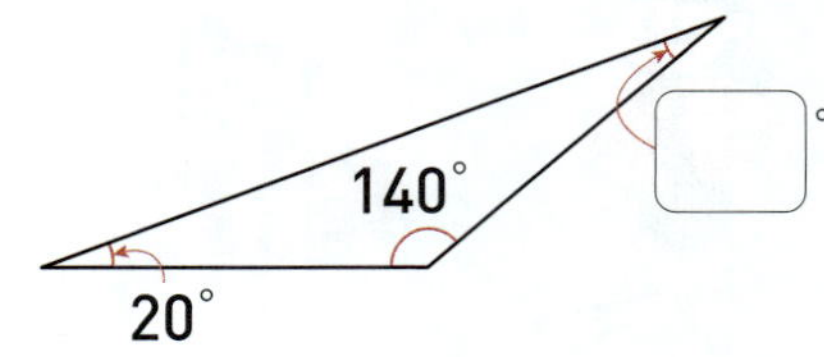

**8**
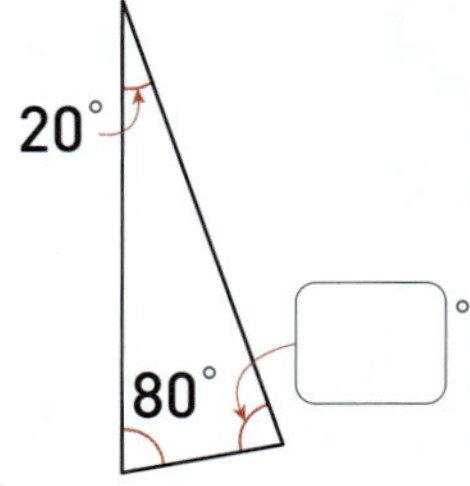

**9**
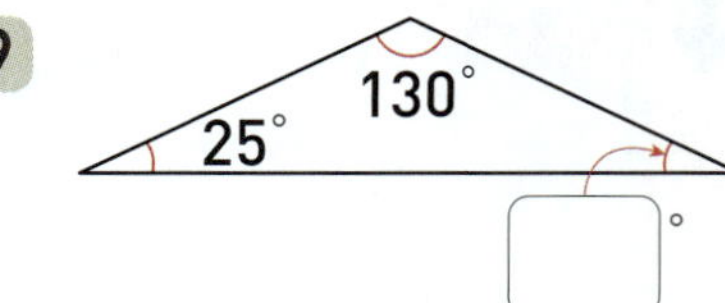

**10**
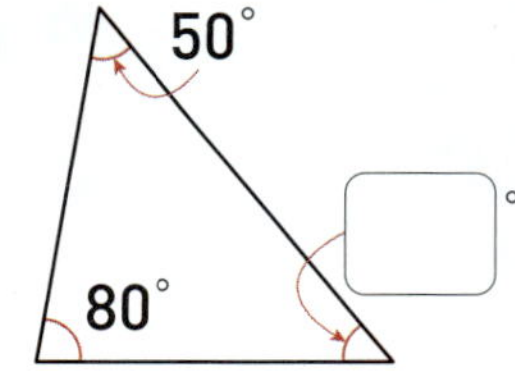

**11**
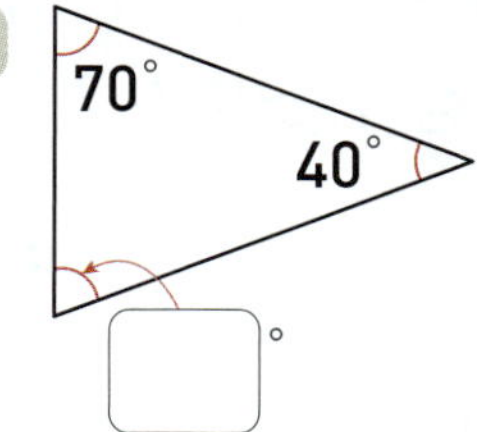

**12**
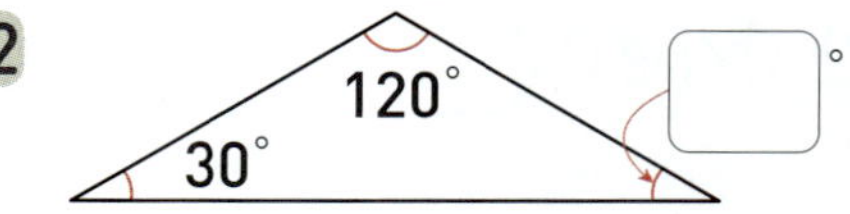

◆ 다음 도형은 정삼각형입니다. ☐ 안에 알맞은 수를 써넣으세요.

**13** 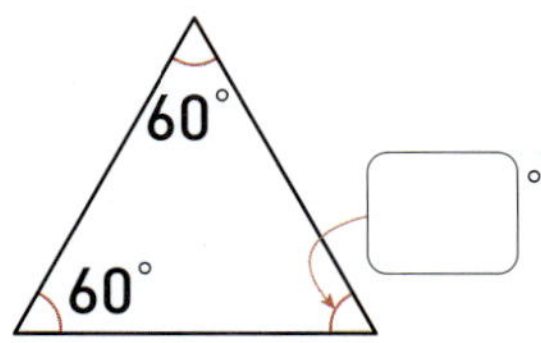

**14** 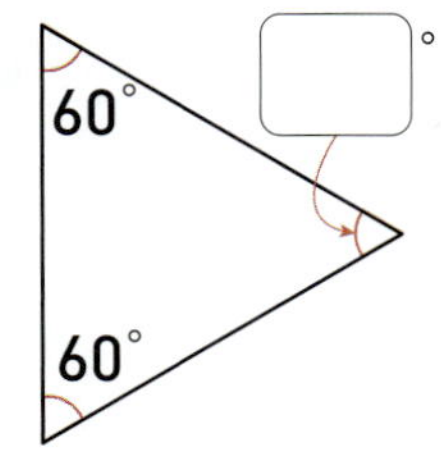

**15** 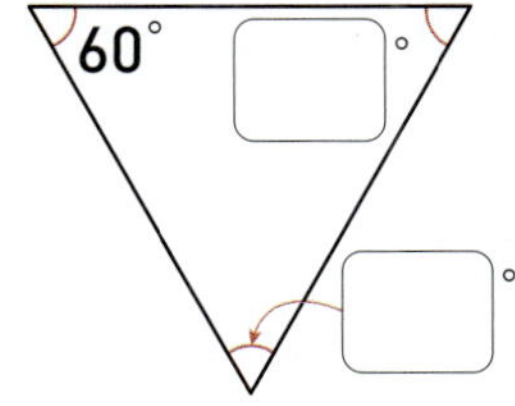

**16** 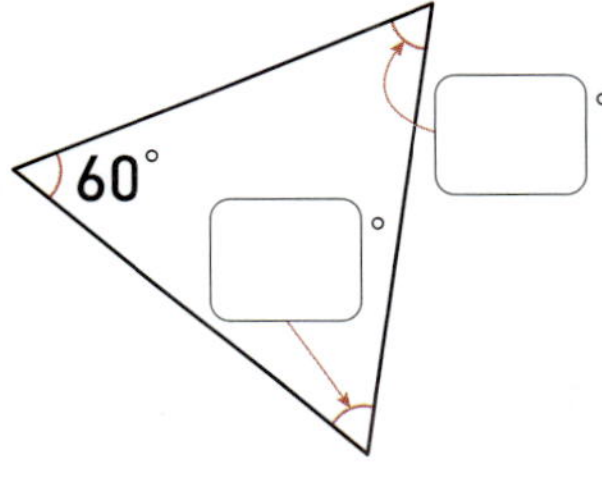

**17** 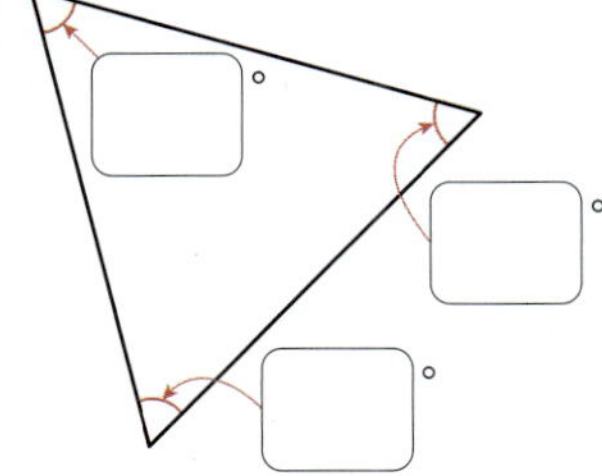

**18** 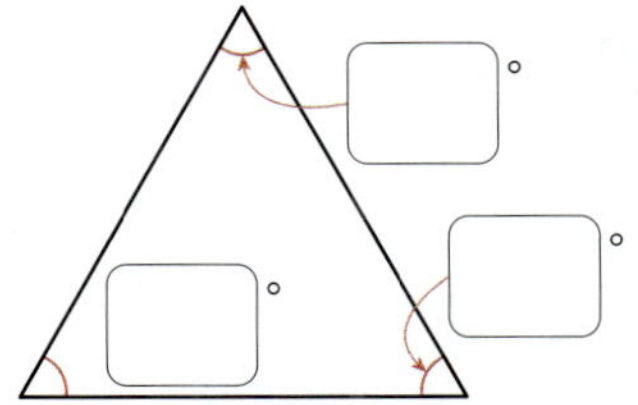

◆ 각 도형을 찾아 기호를 쓰세요.

**19** 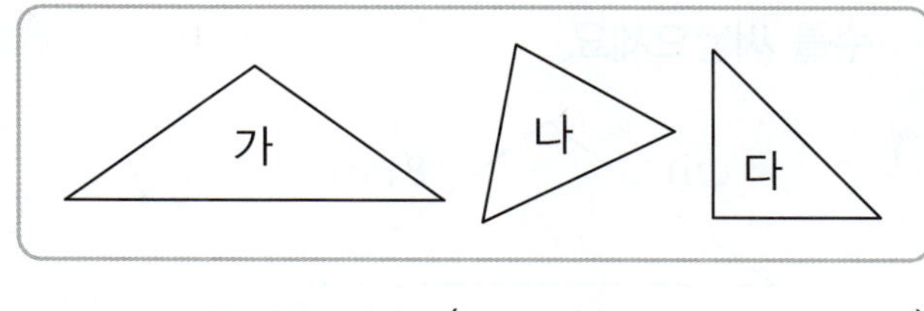


예각삼각형 (               )

**20** 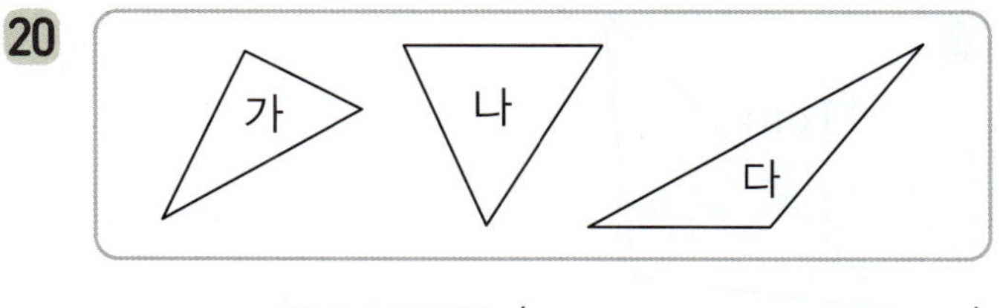


예각삼각형 (               )

**21** 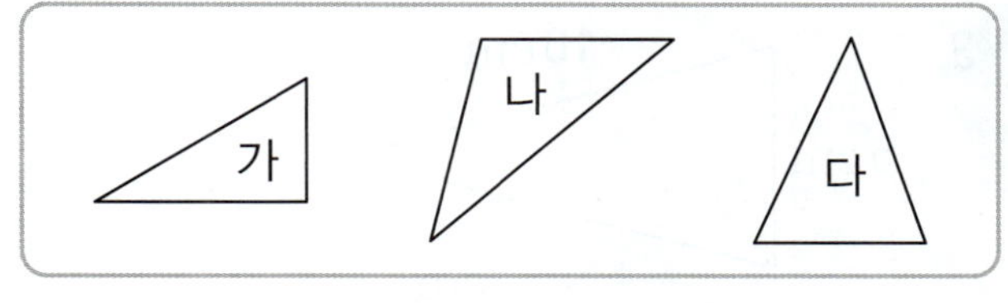


예각삼각형 (               )

**22** 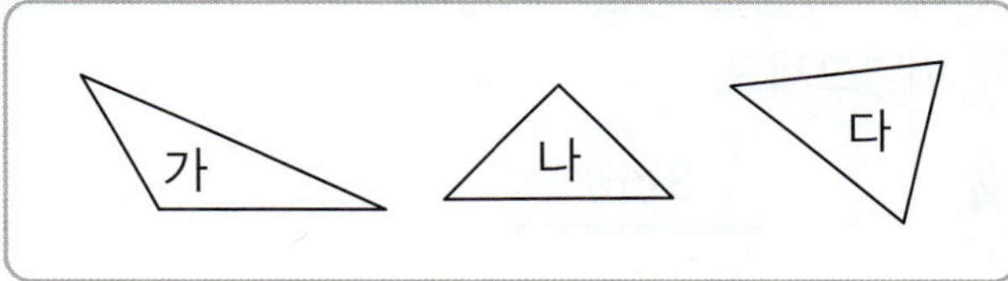


둔각삼각형 (               )

**23** 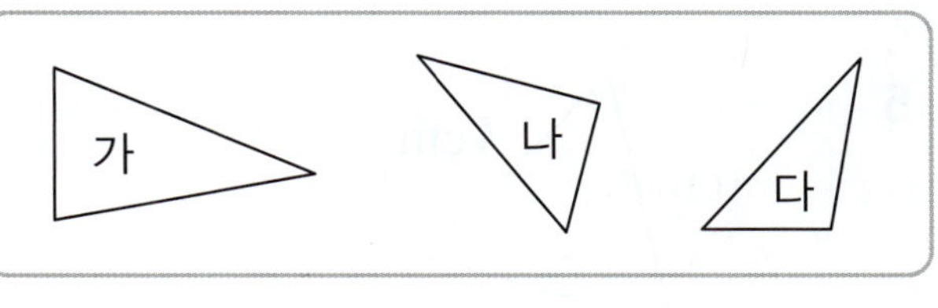


둔각삼각형 (               )

**24** 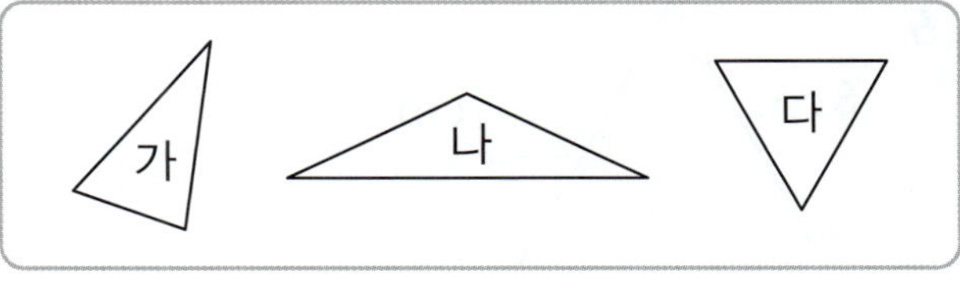


둔각삼각형 (               )

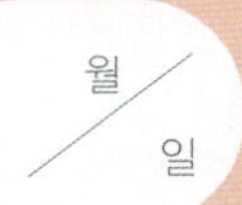

◆ 다음 도형은 이등변삼각형입니다. ☐ 안에 알맞은 수를 써넣으세요.

**1**  ☐ cm　8 cm　13 cm

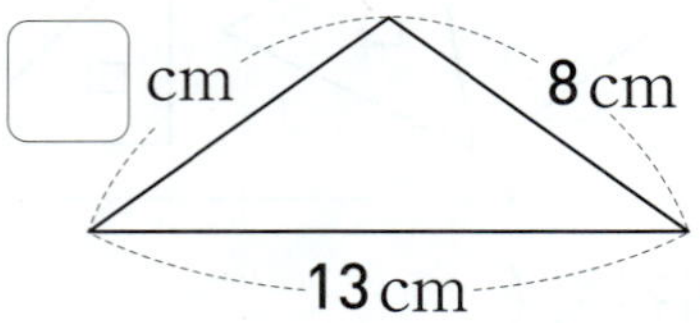

**2**  11 cm　☐ cm　7 cm

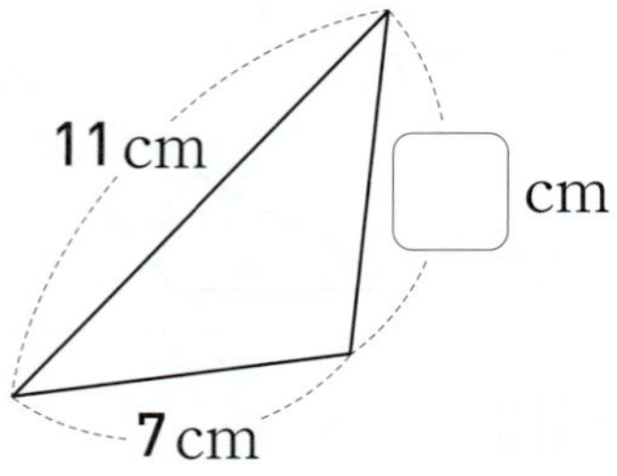

**3**  10 cm　5 cm　☐ cm

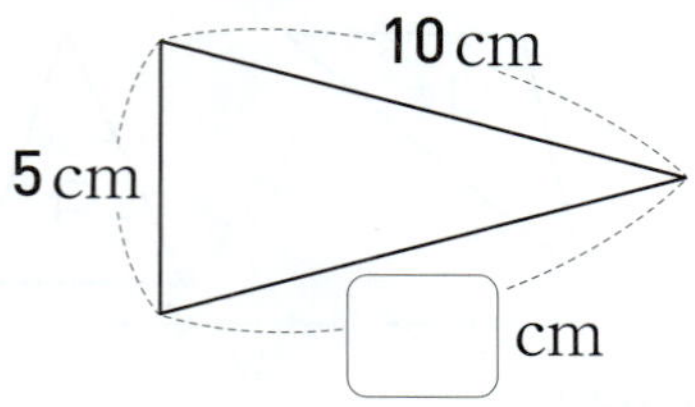

◆ 다음 도형은 정삼각형입니다. ☐ 안에 알맞은 수를 써넣으세요.

**4**  3 cm　☐ cm　3 cm

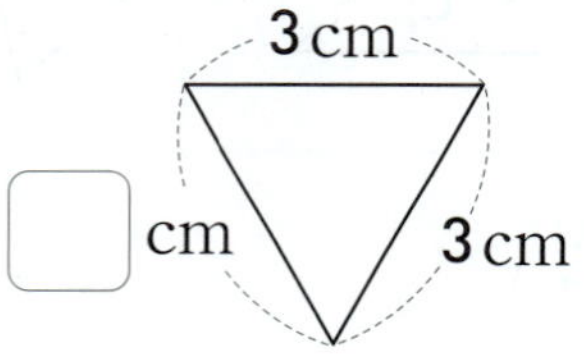

**5**  ☐ cm　4 cm　4 cm

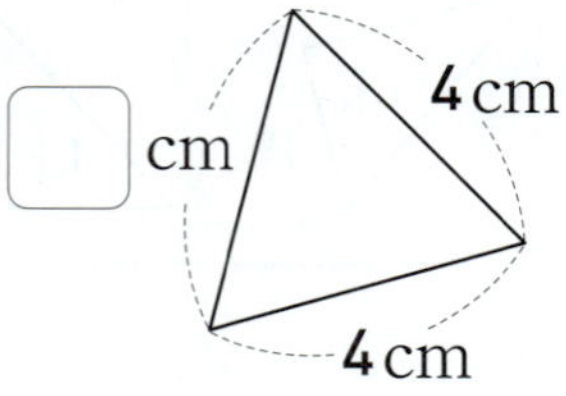

**6**  8 cm　☐ cm　☐ cm

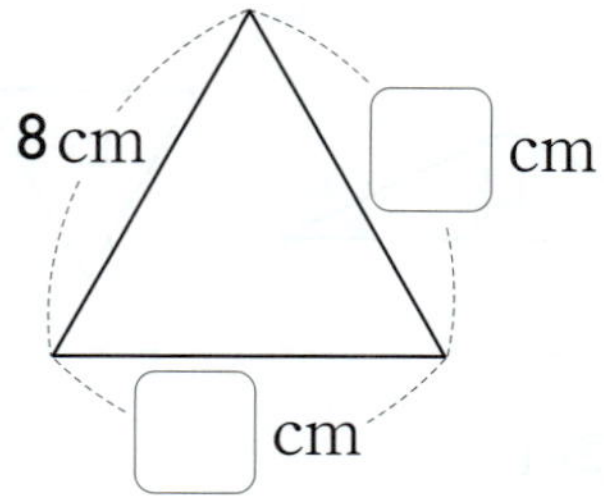

◆ 다음 도형은 이등변삼각형입니다. ☐ 안에 알맞은 수를 써넣으세요.

**7**  5 cm　☐ cm　35°　☐°

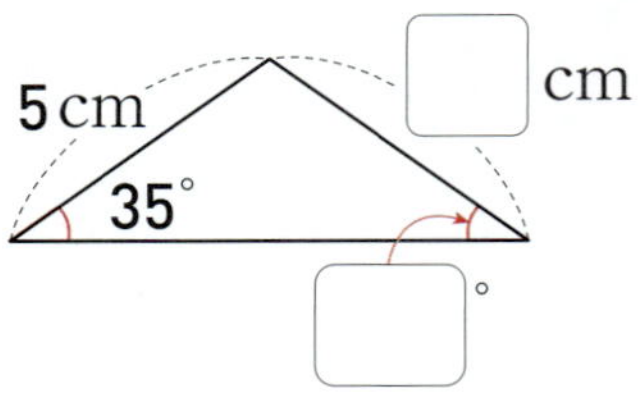

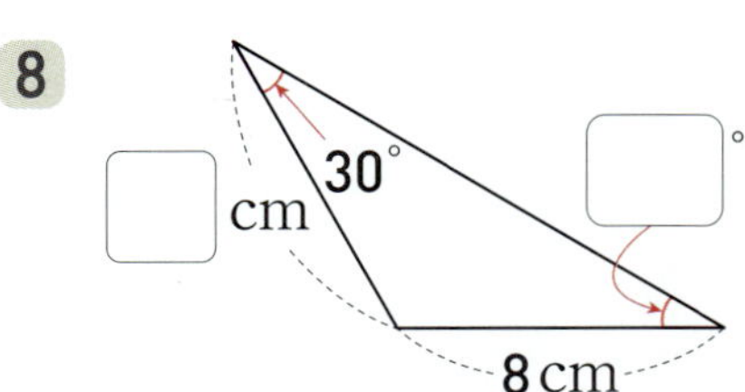

**8**  ☐ cm　30°　☐°　8 cm

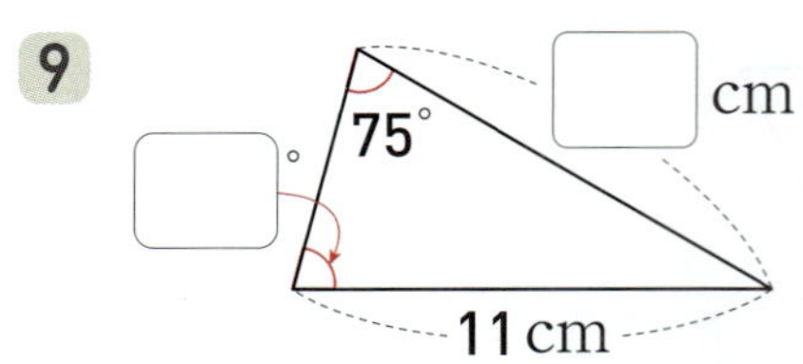

**9**  ☐ cm　75°　☐°　11 cm

◆ 다음 도형은 정삼각형입니다. ☐ 안에 알맞은 수를 써넣으세요.

**10**  7 cm　60°　7 cm　☐°　☐ cm

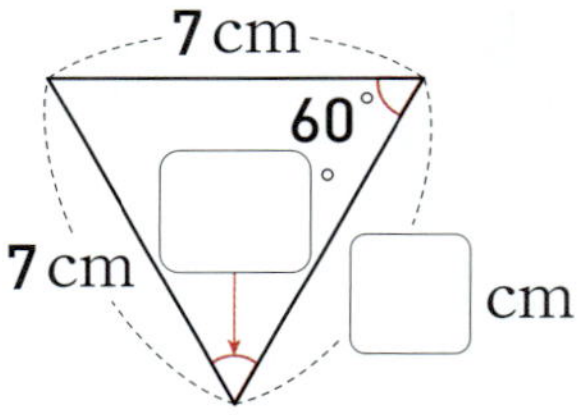

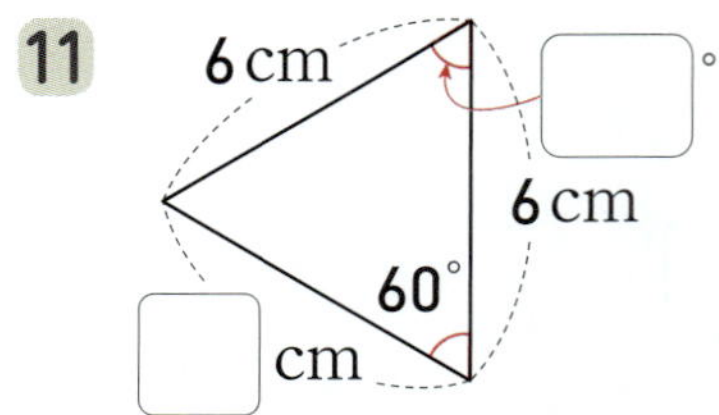

**11**  6 cm　☐°　6 cm　60°　☐ cm

**12**  9 cm　☐°　9 cm　60°　☐ cm

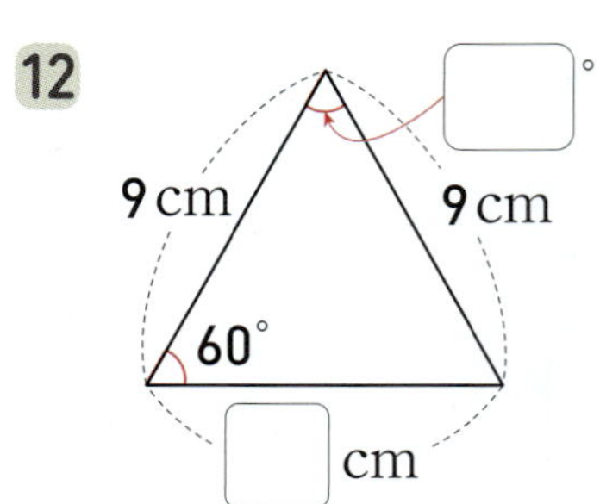

◆ 관계있는 것끼리 이어 보세요.

**13**

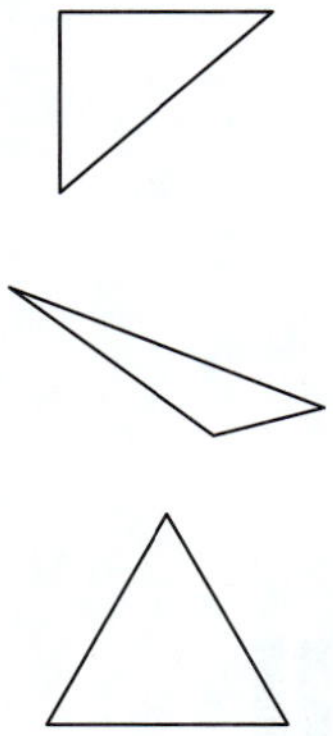

· 예각삼각형

· 직각삼각형

· 둔각삼각형

**14**

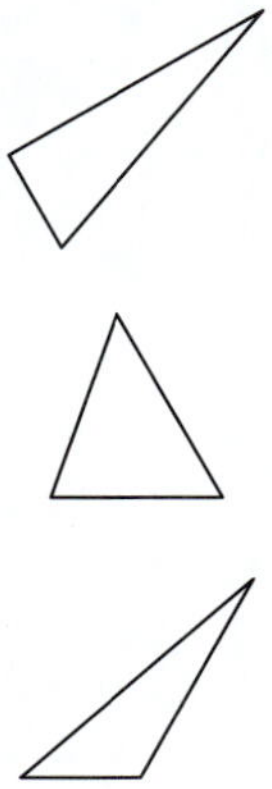

· 예각삼각형

· 직각삼각형

· 둔각삼각형

**15**

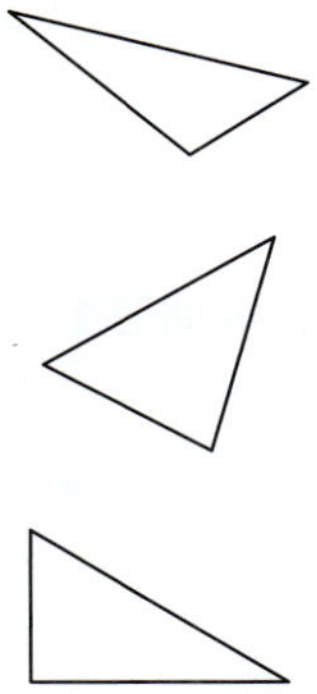

· 예각삼각형

· 직각삼각형

· 둔각삼각형

**16**

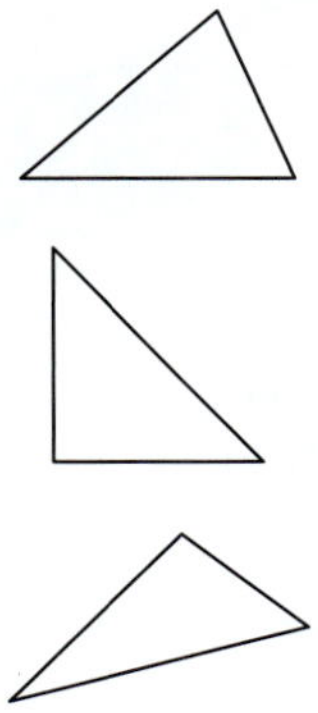

· 예각삼각형

· 직각삼각형

· 둔각삼각형

◆ 주어진 선분을 이용하여 삼각형을 그려 보세요.

**17** 이등변삼각형

①　②

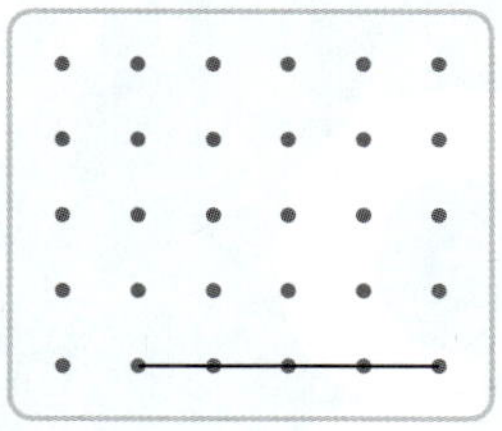

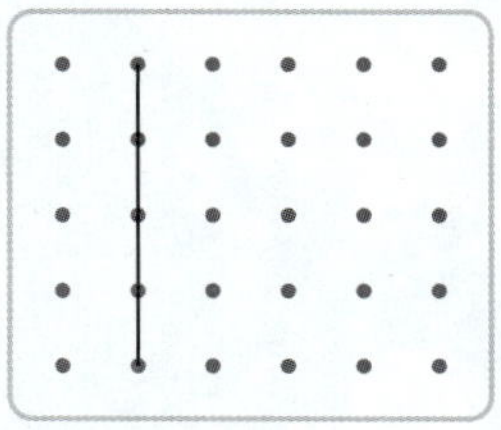

**18** 정삼각형

①　②

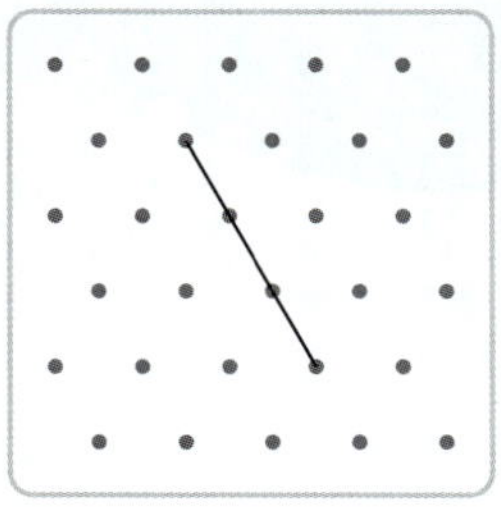

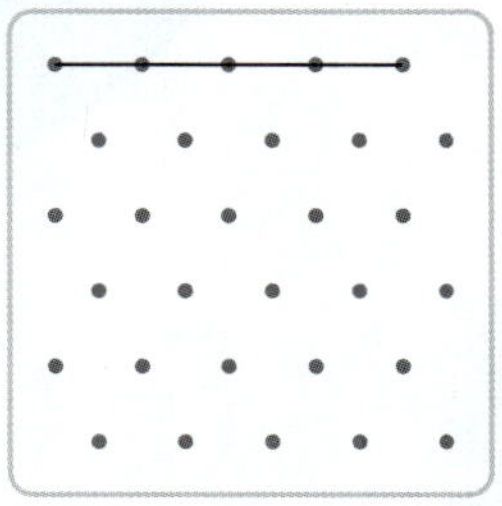

**19** 예각삼각형

①　②

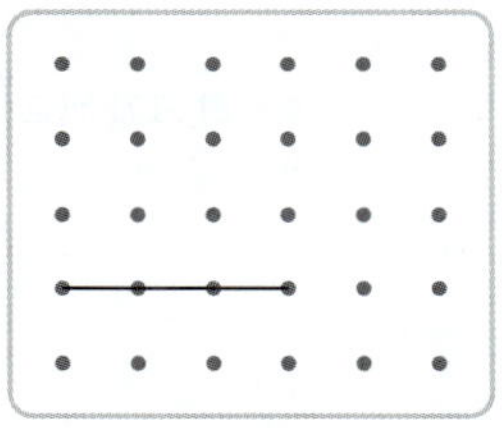

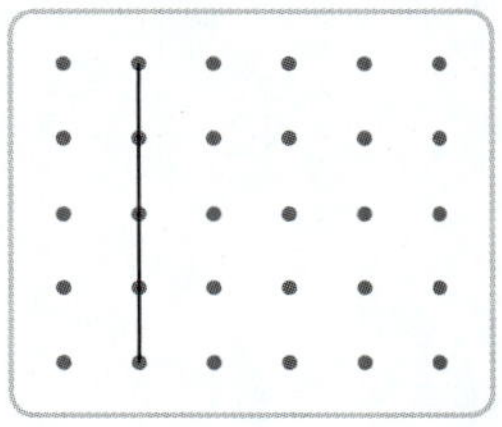

**20** 둔각삼각형

①　②

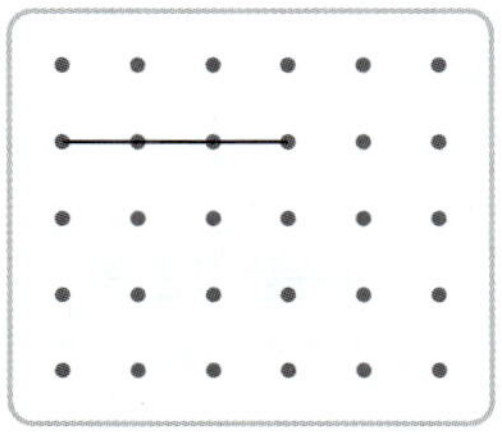

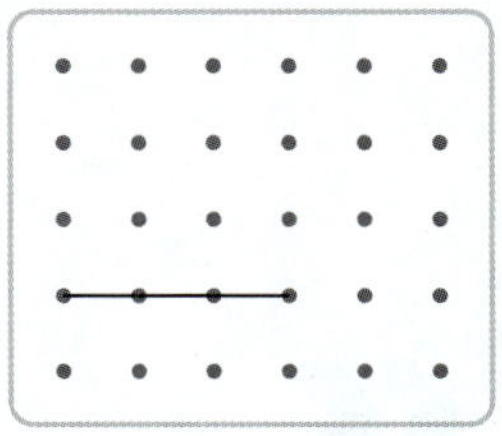

**21** 둔각삼각형

①　②

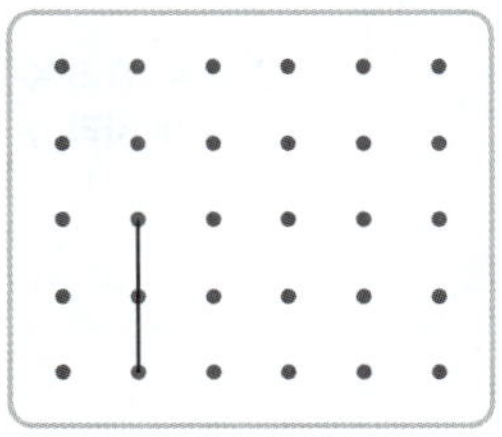

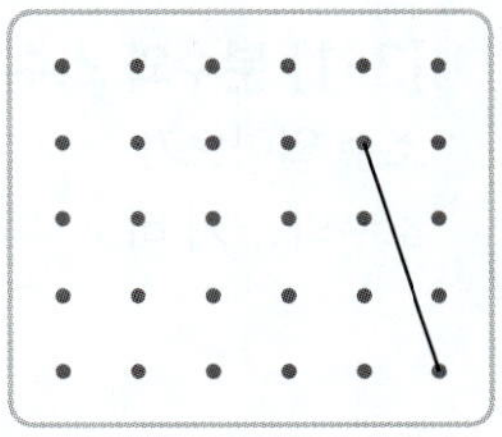

# 3 소수의 덧셈과 뺄셈

소수의 크기 비교
17회
18회
소수 사이의 관계
학습을 끝낸 후
색칠하세요.
16회
소수 두 자리 수,
소수 세 자리 수
이전에 배운 내용
[3-1] 분수와 소수
소수 알아보기
소수의 크기 비교
19회
(소수 한 자리 수)
+(소수 한 자리 수)

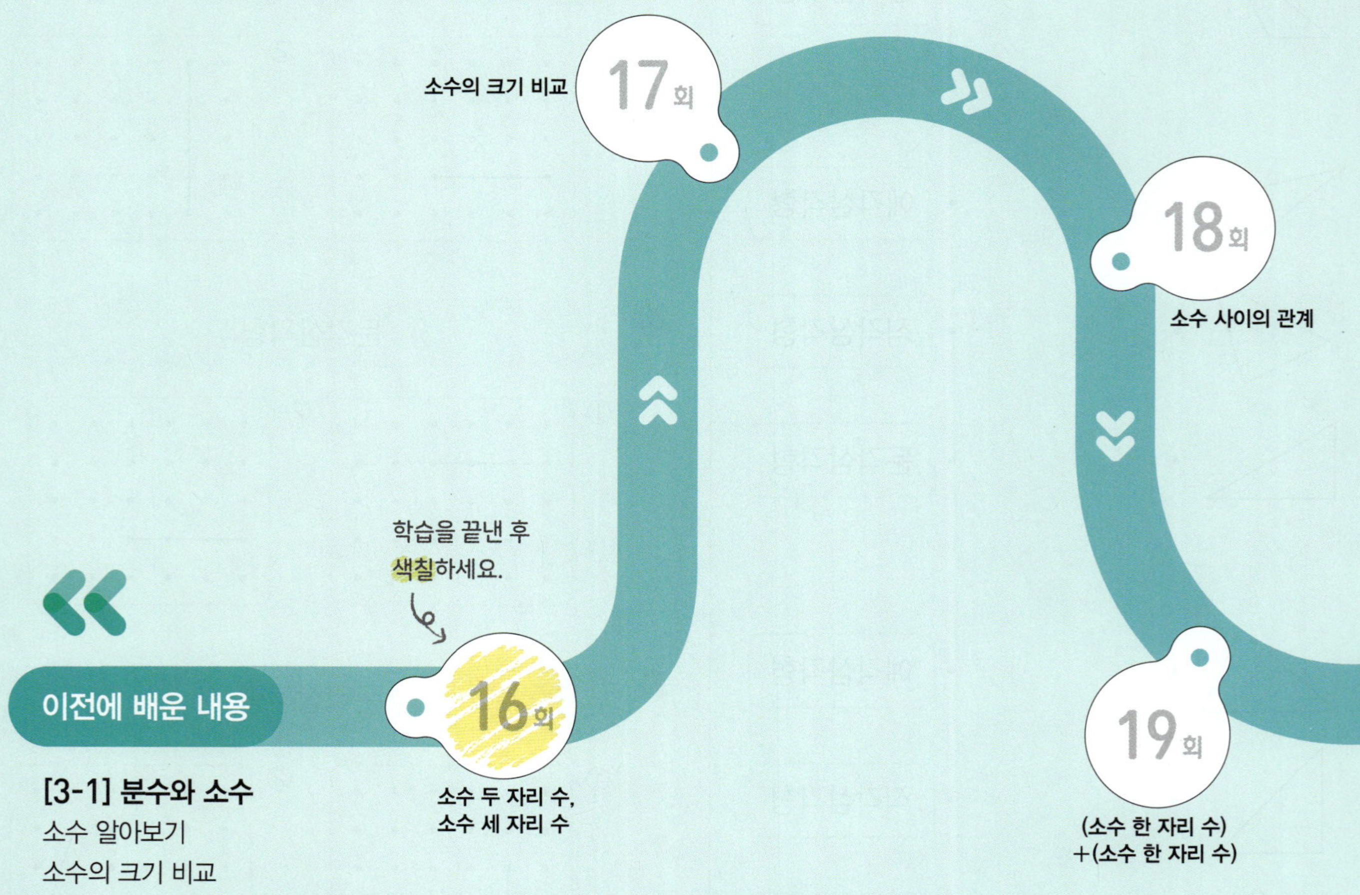

다음에 배울 내용

[5-2] 소수의 곱셈
소수의 곱셈 알아보기

[6-1] 소수의 나눗셈
소수의 나눗셈 알아보기

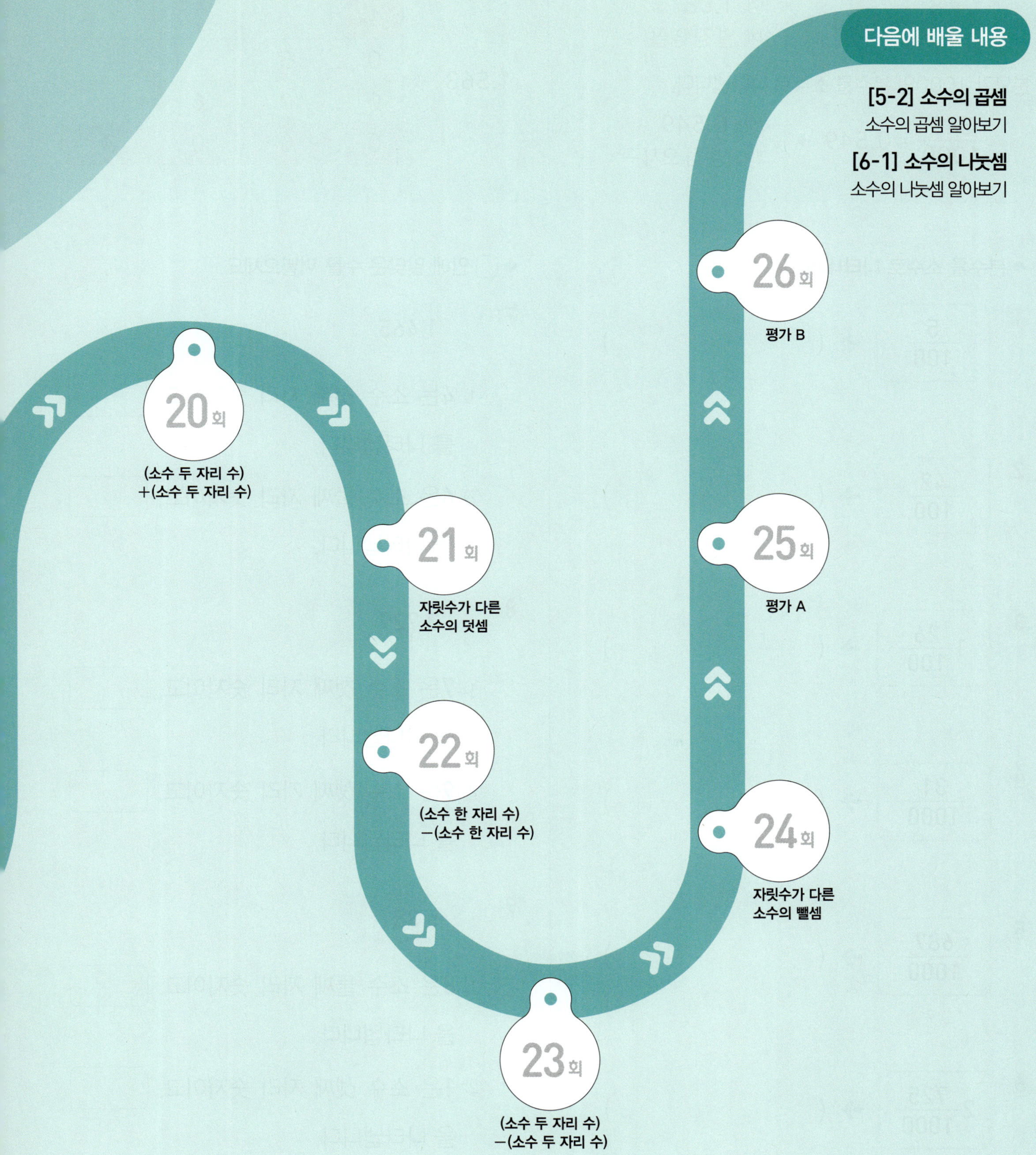

26회
평가 B

20회
(소수 두 자리 수)
+(소수 두 자리 수)

21회
자릿수가 다른
소수의 덧셈

25회
평가 A

22회
(소수 한 자리 수)
−(소수 한 자리 수)

24회
자릿수가 다른
소수의 뺄셈

23회
(소수 두 자리 수)
−(소수 두 자리 수)

분모가 100인 분수를 소수로 나타냅니다.

$$\frac{1}{100}=0.01 \rightarrow$$ 쓰기 0.01 / 읽기 영ˇ점ˇ영일

$$1\frac{8}{100}=1.08 \rightarrow$$ 쓰기 1.08 / 읽기 일ˇ점ˇ영팔

분모가 1000인 분수를 소수로 나타냅니다.

$$\frac{549}{1000}=0.549 \rightarrow$$ 쓰기 0.549 / 읽기 영ˇ점ˇ오사구

1.563의 각 자리의 숫자가 나타내는 수를 알아봅니다.

| 일의 자리 | 소수 첫째 자리 | 소수 둘째 자리 | 소수 셋째 자리 |
|---|---|---|---|
| 1 | | | |
| 0 . | 5 | | |
| 0 . | 0 | 6 | |
| 0 . | 0 | 0 | 3 |

1.563 →

---

◆ 분수를 소수로 나타내세요.

**1** $\dfrac{5}{100}$ → (                    )

**2** $\dfrac{42}{100}$ → (                    )

**3** $1\dfrac{26}{100}$ → (                    )

**4** $\dfrac{31}{1000}$ → (                    )

**5** $\dfrac{687}{1000}$ → (                    )

**6** $2\dfrac{725}{1000}$ → (                    )

◆ ☐ 안에 알맞은 수를 써넣으세요.

**7**  1.465

① 4는 소수 첫째 자리 숫자이고, ☐ 를 나타냅니다.

② 6은 소수 둘째 자리 숫자이고, ☐ 을 나타냅니다.

**8**  3.729

① 7은 소수 첫째 자리 숫자이고, ☐ 을 나타냅니다.

② 9는 소수 셋째 자리 숫자이고, ☐ 를 나타냅니다.

**9**  5.381

① 8은 소수 둘째 자리 숫자이고, ☐ 을 나타냅니다.

② 1은 소수 셋째 자리 숫자이고, ☐ 을 나타냅니다.

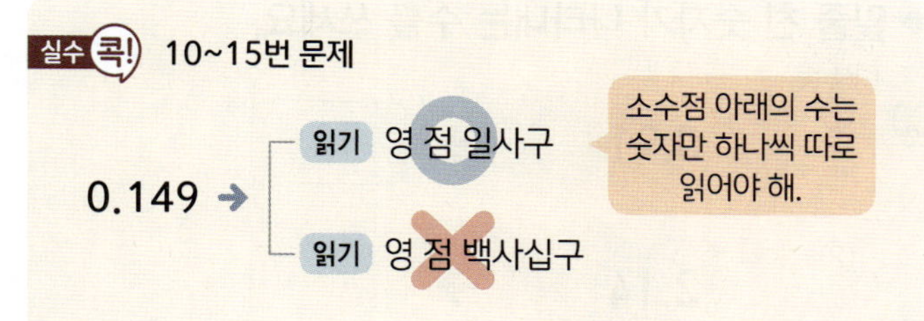

## 연습　소수 두 자리 수, 소수 세 자리 수



◆ 소수를 읽어 보세요.

**10** 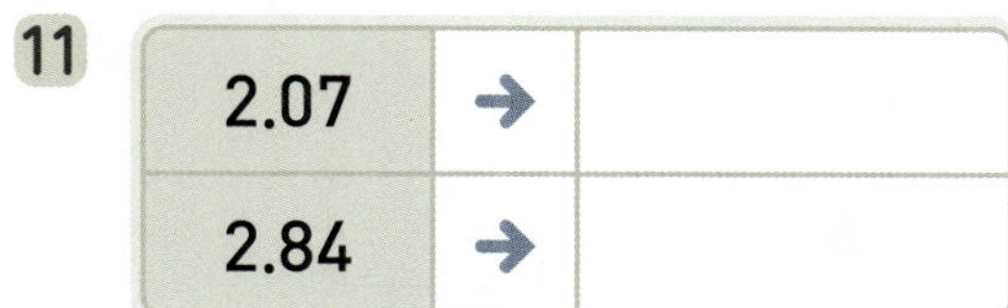

0.15 →

0.93 →

**11** 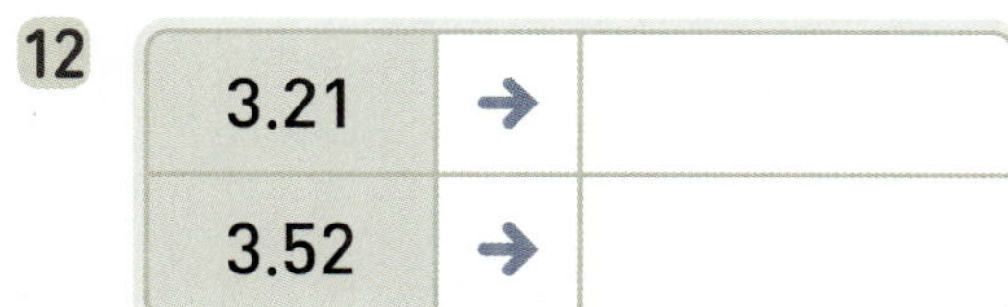

2.07 →

2.84 →

**12** 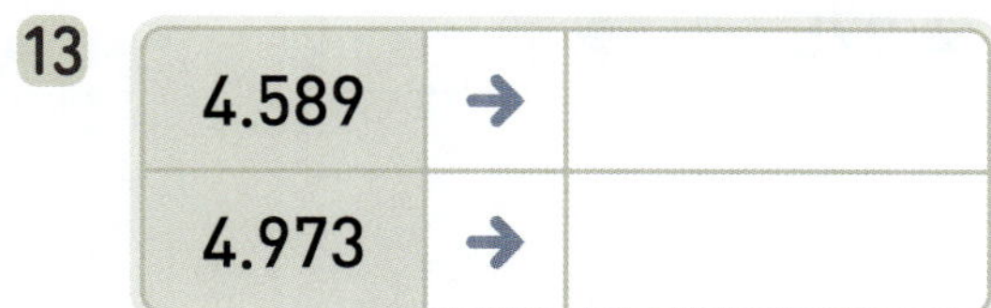

3.21 →

3.52 →

**13** 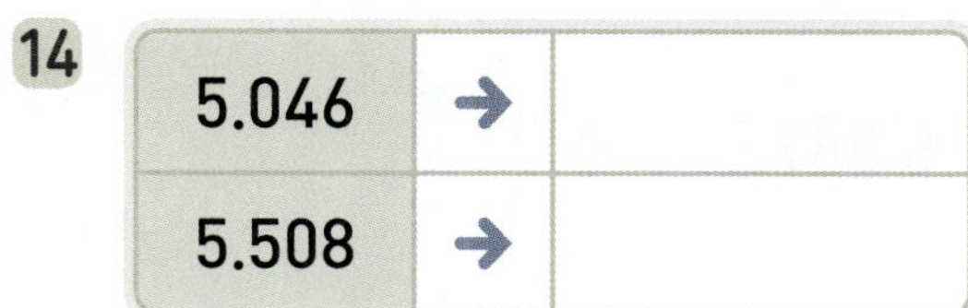

4.589 →

4.973 →

**14**

5.046 →

5.508 →

**15** 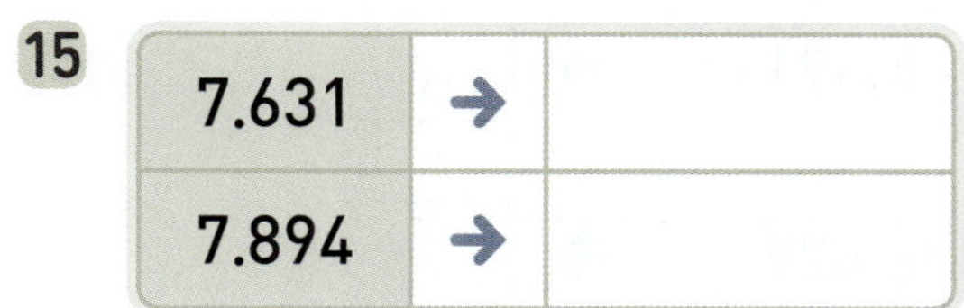

7.631 →

7.894 →

◆ ☐ 안에 알맞은 소수를 써넣으세요.

**16** 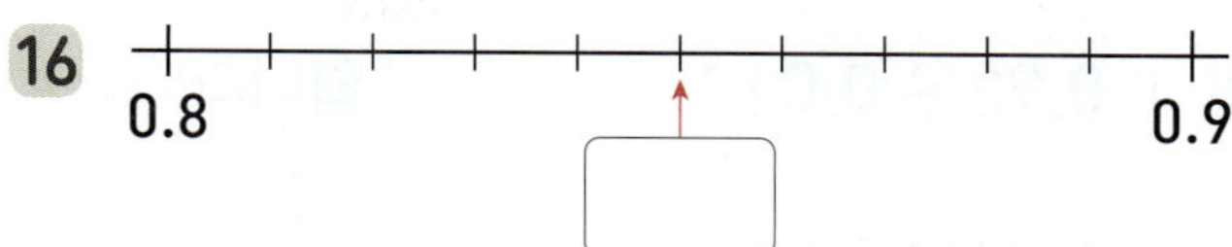


**17** 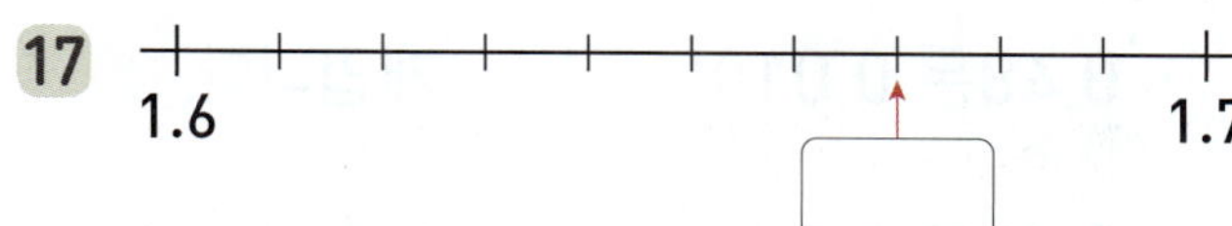


**18** 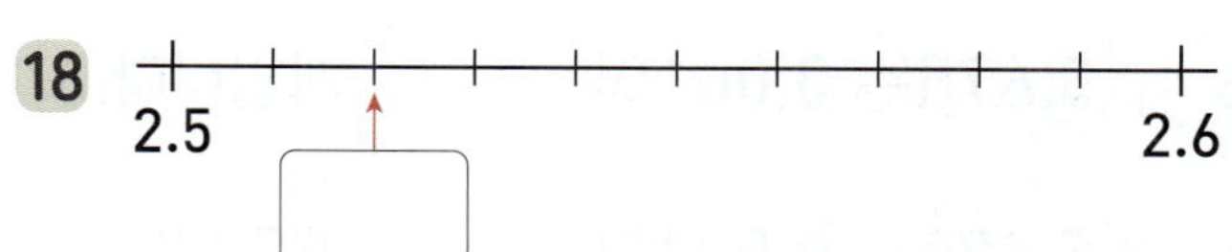


**19** 

**20** 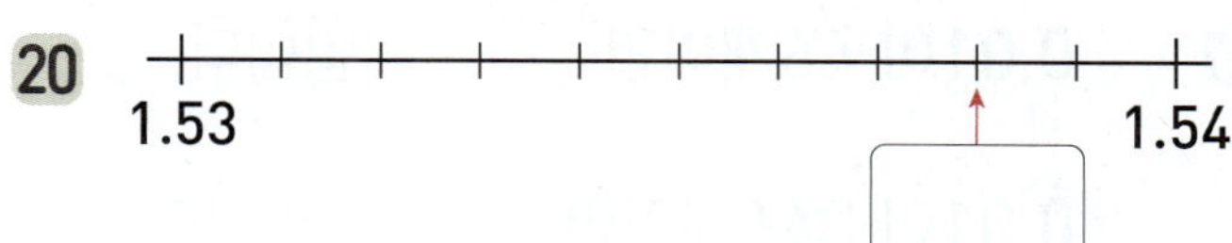


**21** 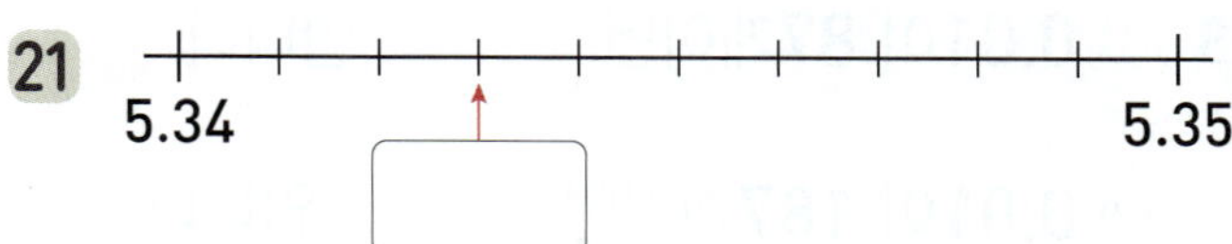


**22** 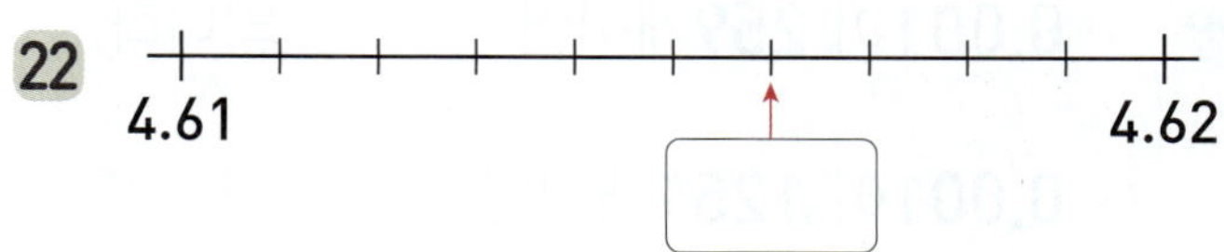

◆ ☐ 안에 알맞은 수를 써넣으세요.

**23** ① 0.93은 0.01이 ☐ 개입니다.

② 1.93은 0.01이 ☐ 개입니다.

**24** ① 0.48은 0.01이 ☐ 개입니다.

② 2.48은 0.01이 ☐ 개입니다.

**25** ① 0.675는 0.001이 ☐ 개입니다.

② 5.675는 0.001이 ☐ 개입니다.

**26** ① 0.306은 0.001이 ☐ 개입니다.

② 7.306은 0.001이 ☐ 개입니다.

**27** ① 0.01이 46개이면 ☐ 입니다.

② 0.01이 346개이면 ☐ 입니다.

**28** ① 0.01이 87개이면 ☐ 입니다.

② 0.01이 187개이면 ☐ 입니다.

**29** ① 0.001이 259개이면 ☐ 입니다.

② 0.001이 1259개이면 ☐ 입니다.

◆ 밑줄 친 숫자가 나타내는 수를 쓰세요.

**30** ① 0.9<u>1</u> → ☐

② 2.1<u>4</u> → ☐

**31** ① 0.<u>3</u>2 → ☐

② 1.<u>7</u>3 → ☐

**32** ① 2.4<u>6</u> → ☐

② 3.8<u>4</u> → ☐

**33** ① 3.5<u>1</u>9 → ☐

② 4.27<u>5</u> → ☐

**34** ① 2.45<u>8</u> → ☐

② 5.3<u>8</u>7 → ☐

**35** ① 5.3<u>9</u>1 → ☐

② 6.82<u>9</u> → ☐

# ★ 완성   소수 두 자리 수, 소수 세 자리 수

◆ 토끼가 들고 있는 것을 보고 알맞은 수를 찾아 ◯표 하세요.

**36**

**38**





**37**



**39**



## + 문해력

**40**   소율이가 말하는 수는 얼마일까요?

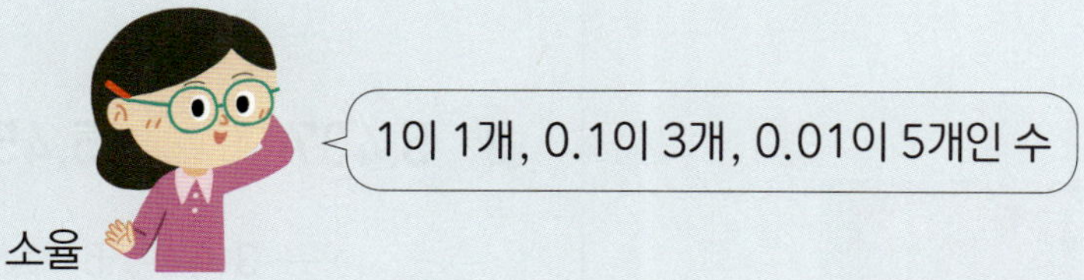

**풀이**   **1**이 ☐개, **0.1**이 ☐개, **0.01**이 ☐개이면 ☐입니다.

**답**   소율이가 말하는 수는 ☐입니다.

# 소수의 크기 비교

전체 크기가 1인 모눈종이에 주어진 소수만큼 색칠하여 두 소수의 크기를 비교해 봅니다.

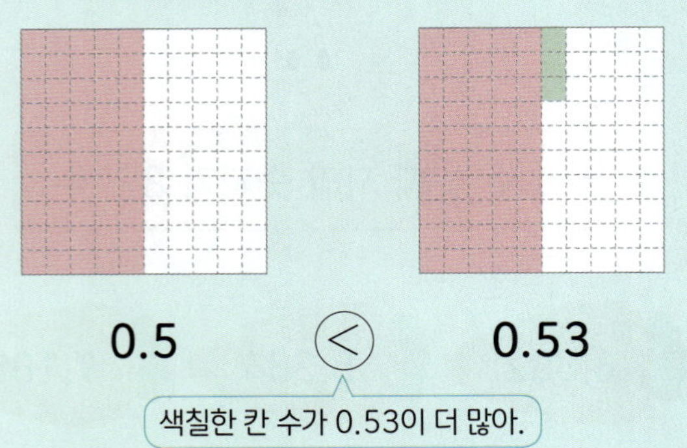

0.5 $<$ 0.53

색칠한 칸 수가 0.53이 더 많아.

자연수 → 소수 첫째 자리 수 → 소수 둘째 자리 수를 차례로 비교하여 높은 자리 수가 클수록 더 큰 수입니다.

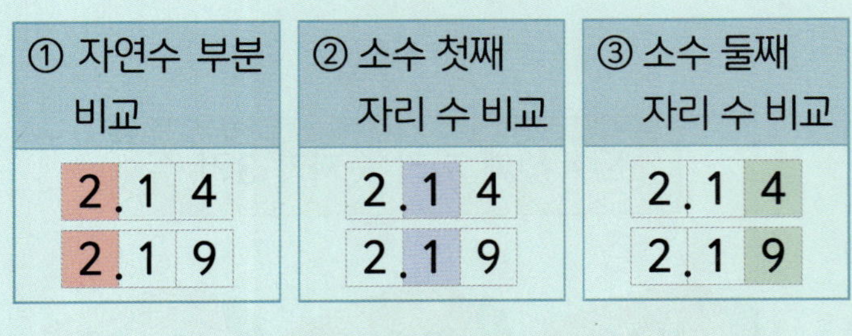

| ① 자연수 부분 비교 | ② 소수 첫째 자리 수 비교 | ③ 소수 둘째 자리 수 비교 |
|---|---|---|
| 2.1 4 | 2.1 4 | 2.1 4 |
| 2.1 9 | 2.1 9 | 2.1 9 |

2.14 $<$ 2.19

4 < 9

◆ 그림을 보고 ◯ 안에 >, =, <를 알맞게 써넣으세요.

**1**
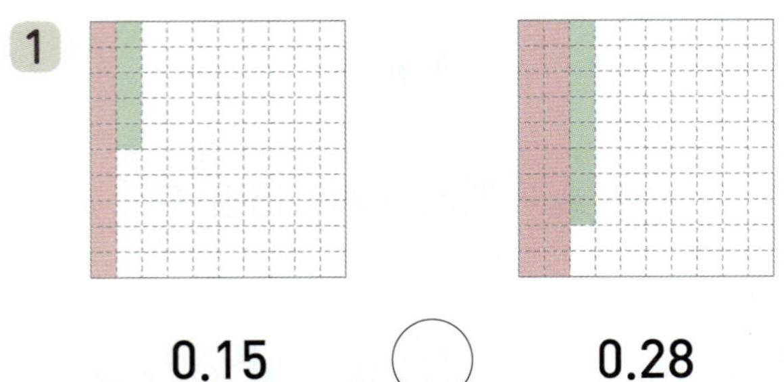

0.15 ◯ 0.28

**2**
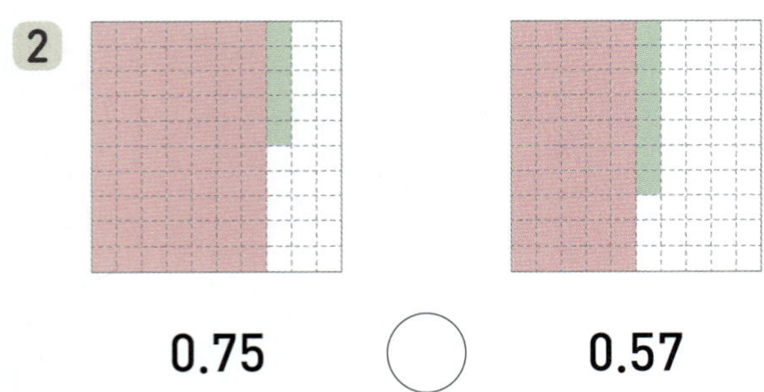

0.75 ◯ 0.57

**3**
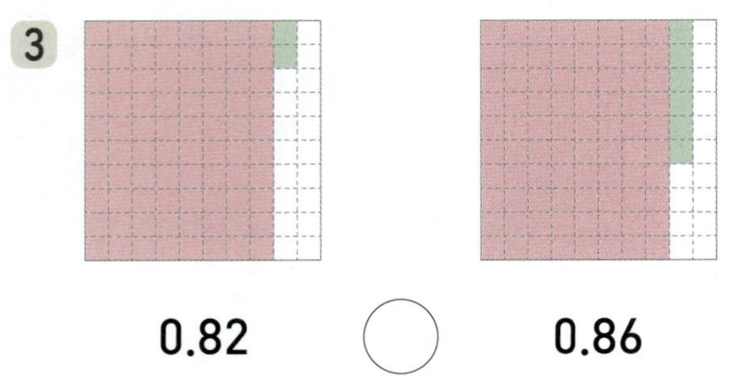

0.82 ◯ 0.86

◆ 두 소수의 크기를 비교하여 ◯ 안에 >, =, <를 알맞게 써넣으세요.

**4** 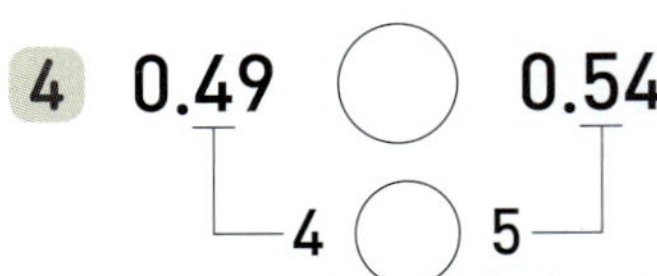
0.49 ◯ 0.54
4 ◯ 5

**5** 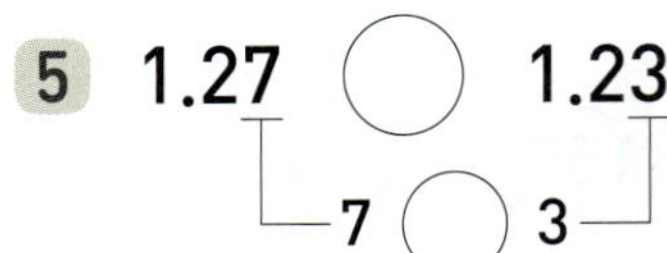
1.27 ◯ 1.23
7 ◯ 3

**6** 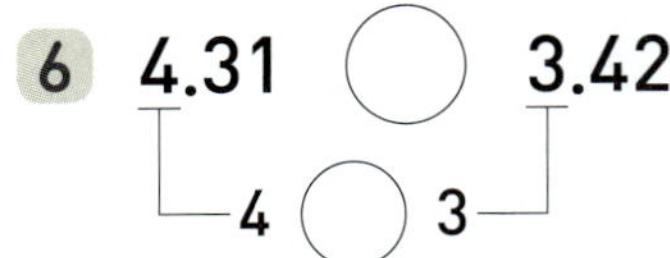
4.31 ◯ 3.42
4 ◯ 3

**7** 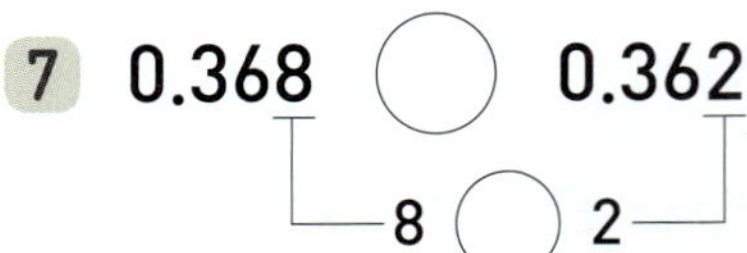
0.368 ◯ 0.362
8 ◯ 2

**8** 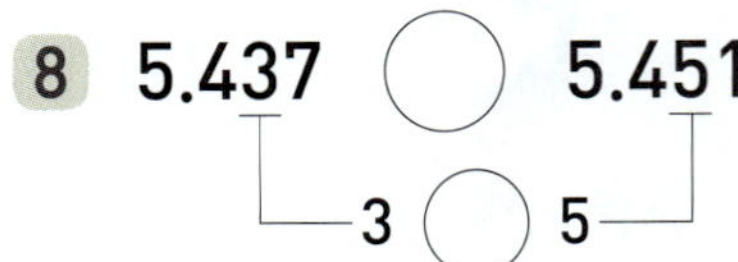
5.437 ◯ 5.451
3 ◯ 5

**9** 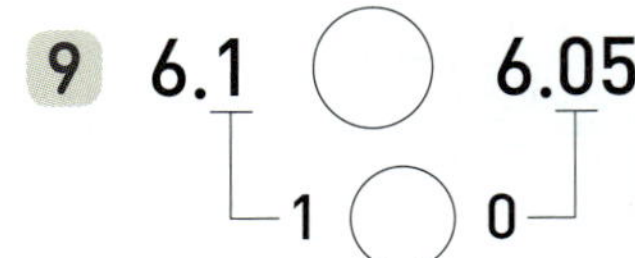
6.1 ◯ 6.05
1 ◯ 0

## 연습　소수의 크기 비교

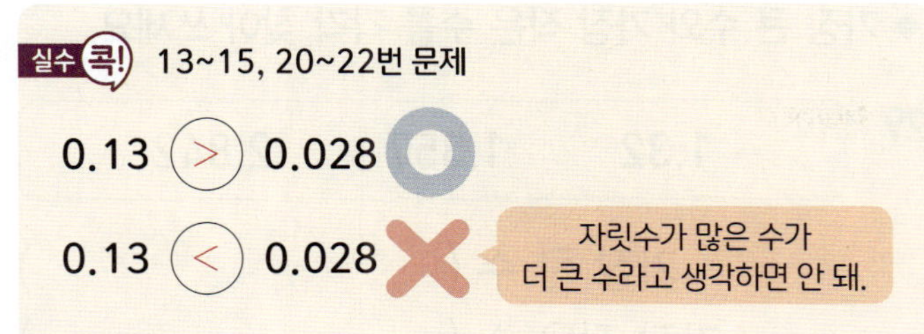



◆ 두 소수의 크기를 비교하여 ○ 안에 ＞, ＝, ＜를 알맞게 써넣으세요.

**10** ① 0.25 ○ 0.17

② 0.25 ○ 0.29

**11** ① 1.72 ○ 0.85

② 1.72 ○ 1.79

**12** ① 5.34 ○ 5.54

② 5.34 ○ 5.39

**13** ① 0.97 ○ 0.970

② 0.97 ○ 0.953

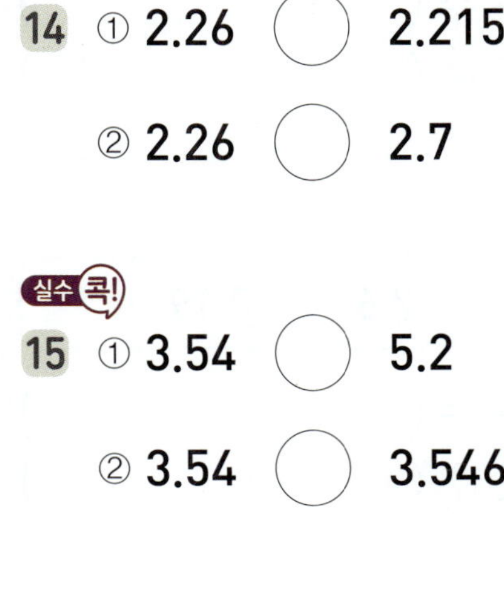

**14** ① 2.26 ○ 2.215

② 2.26 ○ 2.7

**15** ① 3.54 ○ 5.2

② 3.54 ○ 3.546

◆ 두 소수의 크기를 비교하여 ○ 안에 ＞, ＝, ＜를 알맞게 써넣으세요.

**16** ① 6.151 ○ 6.058

② 6.151 ○ 6.152

**17** ① 7.621 ○ 7.841

② 7.621 ○ 7.635

**18** ① 8.234 ○ 8.207

② 8.234 ○ 8.236

**19** ① 9.103 ○ 9.175

② 9.103 ○ 9.101

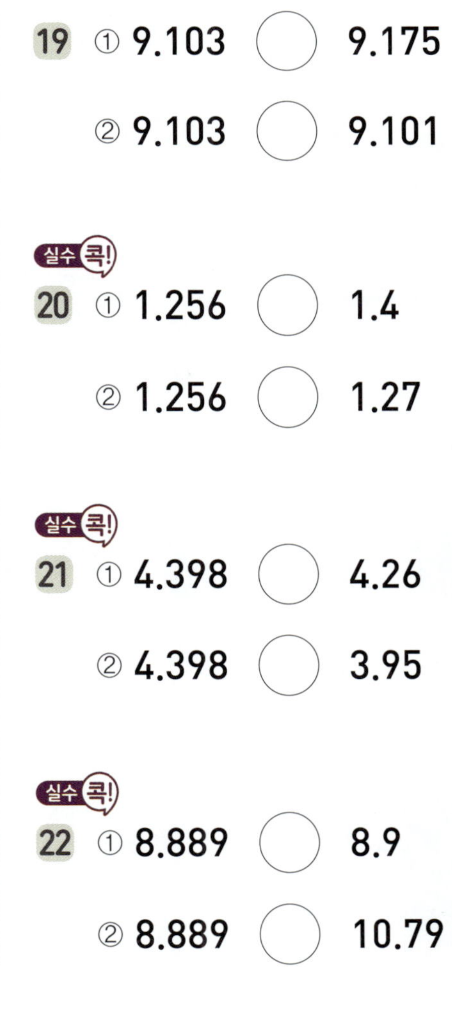

**20** ① 1.256 ○ 1.4

② 1.256 ○ 1.27

**21** ① 4.398 ○ 4.26

② 4.398 ○ 3.95

**22** ① 8.889 ○ 8.9

② 8.889 ○ 10.79

◆ 두 소수 중 더 큰 수를 빈칸에 써넣으세요.

**23**

| | |
|---|---|
| 0.45 | |
| 0.058 | |

**24**

| | |
|---|---|
| 1.482 | |
| 1.63 | |

**25**

| | |
|---|---|
| 2.64 | |
| 2.605 | |

**26**

| | |
|---|---|
| 0.27 | |
| 0.293 | |

**27**

| | |
|---|---|
| 4.801 | |
| 4.803 | |

**28**

| | |
|---|---|
| 6.171 | |
| 5.32 | |

◆ 가장 큰 수와 가장 작은 수를 각각 찾아 쓰세요.

**29**

| 1.32 | 1.357 | 2.842 |
|---|---|---|

가장 큰 수 (　　　　　)
가장 작은 수 (　　　　　)

**30**

| 5.654 | 4.61 | 5.493 |
|---|---|---|

가장 큰 수 (　　　　　)
가장 작은 수 (　　　　　)

**31**

| 7.126 | 7.32 | 6.531 |
|---|---|---|

가장 큰 수 (　　　　　)
가장 작은 수 (　　　　　)

**32**

| 4.51 | 1.793 | 4.385 |
|---|---|---|

가장 큰 수 (　　　　　)
가장 작은 수 (　　　　　)

**33**

| 3.082 | 5.98 | 5.201 |
|---|---|---|

가장 큰 수 (　　　　　)
가장 작은 수 (　　　　　)

**34**

| 2.456 | 2.6 | 3.19 |
|---|---|---|

가장 큰 수 (　　　　　)
가장 작은 수 (　　　　　)

## ★ 완성  소수의 크기 비교

◆ 설명에 맞는 수가 적혀 있는 별을 모두 찾아 ◯표 하세요.

**35** | 0.25보다 작은 소수

**37** | 2.45보다 큰 소수




**36** | 1.542보다 작은 소수

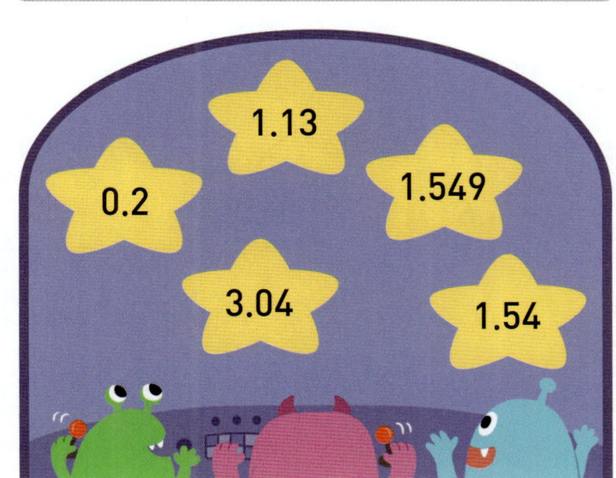


**38** | 3.018보다 큰 소수

### + 문해력

**39** 케이크를 만드는 데 밀가루를 정민이는 [0.51 kg], 윤후는 [0.63 kg] 사용했습니다. 밀가루를 더 많이 사용한 사람은 누구일까요?

**풀이** 정민: ☐ kg ◯ 윤후: ☐ kg

**답** 밀가루를 더 많이 사용한 사람은 ☐ 입니다.

1, 0.1, 0.01, 0.001 사이의 관계를 알아봅니다.

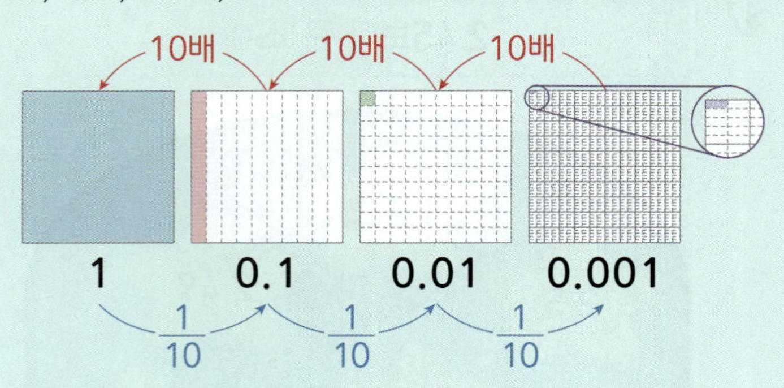


소수점을 기준으로 수가 어떻게 이동하는지 알아봅니다.

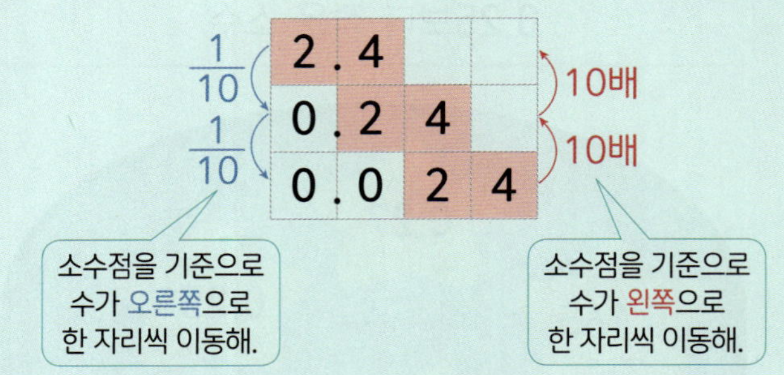


◆ ☐ 안에 알맞은 수를 써넣으세요.

1  1의 $\frac{1}{10}$은 ☐ 입니다.

2  0.1의 $\frac{1}{10}$은 ☐ 입니다.

3  0.01의 $\frac{1}{10}$은 ☐ 입니다.

4  0.001의 10배는 ☐ 입니다.

5  0.01의 10배는 ☐ 입니다.

6  0.1의 10배는 ☐ 입니다.

◆ 빈칸에 알맞은 수를 써넣으세요.

7
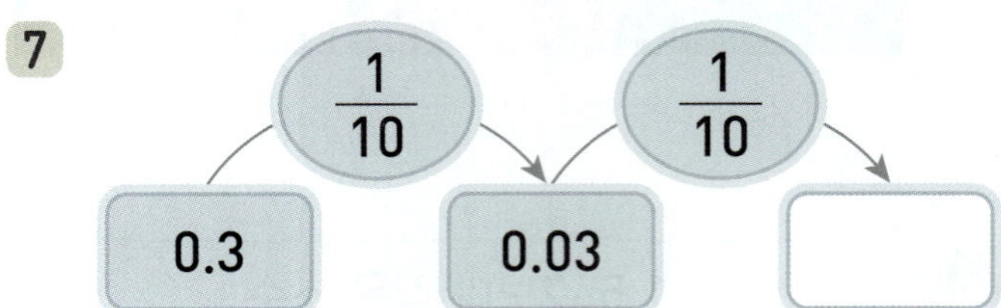


8
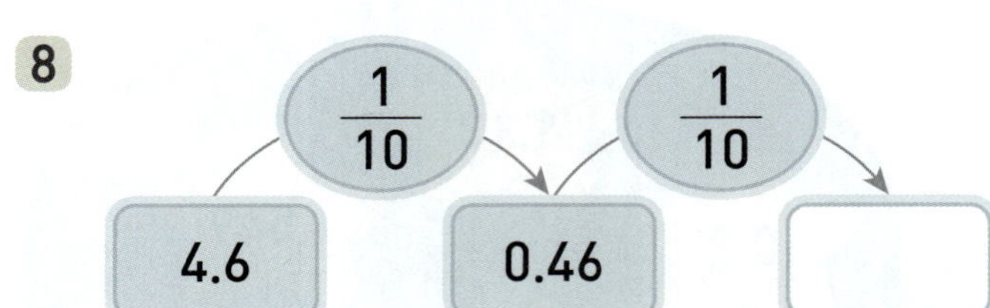


9
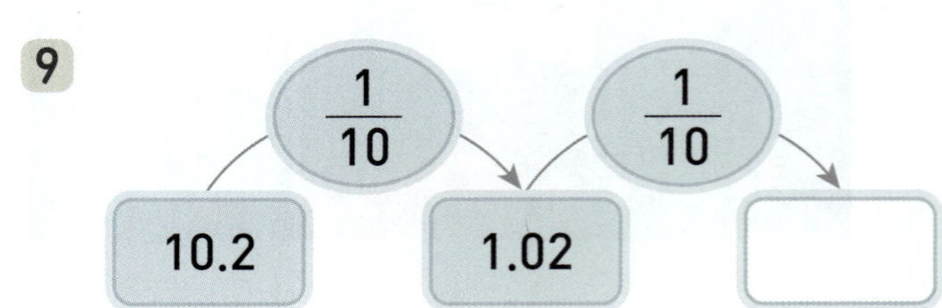


10
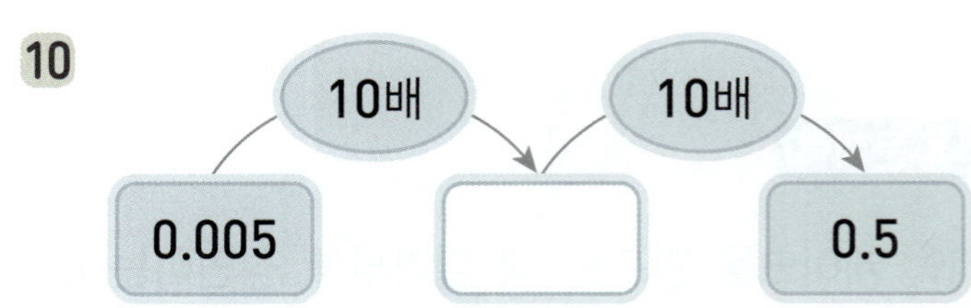


11
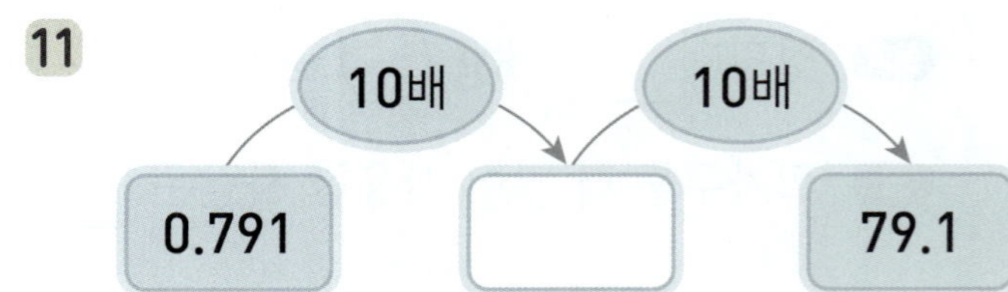

## 연습  소수 사이의 관계

◆ ⬚ 안에 알맞은 수를 써넣으세요.

**12** ① 4의 $\frac{1}{10}$은 ⬚ 입니다.

② 4의 $\frac{1}{100}$은 ⬚ 입니다.

**13** ① 29의 $\frac{1}{10}$은 ⬚ 입니다.

② 29의 $\frac{1}{100}$은 ⬚ 입니다.

**14** ① 804의 $\frac{1}{10}$은 ⬚ 입니다.

② 804의 $\frac{1}{100}$은 ⬚ 입니다.

**15** ① 65.1의 $\frac{1}{10}$은 ⬚ 입니다.

② 65.1의 $\frac{1}{100}$은 ⬚ 입니다.

**16** ① 0.42는 4.2의 $\frac{1}{⬚}$ 입니다.

② 0.42는 42의 $\frac{1}{⬚}$ 입니다.

**17** ① 0.985는 9.85의 $\frac{1}{⬚}$ 입니다.

② 0.985는 98.5의 $\frac{1}{⬚}$ 입니다.

◆ ⬚ 안에 알맞은 수를 써넣으세요.

**18** ① 0.2의 10배는 ⬚ 입니다.

② 0.2의 100배는 ⬚ 입니다.

**19** ① 1.35의 10배는 ⬚ 입니다.

② 1.35의 100배는 ⬚ 입니다.

**20** ① 4.28의 10배는 ⬚ 입니다.

② 4.28의 100배는 ⬚ 입니다.

**21** ① 5.679의 10배는 ⬚ 입니다.

② 5.679의 100배는 ⬚ 입니다.

**22** ① 7은 0.7의 ⬚ 배입니다.

② 7은 0.07의 ⬚ 배입니다.

**23** ① 1.5는 0.15의 ⬚ 배입니다.

② 1.5는 0.015의 ⬚ 배입니다.

**24** ① 34.1은 3.41의 ⬚ 배입니다.

② 34.1은 0.341의 ⬚ 배입니다.

◆ 빈칸에 알맞은 수를 써넣으세요.

**25**

| | | |
|---|---|---|
| 4 . 6 | | |
| . | | |
| . | | |

**26**

| | | |
|---|---|---|
| 5 . 3 | | |
| . | | |
| . | | |

**27**

| | | |
|---|---|---|
| 6 . 5 | | |
| . | | |
| . | | |

**28**

| | | | |
|---|---|---|---|
| . | | | |
| . | | | |
| 0 . 1 | 2 | 3 | |

**29**

| | | | |
|---|---|---|---|
| . | | | |
| . | | | |
| 0 . 8 | 3 | 6 | |

**30**

| | | | |
|---|---|---|---|
| . | | | |
| . | | | |
| 0 . 9 | 5 | 4 | |

◆ 관계있는 것끼리 이어 보세요.

**31**

2.5의 10배 ·

2.5의 $\frac{1}{100}$ ·

· 0.025

· 0.25

· 25

**32**

3.7의 $\frac{1}{100}$ ·

3.7의 10배 ·

· 0.037

· 0.37

· 37

**33**

6.1의 $\frac{1}{10}$ ·

6.1의 10배 ·

· 0.061

· 0.61

· 61

**34**

7.3의 100배 ·

7.3의 $\frac{1}{100}$ ·

· 0.073

· 0.73

· 730

**35**

9.2의 100배 ·

9.2의 $\frac{1}{10}$ ·

· 0.092

· 0.92

· 920

## ★ 완성  소수 사이의 관계

◆ 설명에 맞는 수가 적혀 있는 양말을 찾아 색칠해 보세요.

**36** 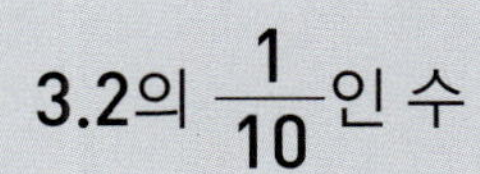

$3.2$의 $\dfrac{1}{10}$인 수

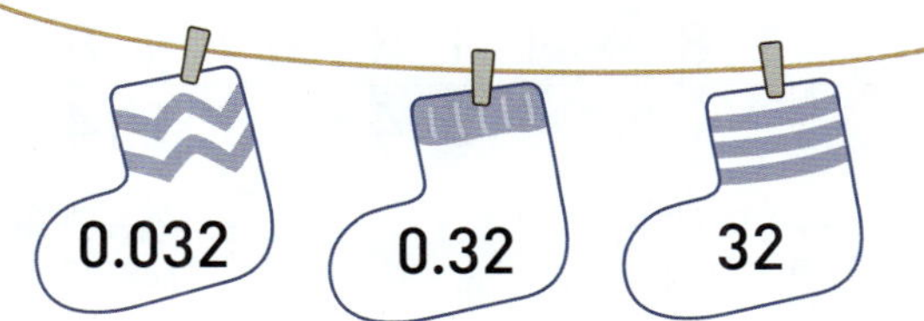


**37** 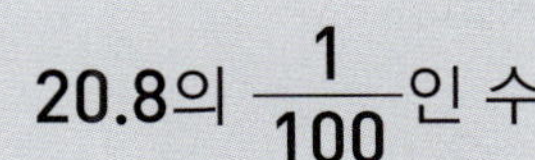

$20.8$의 $\dfrac{1}{100}$인 수

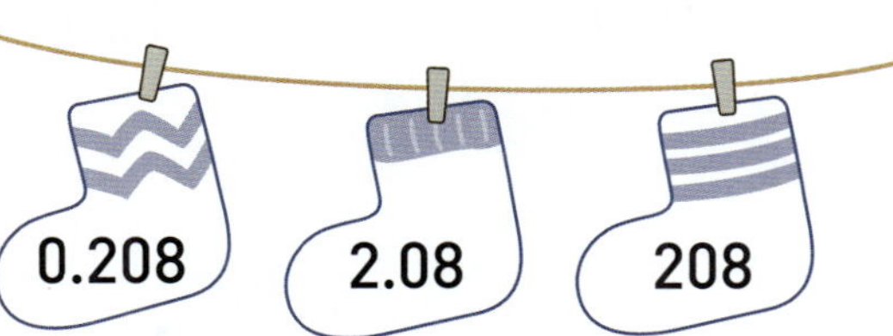


**38** 

$2.495$의 10배인 수

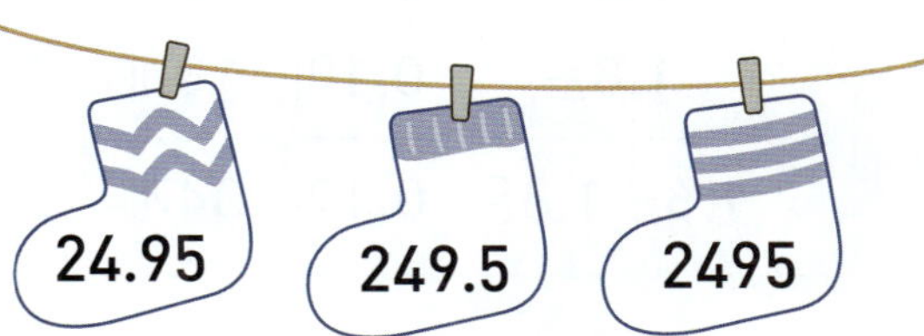


**39**

$0.571$의 100배인 수

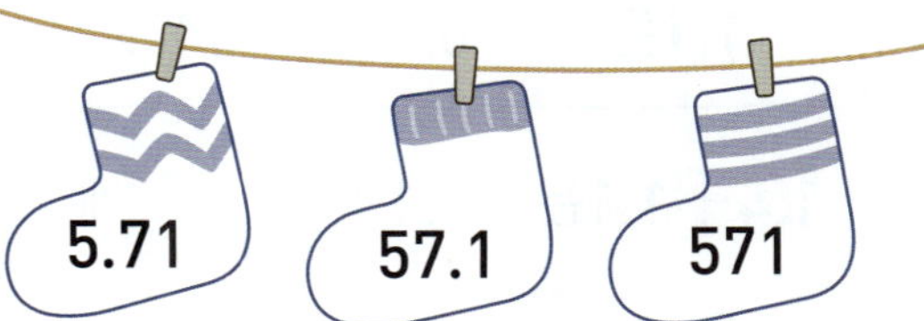


**3**단원

**18**회

---

**➕ 문해력**

**40** 말하는 수가 다른 사람은 누구일까요?

**풀이** 도현: $125$의 $\dfrac{1}{100}$인 수 ➡ ☐ , 다은: $1.25$의 10배인 수 ➡ ☐

하준: $0.125$의 100배인 수 ➡ ☐

**답** 말하는 수가 다른 사람은 ☐ 입니다.

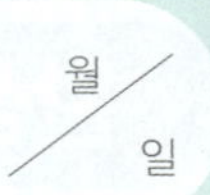

19회 월 / 일

1.6＋1.8을 0.1의 개수를 이용하여 계산할 수 있습니다.

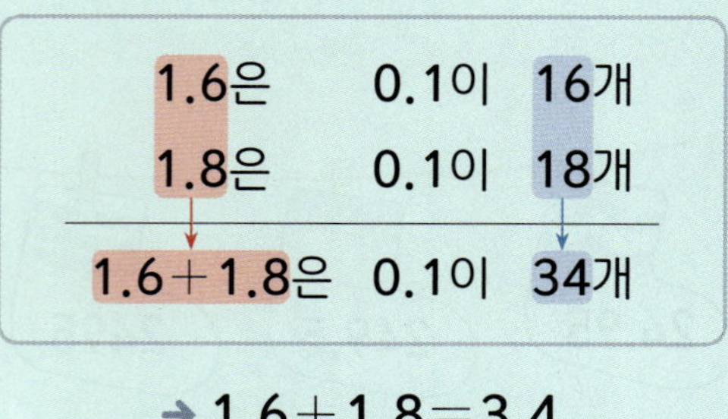



→ 1.6＋1.8＝3.4

소수점의 위치를 맞추어 세로로 쓰고, 같은 자리 수끼리 더합니다.

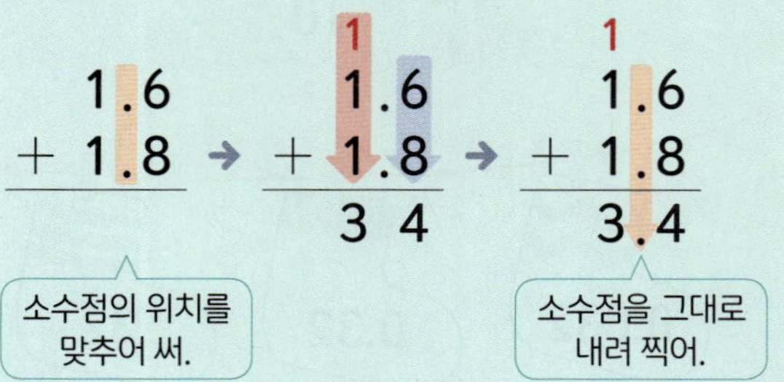



◆ ☐ 안에 알맞은 수를 써넣으세요.

**1**

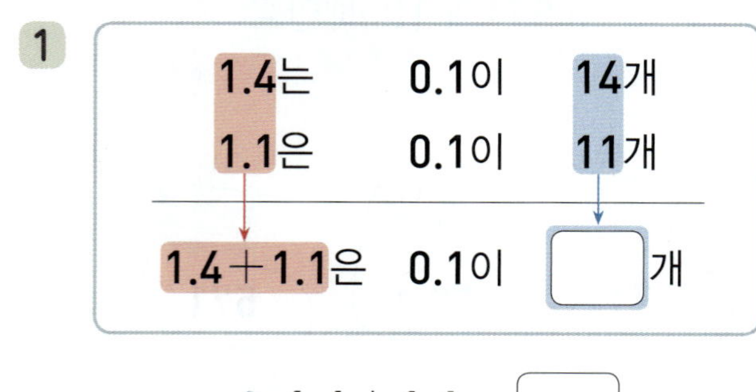



→ 1.4＋1.1＝☐

**2**

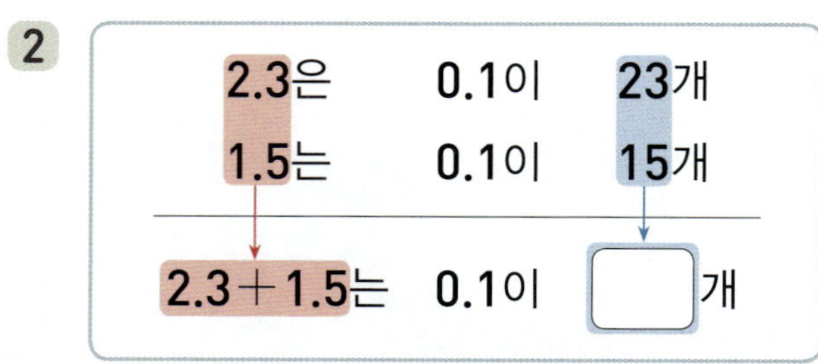



→ 2.3＋1.5＝☐

**3**

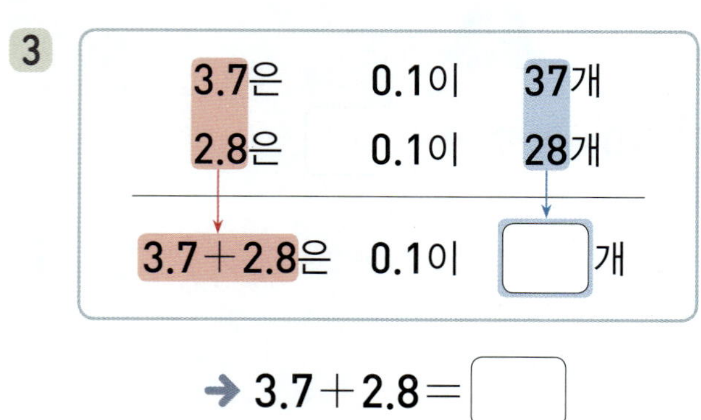



→ 3.7＋2.8＝☐

◆ 덧셈을 해 보세요.

**4** ①
$$\begin{array}{r} 0.3 \\ +\ 0.4 \\ \hline \end{array}$$
②
$$\begin{array}{r} 0.5 \\ +\ 1.1 \\ \hline \end{array}$$

**5** ①
$$\begin{array}{r} 1.2 \\ +\ 2.3 \\ \hline \end{array}$$
②
$$\begin{array}{r} 1.6 \\ +\ 3.2 \\ \hline \end{array}$$

**6** ①
$$\begin{array}{r} 3.7 \\ +\ 4.1 \\ \hline \end{array}$$
②
$$\begin{array}{r} 4.8 \\ +\ 5.1 \\ \hline \end{array}$$

**7** ① ☐
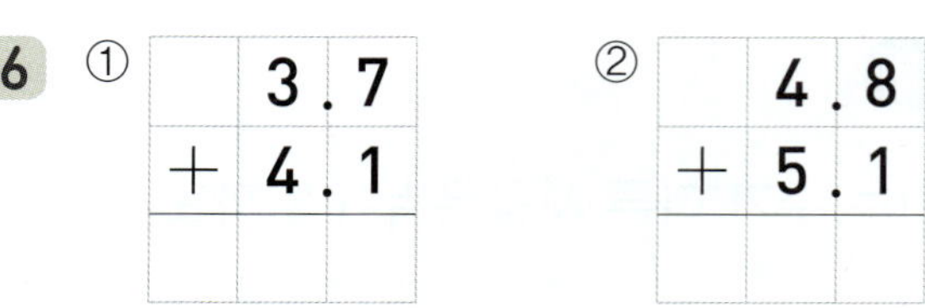
$$\begin{array}{r} 2.7 \\ +\ 1.6 \\ \hline \end{array}$$
② ☐
$$\begin{array}{r} 4.5 \\ +\ 3.9 \\ \hline \end{array}$$

**8** ① ☐
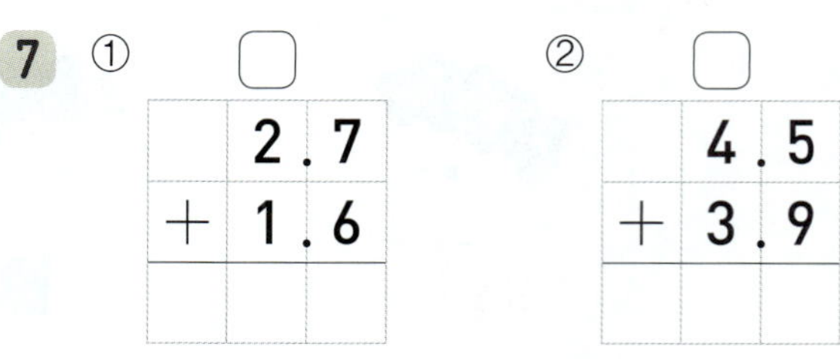
$$\begin{array}{r} 5.8 \\ +\ 1.4 \\ \hline \end{array}$$
② ☐
$$\begin{array}{r} 6.3 \\ +\ 1.8 \\ \hline \end{array}$$

## 연습  (소수 한 자리 수) + (소수 한 자리 수)

**실수 콕!** 13, 14, 22번 문제

$$\begin{array}{r} 1\phantom{.0} \\ 1.4 \\ +\ 1.6 \\ \hline 3.0 \end{array}$$

소수 부분의 계산 결과가 0이면 0은 생략하고 자연수 부분만 써.

◆ 덧셈을 해 보세요.

**9** ① $\begin{array}{r} 0.3 \\ +\ 0.2 \\ \hline \end{array}$  ② $\begin{array}{r} 0.3 \\ +\ 0.6 \\ \hline \end{array}$

**10** ① $\begin{array}{r} 1.5 \\ +\ 0.4 \\ \hline \end{array}$  ② $\begin{array}{r} 1.5 \\ +\ 1.1 \\ \hline \end{array}$

**11** ① $\begin{array}{r} 2.4 \\ +\ 1.4 \\ \hline \end{array}$  ② $\begin{array}{r} 2.4 \\ +\ 3.2 \\ \hline \end{array}$

**12** ① $\begin{array}{r} 3.9 \\ +\ 0.4 \\ \hline \end{array}$  ② $\begin{array}{r} 3.9 \\ +\ 5.6 \\ \hline \end{array}$

**실수 콕!**

**13** ① $\begin{array}{r} 4.8 \\ +\ 2.2 \\ \hline \end{array}$  ② $\begin{array}{r} 4.8 \\ +\ 6.2 \\ \hline \end{array}$

**실수 콕!**

**14** ① $\begin{array}{r} 5.2 \\ +\ 4.9 \\ \hline \end{array}$  ② $\begin{array}{r} 5.2 \\ +\ 6.8 \\ \hline \end{array}$

◆ 덧셈을 해 보세요.

**15** ① $0.4+0.2$

② $0.6+0.2$

**16** ① $1.1+0.7$

② $1.2+0.7$

**17** ① $3.2+2.1$

② $6.3+2.1$

**18** ① $2.2+2.6$

② $5.1+2.6$

**19** ① $1.3+3.8$

② $3.8+3.8$

**20** ① $2.9+5.9$

② $3.5+5.9$

**21** ① $2.7+6.5$

② $4.6+6.5$

**실수 콕!**

**22** ① $5.4+7.7$

② $6.3+7.7$

3단원 19회

◆ 빈칸에 알맞은 수를 써넣으세요.

**23**
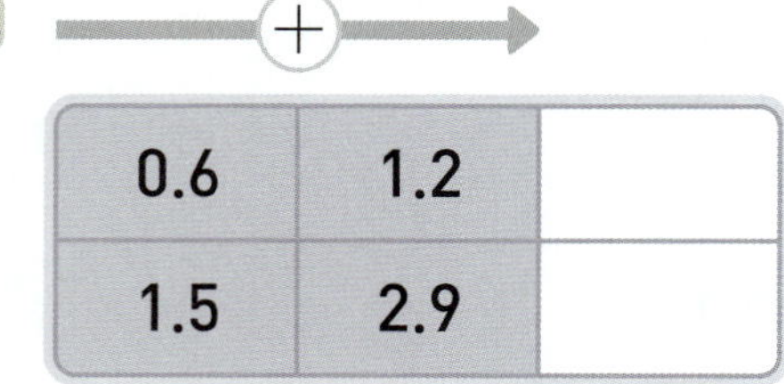

| 0.3 | 0.5 |  |
|---|---|---|
| 3.5 | 5.1 |  |

**24**

| 0.6 | 1.2 |  |
|---|---|---|
| 1.5 | 2.9 |  |

**25**

| 1.7 | 1.5 |  |
|---|---|---|
| 2.8 | 2.1 |  |

**26**
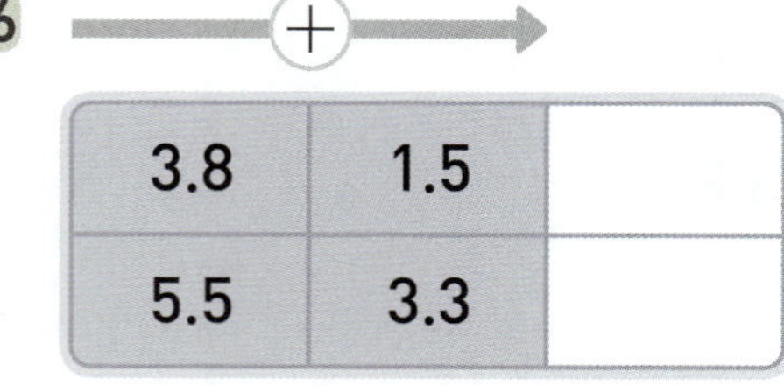

| 3.8 | 1.5 |  |
|---|---|---|
| 5.5 | 3.3 |  |

**27**

| 4.3 | 3.8 |  |
|---|---|---|
| 3.4 | 1.9 |  |

**28**
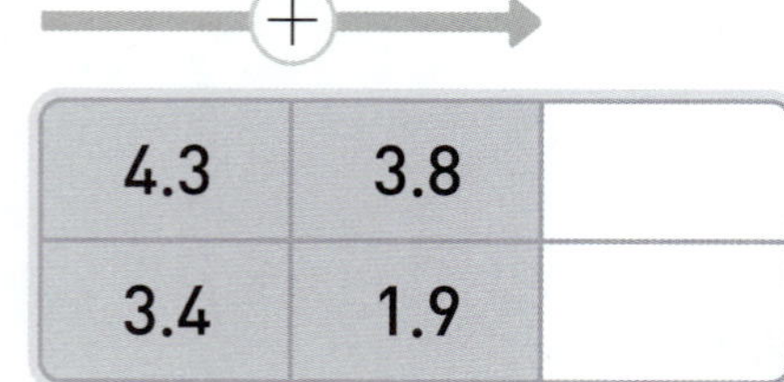

| 5.7 | 3.3 |  |
|---|---|---|
| 7.9 | 1.6 |  |

◆ 계산 결과를 비교하여 ◯ 안에 >, =, <를 알맞게 써넣으세요.

**29** $0.1 + 0.3$ ◯ $0.2 + 0.5$

**30** $0.4 + 5.6$ ◯ $2.2 + 3.7$

**31** $3.9 + 3.1$ ◯ $5.8 + 1.4$

**32** $4.5 + 0.9$ ◯ $2.9 + 2.3$

**33** $6.3 + 3.2$ ◯ $8.1 + 1.6$

**34** $2.6 + 6.7$ ◯ $7.5 + 1.8$

**35** $1.2 + 2.8$ ◯ $0.7 + 3.9$

**36** $5.7 + 3.4$ ◯ $3.6 + 5.2$

# ★ 완성  (소수 한 자리 수) + (소수 한 자리 수)

◆ 계산 결과를 찾아 이어 보세요.

**37**

0.6＋2.3

1.3＋1.1

1.7＋1.8

1.9＋0.8

1.4＋0.5

1.9

2.9

3.5

2.4

2.7



---

## ＋문해력

**38** 수훈이의 가방 무게는 1.2 kg이고, 윤선이의 가방 무게는 수훈이의 가방 무게보다 0.5 kg 더 무겁습니다. 윤선이의 가방 무게는 몇 kg일까요?

**풀이** (수훈이의 가방 무게)＋(더 무거운 무게)

= ☐ ＋ ☐ = ☐

**답** 윤선이의 가방 무게는 ☐ kg입니다.

# (소수 두 자리 수) + (소수 두 자리 수)



1.29+1.35를 0.01의 개수를 이용하여 계산할 수 있습니다.

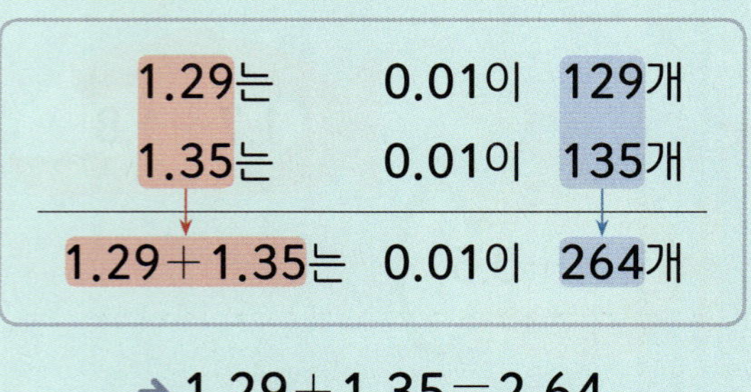

| 1.29는 | 0.01이 | 129개 |
| 1.35는 | 0.01이 | 135개 |
| 1.29+1.35는 | 0.01이 | 264개 |

➜ 1.29+1.35=2.64

소수점의 위치를 맞추어 세로로 쓰고, 같은 자리 수끼리 더합니다.

$$1.29 + 1.35 → 1.29 + 1.35 \atop 2.64 → 1.29 + 1.35 \atop 2.64$$

소수점의 위치를 맞추어 써.

소수점을 그대로 내려 찍어.

---

◆ ☐ 안에 알맞은 수를 써넣으세요.

**1** 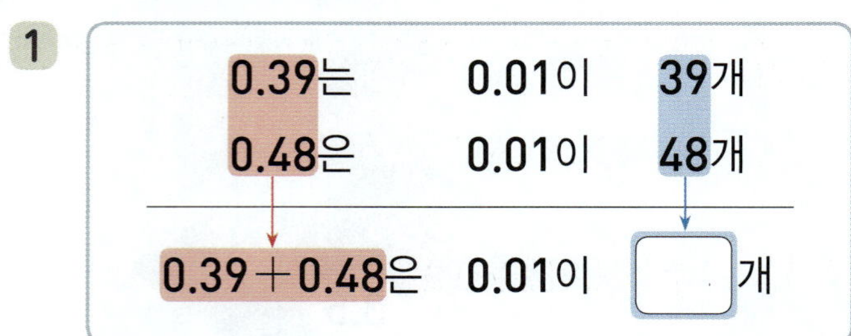

| 0.39는 | 0.01이 | 39개 |
| 0.48은 | 0.01이 | 48개 |
| 0.39+0.48은 | 0.01이 | ☐개 |

➜ 0.39+0.48=☐

**2** 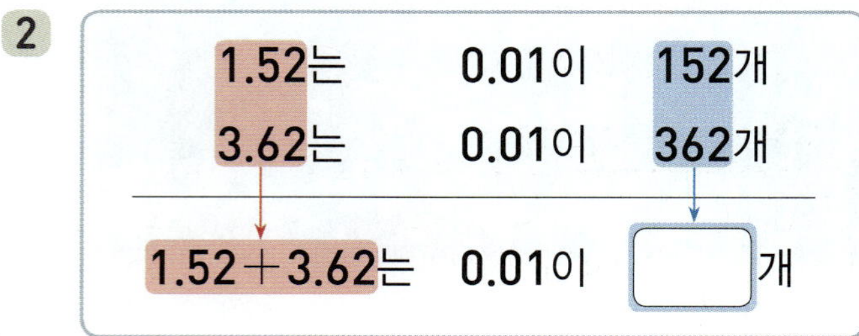

| 1.52는 | 0.01이 | 152개 |
| 3.62는 | 0.01이 | 362개 |
| 1.52+3.62는 | 0.01이 | ☐개 |

➜ 1.52+3.62=☐

**3** 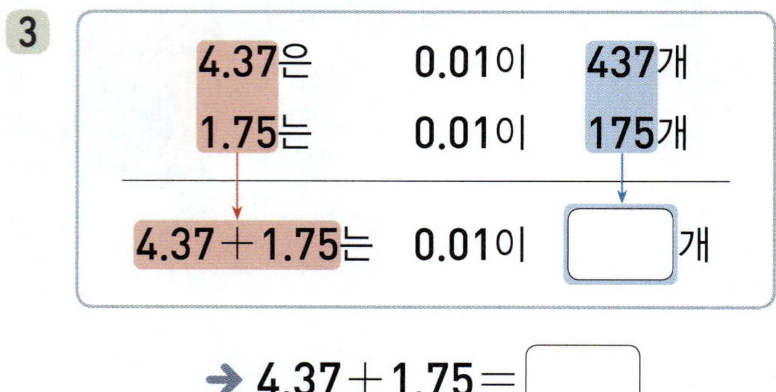

| 4.37은 | 0.01이 | 437개 |
| 1.75는 | 0.01이 | 175개 |
| 4.37+1.75는 | 0.01이 | ☐개 |

➜ 4.37+1.75=☐

---

◆ 덧셈을 해 보세요.

**4** ①
$$\begin{array}{r} 0.54 \\ + 0.34 \\ \hline \end{array}$$
② 
$$\begin{array}{r} 1.25 \\ + 1.11 \\ \hline \end{array}$$

**5** ①
$$\begin{array}{r} 2.43 \\ + 1.56 \\ \hline \end{array}$$
②
$$\begin{array}{r} 3.15 \\ + 2.82 \\ \hline \end{array}$$

**6** ①
$$\begin{array}{r} 1.38 \\ + 2.25 \\ \hline \end{array}$$
②
$$\begin{array}{r} 2.17 \\ + 3.39 \\ \hline \end{array}$$

**7** ①
$$\begin{array}{r} 3.94 \\ + 1.22 \\ \hline \end{array}$$
②
$$\begin{array}{r} 2.71 \\ + 3.65 \\ \hline \end{array}$$

**8** ①
$$\begin{array}{r} 4.59 \\ + 1.58 \\ \hline \end{array}$$
②
$$\begin{array}{r} 6.45 \\ + 1.86 \\ \hline \end{array}$$

## 연습 (소수 두 자리 수) + (소수 두 자리 수)

◆ 덧셈을 해 보세요.

**9**
① 
```
   0.6 1
 + 1.2 4
```
② 
```
   0.6 1
 + 1.1 8
```

**10**
① 
```
   1.3 4
 + 2.6 5
```
② 
```
   1.3 4
 + 4.0 3
```

**11**
① 
```
   3.2 5
 + 4.7 3
```
② 
```
   3.2 5
 + 5.5 2
```

**12**
① 
```
   0.2 8
 + 0.1 7
```
② 
```
   0.2 8
 + 0.3 6
```

**13**
① 
```
   1.5 3
 + 2.1 8
```
② 
```
   1.5 3
 + 3.6 2
```

**14**
① 
```
   2.4 6
 + 2.9 1
```
② 
```
   2.4 6
 + 4.8 3
```

**15**
① 
```
   6.3 5
 + 1.6 8
```
② 
```
   6.3 5
 + 2.8 9
```

◆ 덧셈을 해 보세요.

**16** ① $0.41 + 0.25$

② $0.53 + 0.25$

**17** ① $3.62 + 2.36$

② $5.51 + 2.36$

**18** ① $1.38 + 3.51$

② $2.11 + 3.51$

**19** ① $1.21 + 0.19$

② $3.62 + 0.19$

**20** ① $0.17 + 1.46$

② $4.25 + 1.46$

**21** ① $1.92 + 2.27$

② $3.81 + 2.27$

**22** ① $1.55 + 3.53$

② $2.64 + 3.53$

**23** ① $3.62 + 4.48$

② $5.94 + 4.48$

**3**단원 **20**회

 **(소수 두 자리 수) + (소수 두 자리 수)**

◆ ☐ 안에 알맞은 수를 써넣으세요.

**24**

0.32 — +1.36 = ☐
— +1.53 = ☐

**25**

2.45 — +3.34 = ☐
— +5.21 = ☐

**26**

6.03 — +1.91 = ☐
— +2.75 = ☐

**27**

0.29 — +0.43 = ☐
— +1.52 = ☐

**28**

1.57 — +0.27 = ☐
— +2.82 = ☐

**29**

3.38 — +1.79 = ☐
— +4.68 = ☐

◆ ☐ 안에 계산 결과가 더 작은 것의 기호를 써넣으세요.

**30**

㉠ 1.25 + 5.34
㉡ 2.25 + 4.23 — ☐

**31**

㉠ 3.28 + 1.51
㉡ 4.21 + 0.13 — ☐

**32**

㉠ 5.52 + 3.37
㉡ 6.62 + 3.11 — ☐

**33**

㉠ 1.71 + 0.56
㉡ 1.35 + 1.27 — ☐

**34**

㉠ 0.36 + 1.45
㉡ 1.23 + 0.48 — ☐

**35**

㉠ 4.08 + 1.89
㉡ 3.35 + 2.48 — ☐

**36**

㉠ 1.63 + 4.29
㉡ 2.78 + 3.34 — ☐

## ★ 완성  (소수 두 자리 수) + (소수 두 자리 수)

◆ 계산 결과를 따라가며 선을 그리고, 도착하여 만나게 되는 유니콘에 ◯표 하세요.

**37**

| | | |
|---|---|---|
| 2.92＋1.03 → 3.95 | $\begin{array}{r} 1.3\,7 \\ +\ 1.4\,1 \\ \hline \end{array}$ → 2.77 | 1.83＋2.14 |
| 3.05 | 2.78 | 3.97 |
| $\begin{array}{r} 1.2\,5 \\ +\ 0.6\,4 \\ \hline \end{array}$ → 2.89 | 2.92＋1.89 → 4.71 | $\begin{array}{r} 0.9\,3 \\ +\ 1.5\,6 \\ \hline \end{array}$ |
| 1.89 | 4.81 | 2.49 |
| 4.54＋3.68 → 8.22 | $\begin{array}{r} 3.4\,3 \\ +\ 5.5\,8 \\ \hline \end{array}$ → 9.01 | 3.12＋2.99 |
| 8.24 | 8.01 | 6.11 |

3단원 20회

### ＋문해력

**38** 노란색 페인트 ⬚0.55 L⬚와 파란색 페인트 ⬚0.66 L⬚를 섞어서 초록색 페인트를 만들었습니다. 만든 초록색 페인트는 모두 몇 L일까요?

**풀이** (노란색 페인트의 양)＋(파란색 페인트의 양)

= ⬚ ＋ ⬚ = ⬚

**답** 만든 초록색 페인트는 모두 ⬚ L입니다.

# 자릿수가 다른 소수의 덧셈



1.5+1.42를 0.01의 개수를 이용하여 계산할 수 있습니다.

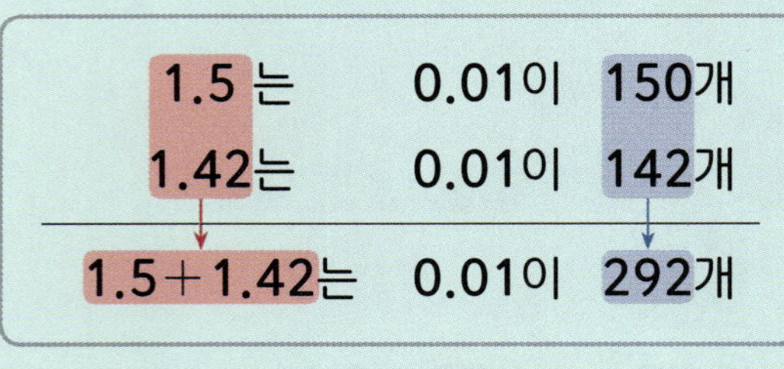


→ 1.5+1.42=2.92

소수점의 위치를 맞추어 세로로 쓰고, 같은 자리 수끼리 더합니다.



---

◆ ☐ 안에 알맞은 수를 써넣으세요.

**1**
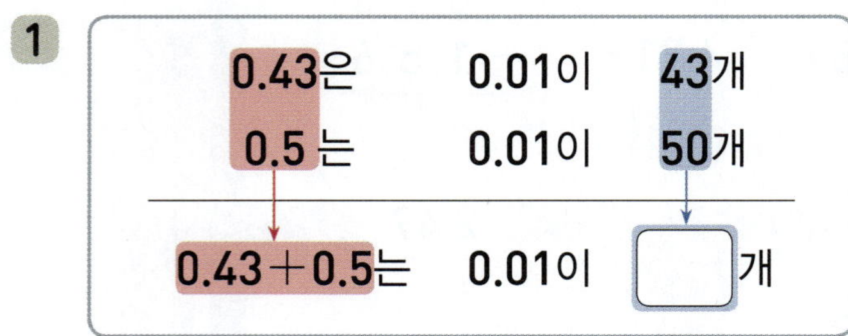


→ 0.43+0.5= ☐

**2**
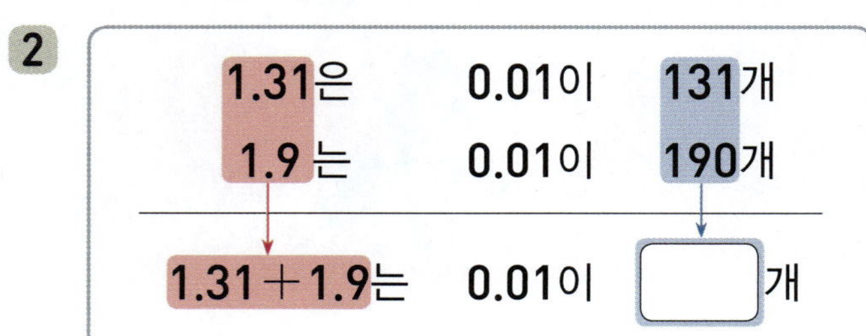


→ 1.31+1.9= ☐

**3**
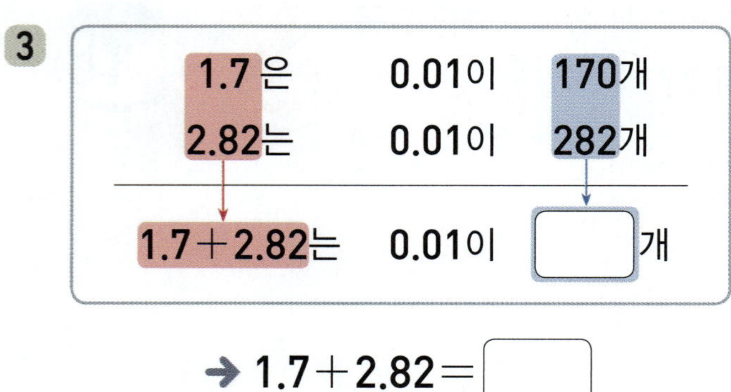


→ 1.7+2.82= ☐

---

◆ 덧셈을 해 보세요.

**4**
① 
$$\begin{array}{r} 0.4\ 1 \\ +\ 0.3 \\ \hline \end{array}$$
② 
$$\begin{array}{r} 0.6\ 5 \\ +\ 0.2 \\ \hline \end{array}$$

**5**
① 
$$\begin{array}{r} 1.3\ 9 \\ +\ 1.5 \\ \hline \end{array}$$
② 
$$\begin{array}{r} 2.7\ 2 \\ +\ 2.1 \\ \hline \end{array}$$

**6**
① ☐
$$\begin{array}{r} 2.8\ 4 \\ +\ 0.4 \\ \hline \end{array}$$
② ☐
$$\begin{array}{r} 3.9\ 3 \\ +\ 2.5 \\ \hline \end{array}$$

**7**
① 
$$\begin{array}{r} 3.1 \\ +\ 1.7\ 6 \\ \hline \end{array}$$
② 
$$\begin{array}{r} 4.2 \\ +\ 2.6\ 8 \\ \hline \end{array}$$

**8**
① ☐
$$\begin{array}{r} 5.5 \\ +\ 0.9\ 9 \\ \hline \end{array}$$
② ☐
$$\begin{array}{r} 6.4 \\ +\ 2.8\ 7 \\ \hline \end{array}$$

##  연습  자릿수가 다른 소수의 덧셈



◆ 덧셈을 해 보세요.

**9** ①　0.1 7
　　＋3.4

② 　0.1 7
　　＋5.6

**10** ①　3.4 5
　　＋2.6

② 　3.4 5
　　＋5.7

**11** ①　5.5 2
　　＋2.5

② 　5.5 2
　　＋4.8

**12** ①　0.6
　　＋5.3 4

② 　0.6
　　＋6.1 3

**13** ①　1.9
　　＋0.1 5

② 　1.9
　　＋1.4 7

**14** ①　2.3
　　＋2.9 9

② 　2.3
　　＋4.8 1

◆ 덧셈을 해 보세요.

**15** ① $0.26+0.7$

② $1.15+0.7$

**16** ① $0.21+3.9$

② $2.67+3.9$

**17** ① $1.36+5.8$

② $7.26+5.8$

**18** ① $3.72+7.3$

② $5.95+7.3$

**19** ① $2.3+0.28$

② $4.5+0.28$

**20** ① $3.4+1.65$

② $4.6+1.65$

**21** ① $1.5+3.57$

② $2.7+3.57$

**22** ① $5.9+6.46$

② $8.8+6.46$

◆ 빈칸에 알맞은 수를 써넣으세요.

◆ 계산 결과가 더 큰 것에 ○표 하세요.

**23**

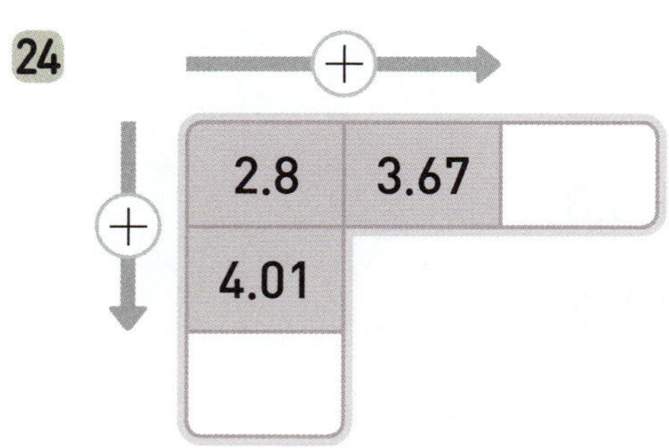

**24**

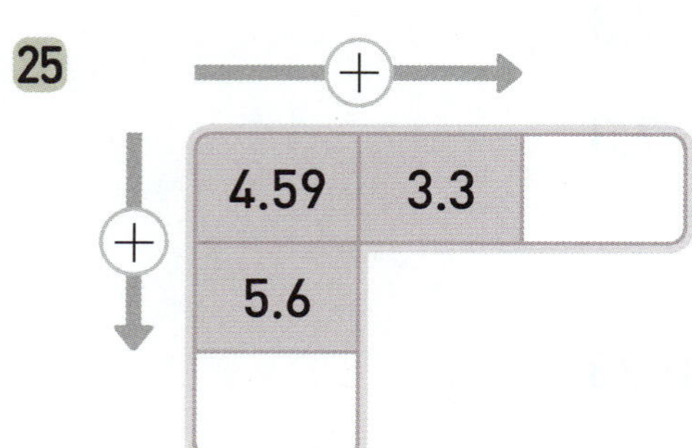

**25**

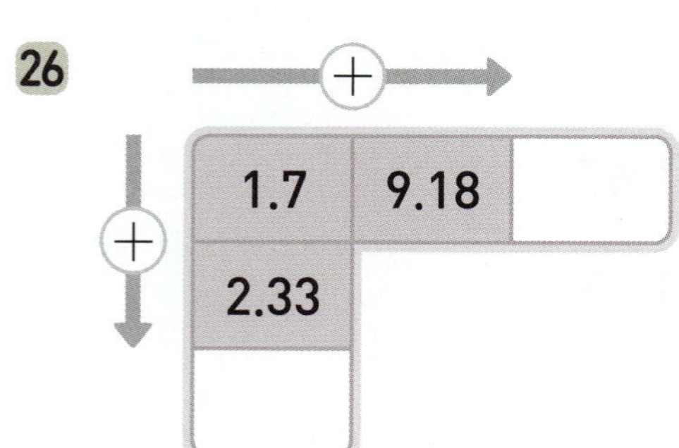

**26**

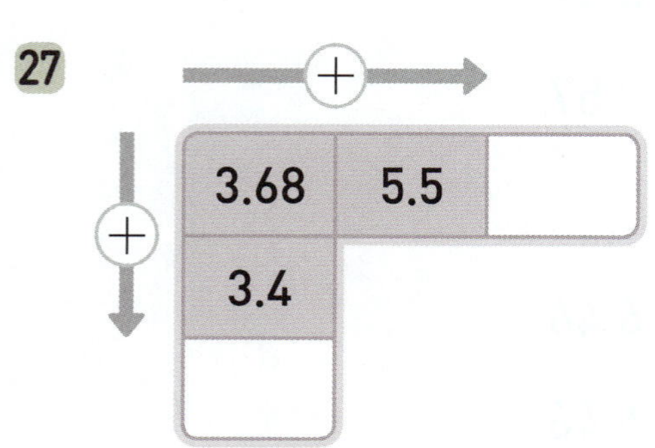

**27**

**28**

| $1.3+2.16$ | $3.22+0.4$ |
|---|---|
| (　　　) | (　　　) |

**29**

| $4.4+0.68$ | $2.23+3.6$ |
|---|---|
| (　　　) | (　　　) |

**30**

| $3.43+2.8$ | $1.5+4.06$ |
|---|---|
| (　　　) | (　　　) |

**31**

| $6.29+3.3$ | $4.5+5.52$ |
|---|---|
| (　　　) | (　　　) |

**32**

| $8.7+5.64$ | $9.29+4.1$ |
|---|---|
| (　　　) | (　　　) |

**33**

| $1.75+1.9$ | $1.3+1.81$ |
|---|---|
| (　　　) | (　　　) |

**34**

| $4.36+1.4$ | $1.8+3.97$ |
|---|---|
| (　　　) | (　　　) |

### ★ 완성 · 자릿수가 다른 소수의 덧셈

◆ 사다리를 타고 내려가서 도착한 곳에 계산 결과를 써넣으세요.

**35**

---

### ＋ 문해력

**36** 현수의 몸무게는 [43.8 kg]이고, 민규의 몸무게는 현수의 몸무게보다 [1.35 kg] 더 무겁습니다. 민규의 몸무게는 몇 kg일까요?

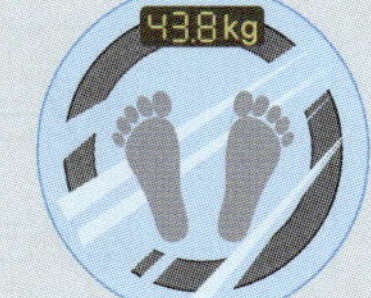


**풀이** (현수의 몸무게)＋(더 무거운 몸무게)

$$= \boxed{\phantom{00}} + \boxed{\phantom{00}} = \boxed{\phantom{000}}$$

**답** 민규의 몸무게는 $\boxed{\phantom{000}}$ kg입니다.

# 개념 (소수 한 자리 수) - (소수 한 자리 수)

22회 월 일

3.1－1.5를 0.1의 개수를 이용하여 계산할 수 있습니다.

| | | |
|---|---|---|
| 3.1은 | 0.1이 | 31개 |
| 1.5는 | 0.1이 | 15개 |
| 3.1－1.5는 | 0.1이 | 16개 |

➔ 3.1－1.5＝1.6

소수점의 위치를 맞추어 세로로 쓰고, 같은 자리 수끼리 뺍니다.

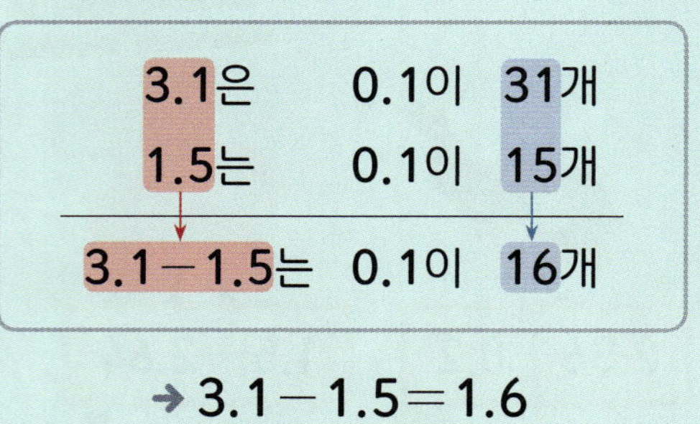

$$\begin{array}{r} 3.1 \\ -\ 1.5 \\ \hline \end{array} \rightarrow \begin{array}{r} {\scriptstyle 2\ 10} \\ \not{3}.1 \\ -\ 1.5 \\ \hline 1\ 6 \end{array} \rightarrow \begin{array}{r} {\scriptstyle 2\ 10} \\ \not{3}.1 \\ -\ 1.5 \\ \hline 1.6 \end{array}$$

소수점의 위치를 맞추어 써.

소수점을 그대로 내려 찍어.

◆ □ 안에 알맞은 수를 써넣으세요.

**1**

| | | |
|---|---|---|
| 1.7은 | 0.1이 | 17개 |
| 1.3은 | 0.1이 | 13개 |
| 1.7－1.3은 | 0.1이 | □개 |

➔ 1.7－1.3＝□

**2**

| | | |
|---|---|---|
| 2.5는 | 0.1이 | 25개 |
| 1.6은 | 0.1이 | 16개 |
| 2.5－1.6은 | 0.1이 | □개 |

➔ 2.5－1.6＝□

**3**

| | | |
|---|---|---|
| 4.2는 | 0.1이 | 42개 |
| 2.9는 | 0.1이 | 29개 |
| 4.2－2.9는 | 0.1이 | □개 |

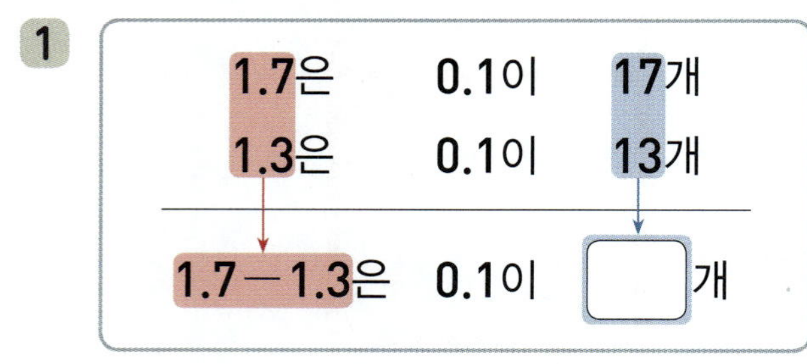

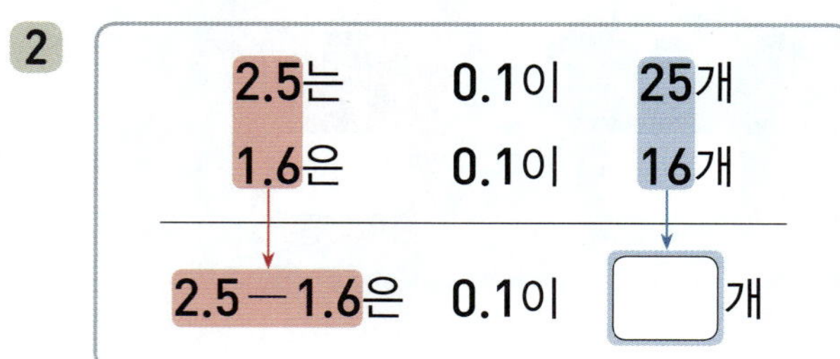

➔ 4.2－2.9＝□

◆ 뺄셈을 해 보세요.

**4** ① $\begin{array}{r} 0.8 \\ -\ 0.2 \\ \hline \square \end{array}$ ② $\begin{array}{r} 0.9 \\ -\ 0.8 \\ \hline \square \end{array}$

**5** ① $\begin{array}{r} 1.4 \\ -\ 1.1 \\ \hline \square \end{array}$ ② $\begin{array}{r} 1.6 \\ -\ 0.5 \\ \hline \square \end{array}$

**6** ① $\begin{array}{r} 2.7 \\ -\ 1.3 \\ \hline \square \end{array}$ ② $\begin{array}{r} 4.5 \\ -\ 2.4 \\ \hline \square \end{array}$

**7** ① $\begin{array}{r} \square\ \square \\ \not{3}.3 \\ -\ 1.7 \\ \hline \square \end{array}$ ② $\begin{array}{r} \square\ \square \\ \not{6}.4 \\ -\ 2.9 \\ \hline \square \end{array}$

**8** ① $\begin{array}{r} \square\ \square \\ \not{5}.6 \\ -\ 2.8 \\ \hline \square \end{array}$ ② $\begin{array}{r} \square\ \square \\ \not{7}.2 \\ -\ 3.6 \\ \hline \square \end{array}$

## 연습  (소수 한 자리 수) - (소수 한 자리 수)

실수 콕! 10, 14, 17번 문제

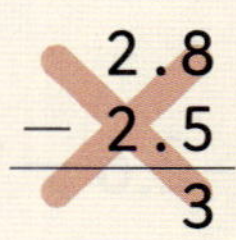

$$\begin{array}{r} 2.8 \\ -\ 2.5 \\ \hline 0.3 \end{array} \qquad \times \begin{array}{r} 2.8 \\ -\ 2.5 \\ \hline 3 \end{array}$$

자연수 부분의 계산 결과가 0일 때 0을 꼭 쓰고 소수점을 찍어야 해.

◆ 뺄셈을 해 보세요.

**9** ①
$$\begin{array}{r} 0.7 \\ -\ 0.1 \\ \hline \end{array}$$
②
$$\begin{array}{r} 0.7 \\ -\ 0.2 \\ \hline \end{array}$$

실수 콕!

**10** ①
$$\begin{array}{r} 1.5 \\ -\ 0.4 \\ \hline \end{array}$$
②
$$\begin{array}{r} 1.5 \\ -\ 1.3 \\ \hline \end{array}$$

**11** ①
$$\begin{array}{r} 2.9 \\ -\ 0.3 \\ \hline \end{array}$$
②
$$\begin{array}{r} 2.9 \\ -\ 1.5 \\ \hline \end{array}$$

**12** ①
$$\begin{array}{r} 3.2 \\ -\ 0.6 \\ \hline \end{array}$$
②
$$\begin{array}{r} 3.2 \\ -\ 1.9 \\ \hline \end{array}$$

**13** ①
$$\begin{array}{r} 4.6 \\ -\ 1.7 \\ \hline \end{array}$$
②
$$\begin{array}{r} 4.6 \\ -\ 2.8 \\ \hline \end{array}$$

실수 콕!

**14** ①
$$\begin{array}{r} 7.3 \\ -\ 5.7 \\ \hline \end{array}$$
②
$$\begin{array}{r} 7.3 \\ -\ 6.6 \\ \hline \end{array}$$

◆ 뺄셈을 해 보세요.

**15** ① $0.4 - 0.2$

② $2.5 - 0.2$

**16** ① $0.9 - 0.6$

② $3.7 - 0.6$

실수 콕!

**17** ① $1.8 - 1.3$

② $4.9 - 1.3$

**18** ① $4.7 - 2.7$

② $5.8 - 2.7$

**19** ① $7.4 - 4.5$

② $8.3 - 4.5$

**20** ① $7.2 - 5.4$

② $9.1 - 5.4$

**21** ① $8.7 - 6.8$

② $9.4 - 6.8$

**22** ① $10.3 - 7.9$

② $14.2 - 7.9$

3. 소수의 덧셈과 뺄셈   089

◆ 빈칸에 알맞은 수를 써넣으세요.

23 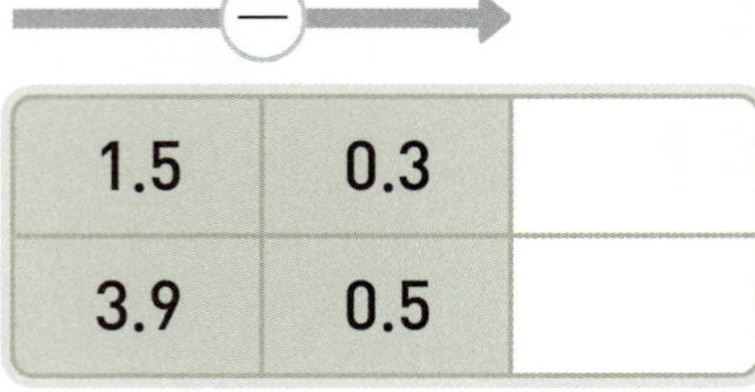

| 1.5 | 0.3 | |
|-----|-----|--|
| 3.9 | 0.5 | |

24

| 1.7 | 0.2 | |
|-----|-----|--|
| 2.4 | 1.8 | |

25

| 4.8 | 1.9 | |
|-----|-----|--|
| 5.2 | 3.1 | |

26 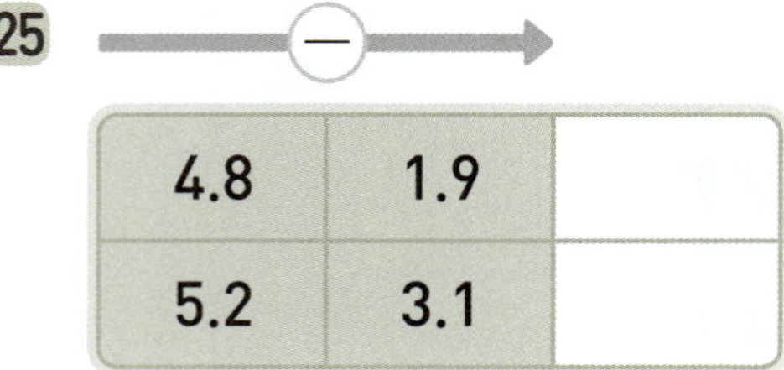

| 5.3 | 2.9 | |
|-----|-----|--|
| 7.6 | 3.4 | |

27

| 6.2 | 5.5 | |
|-----|-----|--|
| 4.4 | 2.8 | |

28 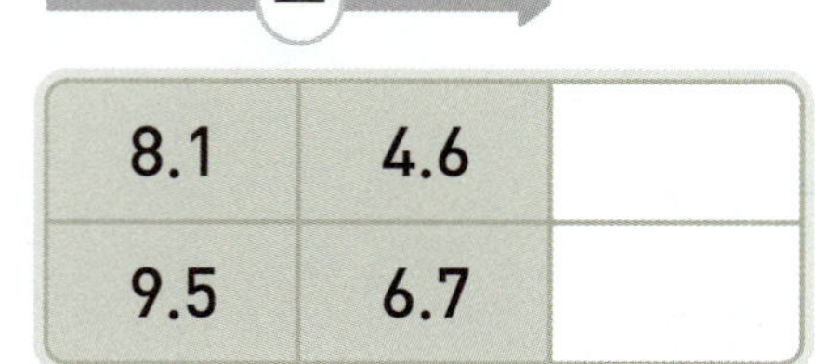

| 8.1 | 4.6 | |
|-----|-----|--|
| 9.5 | 6.7 | |

◆ 계산 결과를 비교하여 ○ 안에 >, =, <를 알맞게 써넣으세요.

29　$1.8 - 0.4$　◯　$2.6 - 1.1$

30　$3.6 - 2.2$　◯　$7.1 - 5.6$

31　$4.5 - 1.9$　◯　$8.2 - 6.3$

32　$6.4 - 2.3$　◯　$9.8 - 5.9$

33　$7.7 - 2.9$　◯　$8.5 - 3.8$

34　$2.1 - 0.8$　◯　$4.8 - 2.4$

35　$5.2 - 1.7$　◯　$4.7 - 1.6$

36　$8.9 - 3.4$　◯　$6.3 - 1.6$

## ★ 완성 (소수 한 자리 수) − (소수 한 자리 수)

◆ 계산 결과가 같은 칸을 찾아 주어진 색으로 칠해 보세요.

**37**

| 0.8 − 0.7 | 3.5 − 1.7 | 4.3 − 3.4 | 5.4 − 3.9 |
| --- | --- | --- | --- |
| | | | |

### ＋문해력

**38** 서아의 종이비행기는 3.5 m 날아갔고, 현우의 종이비행기는 2.1 m 날아갔습니다. 서아의 종이비행기는 현우의 종이비행기보다 몇 m 더 멀리 날아갔을까요?

**풀이** (서아의 종이비행기가 날아간 거리) − (현우의 종이비행기가 날아간 거리)

＝ ☐ − ☐ ＝ ☐

**답** 서아의 종이비행기는 현우의 종이비행기보다 ☐ m 더 멀리 날아갔습니다.

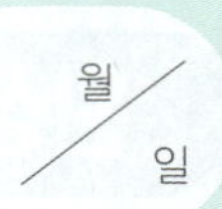

2.73−1.38을 0.01의 개수를 이용하여 계산할 수 있습니다.

| | | |
|---|---|---|
| 2.73은 | 0.01이 | 273개 |
| 1.38은 | 0.01이 | 138개 |
| 2.73−1.38은 | 0.01이 | 135개 |

→ 2.73−1.38=1.35

소수점의 위치를 맞추어 세로로 쓰고, 같은 자리 수끼리 뺍니다.

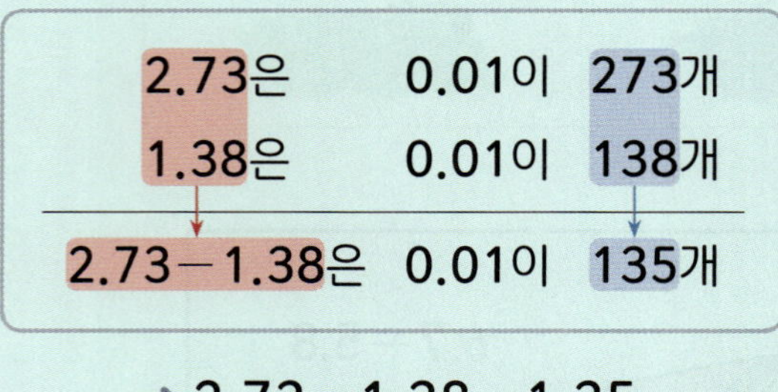


◆ ☐ 안에 알맞은 수를 써넣으세요.

**1**

| | | |
|---|---|---|
| 0.92는 | 0.01이 | 92개 |
| 0.15는 | 0.01이 | 15개 |
| 0.92−0.15는 | 0.01이 | ☐개 |

→ 0.92−0.15= ☐

**2**

| | | |
|---|---|---|
| 2.46은 | 0.01이 | 246개 |
| 1.37은 | 0.01이 | 137개 |
| 2.46−1.37은 | 0.01이 | ☐개 |

→ 2.46−1.37= ☐

**3**

| | | |
|---|---|---|
| 3.54는 | 0.01이 | 354개 |
| 1.82는 | 0.01이 | 182개 |
| 3.54−1.82는 | 0.01이 | ☐개 |

→ 3.54−1.82= ☐

◆ 뺄셈을 해 보세요.

**4**

① 
```
  2 . 7 3
− 1 . 5 2
─────────
```

② 
```
  3 . 5 9
− 1 . 1 4
─────────
```

**5**

① 
```
  3 . 6 4
− 2 . 2 1
─────────
```

② 
```
  4 . 9 8
− 1 . 7 6
─────────
```

**6**

① 
```
  2 . 3 4
− 1 . 1 8
─────────
```

② 
```
  3 . 8 6
− 1 . 2 7
─────────
```

**7**

① 
```
  5 . 3 6
− 2 . 4 3
─────────
```

② 
```
  6 . 4 4
− 4 . 8 2
─────────
```

**8**

① 
```
  4 . 3 1
− 1 . 5 3
─────────
```

② 
```
  5 . 7 2
− 2 . 8 6
─────────
```

## 연습  (소수 두 자리 수) − (소수 두 자리 수)

**실수 콕!** 13번 문제

$$\begin{array}{r} 3.0\ 3 \\ -\ 1.4\ 5 \\ \hline 1.5\ 8 \end{array} \qquad \begin{array}{r} 3.0\ 3 \\ -\ 1.4\ 5 \\ \hline 2.5\ 8 \end{array}$$

↳ 3−1−1=1      ↳ 3−1=2

> 빼지는 수의 소수 첫째 자리 수가 0인 경우 받아내림에 주의해!

◆ 뺄셈을 해 보세요.

**9** ①
$$\begin{array}{r} 1.5\ 8 \\ -\ 0.2\ 5 \\ \hline \end{array}$$
②
$$\begin{array}{r} 1.5\ 8 \\ -\ 0.3\ 6 \\ \hline \end{array}$$

**10** ①
$$\begin{array}{r} 5.8\ 6 \\ -\ 2.1\ 5 \\ \hline \end{array}$$
②
$$\begin{array}{r} 5.8\ 6 \\ -\ 4.7\ 3 \\ \hline \end{array}$$

**11** ①
$$\begin{array}{r} 7.7\ 3 \\ -\ 3.7\ 2 \\ \hline \end{array}$$
②
$$\begin{array}{r} 7.7\ 3 \\ -\ 5.6\ 1 \\ \hline \end{array}$$

**12** ①
$$\begin{array}{r} 2.2\ 4 \\ -\ 2.1\ 5 \\ \hline \end{array}$$
②
$$\begin{array}{r} 2.2\ 4 \\ -\ 1.1\ 6 \\ \hline \end{array}$$

**실수 콕!**

**13** ①
$$\begin{array}{r} 3.0\ 2 \\ -\ 0.1\ 2 \\ \hline \end{array}$$
②
$$\begin{array}{r} 3.0\ 2 \\ -\ 0.3\ 3 \\ \hline \end{array}$$

**14** ①
$$\begin{array}{r} 4.3\ 2 \\ -\ 1.6\ 5 \\ \hline \end{array}$$
②
$$\begin{array}{r} 4.3\ 2 \\ -\ 2.5\ 4 \\ \hline \end{array}$$

◆ 뺄셈을 해 보세요.

**15** ① $1.64-0.42$

② $1.73-0.42$

**16** ① $2.58-1.28$

② $5.69-1.28$

**17** ① $4.99-3.54$

② $8.78-3.54$

**18** ① $6.64-4.23$

② $7.26-4.23$

**19** ① $0.42-0.19$

② $0.77-0.19$

**20** ① $4.62-2.71$

② $5.39-2.71$

**21** ① $5.14-4.85$

② $7.72-4.85$

**22** ① $9.43-5.94$

② $10.11-5.94$

◆ ☐ 안에 알맞은 수를 써넣으세요.

**23**
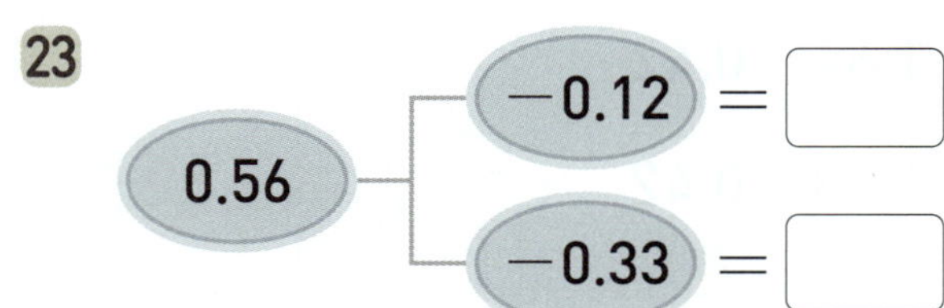

**24**
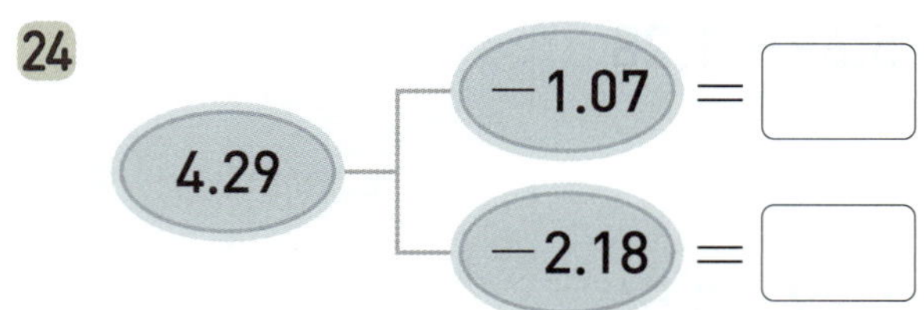

**25**
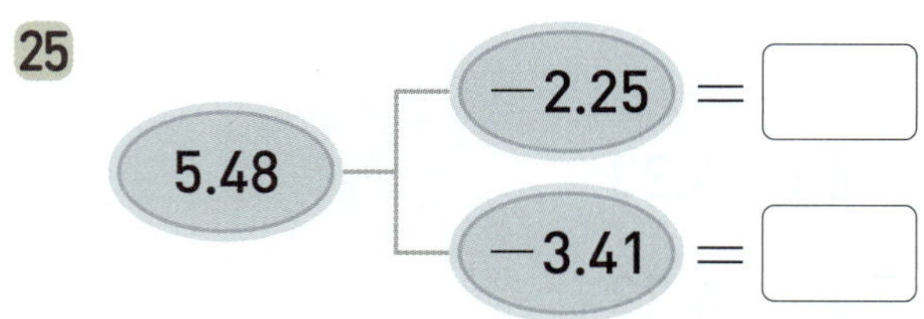

**26**

0.56
$-0.12 =$ ☐
$-0.33 =$ ☐

4.29
$-1.07 =$ ☐
$-2.18 =$ ☐

5.48
$-2.25 =$ ☐
$-3.41 =$ ☐

1.52
$-0.84 =$ ☐
$-0.93 =$ ☐

**27**

5.21
$-2.64 =$ ☐
$-3.82 =$ ☐

**28**

6.43
$-1.85 =$ ☐
$-4.57 =$ ☐

◆ ☐ 안에 계산 결과가 더 작은 것의 기호를 써넣으세요.

**29**
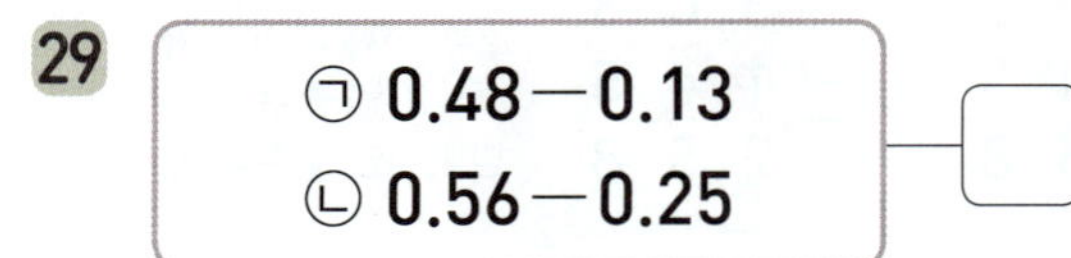
ㄱ $0.48 - 0.13$
ㄴ $0.56 - 0.25$
☐

**30**
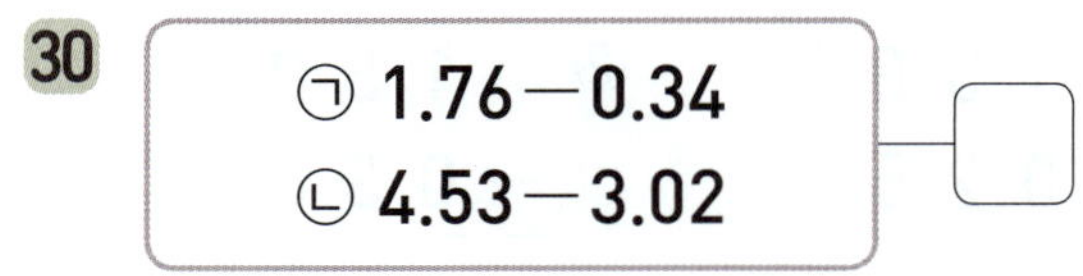
ㄱ $1.76 - 0.34$
ㄴ $4.53 - 3.02$
☐

**31**
ㄱ $8.97 - 4.76$
ㄴ $6.07 - 2.05$
☐

**32**
ㄱ $2.33 - 1.64$
ㄴ $3.14 - 2.55$
☐

**33**
ㄱ $3.04 - 0.38$
ㄴ $6.42 - 3.57$
☐

**34**
ㄱ $5.08 - 3.29$
ㄴ $6.16 - 4.27$
☐

**35**
ㄱ $7.32 - 2.63$
ㄴ $8.04 - 3.95$
☐

# ★ 완성 (소수 두 자리 수) − (소수 두 자리 수)

◆ 갈림길에서 계산 결과가 더 큰 길을 따라가며 선을 그리고, 도착한 곳에 있는 물건에 ◯표 하세요.

**36**

## ＋문해력

**37** 유리는 길이가 5.54 m 인 끈 중에서 선물을 포장하는 데 1.41 m 를 사용했습니다. 남은 끈의 길이는 몇 m일까요?

풀이 (전체 끈의 길이)−(사용한 끈의 길이)

= ☐ − ☐ = ☐

답 남은 끈의 길이는 ☐ m입니다.

# 자릿수가 다른 소수의 뺄셈

2.6−1.35를 0.01의 개수를 이용하여 계산할 수 있습니다.

| | | |
|---|---|---|
| 2.6 은 | 0.01이 | 260개 |
| 1.35는 | 0.01이 | 135개 |
| 2.6−1.35는 | 0.01이 | 125개 |

→ 2.6−1.35＝1.25

소수점의 위치를 맞추어 세로로 쓰고, 같은 자리 수끼리 뺍니다.

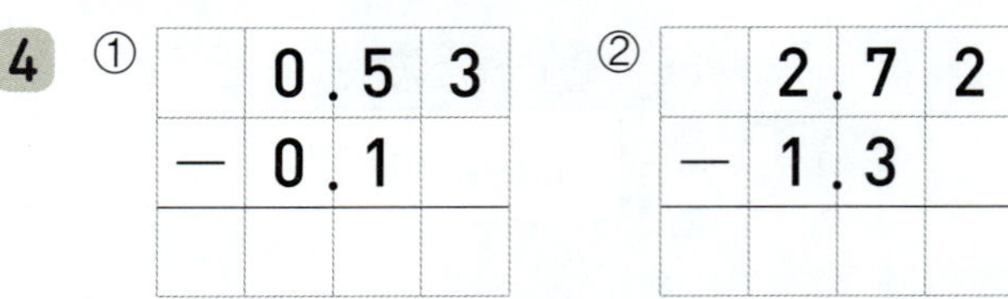


◆ ☐ 안에 알맞은 수를 써넣으세요.

**1**

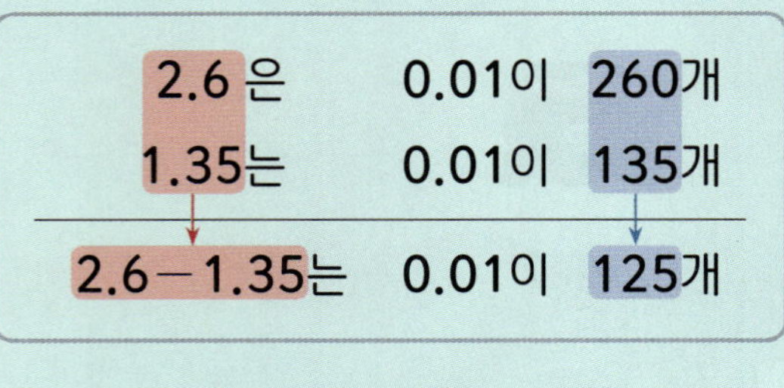

| | | |
|---|---|---|
| 0.76은 | 0.01이 | 76개 |
| 0.2 는 | 0.01이 | 20개 |
| 0.76−0.2는 | 0.01이 | ☐ 개 |

→ 0.76−0.2＝☐

**2**

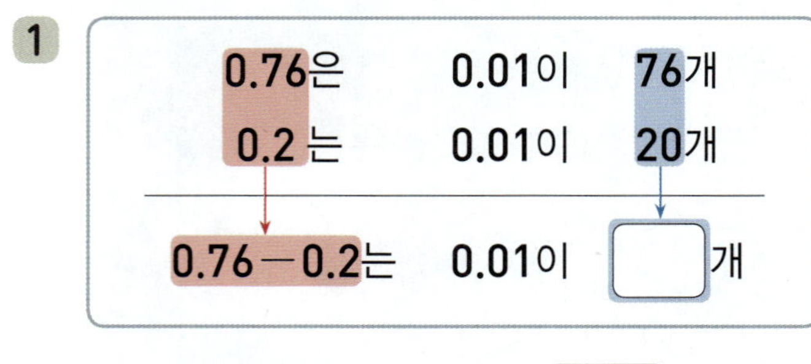

| | | |
|---|---|---|
| 1.53은 | 0.01이 | 153개 |
| 0.7 은 | 0.01이 | 70 개 |
| 1.53−0.7은 | 0.01이 | ☐ 개 |

→ 1.53−0.7＝☐

**3**

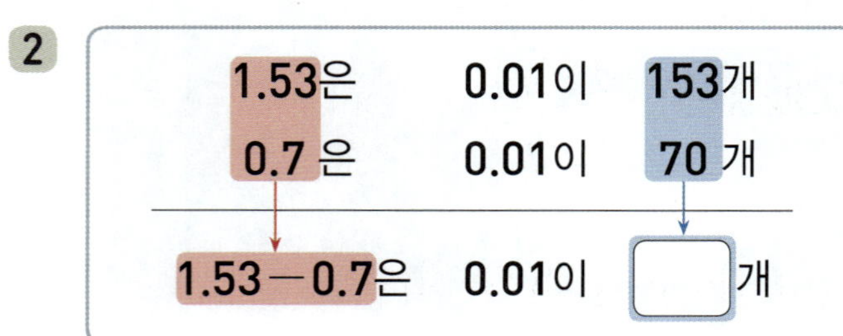

| | | |
|---|---|---|
| 0.9 는 | 0.01이 | 90개 |
| 0.37은 | 0.01이 | 37개 |
| 0.9−0.37은 | 0.01이 | ☐ 개 |

→ 0.9−0.37＝☐

◆ 뺄셈을 해 보세요.

**4** ①
```
   0 . 5 3
 −   0 . 1
```
②
```
   2 . 7 2
 −   1 . 3
```

**5** ①
```
   1 . 4 8
 −   1 . 2
```
②
```
   3 . 6 6
 −   2 . 1
```

**6** ①
```
   3 . 1 5
 −   0 . 5
```
②
```
   4 . 3 9
 −   2 . 8
```

**7** ①
```
   2 . 4
 − 0 . 2 6
```
②
```
   5 . 8
 − 4 . 5 7
```

**8** ①
```
   4 . 6
 − 1 . 8 1
```
②
```
   6 . 7
 − 2 . 9 4
```

##  자릿수가 다른 소수의 뺄셈

실수 콕! *12~14번 문제*

$$
\begin{array}{r} 4.5 \\ -\ 2.2\ 3 \\ \hline 2.2\ 7 \end{array}
\qquad
\begin{array}{r} 4.5 \\ -\ 2.2\ 3 \\ \hline 2.3\ 3 \end{array}
$$

4.5의 오른쪽 끝자리에 0이 있다고 생각하고 받아내림하여 계산해야 해. 그대로 내려 쓰면 안 돼!

◆ 뺄셈을 해 보세요.

**9** ①
$$
\begin{array}{r} 0.3\ 9 \\ -\ 0.2\phantom{\ 0} \\ \hline \end{array}
$$
②
$$
\begin{array}{r} 0.3\ 9 \\ -\ 0.3\phantom{\ 0} \\ \hline \end{array}
$$

**10** ①
$$
\begin{array}{r} 1.5\ 2 \\ -\ 0.6\phantom{\ 0} \\ \hline \end{array}
$$
②
$$
\begin{array}{r} 1.5\ 2 \\ -\ 0.8\phantom{\ 0} \\ \hline \end{array}
$$

**11** ①
$$
\begin{array}{r} 3.0\ 4 \\ -\ 1.6\phantom{\ 0} \\ \hline \end{array}
$$
②
$$
\begin{array}{r} 3.0\ 4 \\ -\ 2.3\phantom{\ 0} \\ \hline \end{array}
$$

실수 콕!

**12** ①
$$
\begin{array}{r} 0.7\phantom{\ 0} \\ -\ 0.2\ 3 \\ \hline \end{array}
$$
②
$$
\begin{array}{r} 0.7\phantom{\ 0} \\ -\ 0.4\ 6 \\ \hline \end{array}
$$

실수 콕!

**13** ①
$$
\begin{array}{r} 2.4\phantom{\ 0} \\ -\ 0.3\ 1 \\ \hline \end{array}
$$
②
$$
\begin{array}{r} 2.4\phantom{\ 0} \\ -\ 1.5\ 2 \\ \hline \end{array}
$$

실수 콕!

**14** ①
$$
\begin{array}{r} 6.2\phantom{\ 0} \\ -\ 2.7\ 8 \\ \hline \end{array}
$$
②
$$
\begin{array}{r} 6.2\phantom{\ 0} \\ -\ 3.8\ 9 \\ \hline \end{array}
$$

◆ 뺄셈을 해 보세요.

**15** ① $0.62-0.4$

② $0.74-0.4$

**16** ① $1.32-0.7$

② $3.08-0.7$

**17** ① $5.34-2.5$

② $6.26-2.5$

**18** ① $7.21-5.6$

② $8.37-5.6$

**19** ① $0.5-0.13$

② $0.8-0.13$

**20** ① $1.8-1.45$

② $2.2-1.45$

**21** ① $3.1-2.82$

② $4.8-2.82$

**22** ① $7.3-5.74$

② $9.2-5.74$

## 적용　자릿수가 다른 소수의 뺄셈

◆ 빈칸에 알맞은 수를 써넣으세요.

**23** 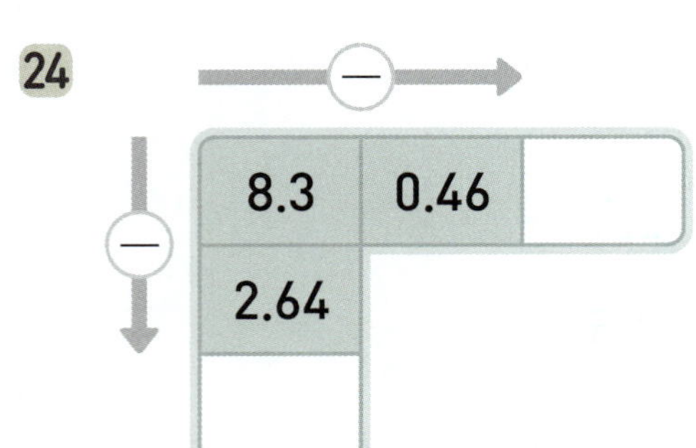

**24** 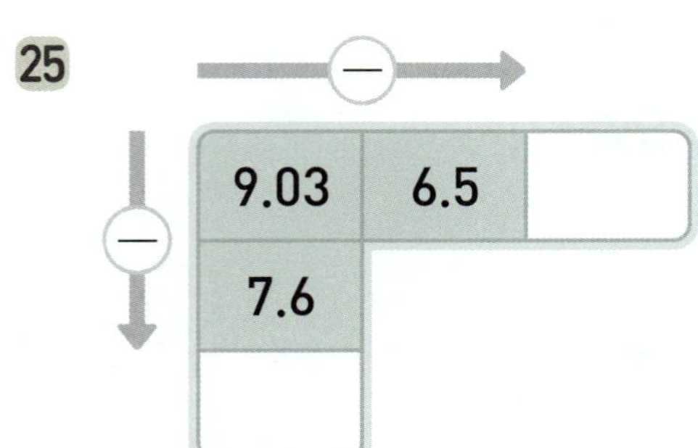

**25** 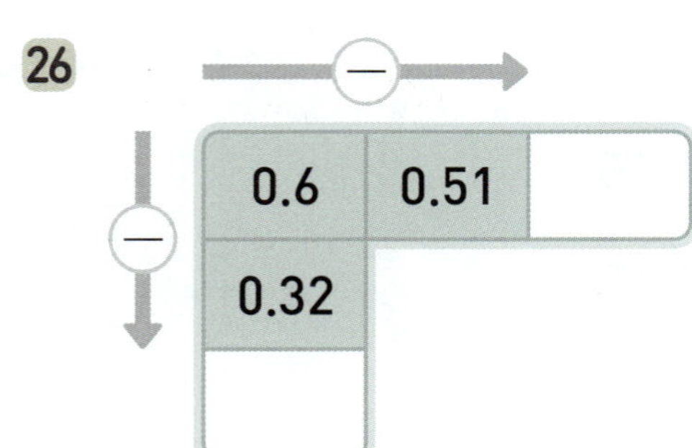

**26** 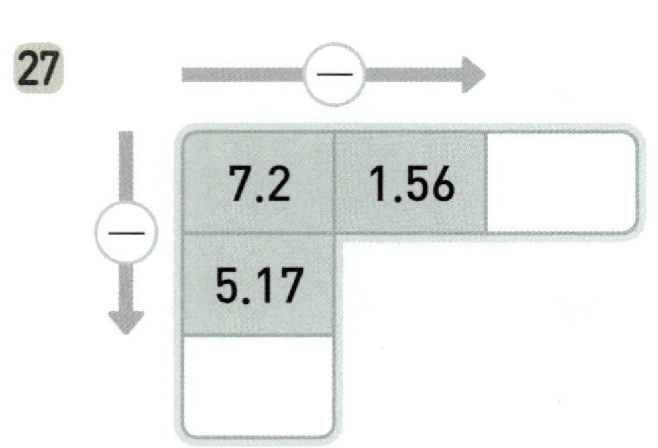

**27**

◆ 계산 결과가 더 큰 것에 ◯표 하세요.

**28**

| $4.1-0.49$ | $6.15-2.3$ |
|:---:|:---:|
| (　　　) | (　　　) |

**29**

| $3.12-0.7$ | $3.8-1.23$ |
|:---:|:---:|
| (　　　) | (　　　) |

**30**

| $9.3-7.45$ | $6.26-4.8$ |
|:---:|:---:|
| (　　　) | (　　　) |

**31**

| $7.03-5.5$ | $5.3-3.02$ |
|:---:|:---:|
| (　　　) | (　　　) |

**32**

| $9.2-4.68$ | $6.41-2.2$ |
|:---:|:---:|
| (　　　) | (　　　) |

**33**

| $8.23-4.3$ | $5.9-1.06$ |
|:---:|:---:|
| (　　　) | (　　　) |

**34**

| $6.7-3.11$ | $7.58-4.1$ |
|:---:|:---:|
| (　　　) | (　　　) |

## ★ 완성  자릿수가 다른 소수의 뺄셈

◆ 길을 따라가서 만나는 행성에 계산 결과를 써넣으세요.

**35**

3 단원 24회

---

### ＋문해력

**36** 오렌지주스가 1.2 L 있습니다. 윤지가 0.35 L 를 마셨다면 남은 오렌지주스는 몇 L일까요?

**풀이** (전체 오렌지주스의 양) − (윤지가 마신 오렌지주스의 양)

$$= \boxed{\phantom{0}} - \boxed{\phantom{0}} = \boxed{\phantom{0}}$$

**답** 남은 오렌지주스는 $\boxed{\phantom{0}}$ L입니다.

◆ 소수를 읽어 보세요.

**1**

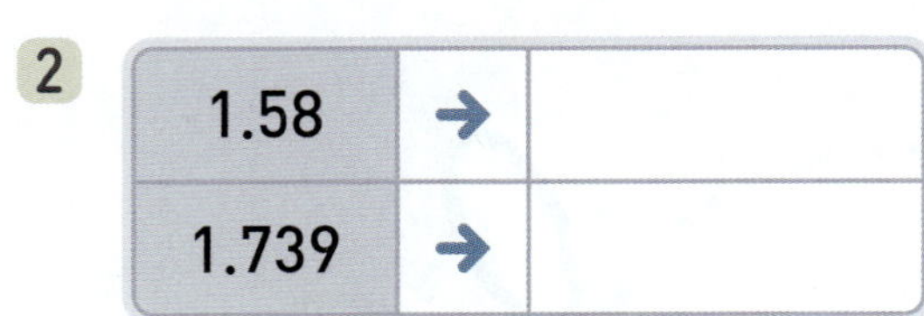

| 0.81 | → | |
| 0.95 | → | |

**2**

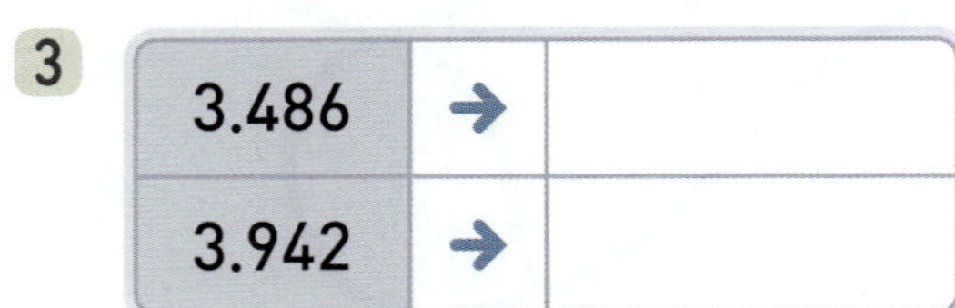

| 1.58 | → | |
| 1.739 | → | |

**3**

| 3.486 | → | |
| 3.942 | → | |

◆ 두 소수의 크기를 비교하여 ○ 안에 >, =, <를 알맞게 써넣으세요.

**4** ① 0.54 ◯ 0.540

② 0.54 ◯ 0.613

**5** ① 3.79 ◯ 3.9

② 3.79 ◯ 3.72

**6** ① 5.138 ◯ 6.87

② 5.138 ◯ 5.135

**7** ① 6.114 ◯ 6.11

② 6.114 ◯ 6.128

◆ ☐ 안에 알맞은 수를 써넣으세요.

**8** 3.5의 $\dfrac{1}{10}$ 은 ☐ 입니다.

**9** 0.46은 46의 $\dfrac{1}{\boxed{\phantom{0}}}$ 입니다.

**10** 2.973의 100배는 ☐ 입니다.

**11** 57.8은 5.78의 ☐ 배입니다.

◆ 덧셈과 뺄셈을 해 보세요.

**12** ①
$$\begin{array}{r} 5.2 \\ +\ 2.5 \\ \hline \end{array}$$
② 
$$\begin{array}{r} 5.2 \\ -\ 0.8 \\ \hline \end{array}$$

**13** ①
$$\begin{array}{r} 6.43 \\ +\ 1.89 \\ \hline \end{array}$$
② 
$$\begin{array}{r} 6.43 \\ -\ 3.87 \\ \hline \end{array}$$

**14** ①
$$\begin{array}{r} 7.52 \\ +\ 3.7 \\ \hline \end{array}$$
② 
$$\begin{array}{r} 7.52 \\ -\ 4.6 \\ \hline \end{array}$$

**15** ①
$$\begin{array}{r} 8.5 \\ +\ 1.96 \\ \hline \end{array}$$
② 
$$\begin{array}{r} 8.5 \\ -\ 2.62 \\ \hline \end{array}$$

◆ 덧셈을 해 보세요.

**16** ① $1.2+2.4$

② $1.2+4.5$

**17** ① $3.3+5.4$

② $3.3+6.2$

**18** ① $5.5+1.8$

② $5.5+2.6$

**19** ① $1.42+0.26$

② $1.42+4.37$

**20** ① $4.75+2.19$

② $4.75+3.62$

**21** ① $6.64+5.37$

② $6.64+8.96$

**22** ① $2.26+4.5$

② $2.26+7.8$

**23** ① $3.2+0.78$

② $3.2+1.86$

◆ 뺄셈을 해 보세요.

**24** ① $3.6-1.2$

② $3.6-3.3$

**25** ① $4.8-2.1$

② $4.8-3.7$

**26** ① $8.2-5.8$

② $8.2-6.9$

**27** ① $1.54-0.02$

② $1.54-1.32$

**28** ① $2.42-0.27$

② $2.42-1.51$

**29** ① $3.06-1.19$

② $3.06-2.58$

**30** ① $4.81-1.5$

② $4.81-3.9$

**31** ① $5.2-2.12$

② $5.2-3.34$

**3**단원

**25**회

◆ 밑줄 친 숫자가 나타내는 수를 쓰세요.

**1** ① 0.1<u>7</u> → ☐

② 3.2<u>1</u> → ☐

**2** ① 0.5<u>4</u> → ☐

② 1.<u>4</u>8 → ☐

**3** ① 1.6<u>5</u> → ☐

② 3.3<u>6</u> → ☐

**4** ① 2.<u>3</u>94 → ☐

② 1.7<u>8</u>3 → ☐

**5** ① 4.0<u>5</u>2 → ☐

② 6.13<u>5</u> → ☐

**6** ① 8.<u>7</u>92 → ☐

② 9.57<u>6</u> → ☐

◆ 가장 큰 수와 가장 작은 수를 각각 찾아 쓰세요.

**7** 3.52    3.127    4.26

가장 큰 수 (      )
가장 작은 수 (      )

**8** 4.046    4.72    4.681

가장 큰 수 (      )
가장 작은 수 (      )

**9** 9.58    9.534    9.51

가장 큰 수 (      )
가장 작은 수 (      )

◆ 관계있는 것끼리 이어 보세요.

**10**

32.4의 10배 •

32.4의 $\frac{1}{100}$ •

• 0.324

• 3.24

• 324

**11**

0.64의 100배 •

0.64의 $\frac{1}{10}$ •

• 0.064

• 6.4

• 64

◆ ☐ 안에 알맞은 수를 써넣으세요.

**12**

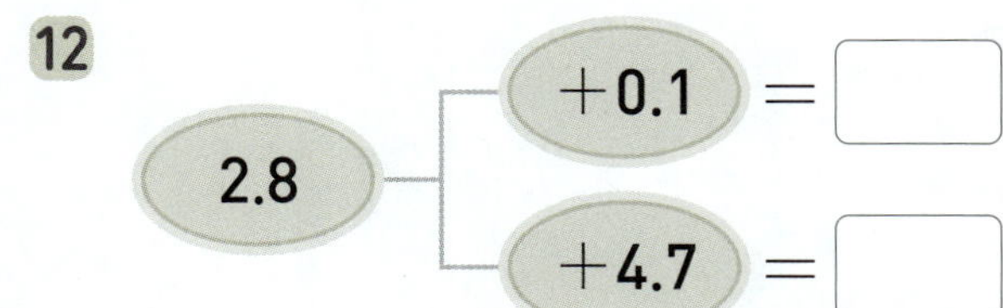

2.8
$+0.1 =$ ☐
$+4.7 =$ ☐

**13**

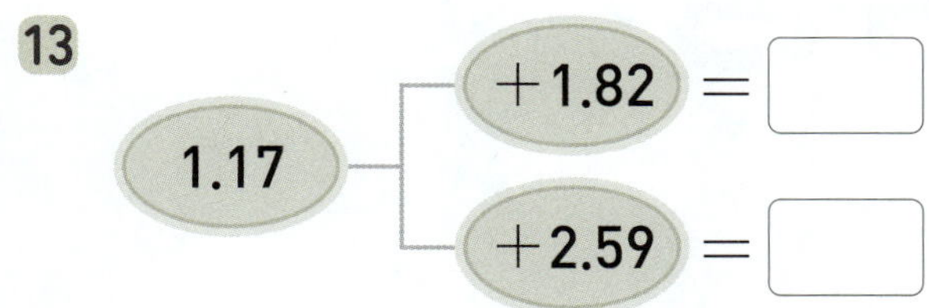

1.17
$+1.82 =$ ☐
$+2.59 =$ ☐

**14**

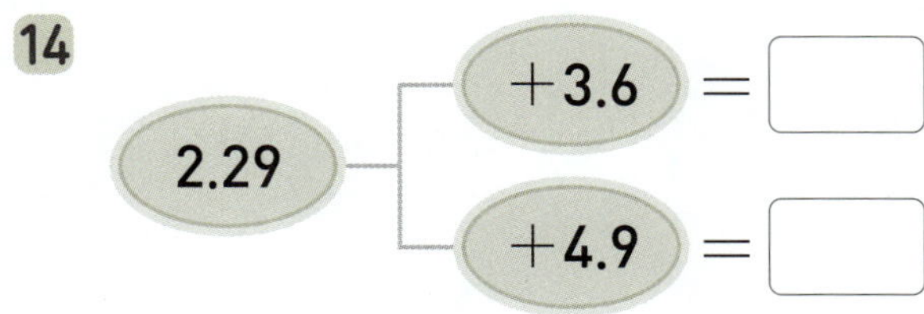

2.29
$+3.6 =$ ☐
$+4.9 =$ ☐

**15**

2.5
$-0.2 =$ ☐
$-1.7 =$ ☐

**16**

3.36
$-1.25 =$ ☐
$-2.08 =$ ☐

**17**

4.6
$-1.61 =$ ☐
$-2.39 =$ ☐

◆ 계산 결과가 더 큰 것에 ◯표 하세요.

**18**

| $3.5+0.1$ | $2.8+0.9$ |
|:---:|:---:|
| ( ) | ( ) |

**19**

| $2.37+1.52$ | $0.98+2.94$ |
|:---:|:---:|
| ( ) | ( ) |

**20**

| $3.7-1.1$ | $5.4-2.9$ |
|:---:|:---:|
| ( ) | ( ) |

**21**

| $2.46-1.05$ | $3.17-1.78$ |
|:---:|:---:|
| ( ) | ( ) |

**22**

| $5.8+1.45$ | $4.7+2.98$ |
|:---:|:---:|
| ( ) | ( ) |

**23**

| $2.59-0.3$ | $4.1-1.56$ |
|:---:|:---:|
| ( ) | ( ) |

**24**

| $7.6-1.71$ | $1.1+4.15$ |
|:---:|:---:|
| ( ) | ( ) |

3단원 26회

# 4 사각형

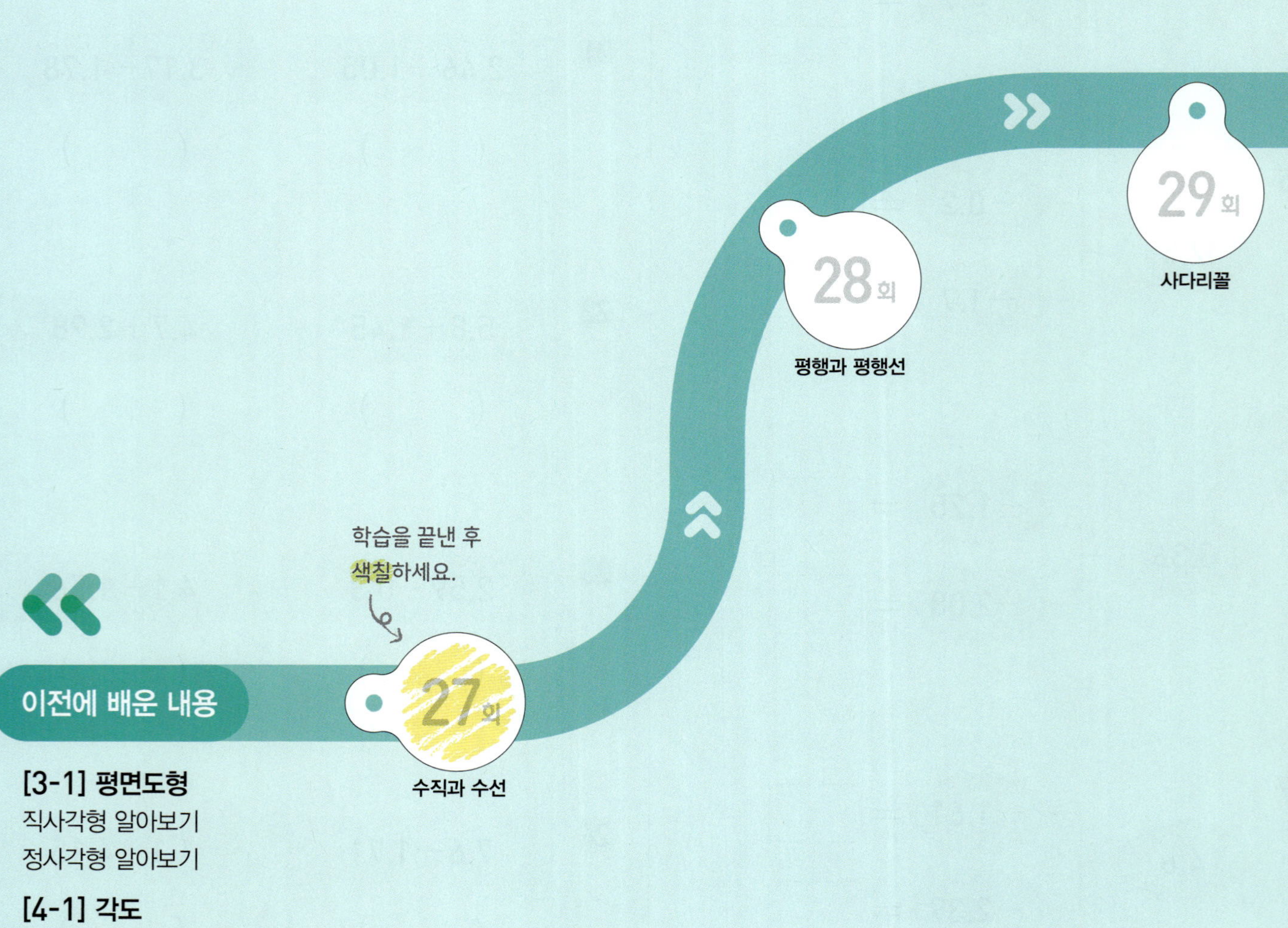


**[3-1] 평면도형**
직사각형 알아보기
정사각형 알아보기

**[4-1] 각도**
각도 알아보기
예각과 둔각 알아보기

33회
평가 B

30회
평행사변형

32회
평가 A

31회
마름모

# 개념 수직과 수선

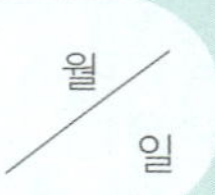

두 직선이 만나서 이루는 각이 직각일 때, 두 직선은 서로 **수직**이라고 합니다.

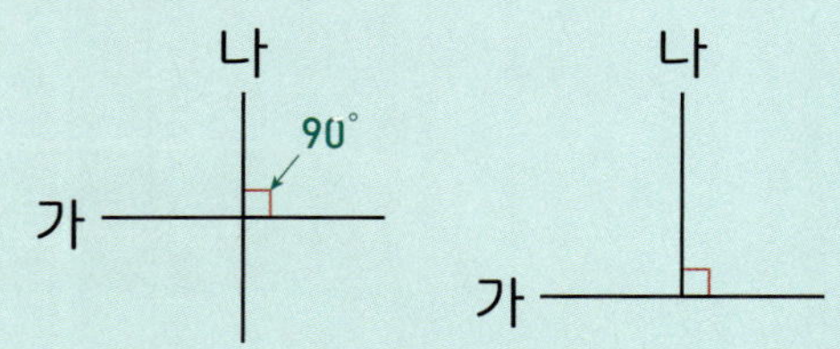



직선 가와 직선 나는 서로 수직입니다.

두 직선이 서로 수직으로 만났을 때, 한 직선을 다른 직선에 대한 **수선**이라고 합니다.

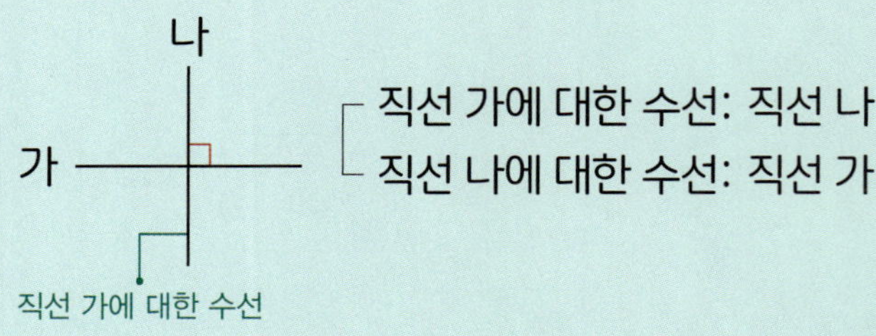



---

◆ 두 직선이 서로 수직인 것에 ◯표 하세요.

**1** 

( )　　( )

**2** 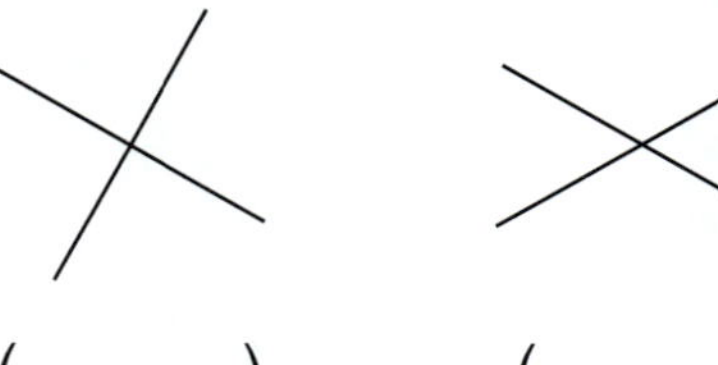

( )　　( )

**3** 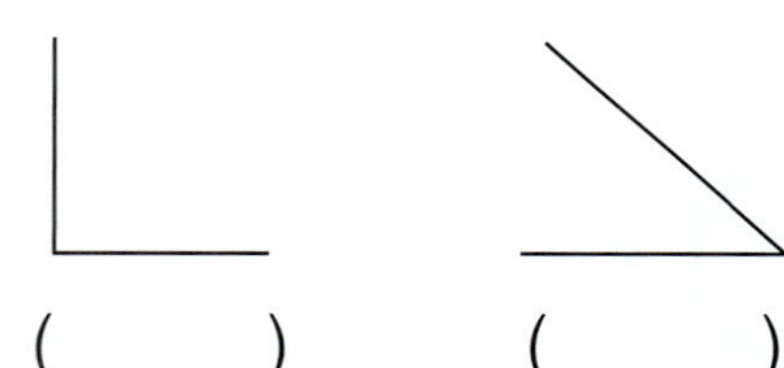

( )　　( )

**4** 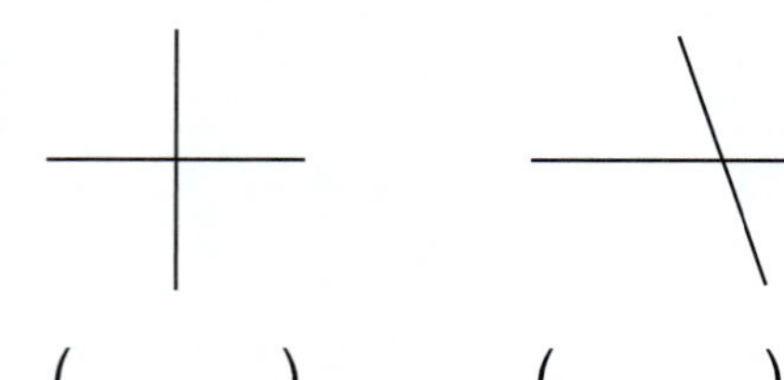

( )　　( )

**5** 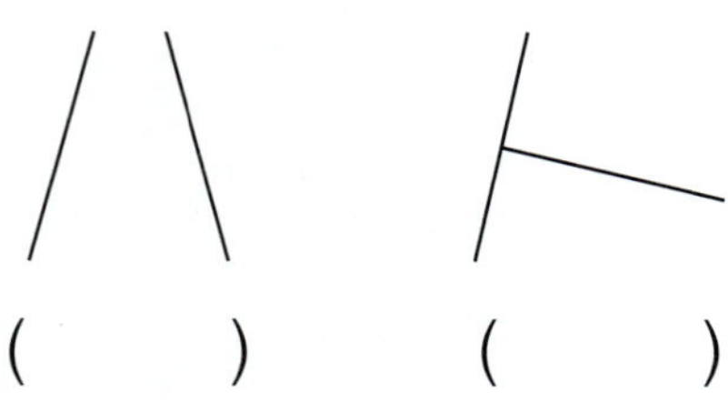

( )　　( )

◆ ☐ 안에 알맞은 기호를 써넣으세요.

**6** 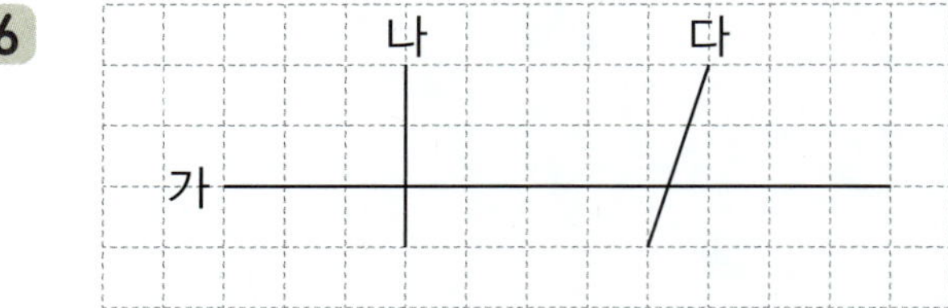



직선 가에 대한 수선은 직선 ☐입니다.

**7** 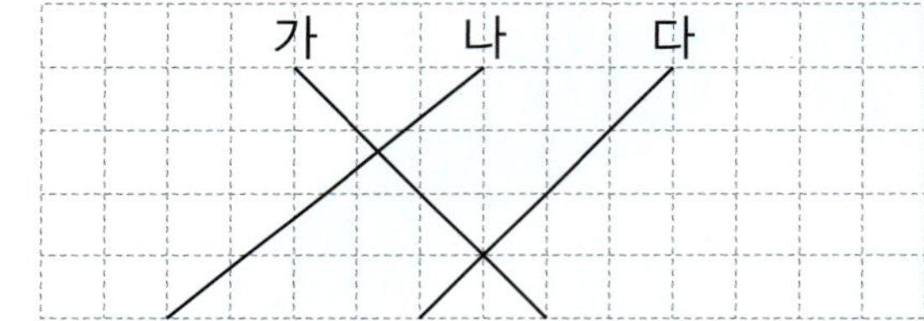



직선 가에 대한 수선은 직선 ☐입니다.

**8** 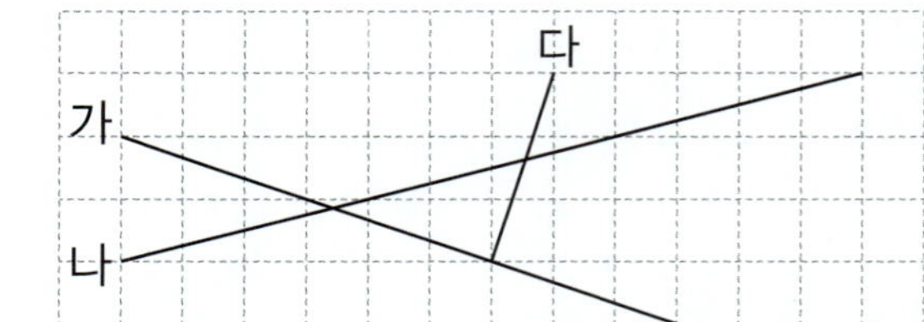



직선 가에 대한 수선은 직선 ☐입니다.

**9** 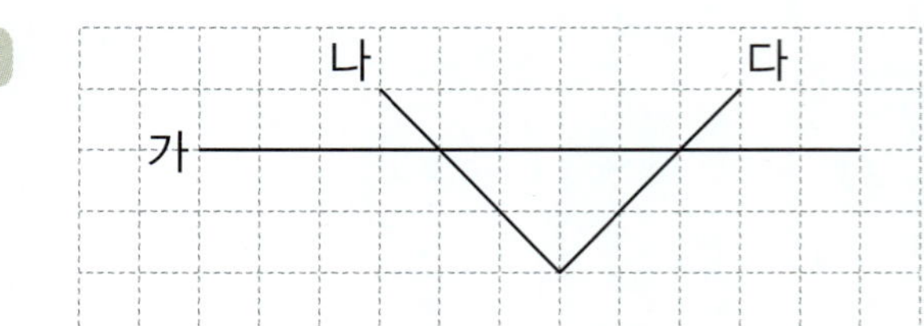



직선 나에 대한 수선은 직선 ☐입니다.

## 연습 수직과 수선

◆ 서로 수직인 변이 있는 도형을 찾아 기호를 쓰세요.

**10**

가 나 다

( )

**11**

가 나 다

( )

**12**

가 나 다

( )

**13**

가 나 다

( )

**14**

가 나 다

( )

**15**

가 나 다

( )

◆ 직선 가에 수직인 직선을 찾아 쓰세요.

**16**

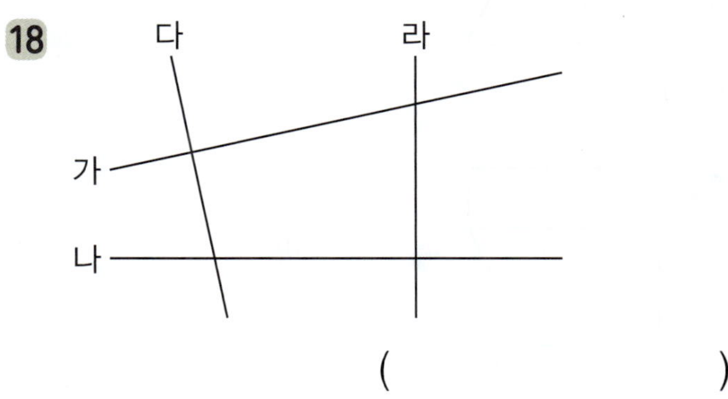


( )

**17**



( )

**18**

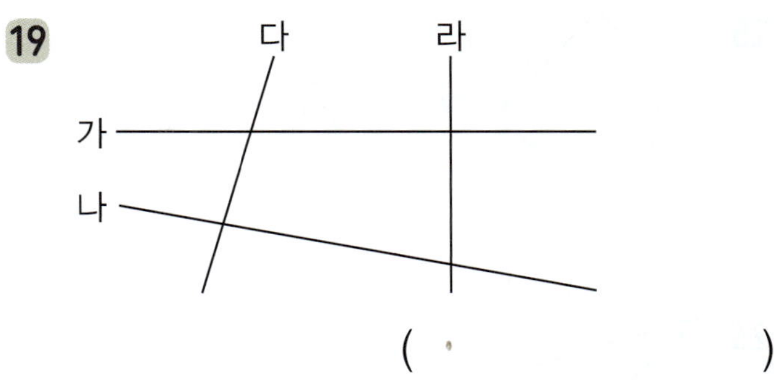


( )

**19**



( )

**20**

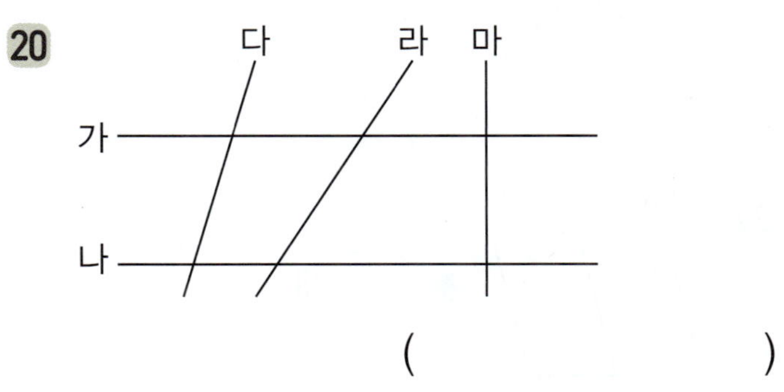


( )

◆ 초록색 선분에 대한 수선의 개수를 구하세요.

**21** 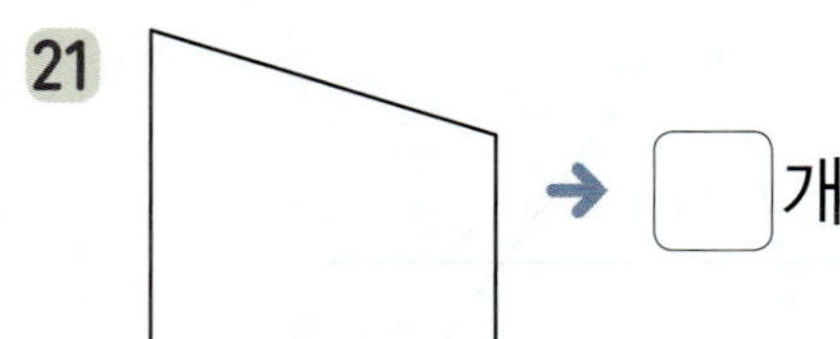 → ☐ 개

**22** 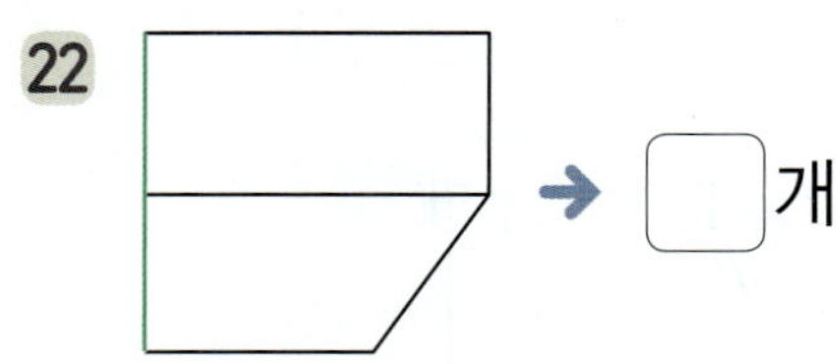 → ☐ 개

**23** 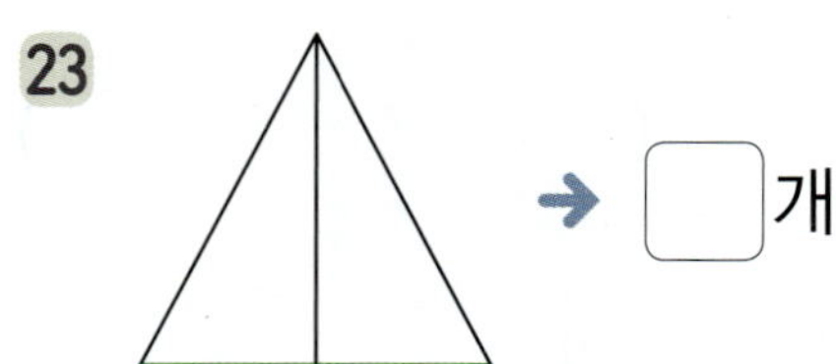 → ☐ 개

**24** 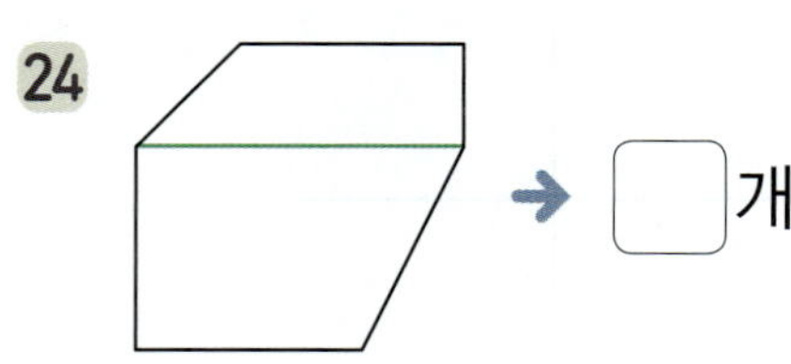 → ☐ 개

**25** 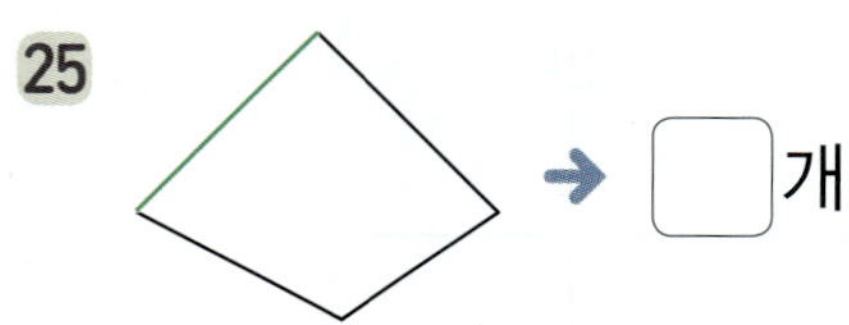 → ☐ 개

**26** 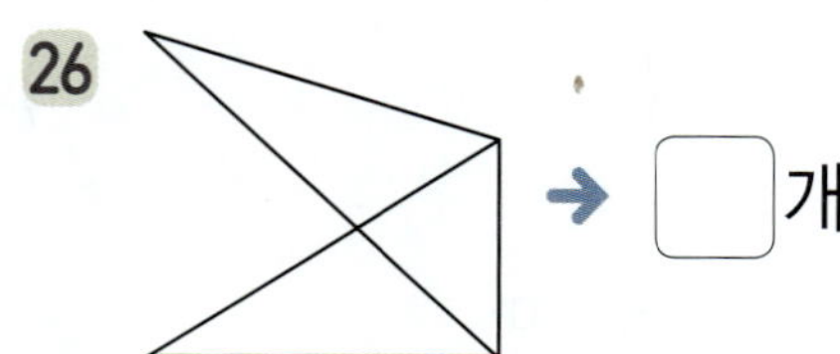 → ☐ 개

**27** 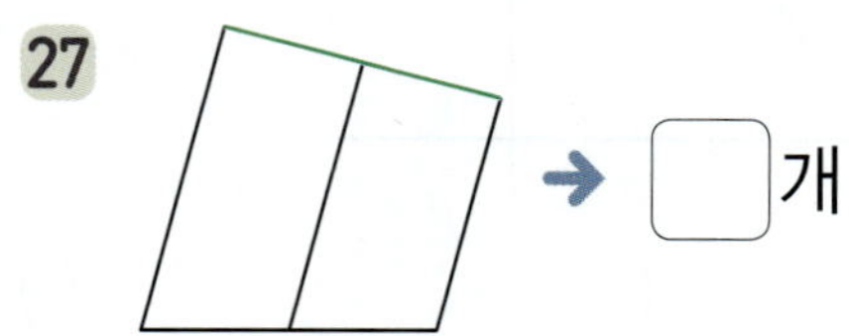 → ☐ 개

◆ 주어진 직선에 대한 수선을 각각 그어 보세요.

**28** ① ② 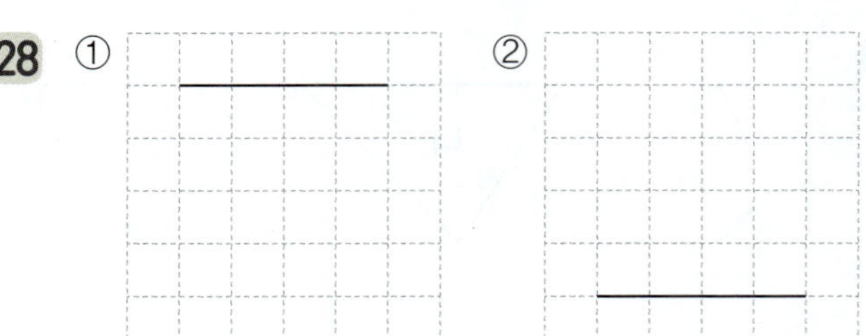

**29** ① ② 

**30** ① ② 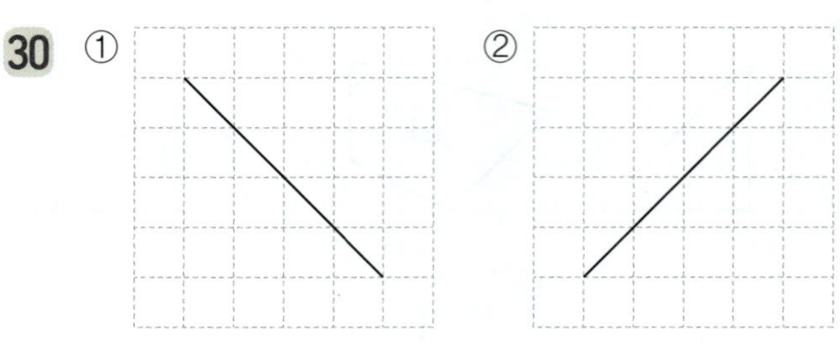

**31** ① ② 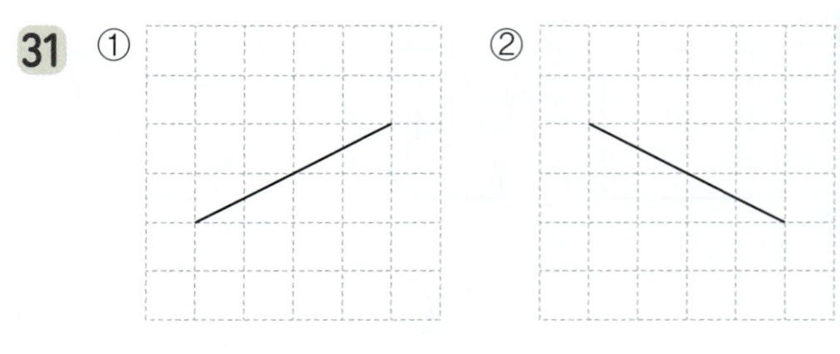

**32** ① ② 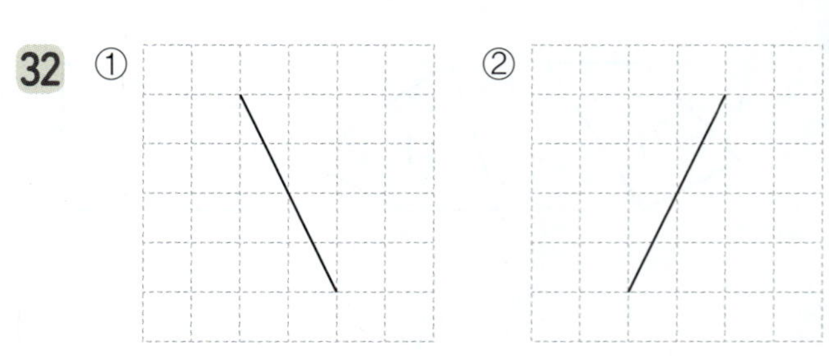

**33** ① ② 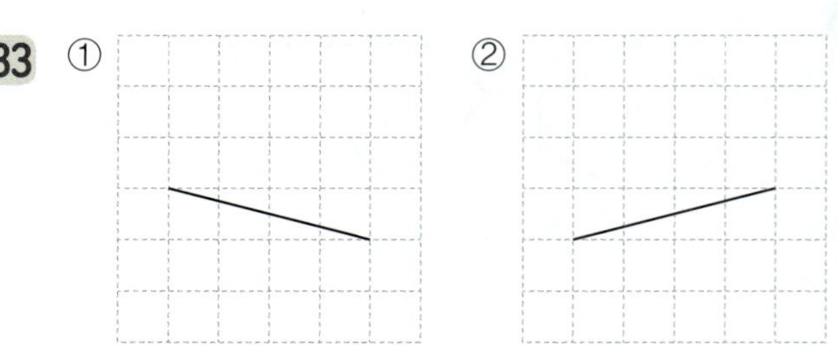

## ★ 완성  수직과 수선

◆ 현아가 도형에 서로 수직인 변이 있으면 ➡(파랑), 수직인 변이 없으면 ➡(빨강)를 따라갔을 때 받게 되는 인형을 찾아 ◯표 하세요.

**34**

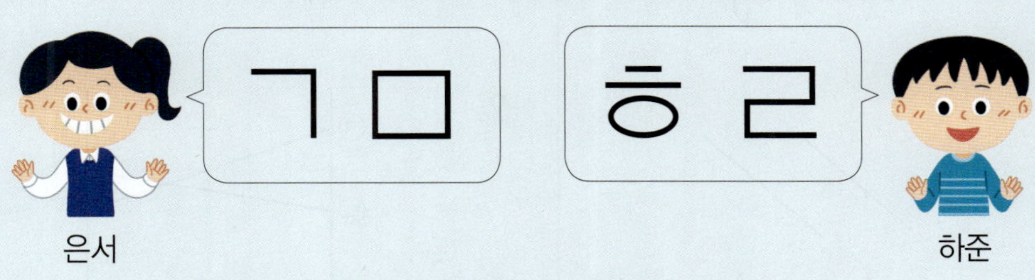



---

### + 문해력

**35** 은서와 하준이가 말하는 한글 자음에서 서로 수직인 직선은 모두 몇 쌍일까요?



**풀이** 각 한글 자음에서 서로 수직인 직선은 몇 쌍인지 알아봅니다.

ㄱ: ☐쌍, ㅁ: ☐쌍, ㅎ: ☐쌍, ㄹ: ☐쌍

➡ 서로 수직인 직선: ☐ + ☐ + ☐ + ☐ = ☐ (쌍)

**답** 서로 수직인 직선은 모두 ☐쌍입니다.

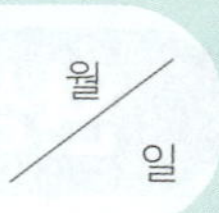

한 직선에 수직인 두 직선을 그었을 때, 그 두 직선은 서로 만나지 않습니다.
서로 만나지 않는 두 직선을 평행하다고 합니다.

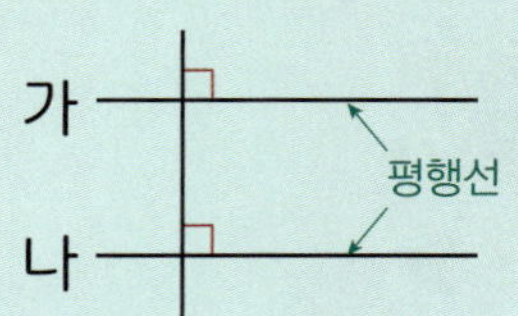



직선 가와 직선 나는 서로 평행합니다.

평행선에 수직인 선분의 길이를 평행선 사이의 거리라고 합니다.

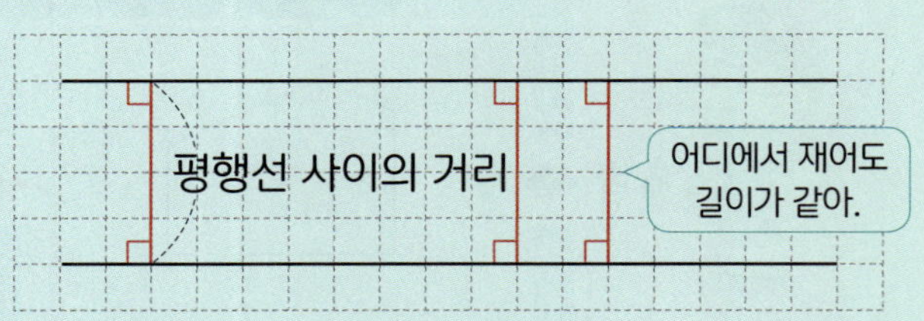



◆ 두 직선이 서로 평행한 것에 ○표 하세요.

**1**
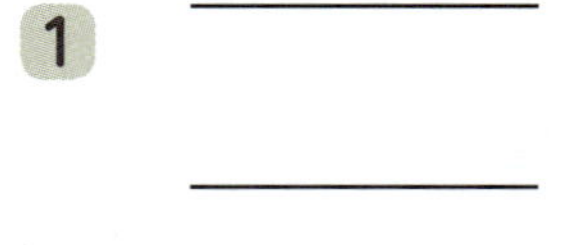
(     )     (     )

**2**
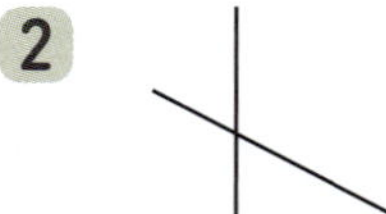
(     )     (     )

**3**

(     )     (     )

**4**

(     )     (     )

**5**
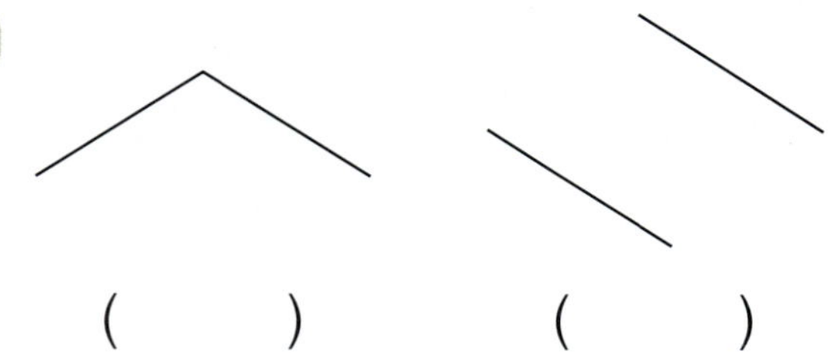
(     )     (     )

◆ 평행선 사이의 거리를 나타내는 선분을 찾아 기호를 쓰세요.

**6**
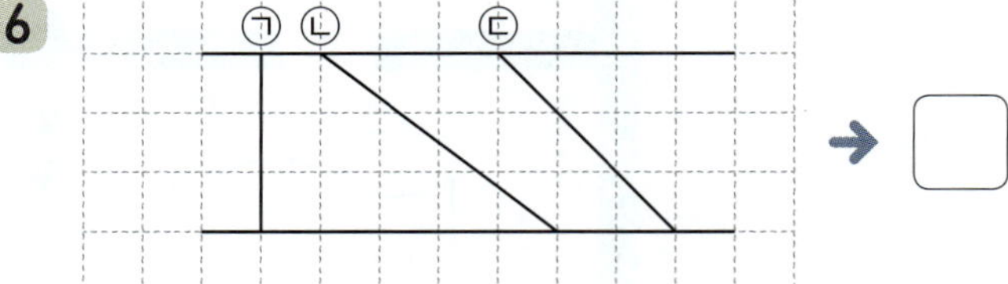
→ [     ]

**7**
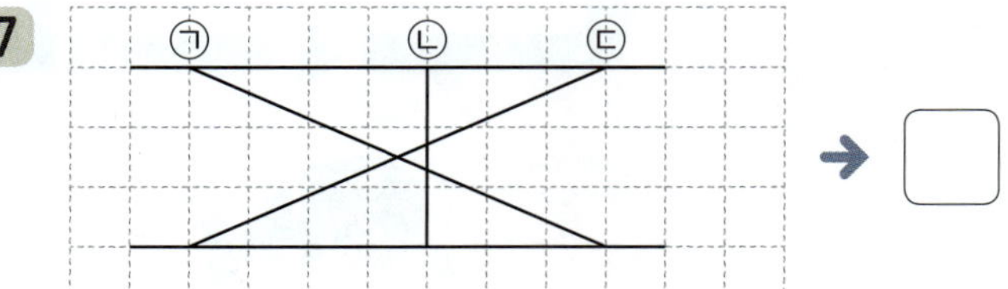
→ [     ]

**8**
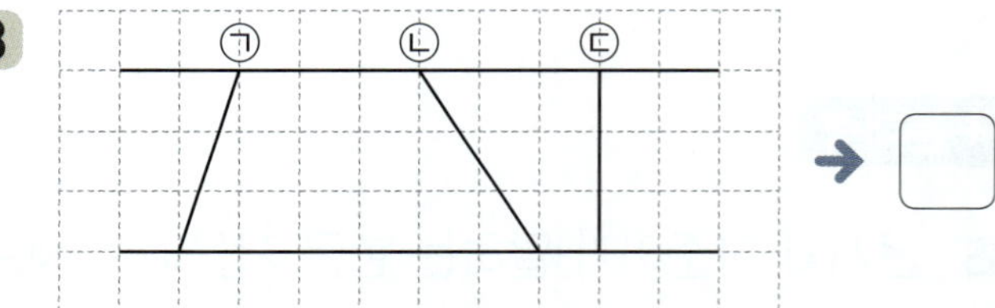
→ [     ]

**9**
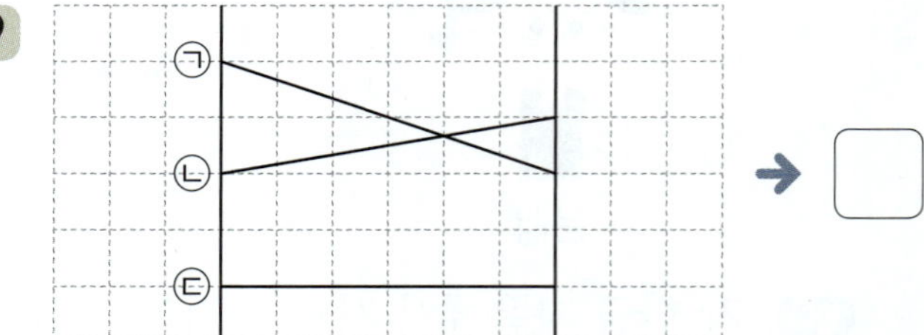
→ [     ]

**10**
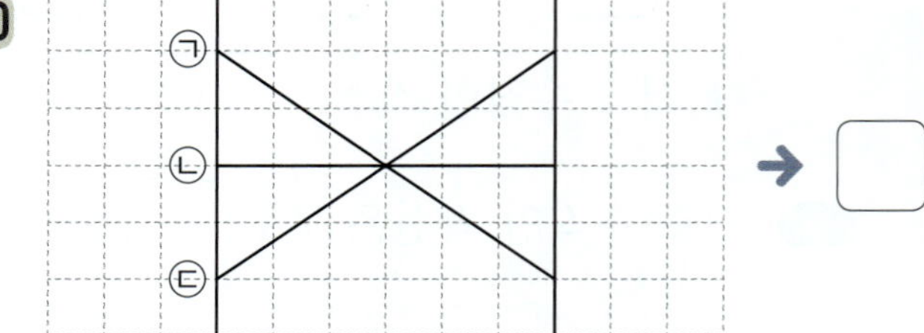
→ [     ]

## 연습  평행과 평행선

◆ 서로 평행한 두 직선을 찾아 쓰세요.

**11**

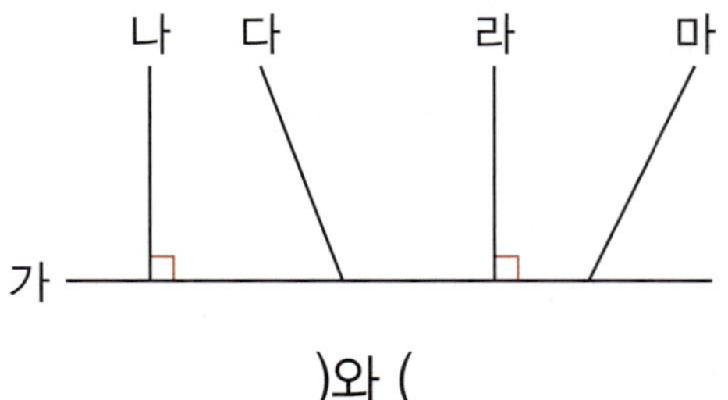

( )와 ( )

**12**

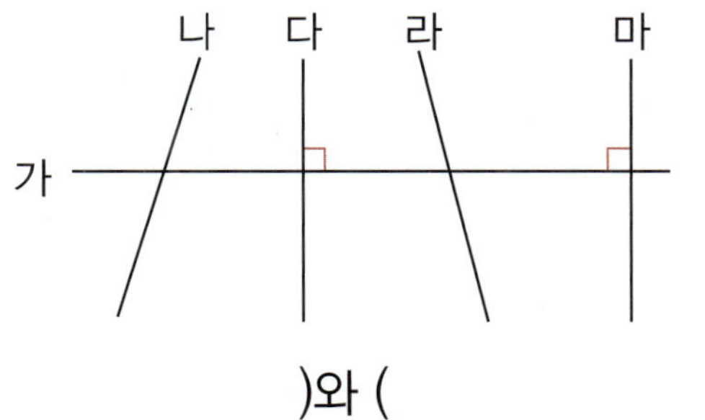

( )와 ( )

**13**

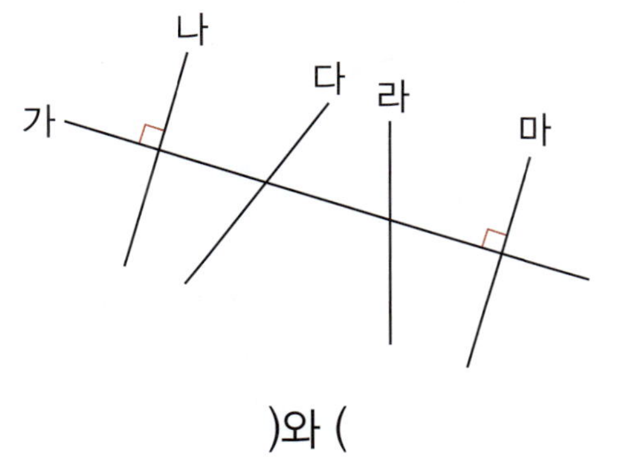

( )와 ( )

**14**

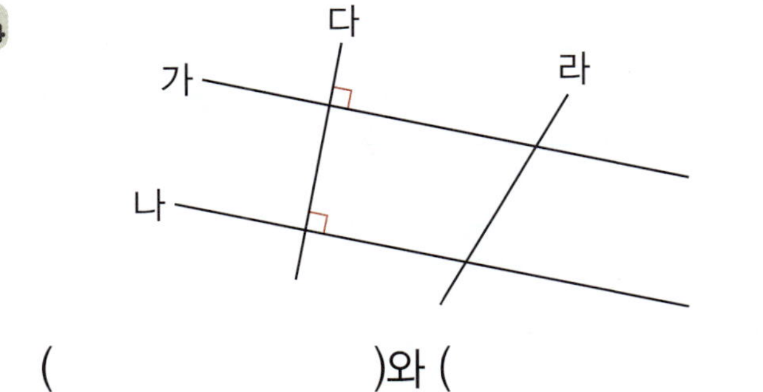

( )와 ( )

**15**

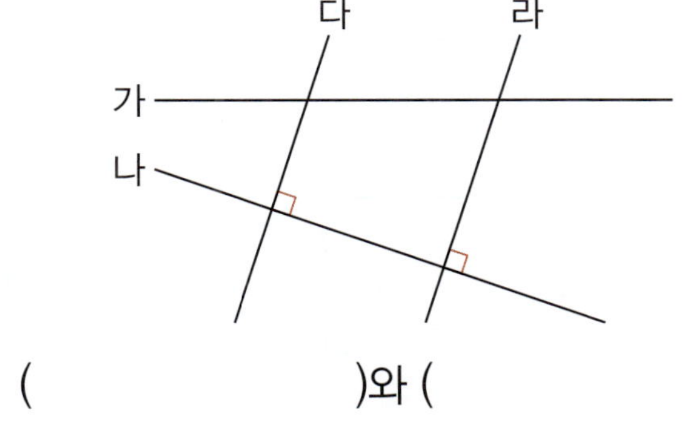

( )와 ( )

◆ 평행선 사이의 거리는 몇 cm인지 구하세요.

**16**

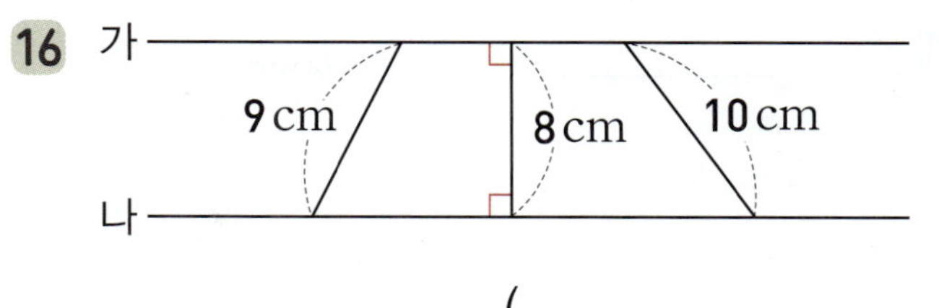


( )

**17**

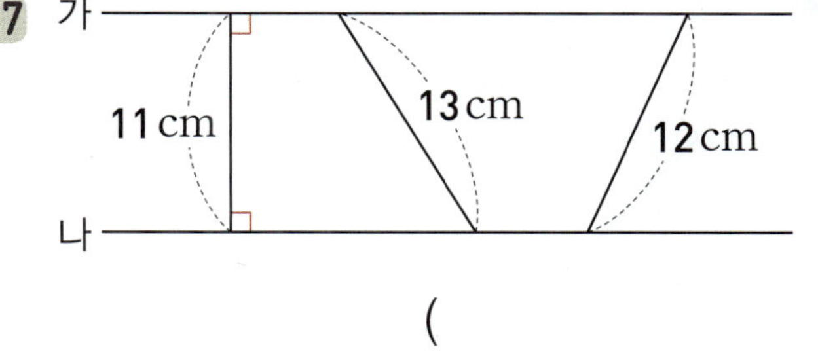


( )

**18**

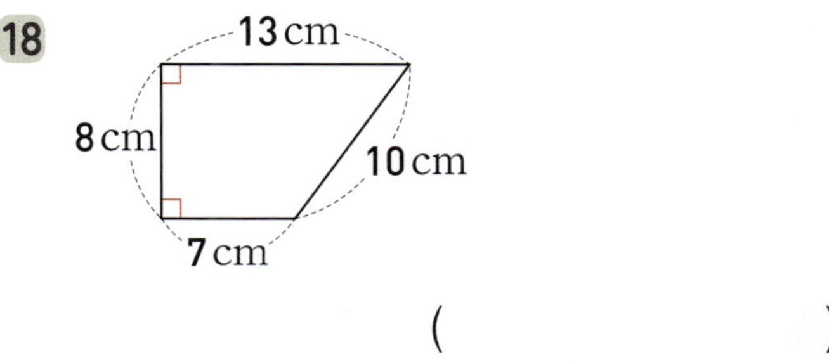


( )

**19**

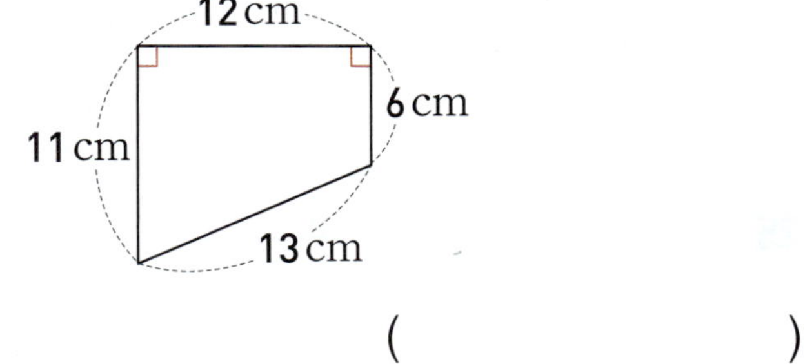


( )

**20**

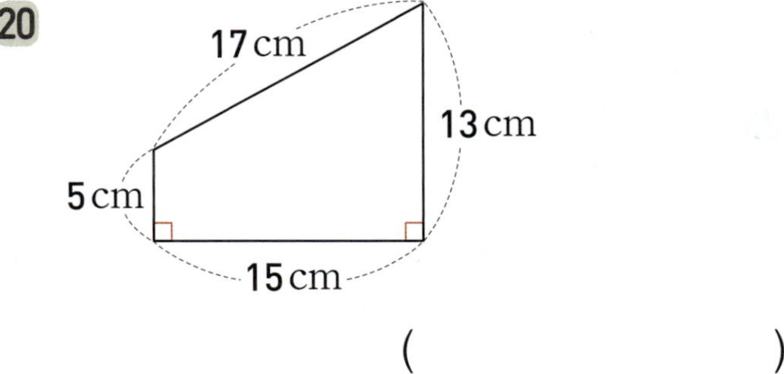


( )

◆ 주어진 직선과 평행한 직선을 그어 보세요.

**21** ①  ② 

**22** ① 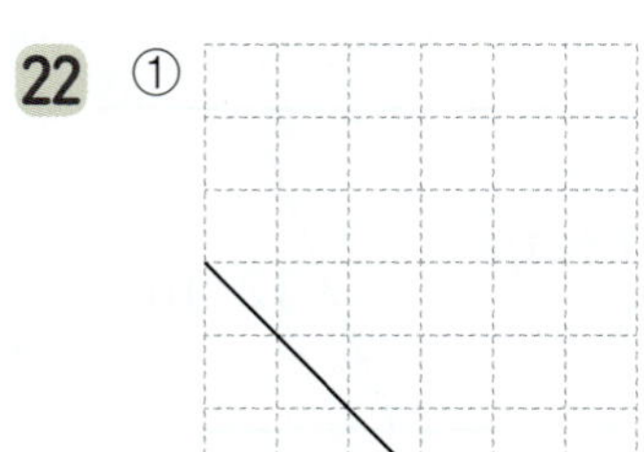 ② 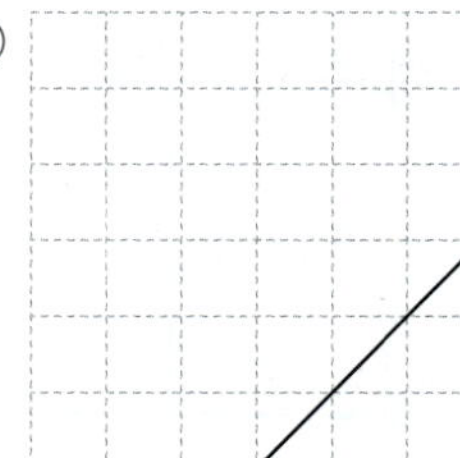

**23** ① 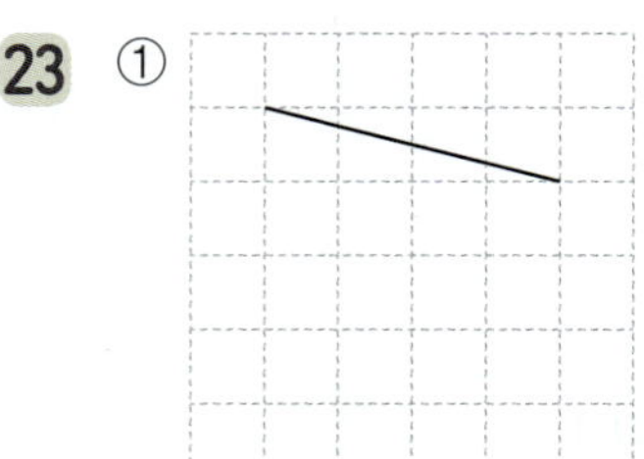 ② 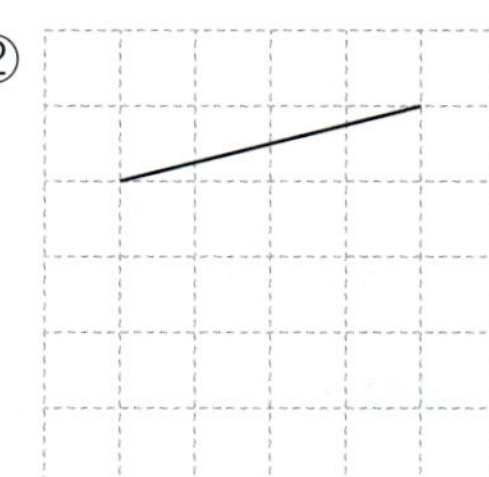

**24** ① 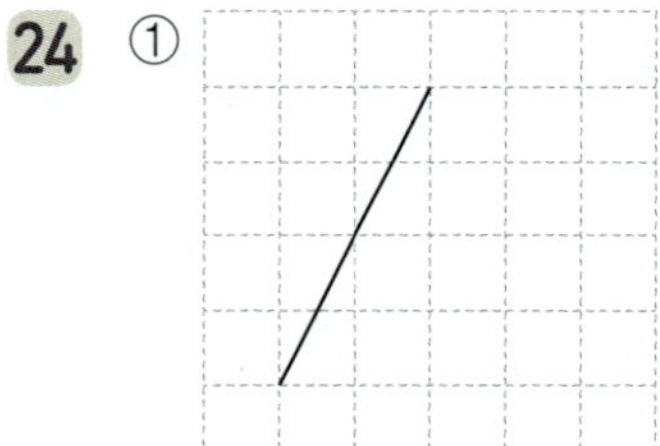 ② 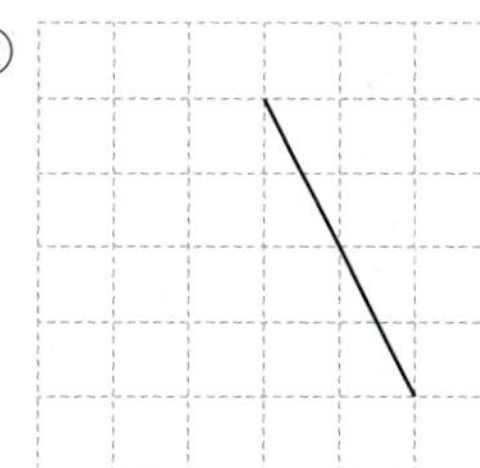

**25** ① 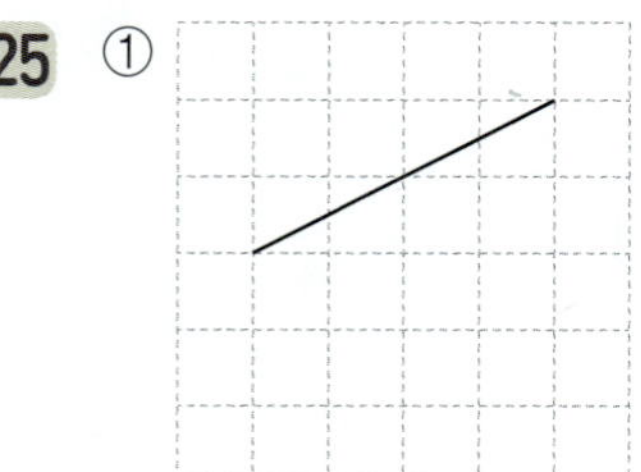 ② 

**26** ① 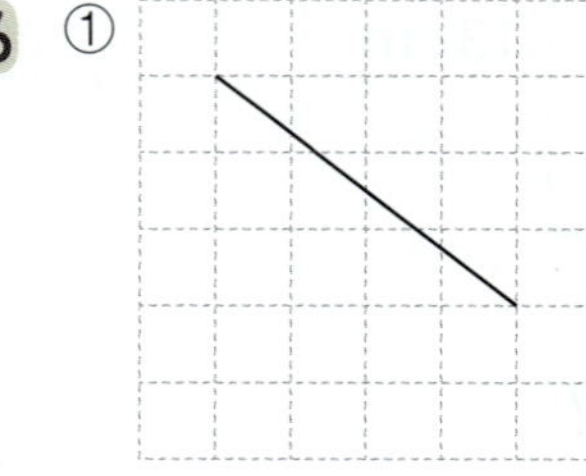 ② 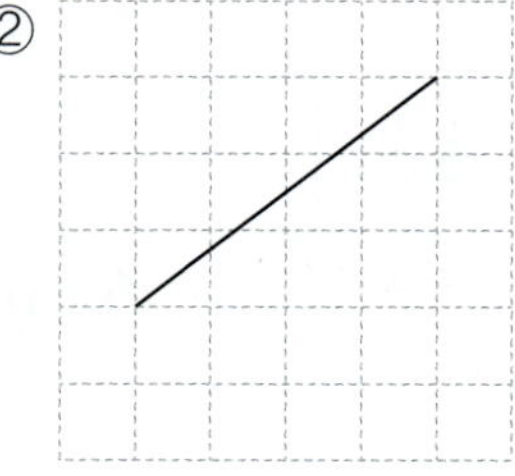

◆ 평행선 사이의 거리는 몇 cm인지 재어 보세요.

**27**  → ☐ cm

**28**  → ☐ cm

**29** 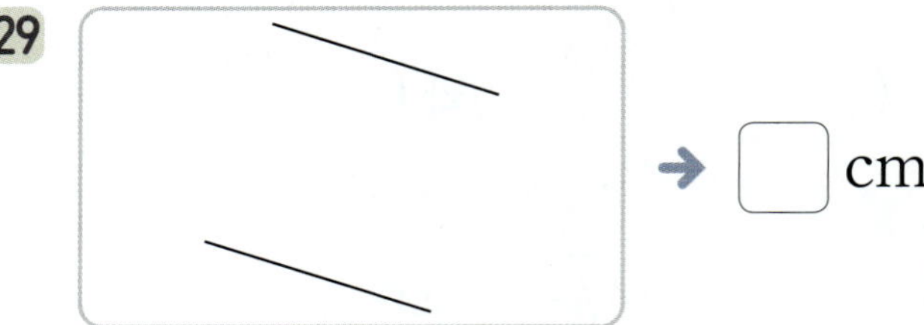 → ☐ cm

**30**  → ☐ cm

**31** 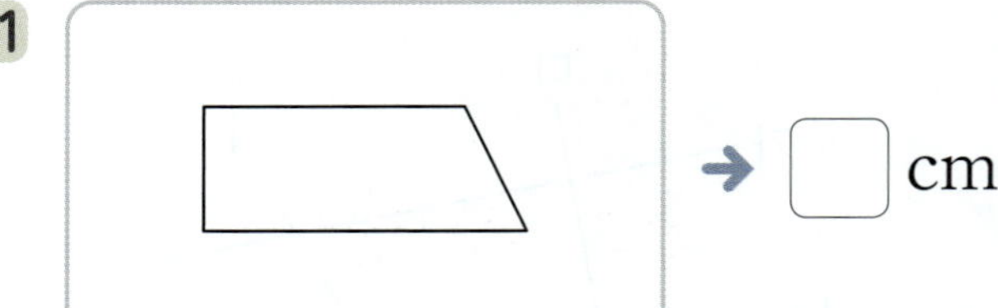 → ☐ cm

**32** 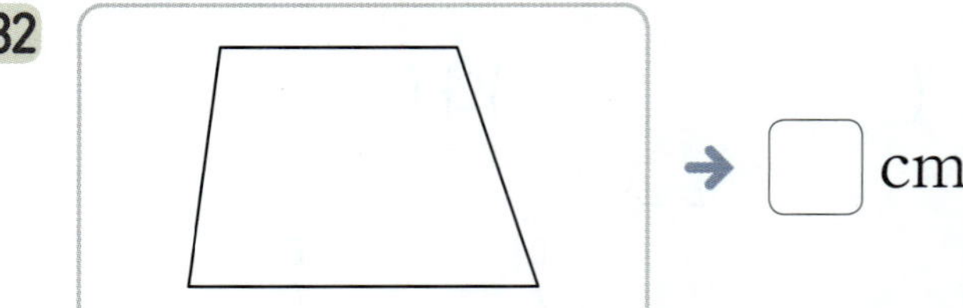 → ☐ cm

**33** 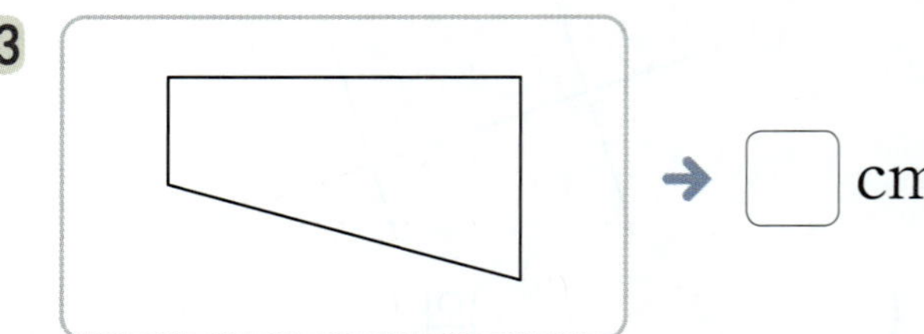 → ☐ cm

## ★ 완성  평행과 평행선

◆ 보기 와 같이 잠금 화면 패턴을 정하려고 합니다. 주어진 선분과 평행한 선분이 있도록 패턴을 완성해 보세요.

보기

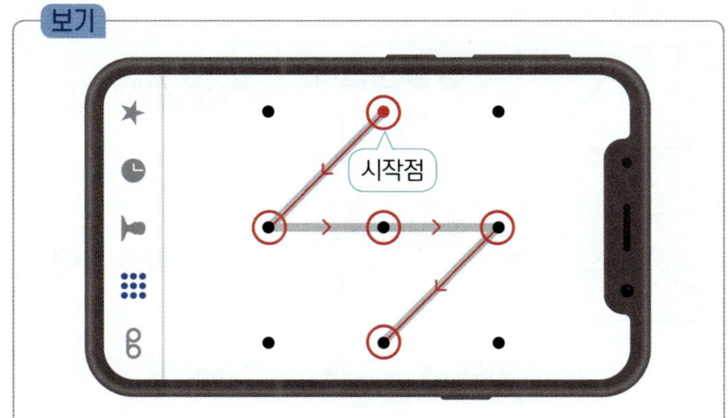


36

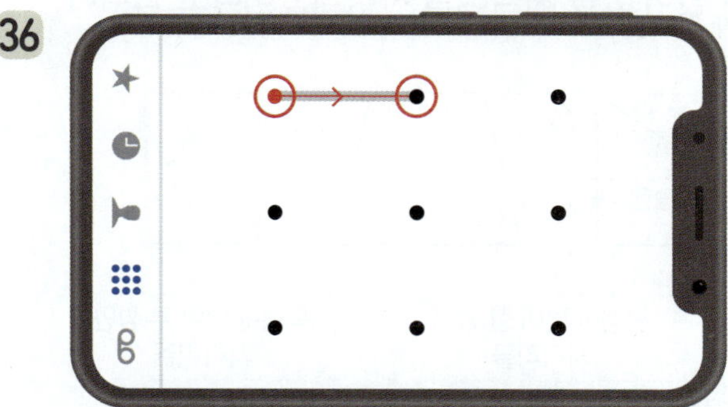

34

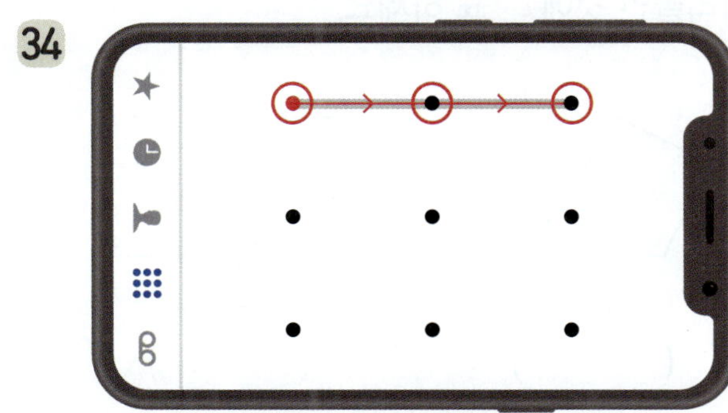

37

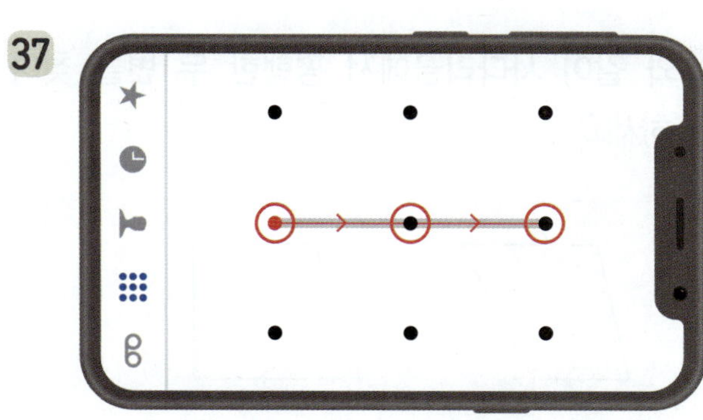

35

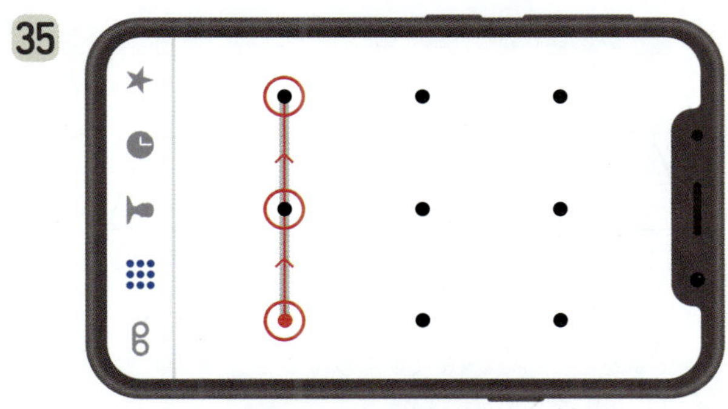

38

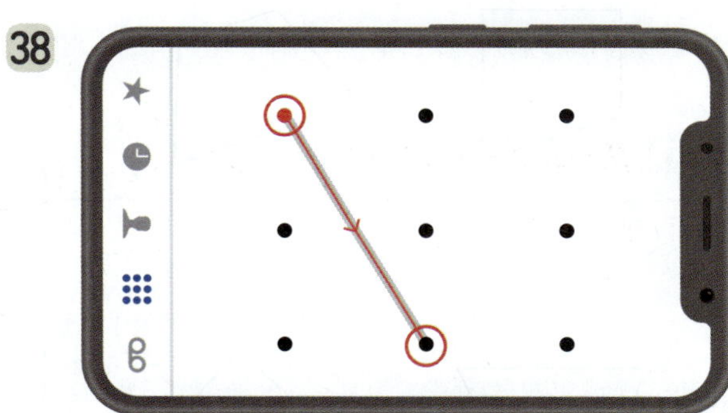



## + 문해력

**39** 평행선이 있는 알파벳은 어느 것일까요?

$$A \ Z \ H \ L \ S \ X$$

풀이 각 알파벳에서 평행선은 몇 쌍인지 알아봅니다.

A: ☐쌍, Z: ☐쌍, H: ☐쌍, L: ☐쌍, S: ☐쌍, X: ☐쌍

답 평행선이 있는 알파벳은 ☐, ☐입니다.

평행한 변이 있는 사각형을 **사다리꼴**이라고 합니다.

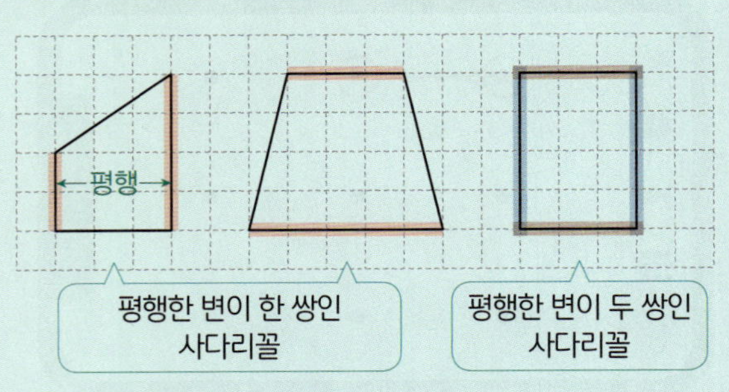


사다리꼴인 사각형을 찾습니다.

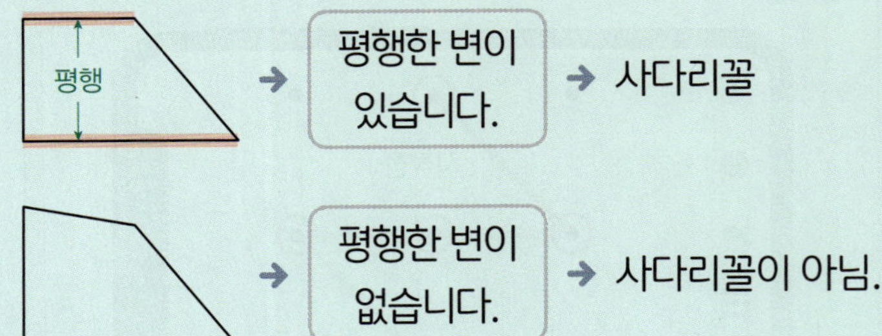


◆ 보기 와 같이 사다리꼴에서 평행한 두 변을 찾아 ◯표 하세요.

보기
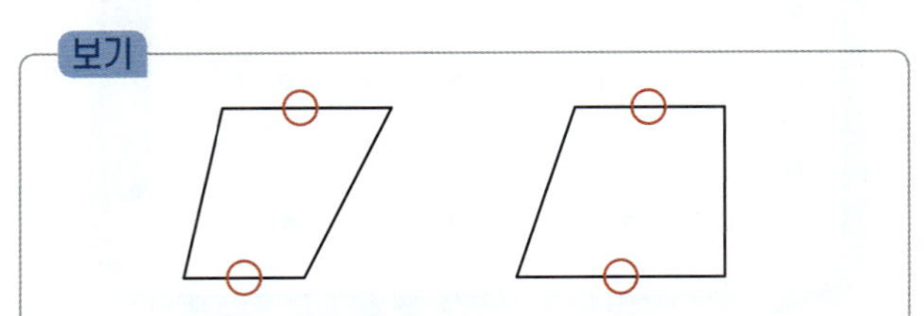

**1**
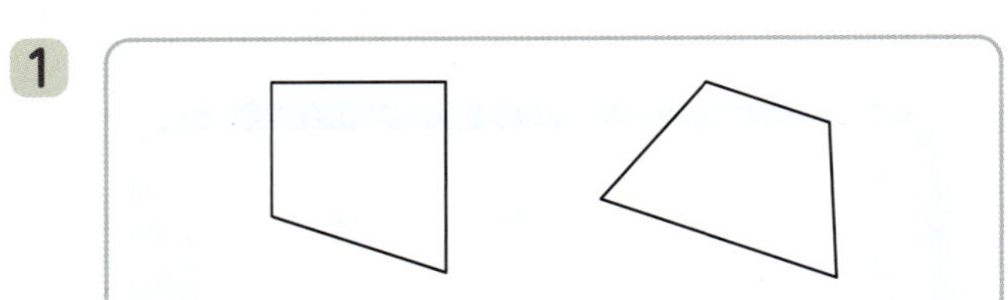

**2**
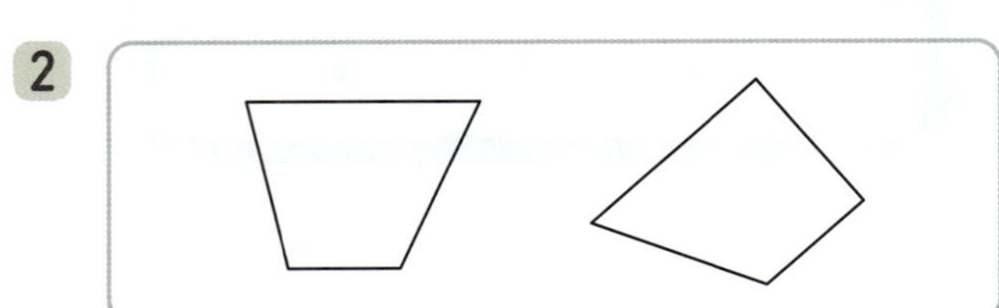

**3**
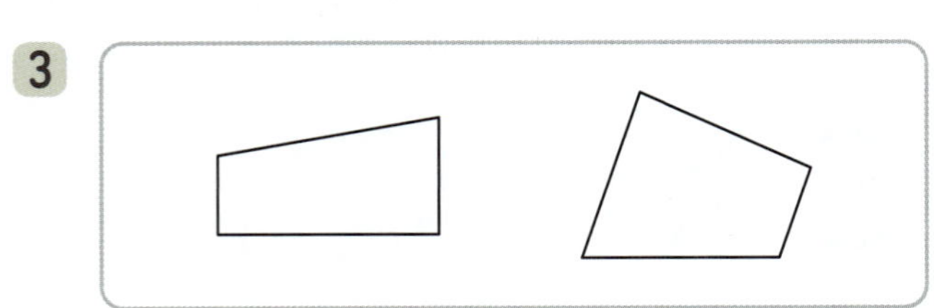

**4**
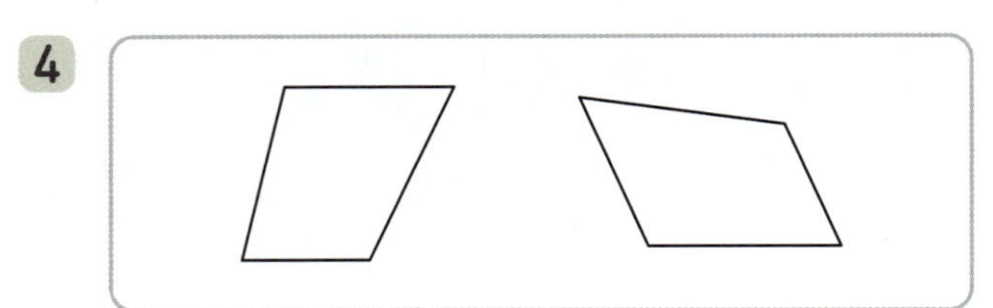

◆ 사다리꼴인 것에 ◯표 하세요.

**5**
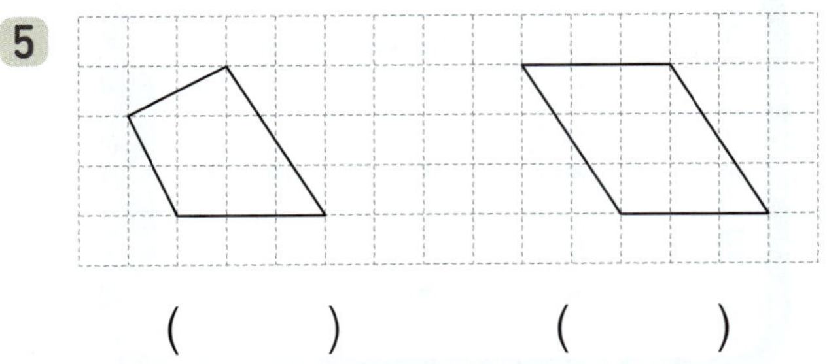

( )　　　( )

**6**
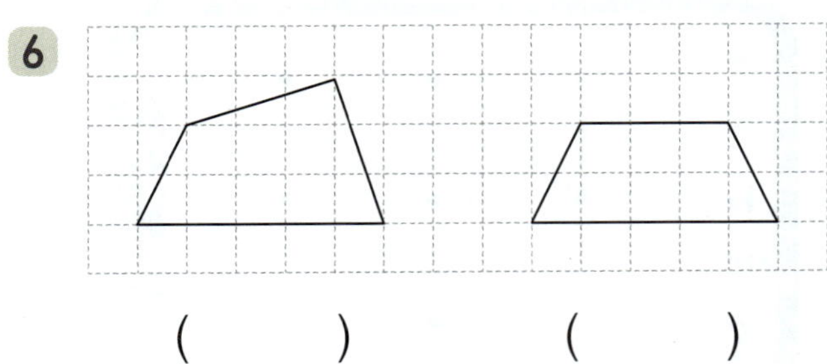

( )　　　( )

**7**
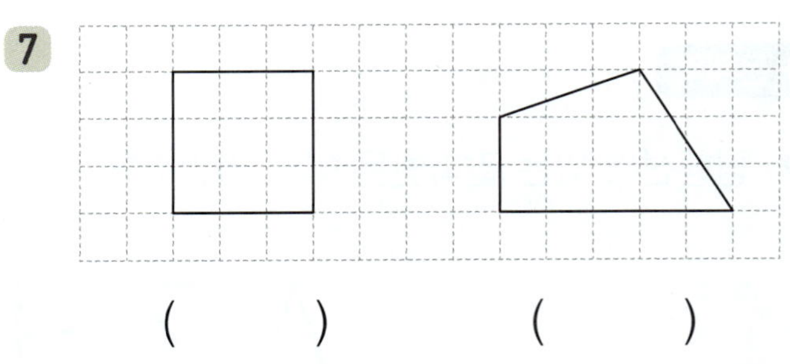

( )　　　( )

**8**
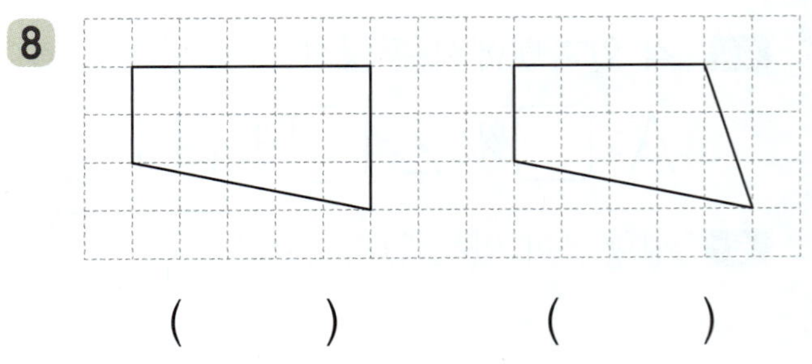

( )　　　( )

## 연습  사다리꼴



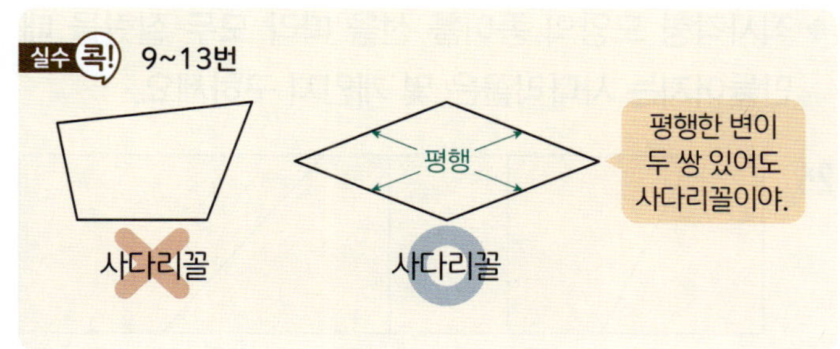



◆ 사다리꼴을 모두 찾아 기호를 쓰세요.

**9**

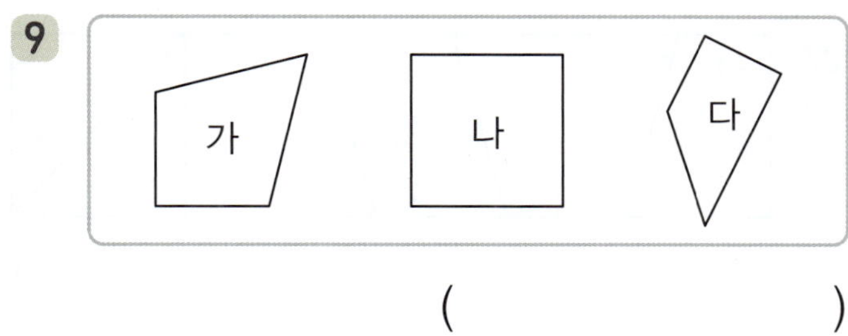



(                    )

**10**

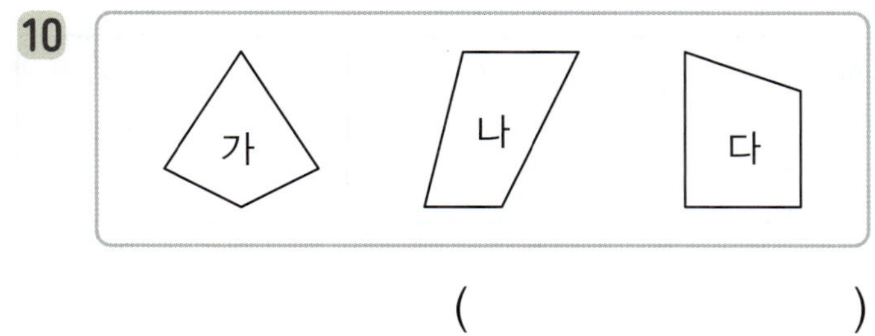



(                    )

**11**

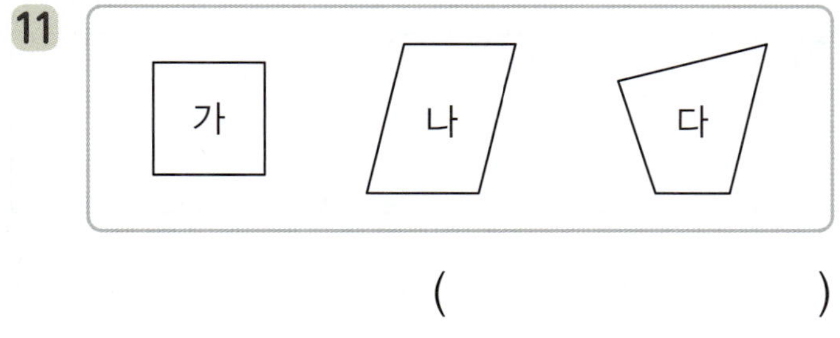



(                    )

**12**

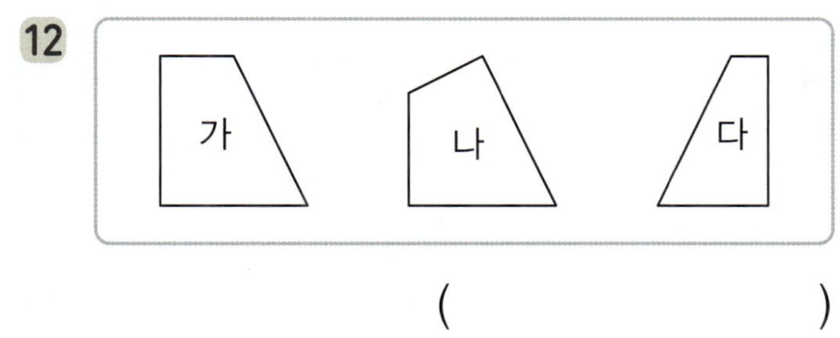



(                    )

**13**

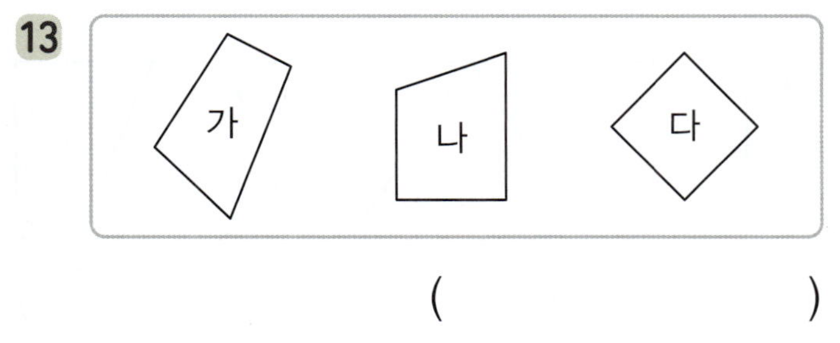



(                    )

◆ 주어진 선분을 이용하여 사다리꼴을 완성해 보세요.

**14**  ① 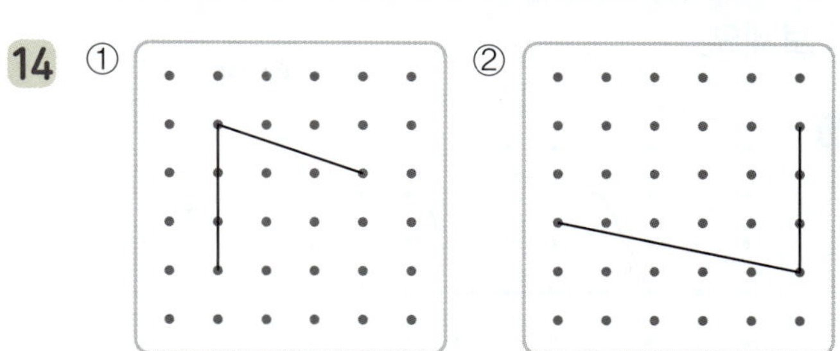  ②

**15**  ① 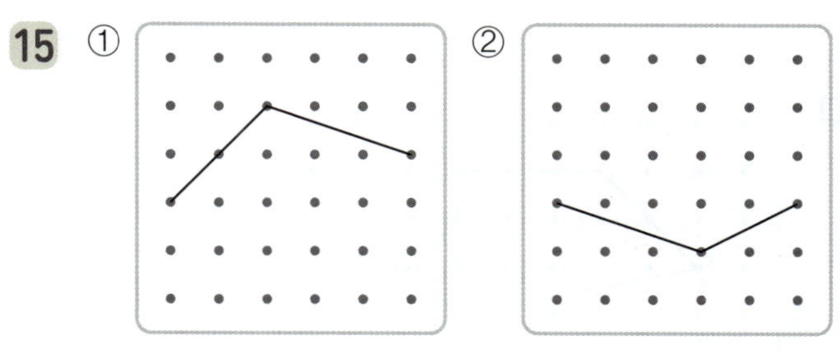  ②

**16**  ① 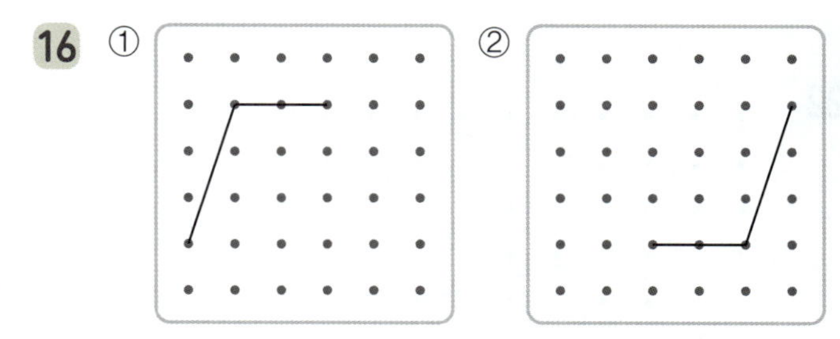  ②

**17**  ① 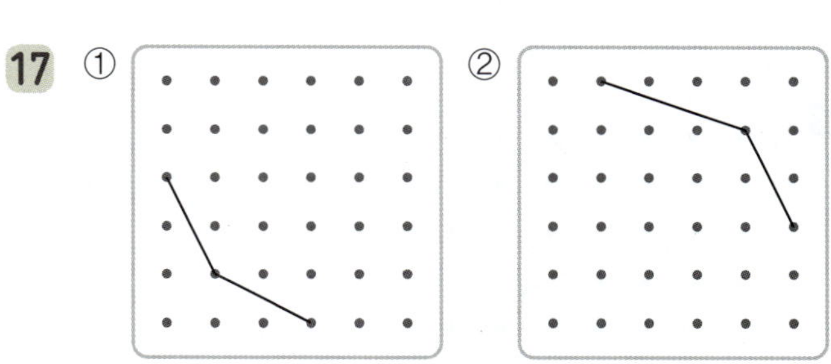  ②

**18**  ① 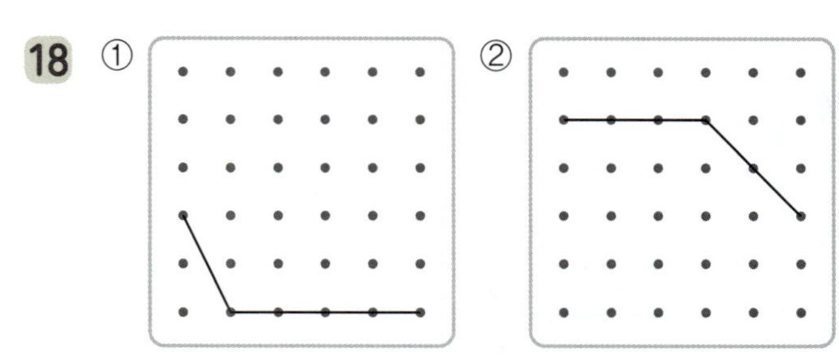  ②

**19**  ① 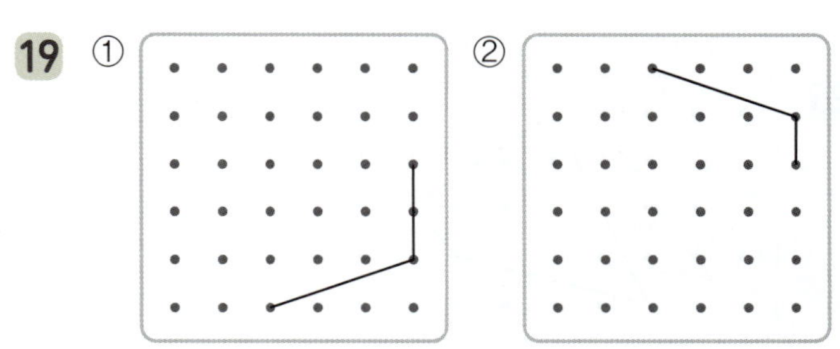  ②

◆ 꼭짓점을 한 개만 옮겨서 사다리꼴이 되도록 그려 보세요.

**20** 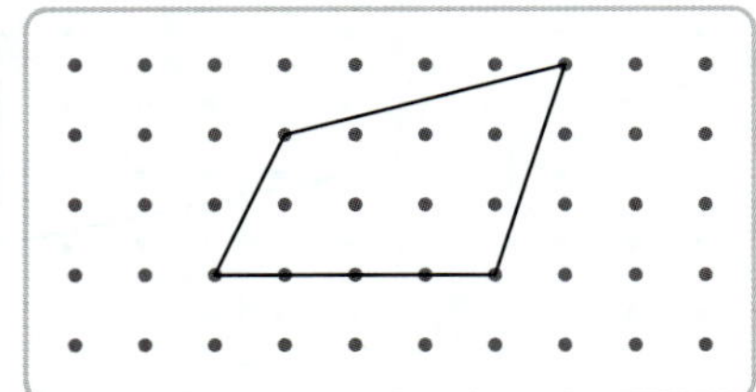

**21** 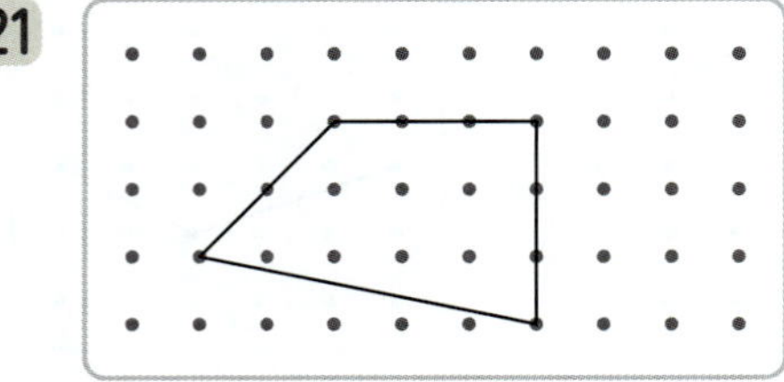

**22** 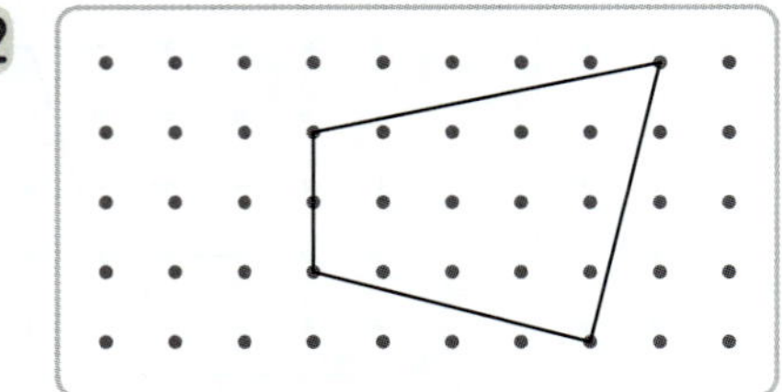

**23** 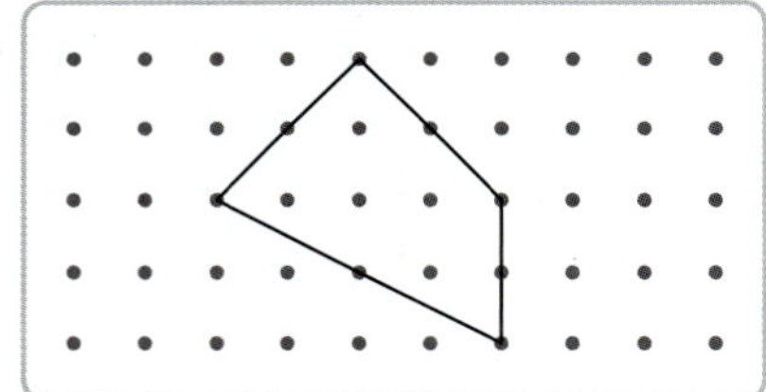

**24** 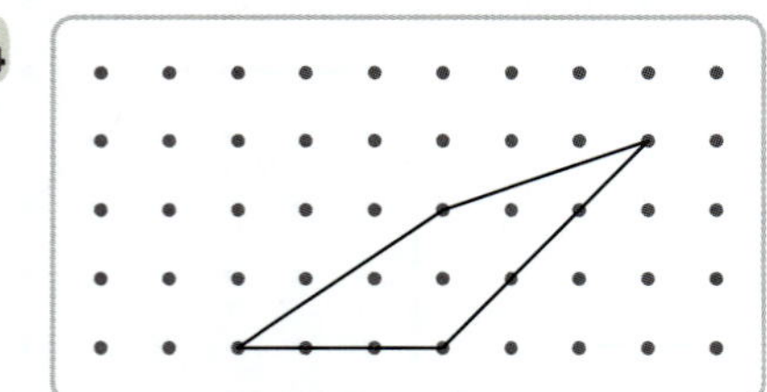

**25** 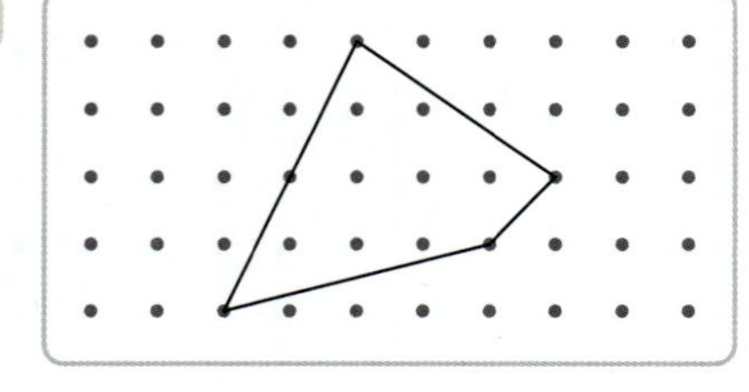

◆ 직사각형 모양의 종이를 선을 따라 모두 잘랐을 때 만들어지는 사다리꼴은 몇 개인지 구하세요.

**26** 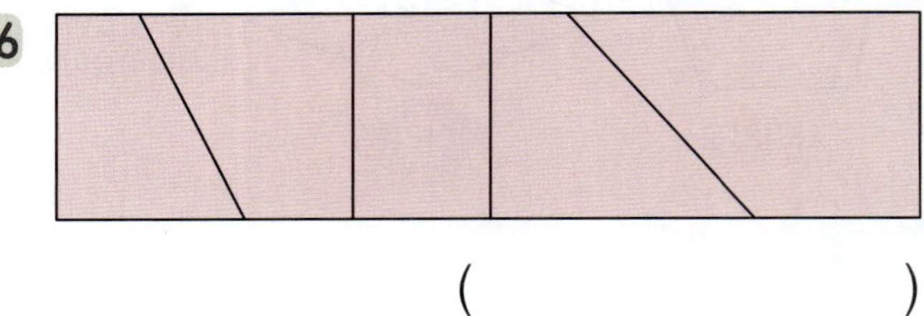

(　　　　　　　)

**27** 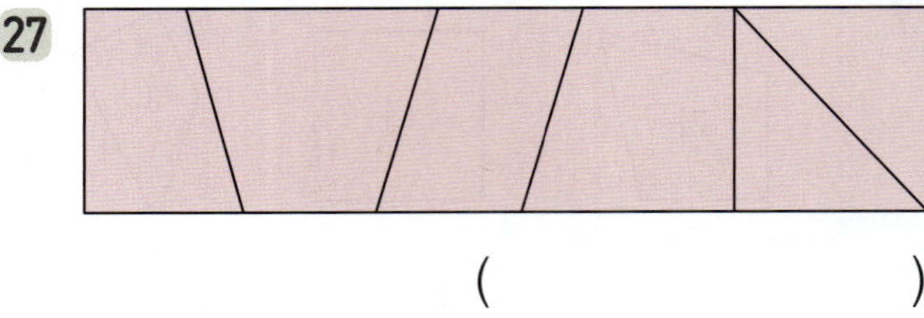

(　　　　　　　)

**28** 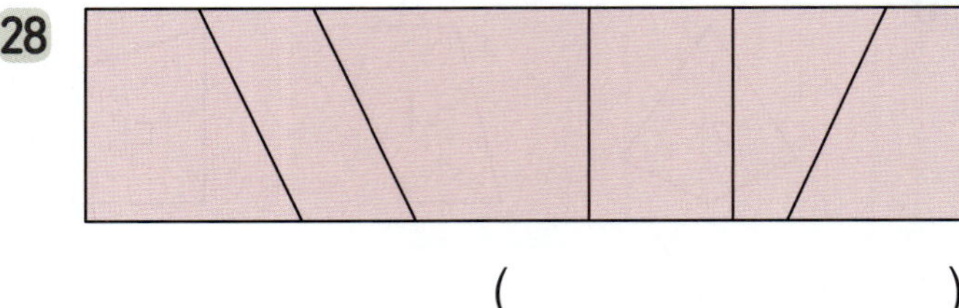

(　　　　　　　)

**29** 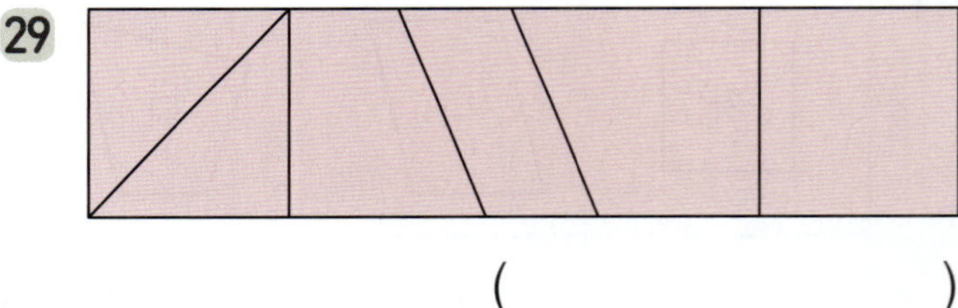

(　　　　　　　)

**30** 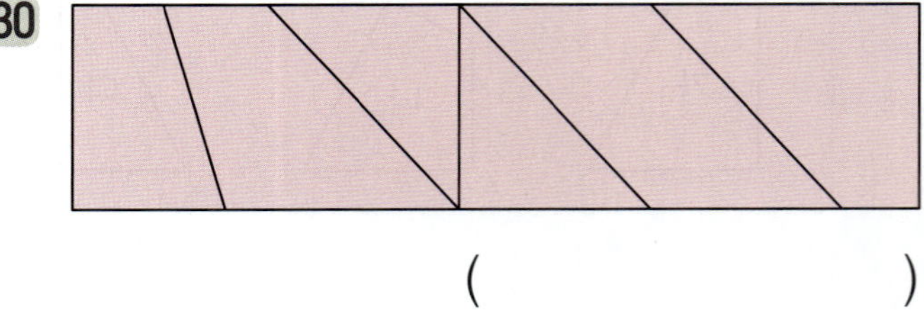

(　　　　　　　)

**31** 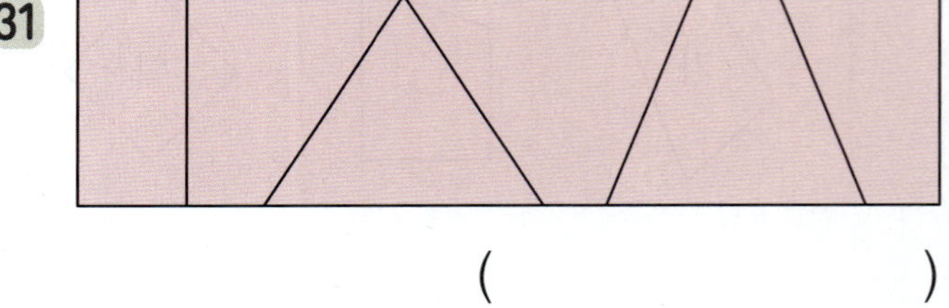

(　　　　　　　)

## ★ 완성  사다리꼴

◆ 사다리꼴 모양의 돌을 밟고 징검다리를 건너려고 합니다. 지나야 하는 곳을 선으로 이어 보세요.

**32**

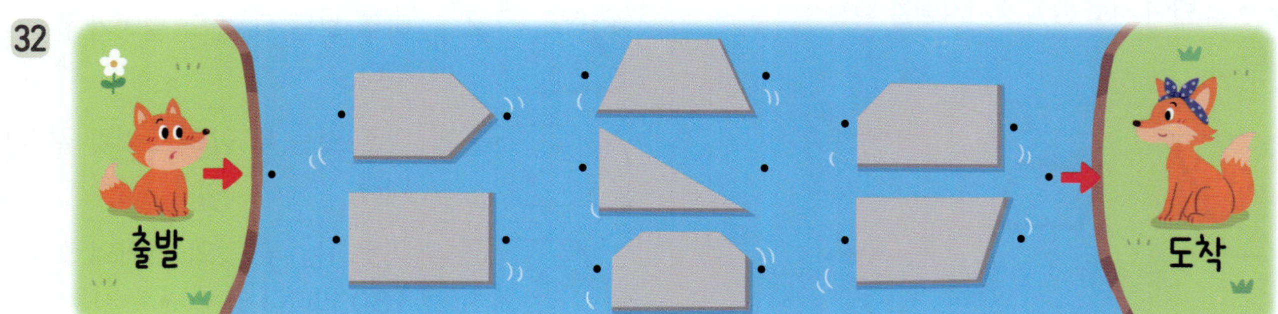

**33**

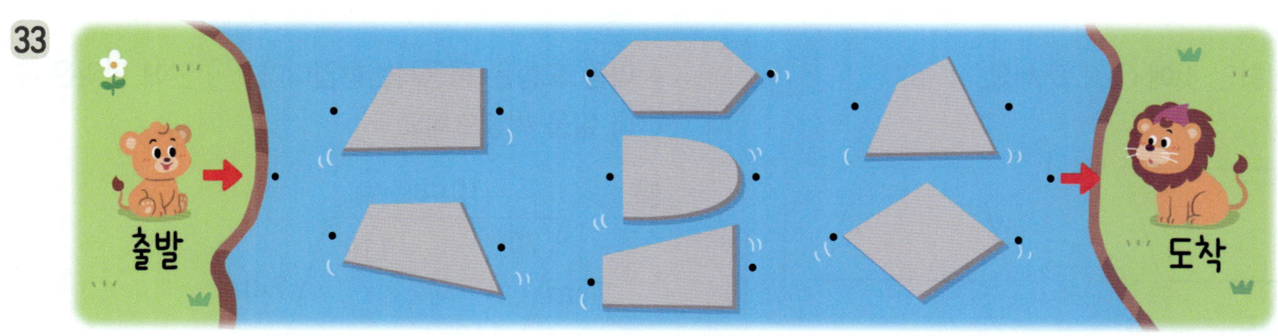

**34**

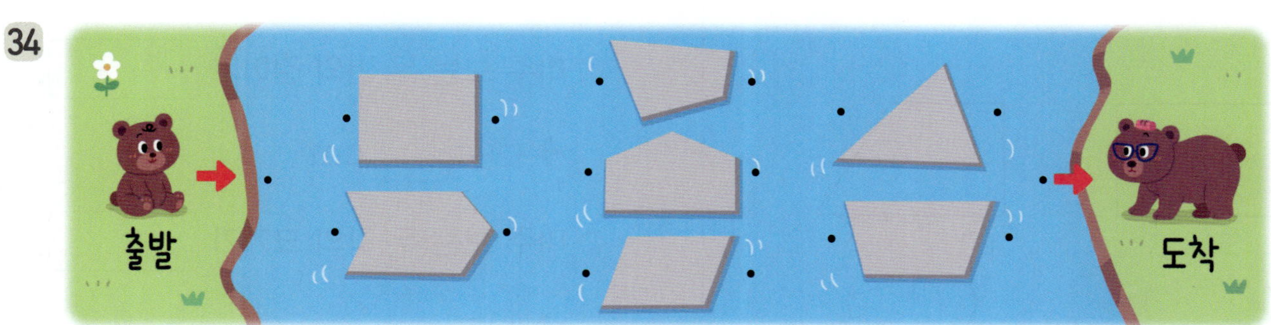



### + 문해력

**35** 평행한 변이 **2**쌍인 사다리꼴은 모두 몇 개일까요?

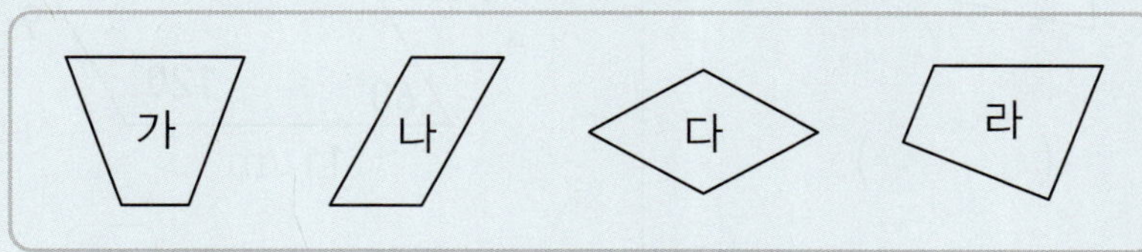


**풀이** 사다리꼴에서 평행한 변은 몇 쌍인지 알아봅니다.

가: ☐쌍, 나: ☐쌍, 다: ☐쌍, 라: ☐쌍

**답** 평행한 변이 **2**쌍인 사다리꼴은 모두 ☐개입니다.

# 평행사변형

마주 보는 두 쌍의 변이 서로 평행한 사각형을 평행사변형이라고 합니다.

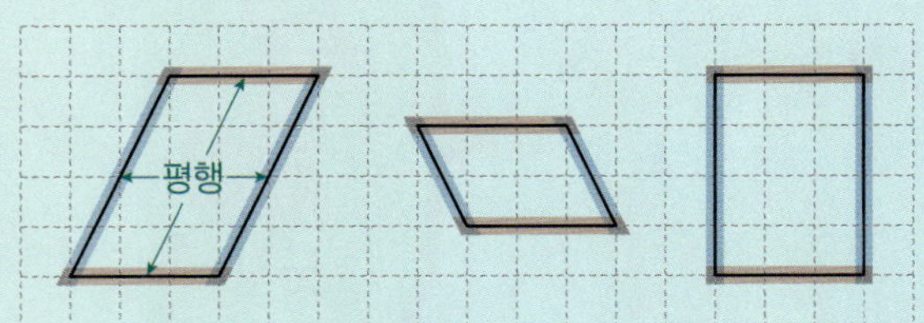

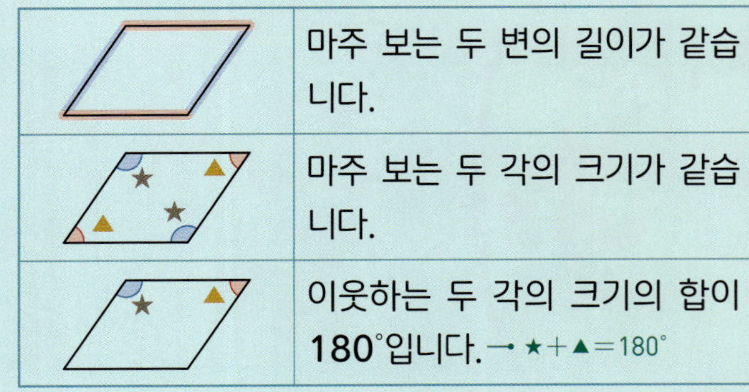



◆ 평행사변형인 것에 ◯표 하세요.

**1**

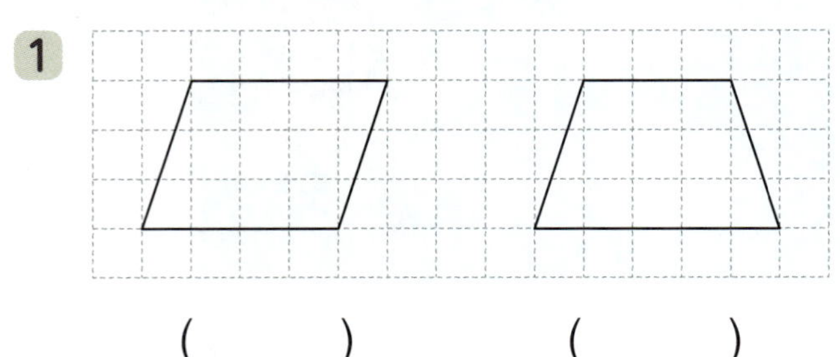

( 　　 )　　( 　　 )

**2**

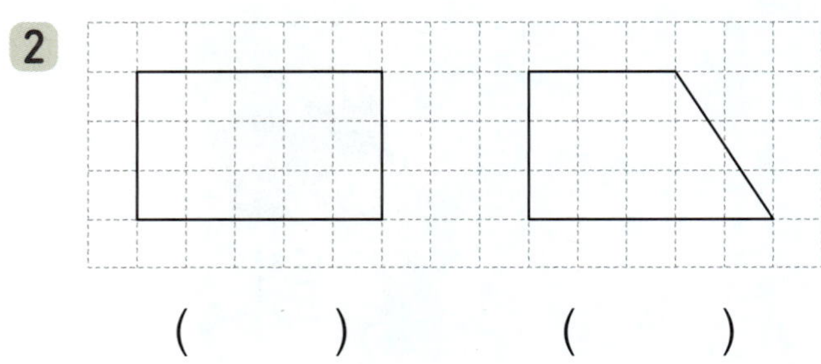

( 　　 )　　( 　　 )

**3**

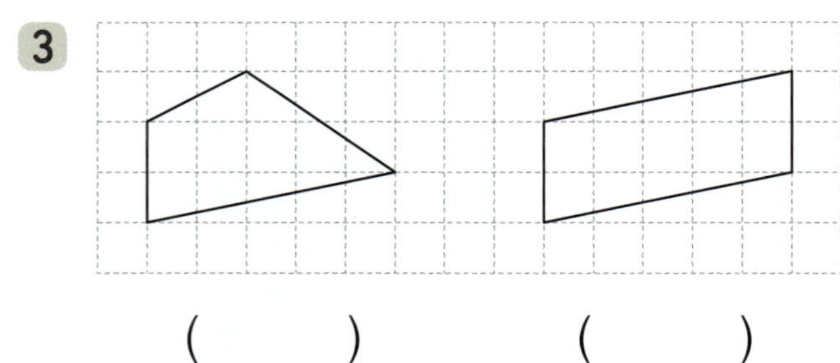

( 　　 )　　( 　　 )

**4**

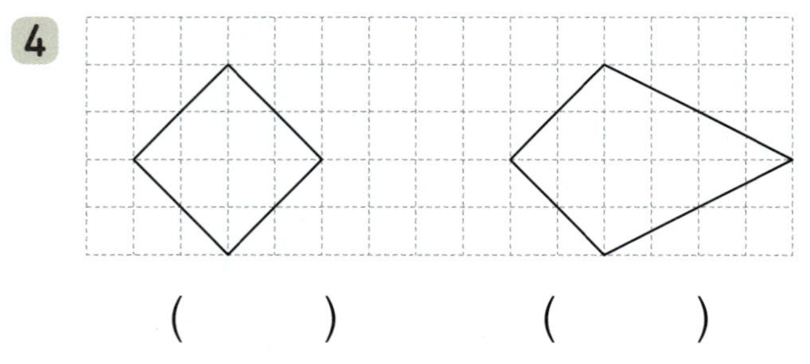

( 　　 )　　( 　　 )

◆ 다음 도형은 평행사변형입니다. ☐ 안에 알맞은 수나 말을 써넣으세요.

**5**

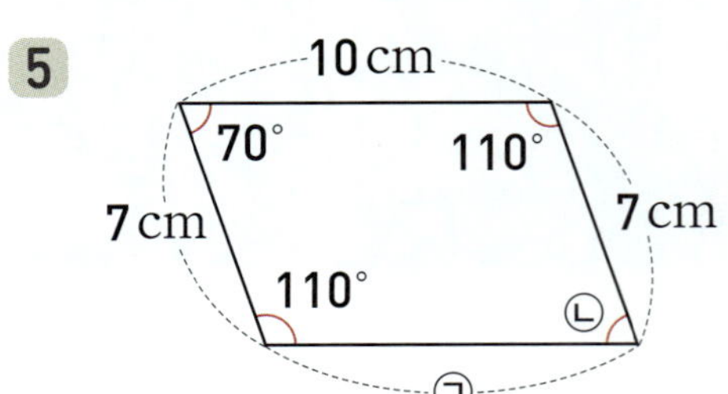



① 마주 보는 두 변의 길이가 ☐.

➡ ㄱ＝☐ cm

② 마주 보는 두 각의 크기가 ☐.

➡ ㄴ＝☐°

**6**

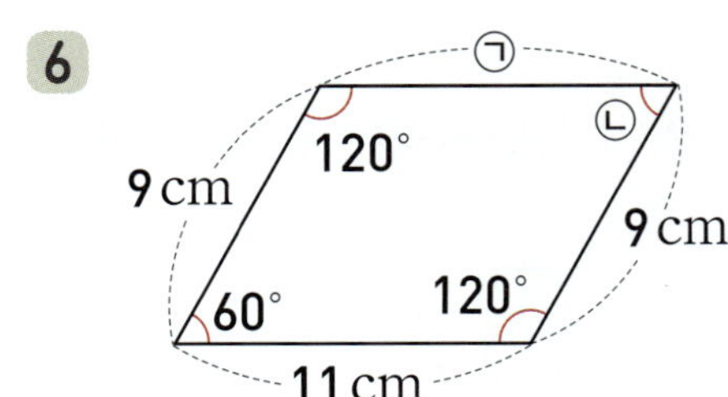



① 마주 보는 두 ☐의 길이가 같습니다.

➡ ㄱ＝☐ cm

② 마주 보는 두 ☐의 크기가 같습니다.

➡ ㄴ＝☐°

## ▲ 연습  평행사변형

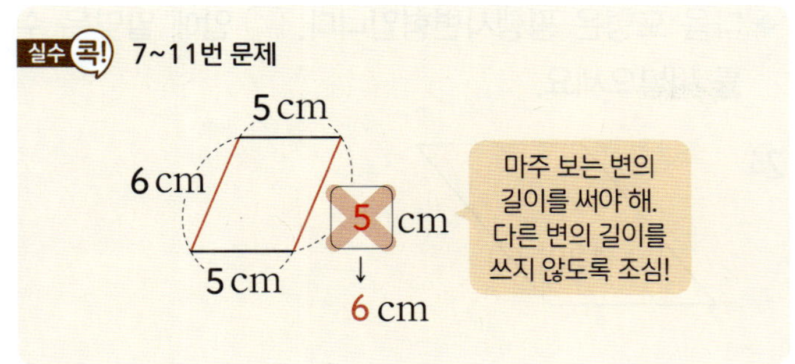


◆ 다음 도형은 평행사변형입니다. ☐ 안에 알맞은 수를 써넣으세요.

**7**
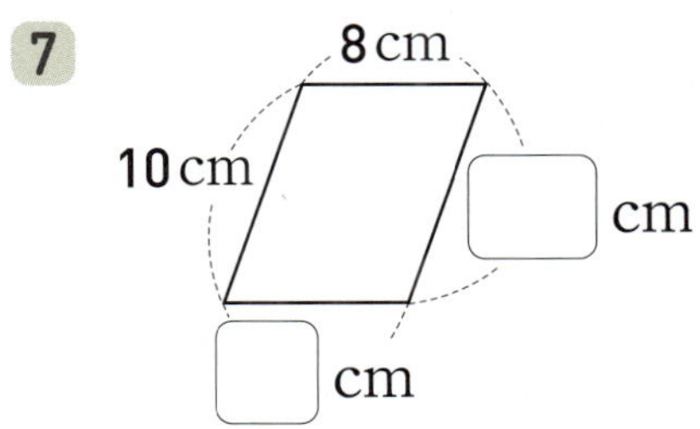


**8**
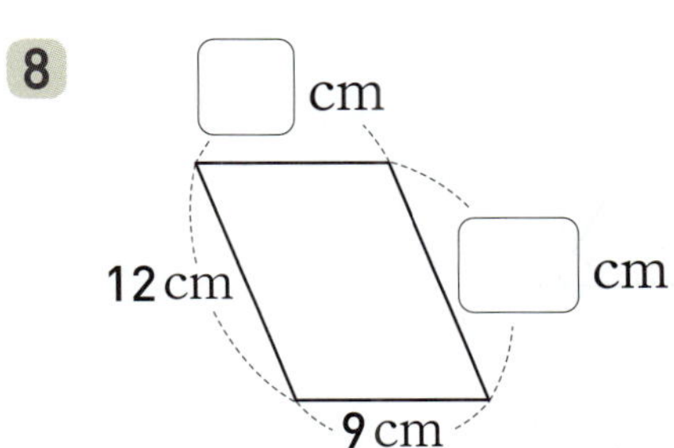


**9**
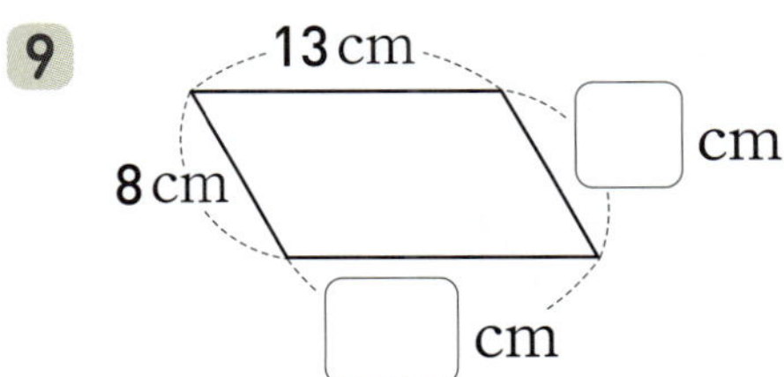


**10**
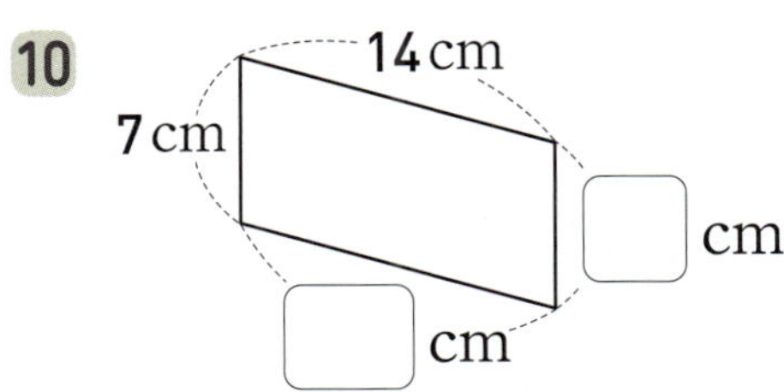


**11**
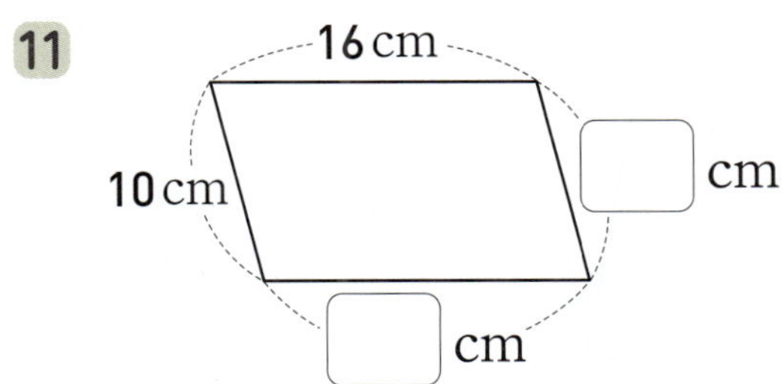


◆ 다음 도형은 평행사변형입니다. ☐ 안에 알맞은 수를 써넣으세요.

**12**
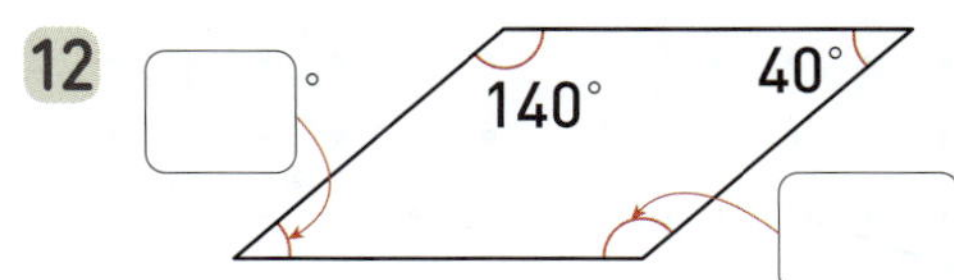


**13**
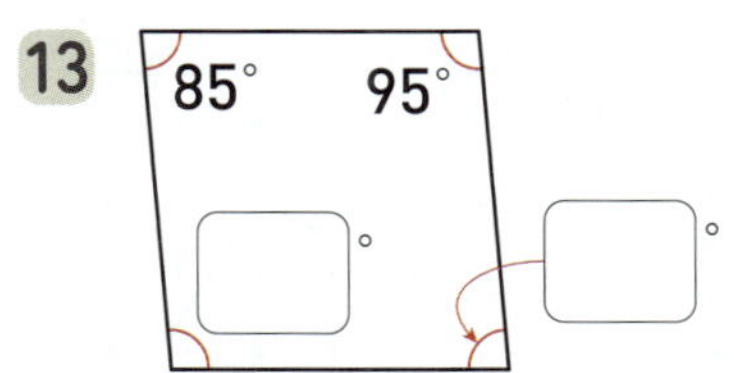


**14**
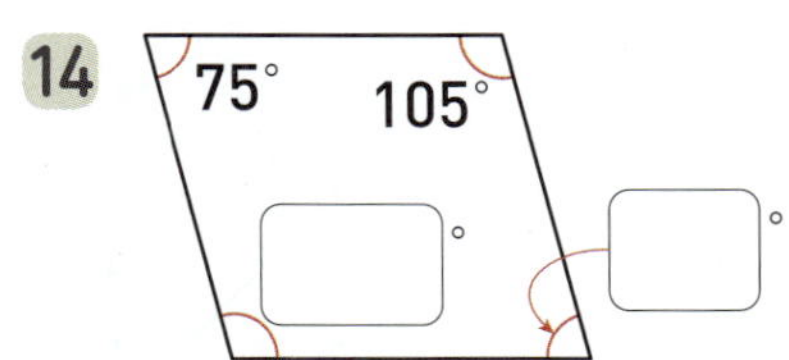


**15**
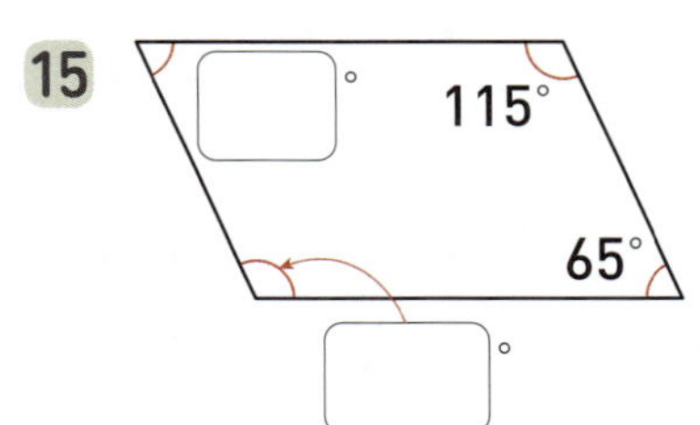


**16**
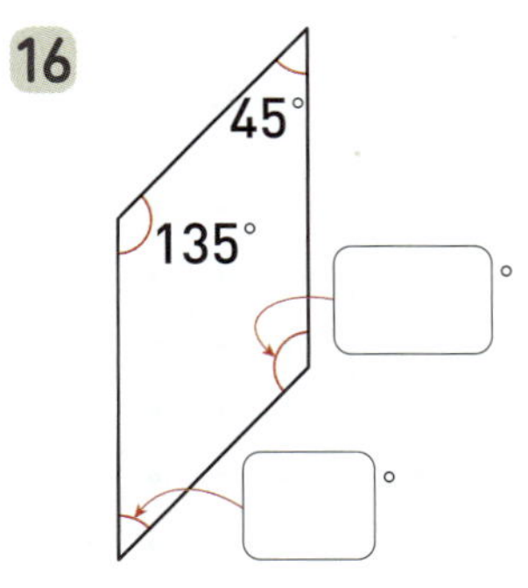


**17**
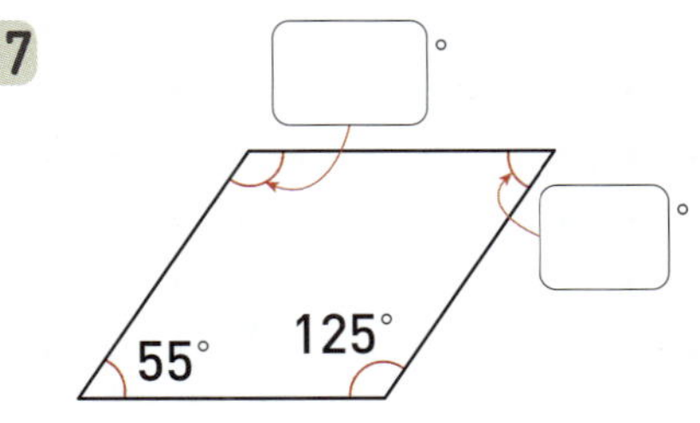

◆ 주어진 선분을 이용하여 평행사변형을 완성해 보세요.

**18** ① 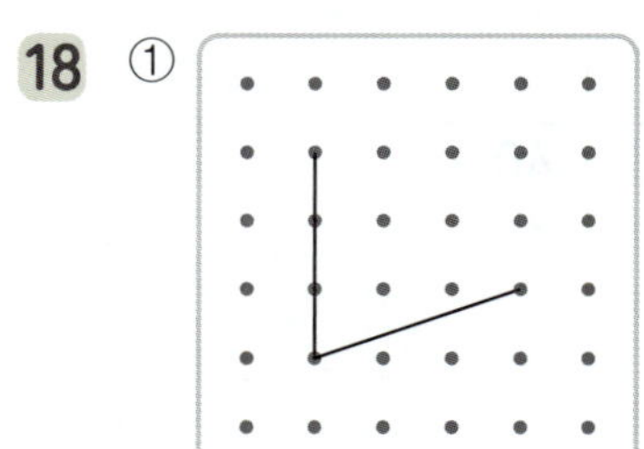  ② 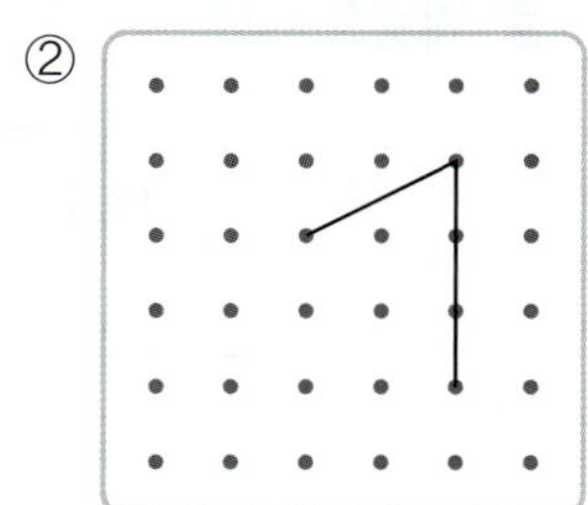

**19** ① 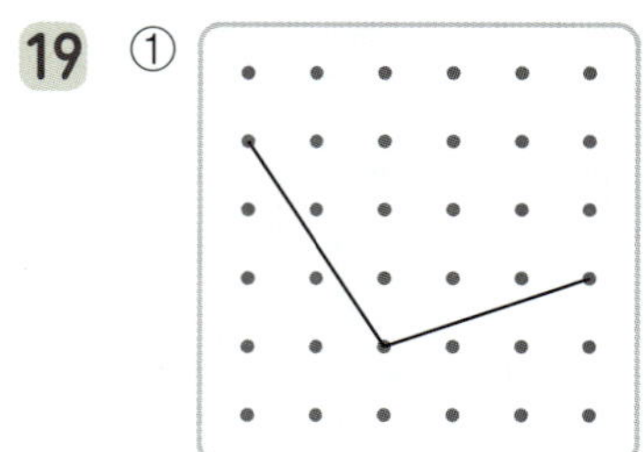  ② 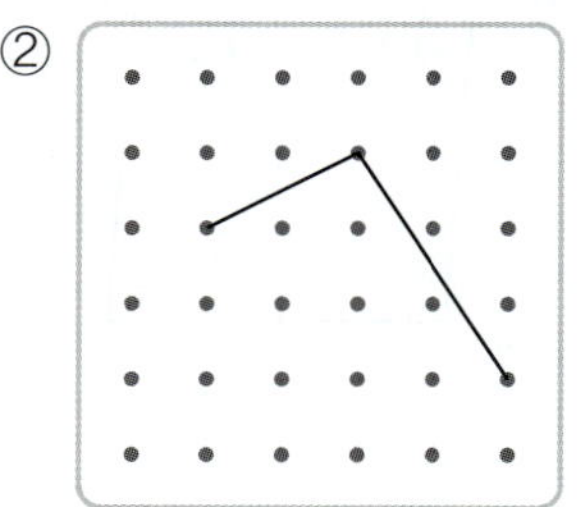

**20** ① 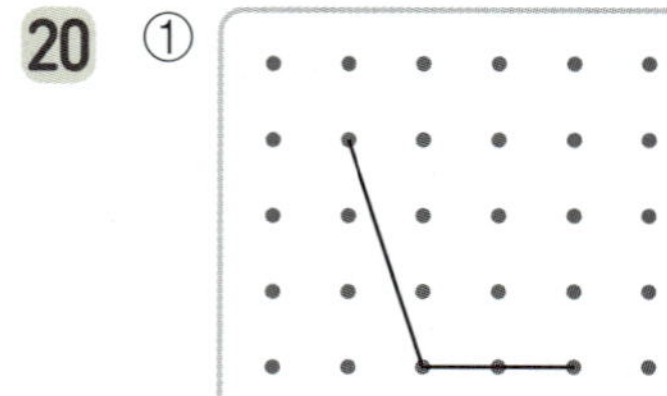  ② 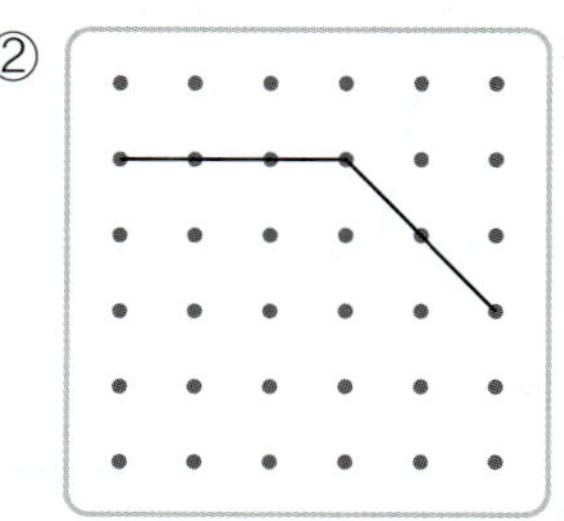

**21** ① 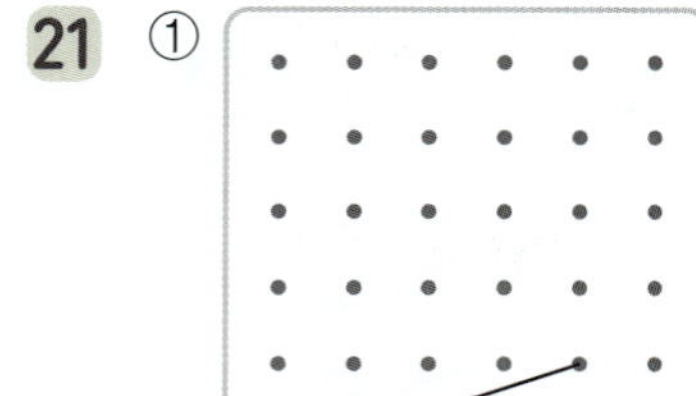  ② 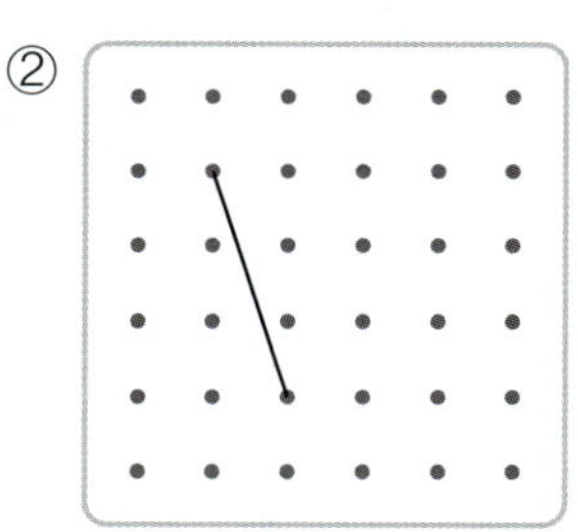

**22** ① 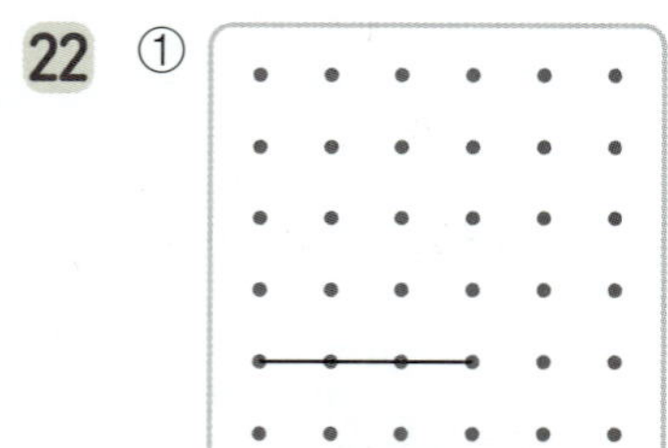  ② 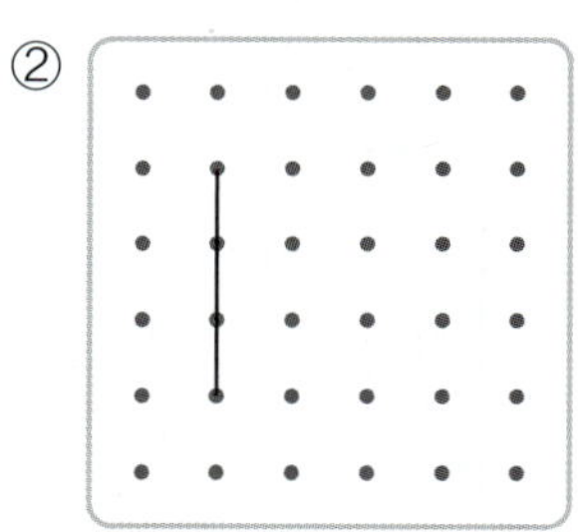

**23** ① 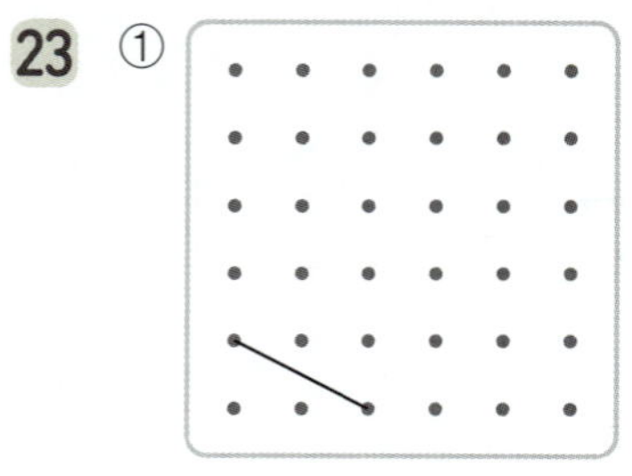  ② 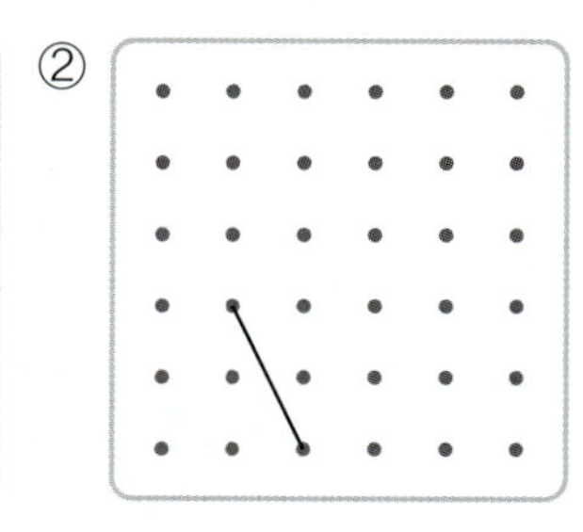

◆ 다음 도형은 평행사변형입니다. ☐ 안에 알맞은 수를 써넣으세요.

**24** 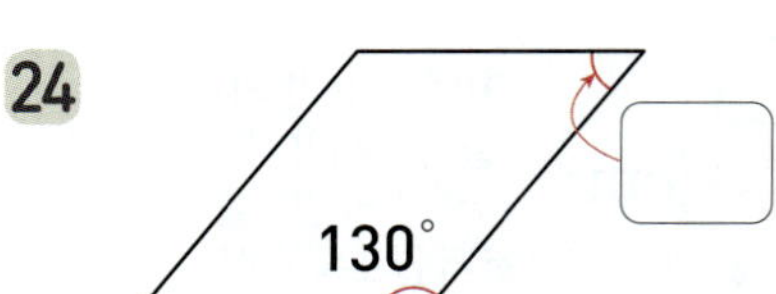

**25** 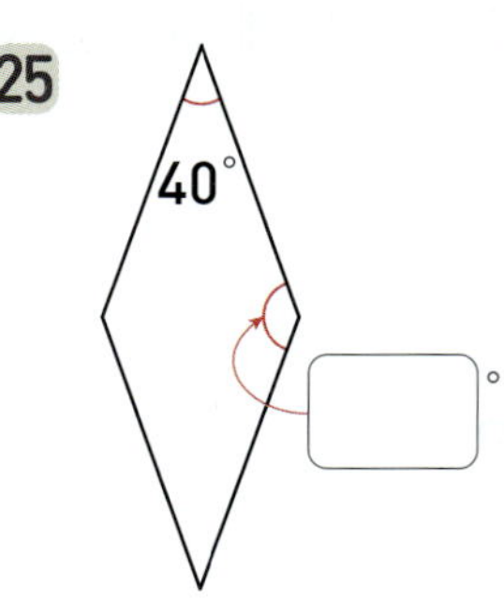

**26** 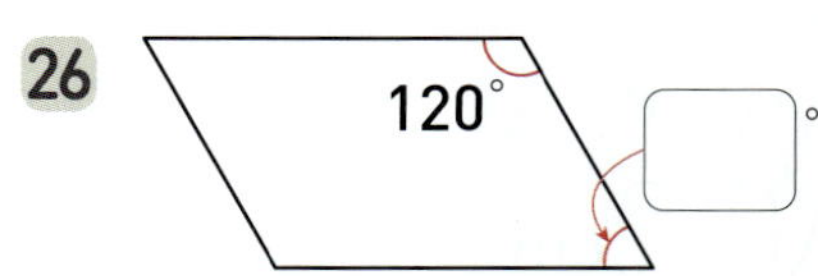

**27** 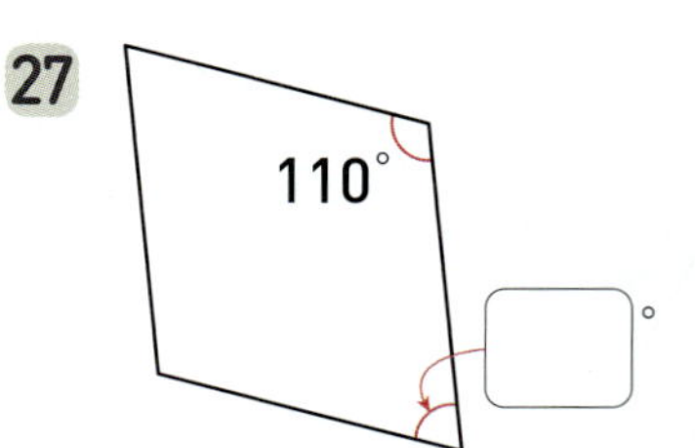

**28** 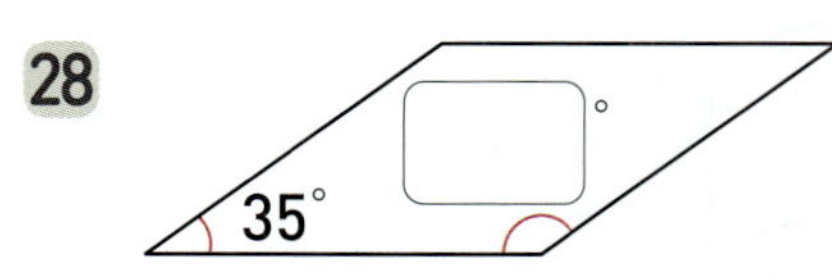

**29** 

## ★ 완성  평행사변형

◆ ☐ 안에 알맞은 수를 들고 있는 동물을 찾아 ◯표 하세요.

**30**

**32**

**31**
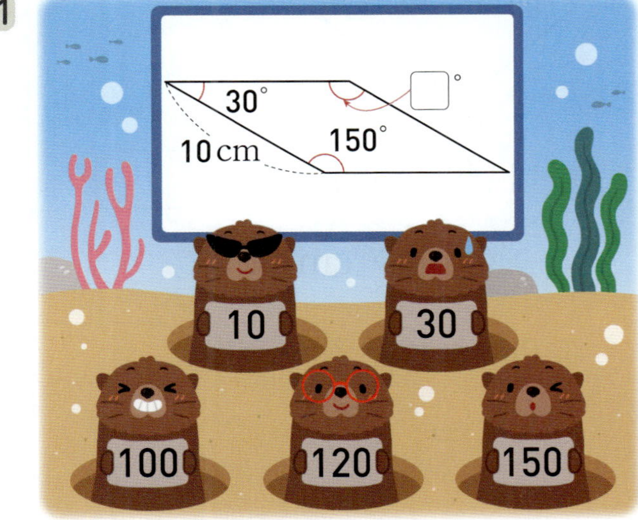


**33**

**34** 오른쪽 도형은 평행사변형입니다. 평행사변형의 네 변의 길이의 합은 몇 cm일까요?

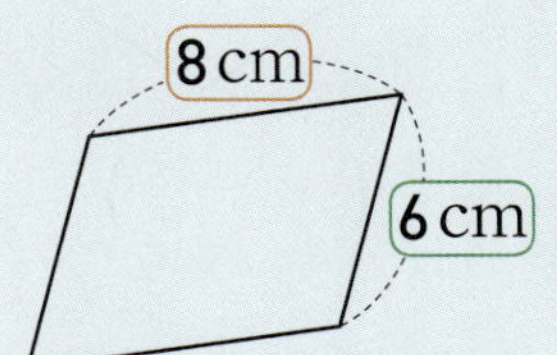


**풀이** 평행사변형은 마주 보는 두 변의 길이가 ( 같습니다 , 다릅니다 ).

→ (평행사변형의 네 변의 길이의 합)

= ☐ + ☐ + ☐ + ☐ = ☐

**답** 평행사변형의 네 변의 길이의 합은 ☐ cm입니다.

## 개념 마름모

네 변의 길이가 모두 같은 사각형을 마름모라고 합니다.

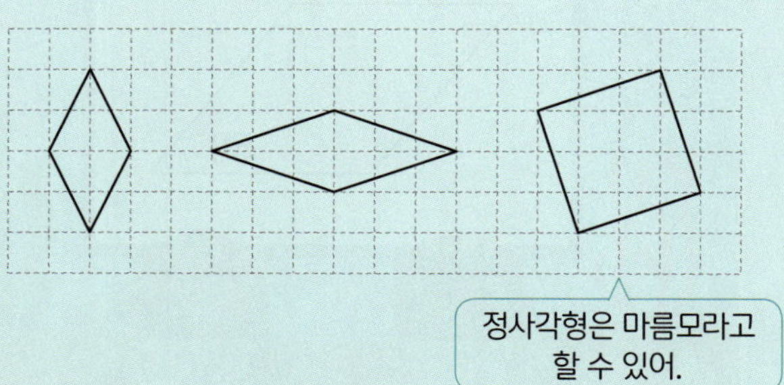

정사각형은 마름모라고 할 수 있어.

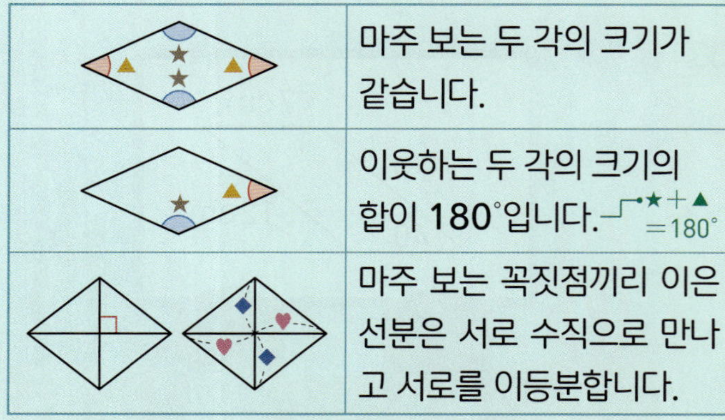


◆ 마름모인 것에 ◯표 하세요.

**1**

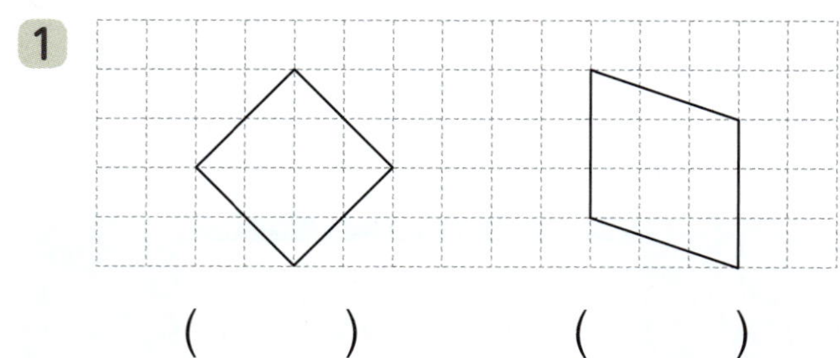

(     )     (     )

**2**

(     )     (     )

**3**

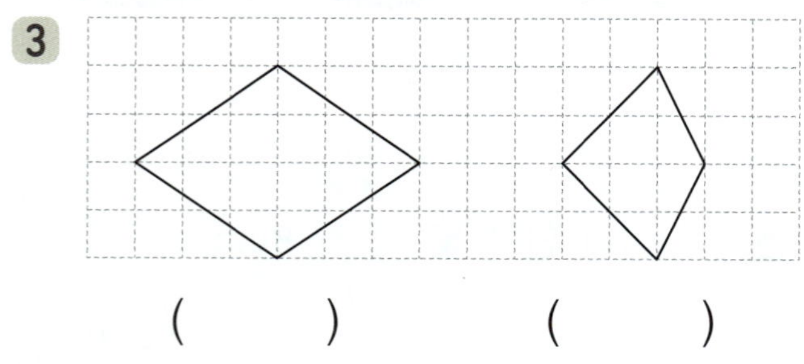

(     )     (     )

**4**

(     )     (     )

◆ 다음 도형은 마름모입니다. ☐ 안에 알맞은 수나 말을 써넣으세요.

**5**

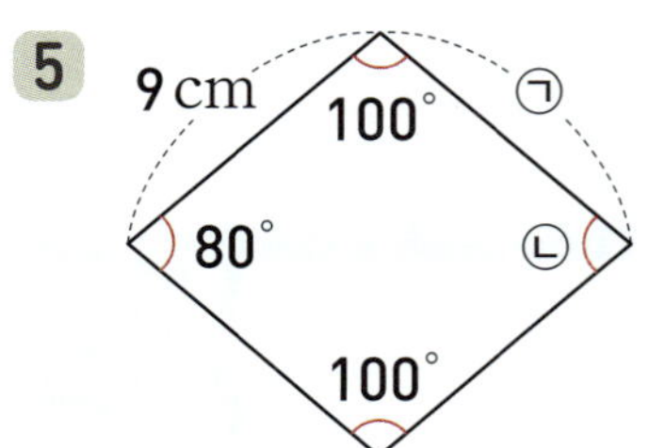


① 네 변의 길이가 모두 ☐.

→ ㉠ = ☐ cm

② 마주 보는 두 각의 크기가 ☐.

→ ㉡ = ☐ °

**6**

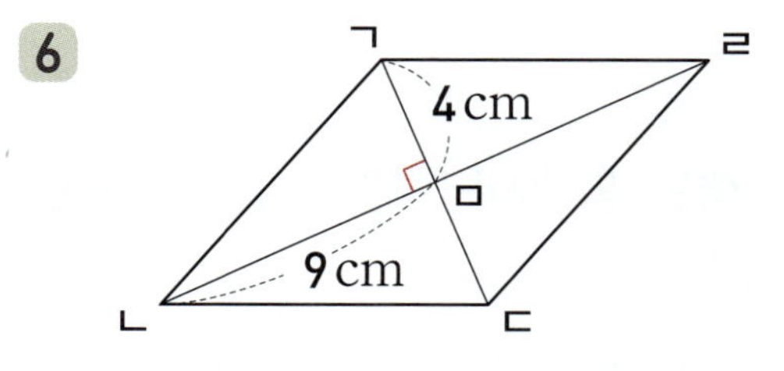


① (선분 ㄷㅁ)=(선분 ☐)= ☐ cm

② (선분 ㄹㅁ)=(선분 ☐)= ☐ cm

③ 선분 ㄱㄷ과 선분 ㄴㄹ이 만나서 이루는 각의 크기는 ☐ °입니다.

## 연습  마름모

◆ 다음 도형은 마름모입니다. ☐ 안에 알맞은 수를 써넣으세요.

**7** 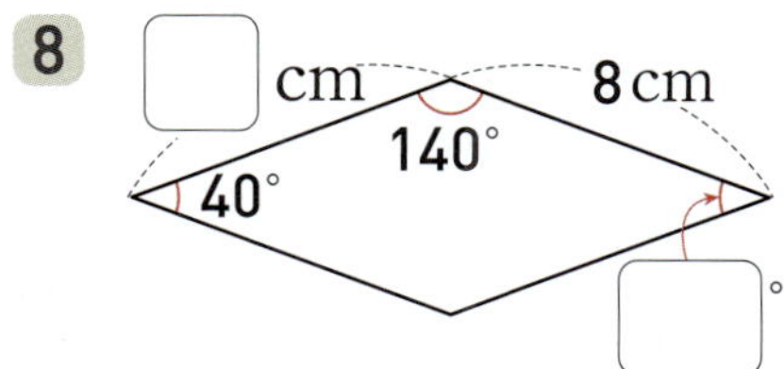

**8** 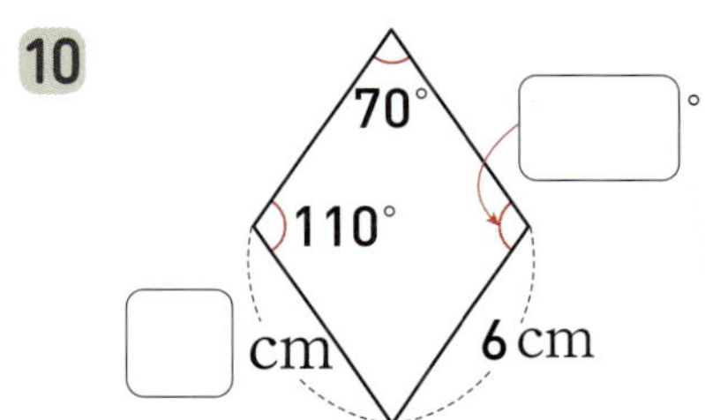

**9** 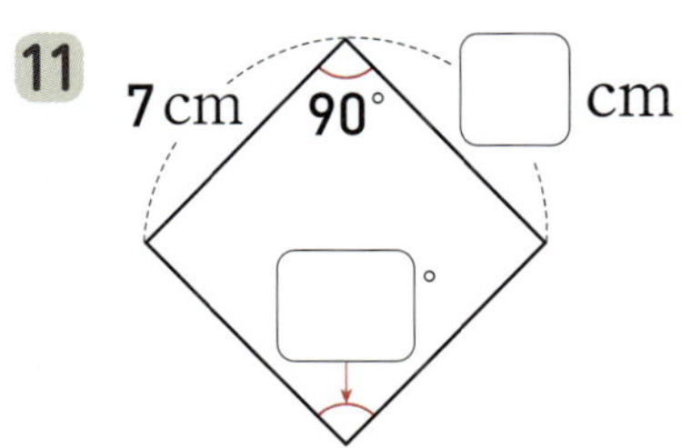

**10**

**11**

**12** 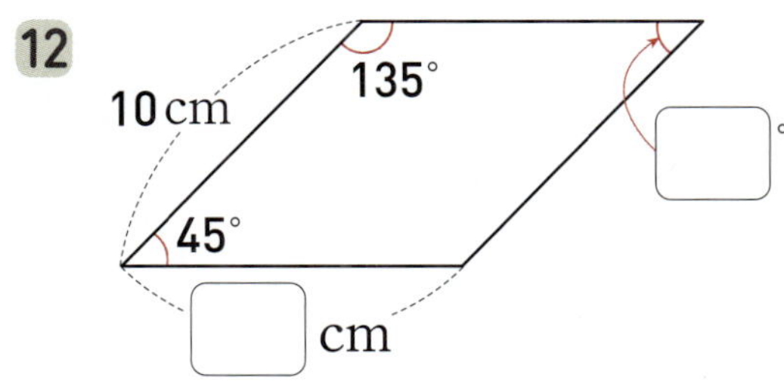

◆ 다음 도형은 마름모입니다. ☐ 안에 알맞은 수를 써넣으세요.

**13** 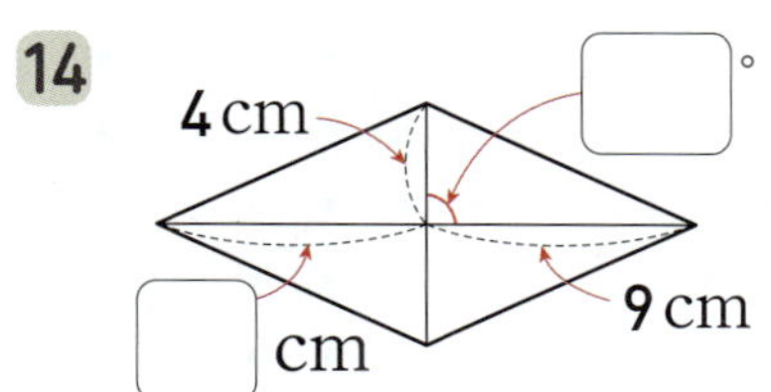

**14** 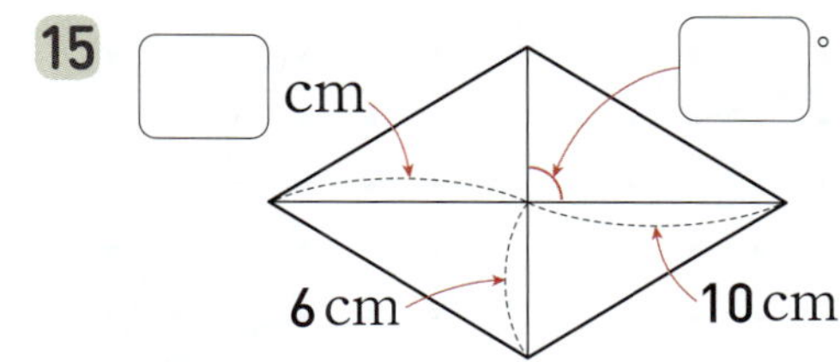

**15** 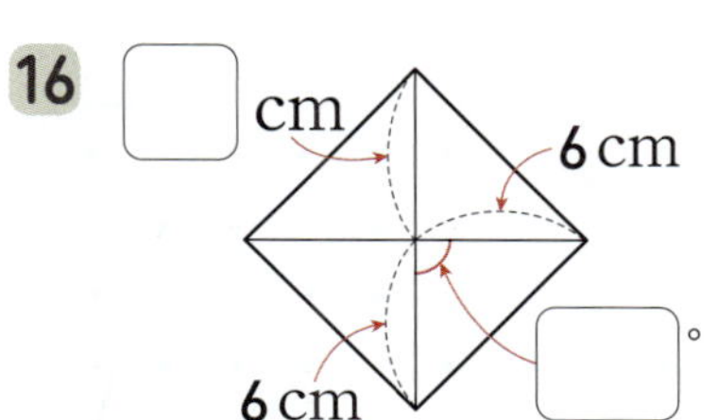

**16** 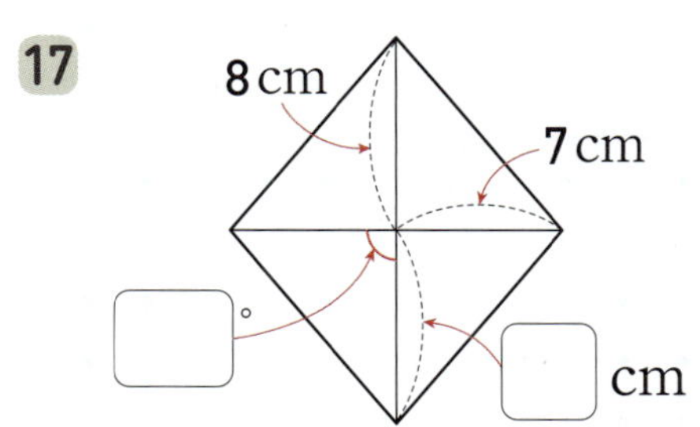

**17**

**18** 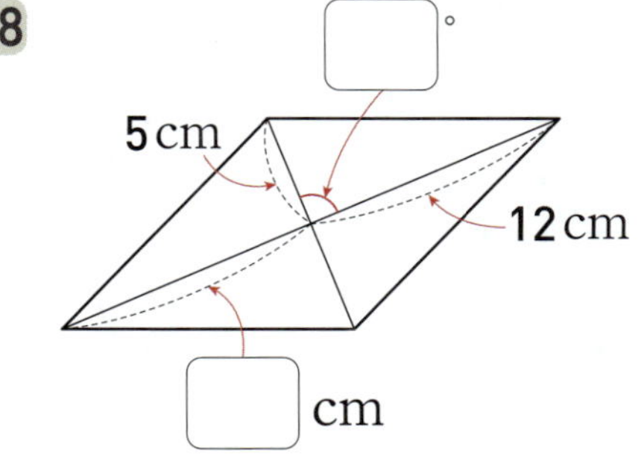

◆ 주어진 선분을 이용하여 마름모를 완성해 보세요.

**19** ① 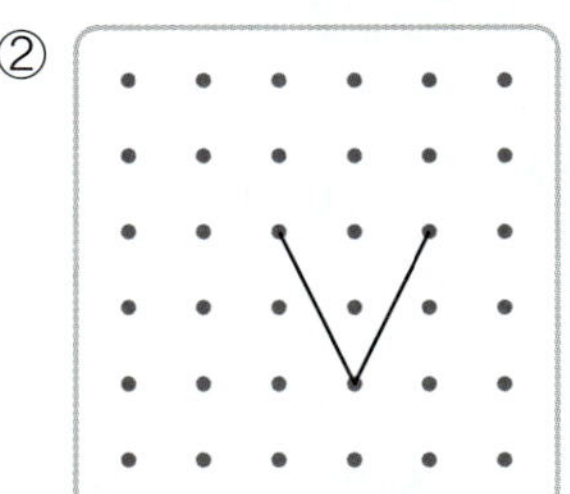 ②

**20** ① 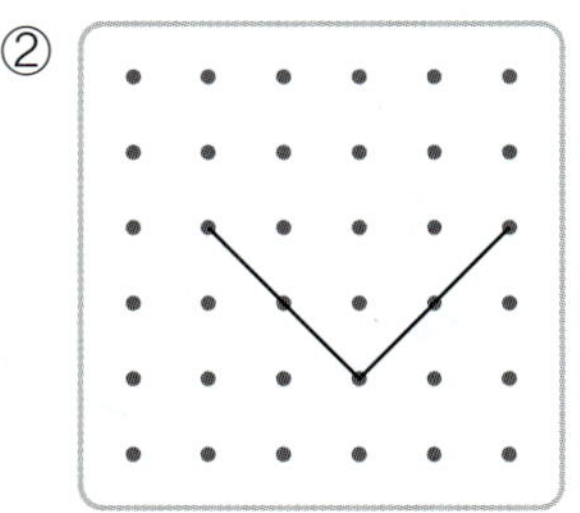 ②

**21** ① 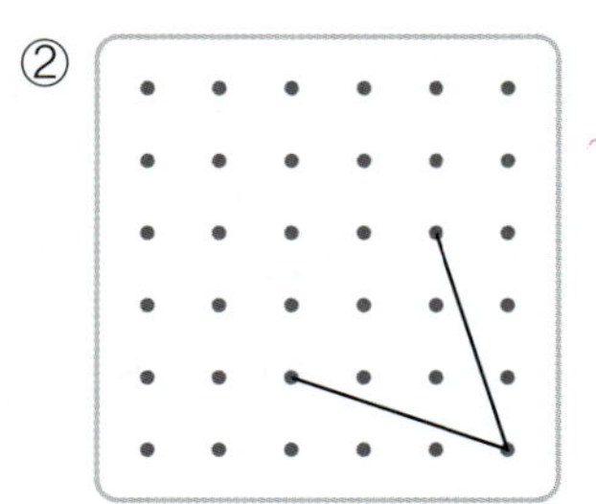 ②

**22** ① 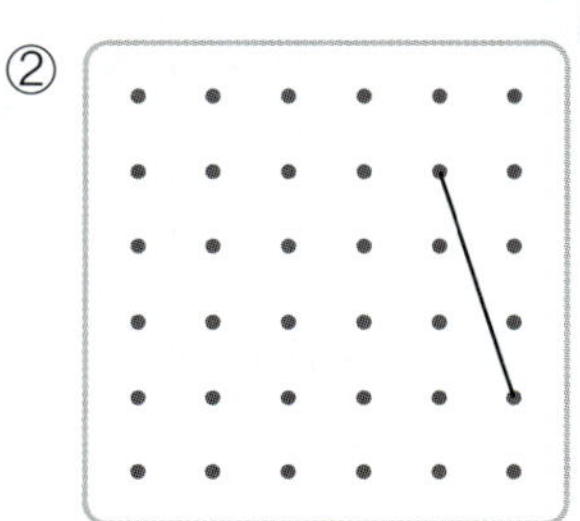 ②

**23** ① 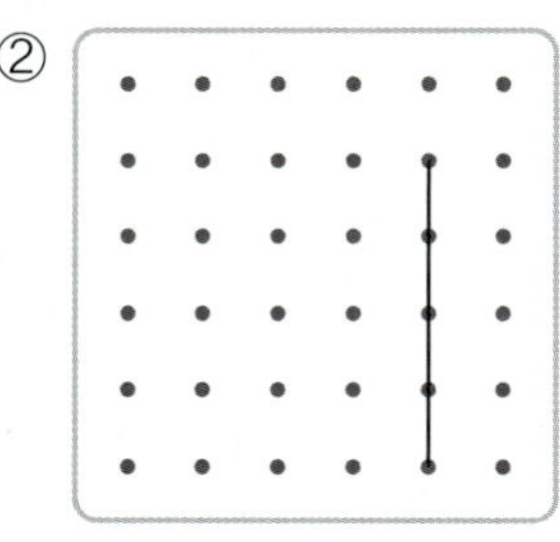 ②

**24** ① 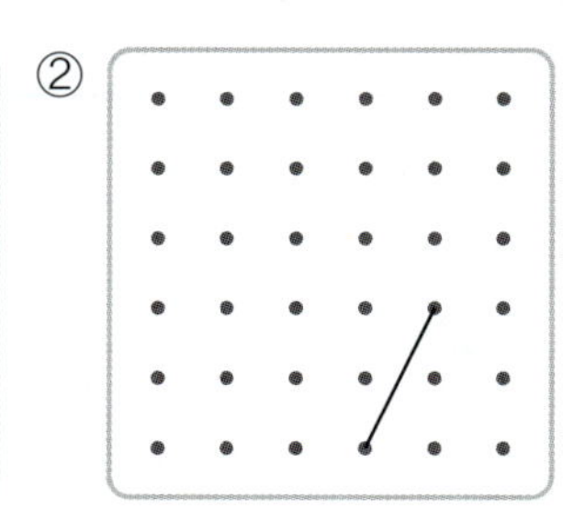 ②

◆ 다음 도형은 마름모입니다. ☐ 안에 알맞은 수를 써 넣으세요.

**25** 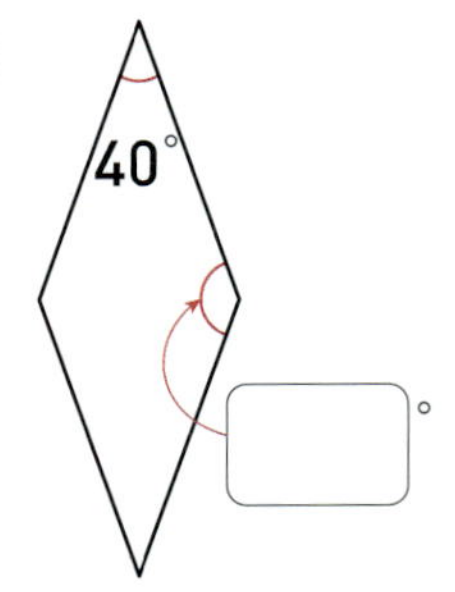

**26** 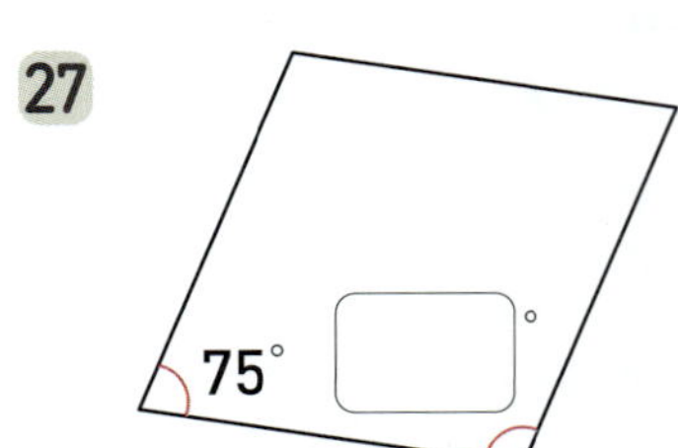

**27**

**28**

**29** 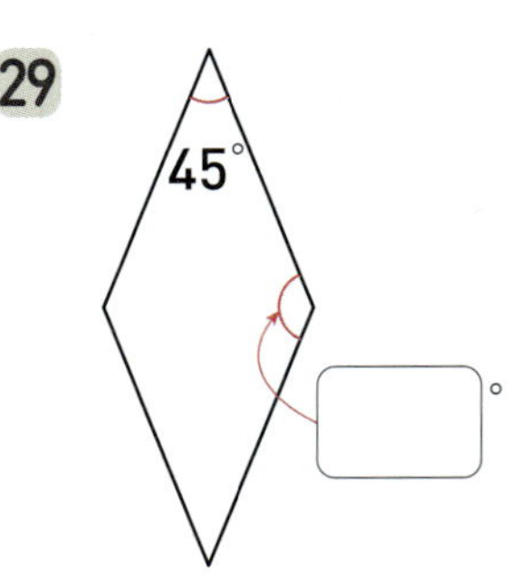

**30**

# ★ 완성  마름모

◆ ▢ 안에 들어갈 수가 적혀 있는 기계입니다. 알맞은 마름모를 찾아 ○표 하세요.

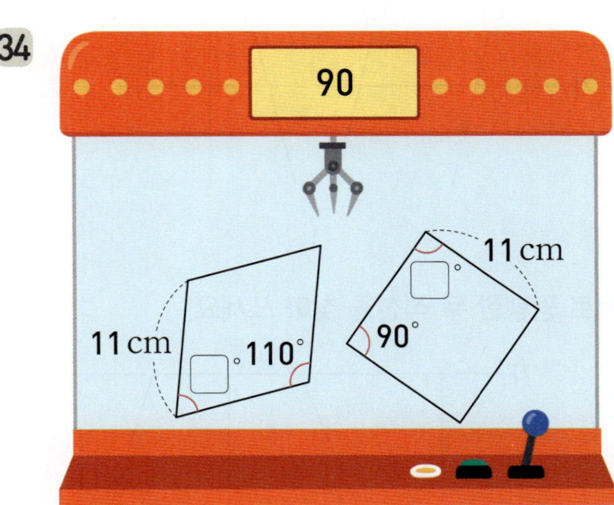




## ＋ 문해력

**35** 한 변의 길이가 ▢7 cm▢인 마름모의 네 변의 길이의 합은 몇 cm일까요?

**풀이** 마름모는 네 변의 길이가 ( 같습니다 , 다릅니다 ).

(마름모의 네 변의 길이의 합)

= ▢ + ▢ + ▢ + ▢ = ▢

**답** 마름모의 네 변의 길이의 합은 ▢ cm입니다.

◆ 직선 가에 수직인 직선을 찾아 쓰세요.

**1**

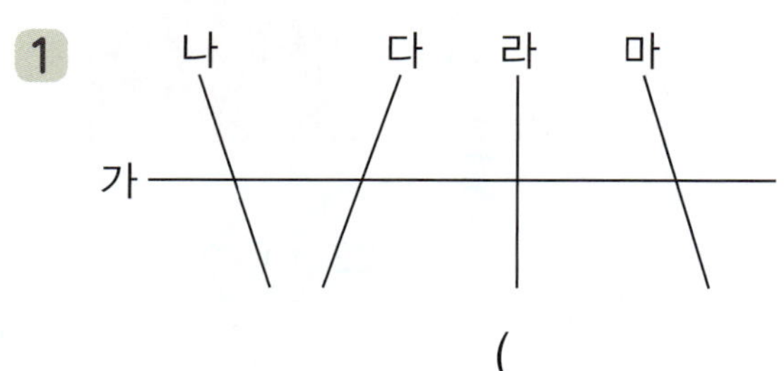

(　　　　　　)

**2**

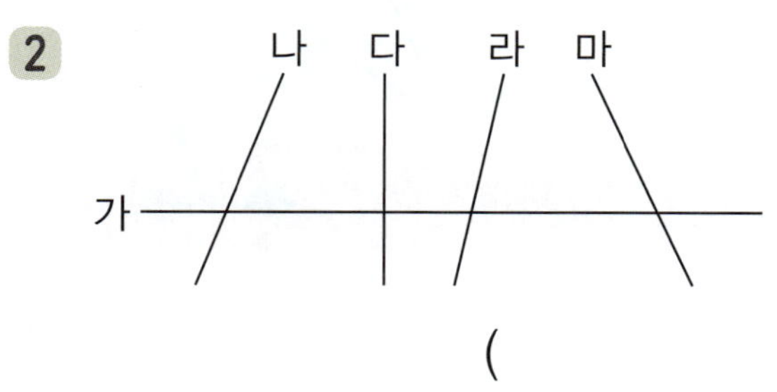

(　　　　　　)

**3**

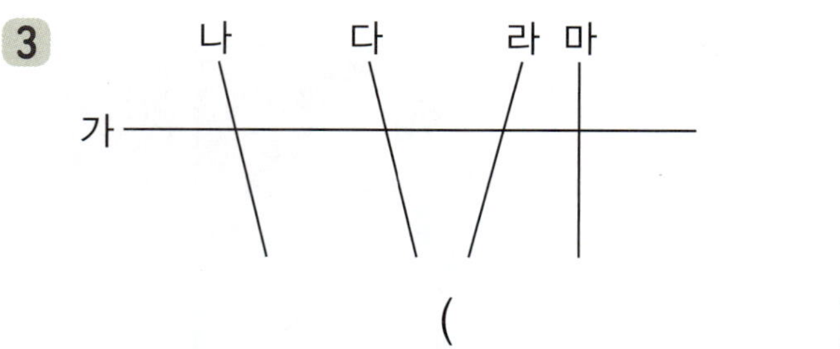

(　　　　　　)

◆ 서로 평행한 두 직선을 찾아 쓰세요.

**4**

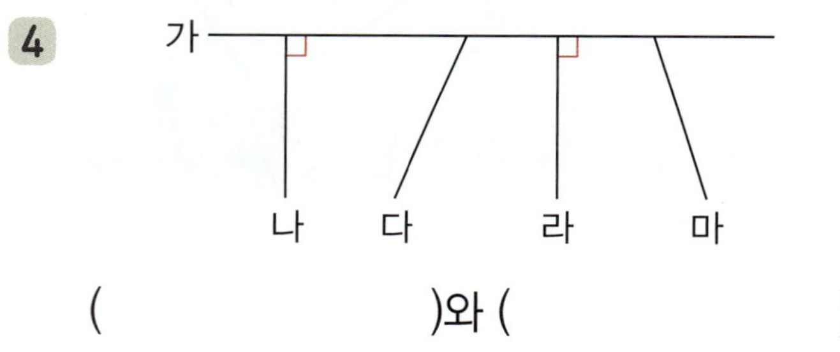

(　　　　　)와 (　　　　　)

**5**

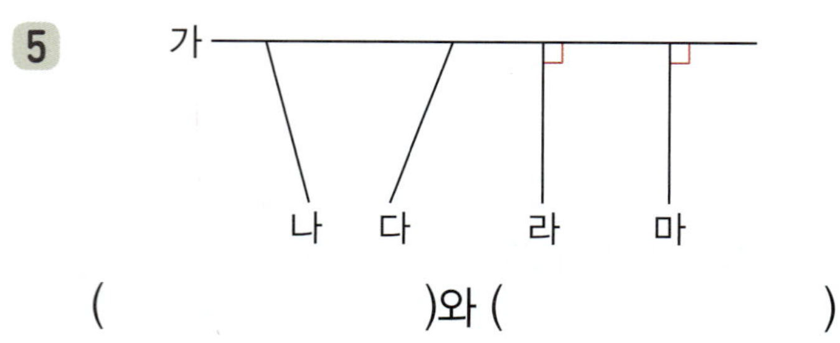

(　　　　　)와 (　　　　　)

**6**

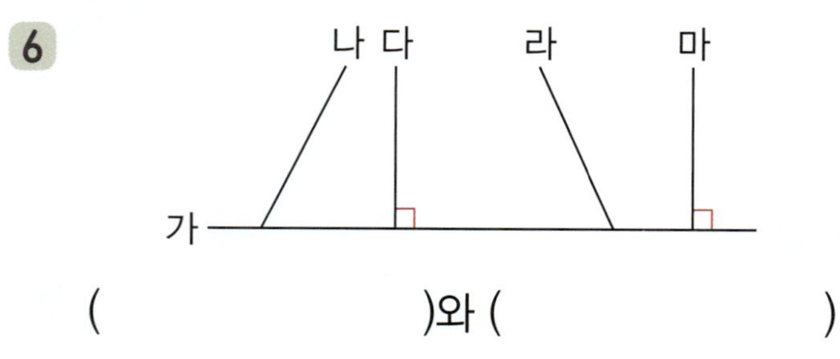

(　　　　　)와 (　　　　　)

◆ 각 도형을 모두 찾아 기호를 쓰세요.

**7**

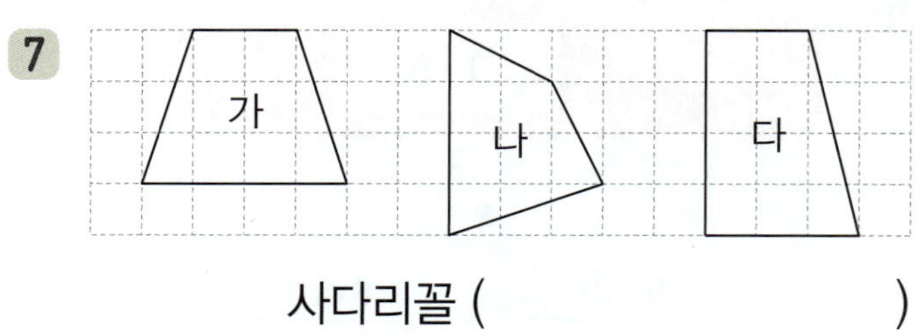


사다리꼴 (　　　　　　)

**8**

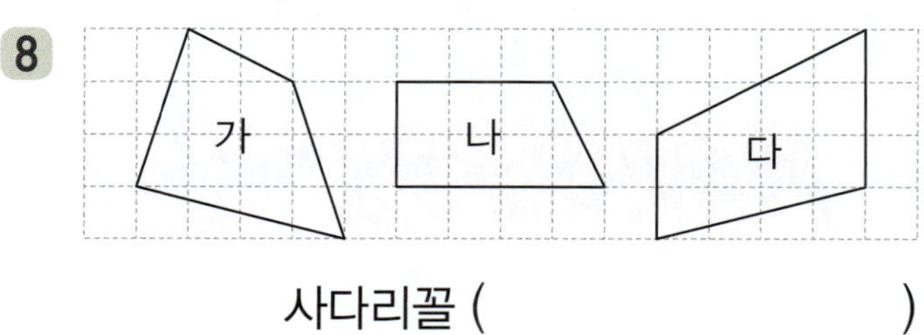


사다리꼴 (　　　　　　)

**9**

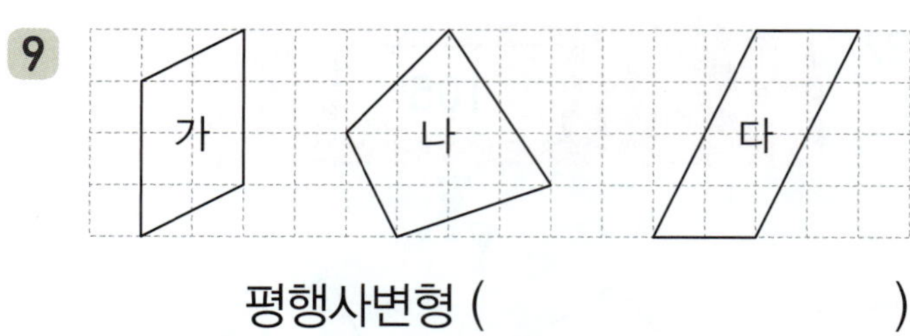


평행사변형 (　　　　　　)

**10**

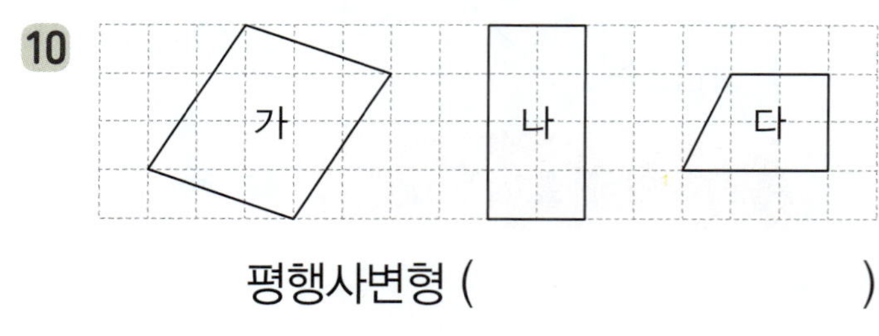


평행사변형 (　　　　　　)

**11**

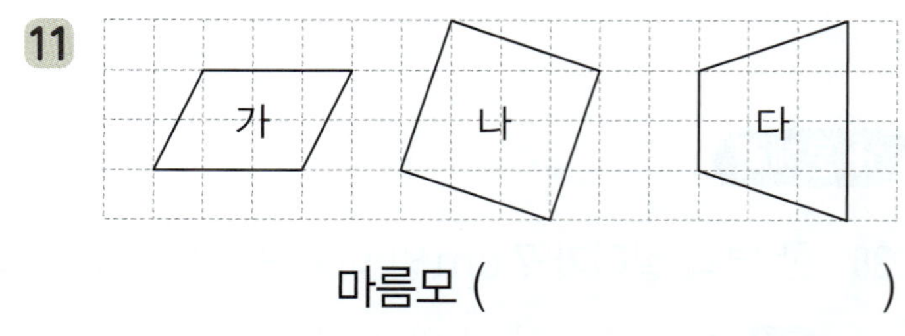


마름모 (　　　　　　)

**12**

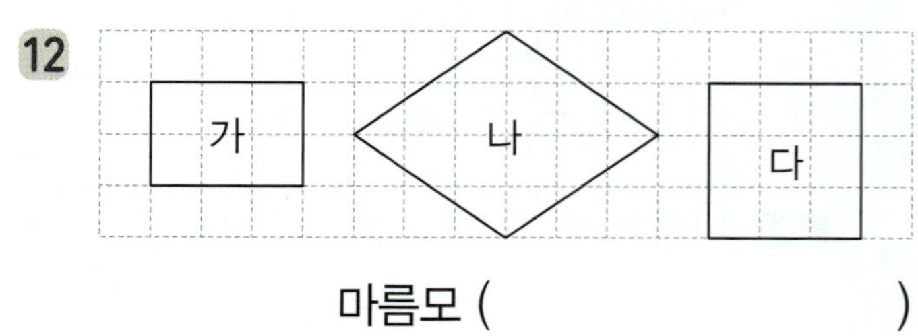


마름모 (　　　　　　)

◆ 다음 도형은 평행사변형입니다. ☐ 안에 알맞은 수를 써넣으세요.

**13**
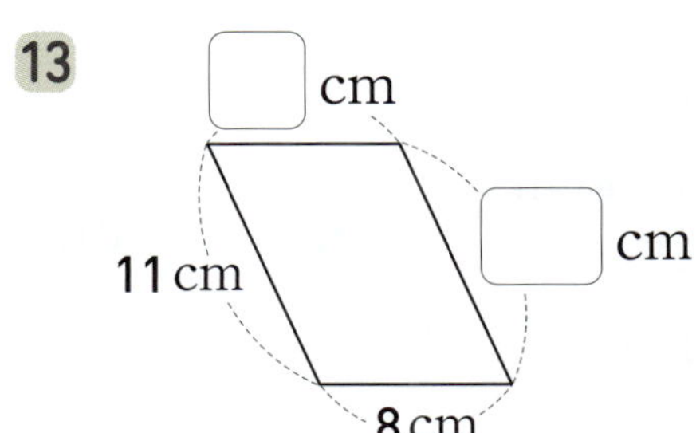


**14**
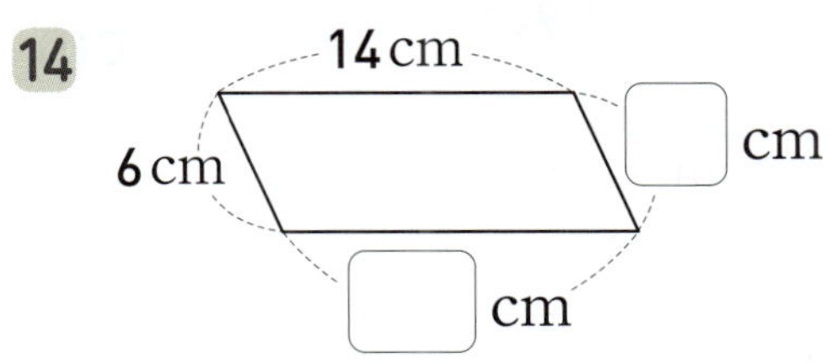


**15**
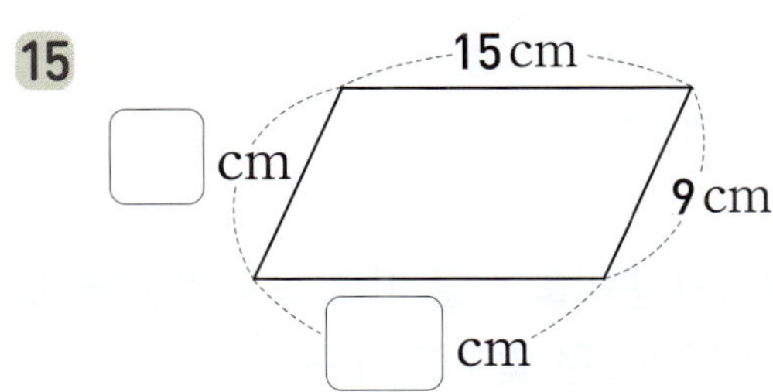


**16**
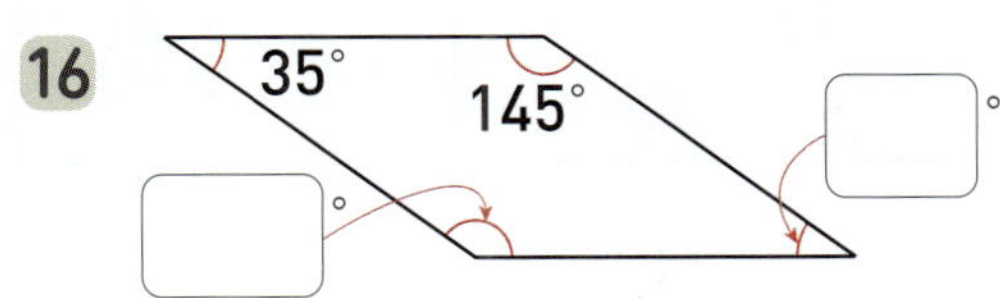


**17**
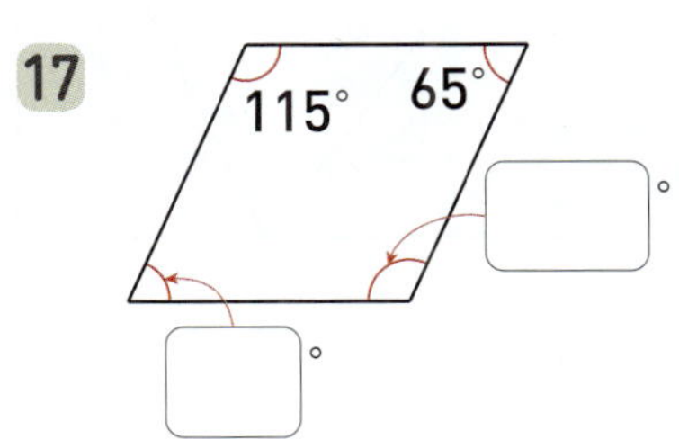


**18**
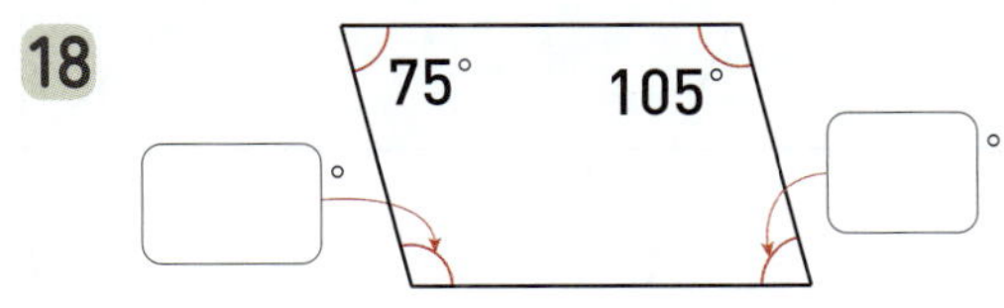


◆ 다음 도형은 마름모입니다. ☐ 안에 알맞은 수를 써넣으세요.

**19**
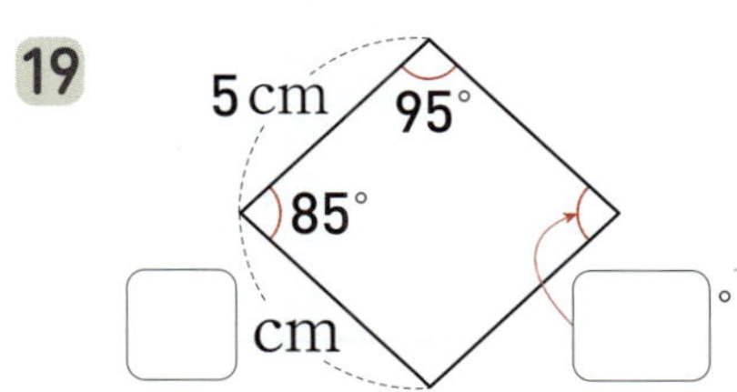


**20**
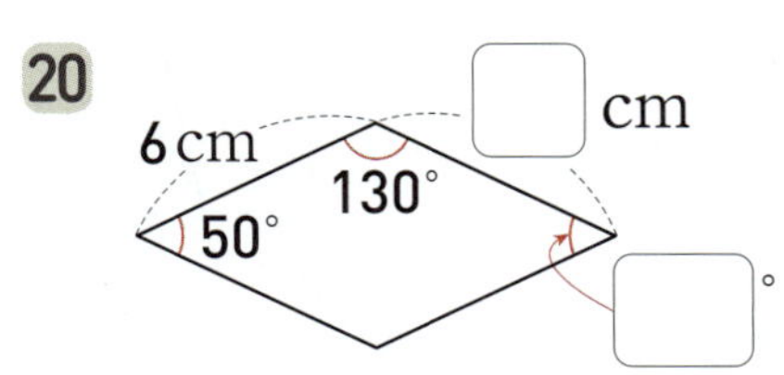


**21**
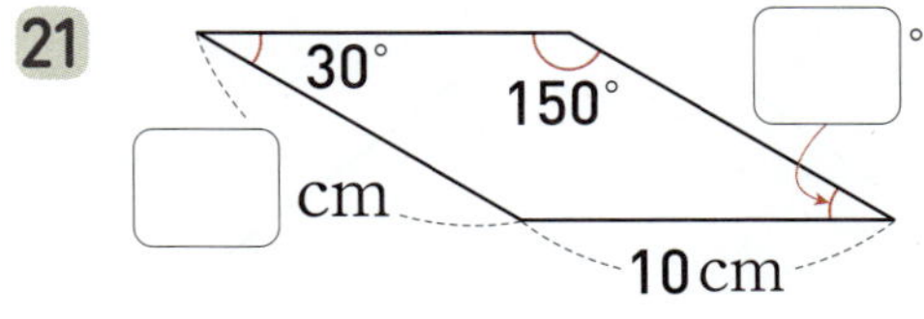


**22**
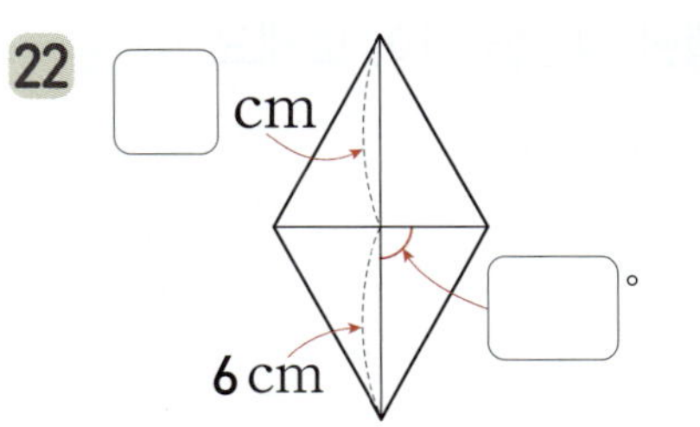


**23**
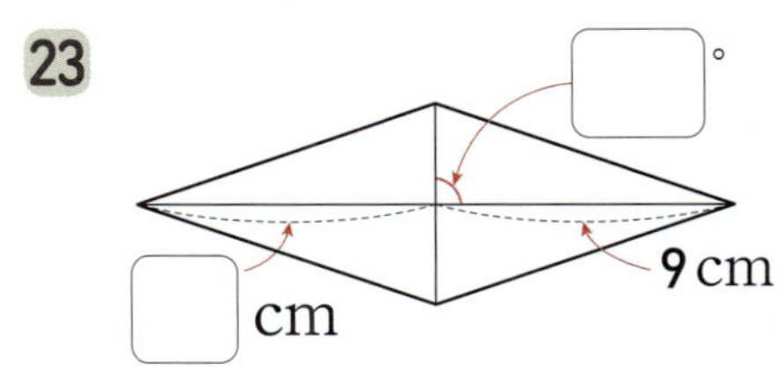


**24**
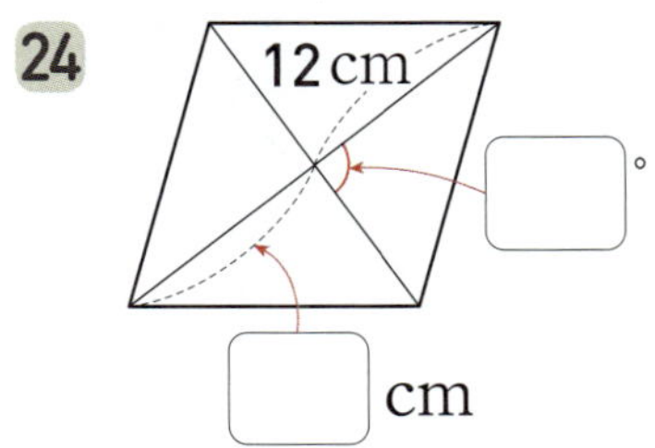

◆ 주어진 직선에 대한 수선을 각각 그어 보세요.

**1** ①   ② 

**2** ① 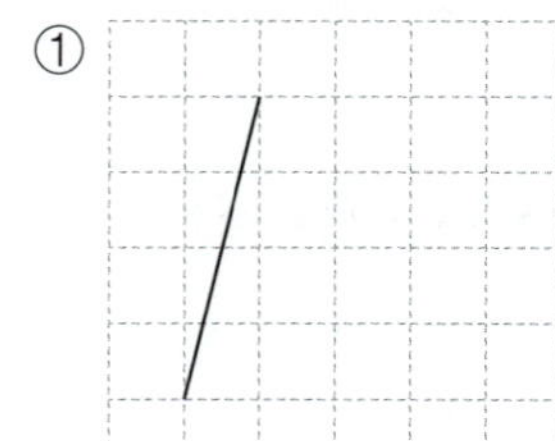  ② 

**3** ① 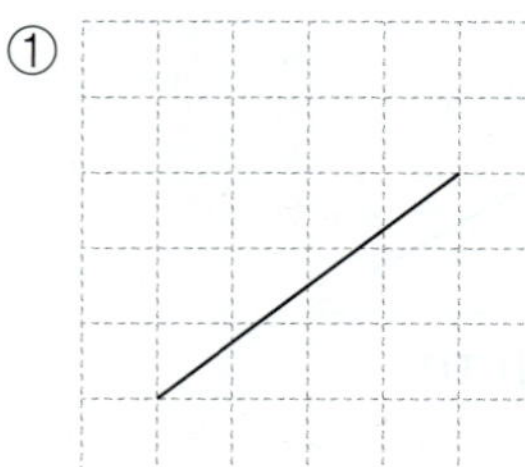  ② 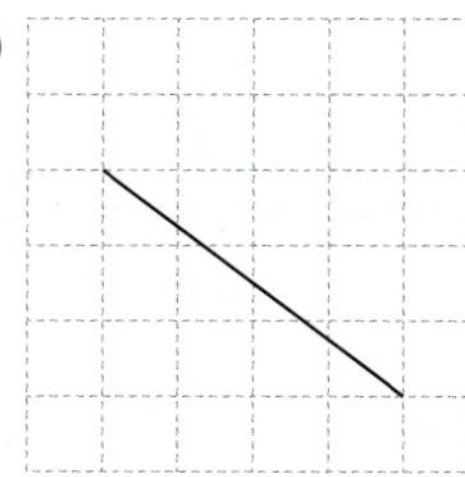

◆ 주어진 직선과 평행한 직선을 그어 보세요.

**4** ①  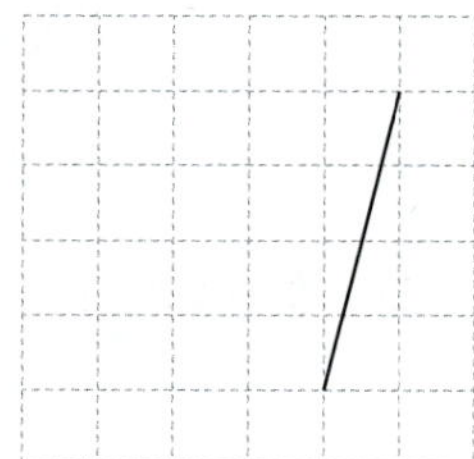

**5** ① 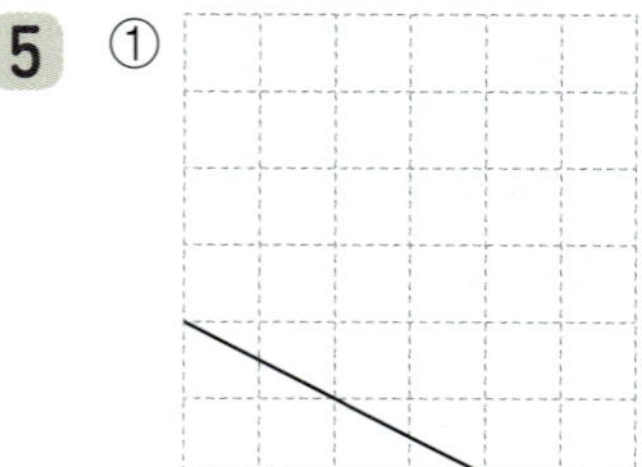  ② 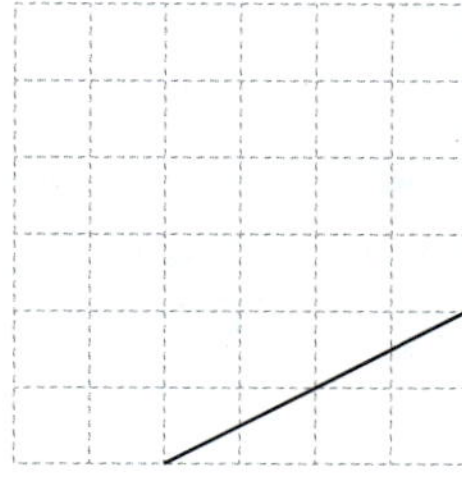

**6** ① 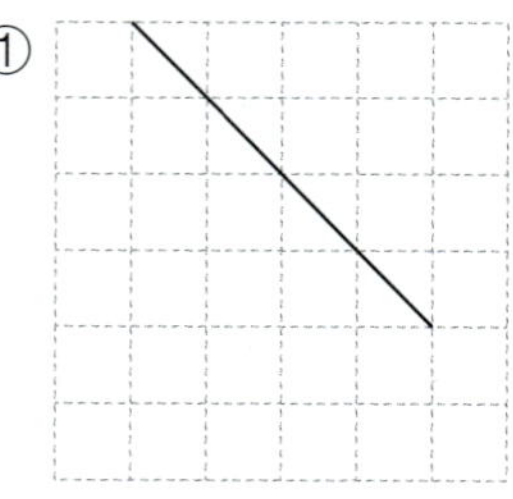  ② 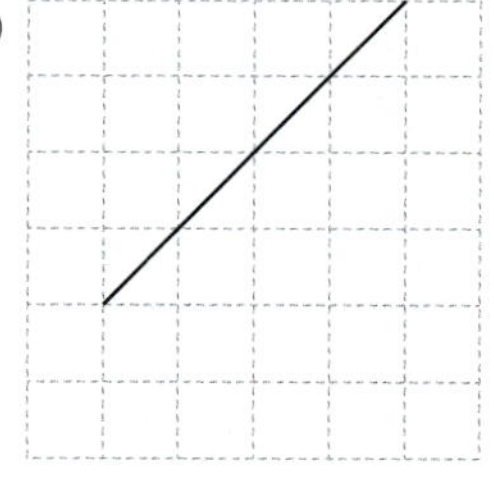

◆ 도형에서 평행선 사이의 거리는 몇 cm인지 구하세요.

**7** 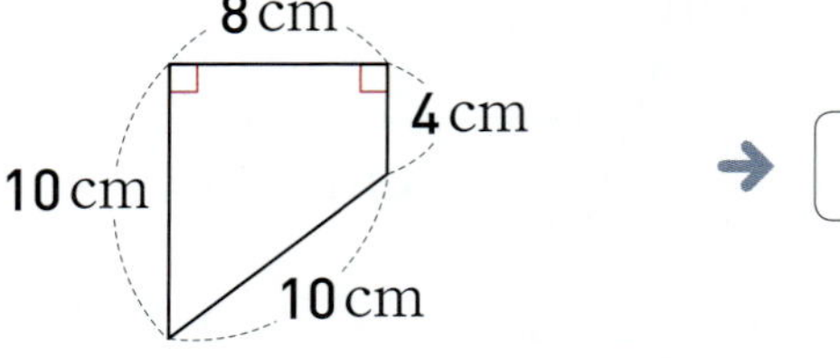 → ☐ cm

**8** 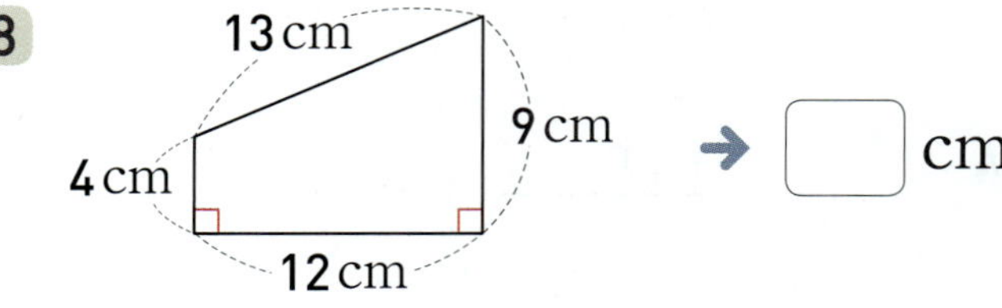 → ☐ cm

**9** 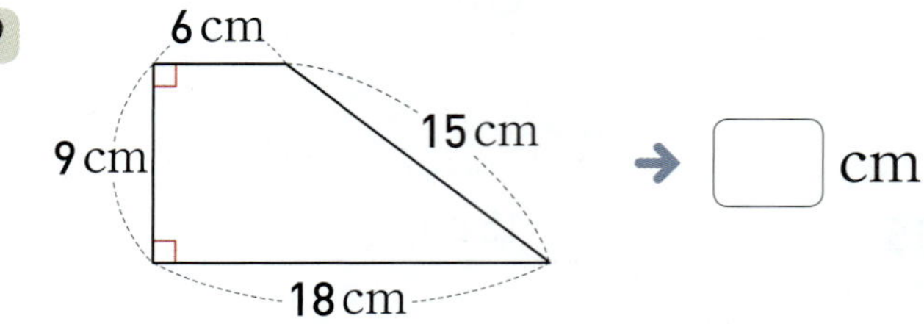 → ☐ cm

◆ 직사각형 모양의 종이를 선을 따라 모두 잘랐을 때 만들어지는 사다리꼴은 몇 개인지 구하세요.

**10** 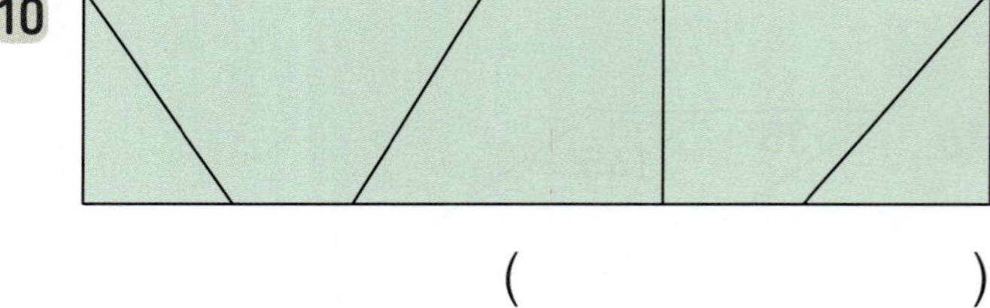

( )

**11** 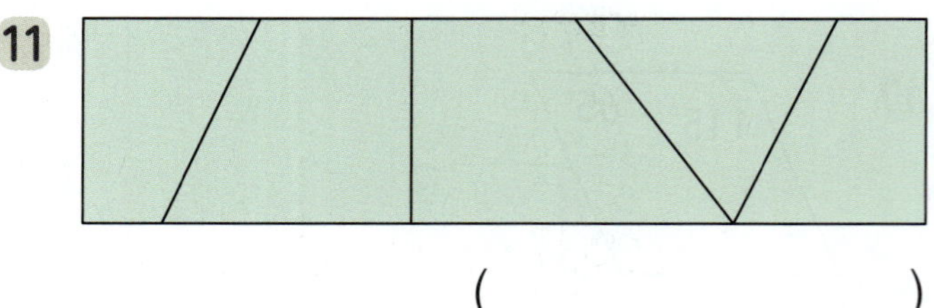

( )

**12** 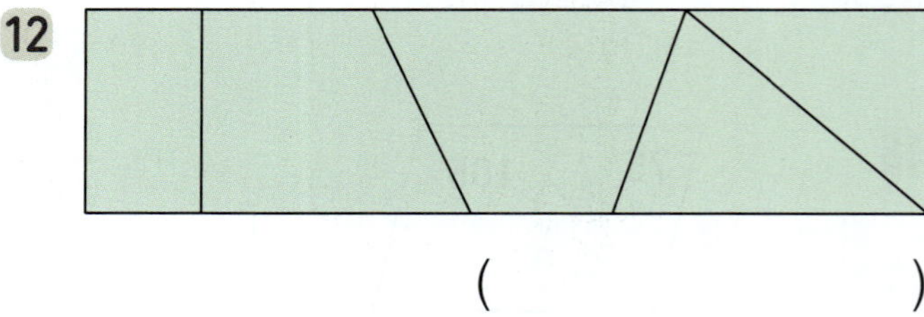

( )

◆ 주어진 선분을 이용하여 평행사변형을 완성해 보세요.

**13** ① 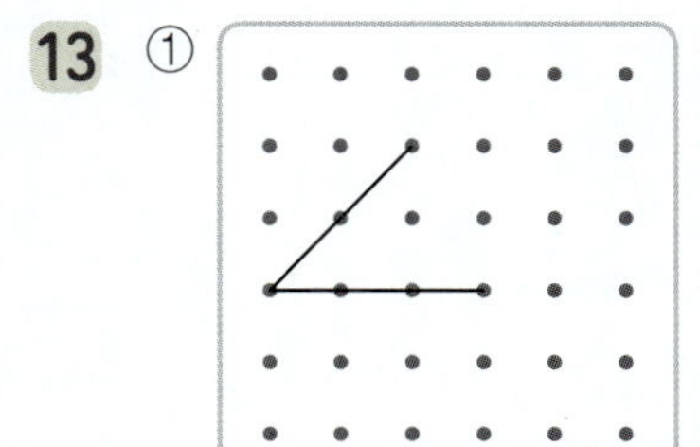 ② 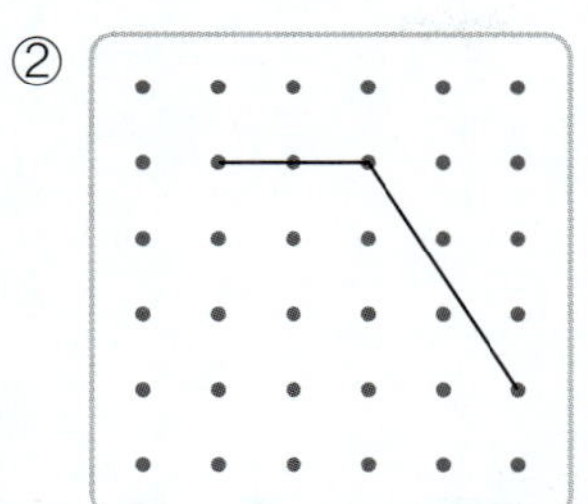

**14** ① 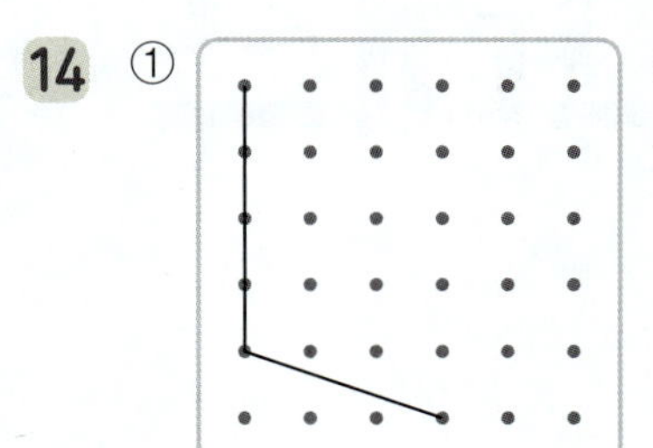 ② 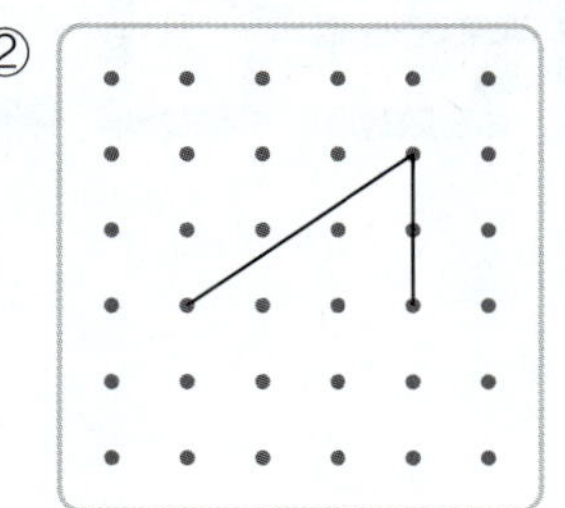

**15** ① 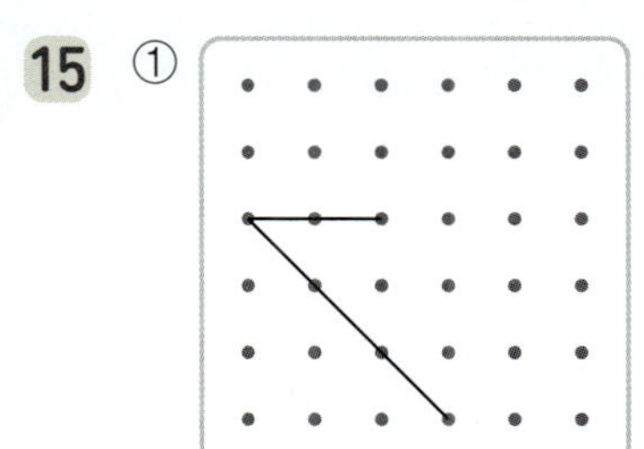 ② 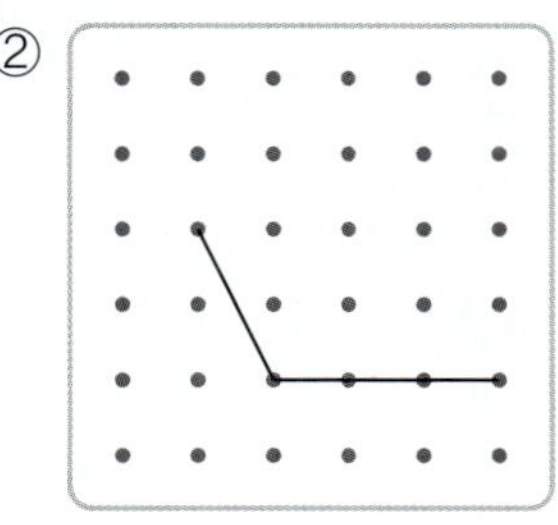

◆ 주어진 선분을 이용하여 마름모를 완성해 보세요.

**16** ① 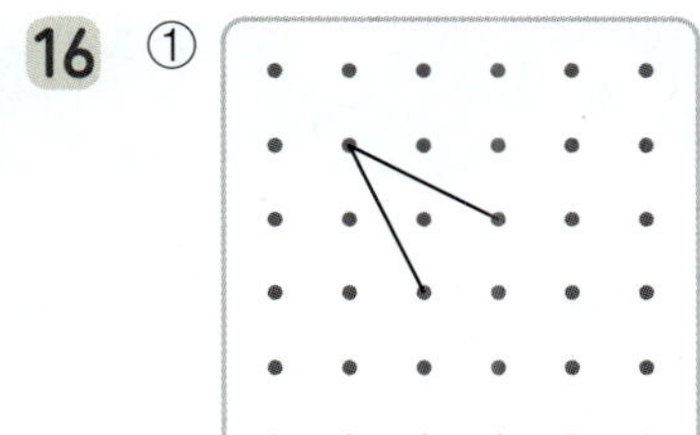 ② 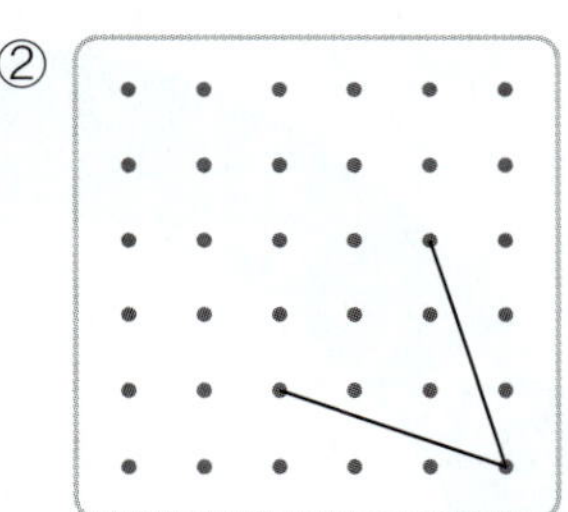

**17** ① 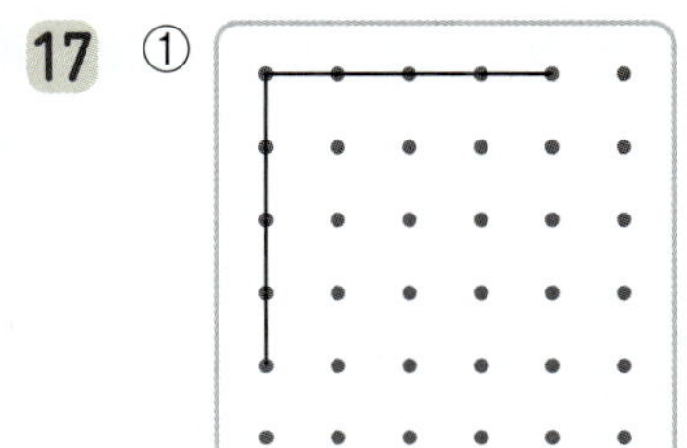 ② 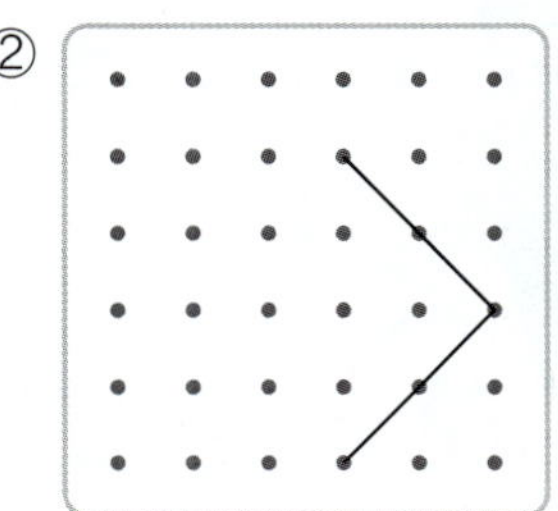

**18** ① 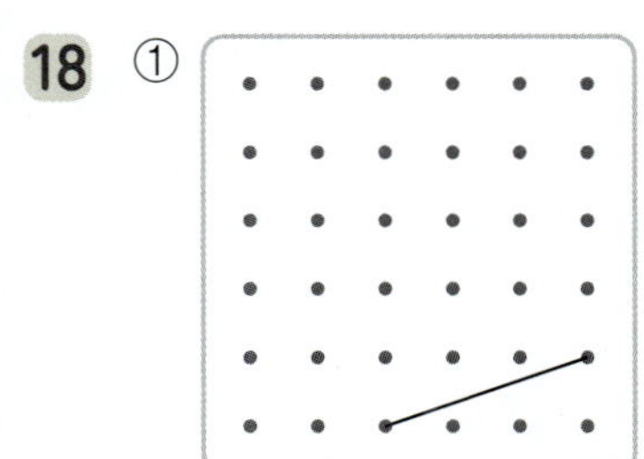 ② 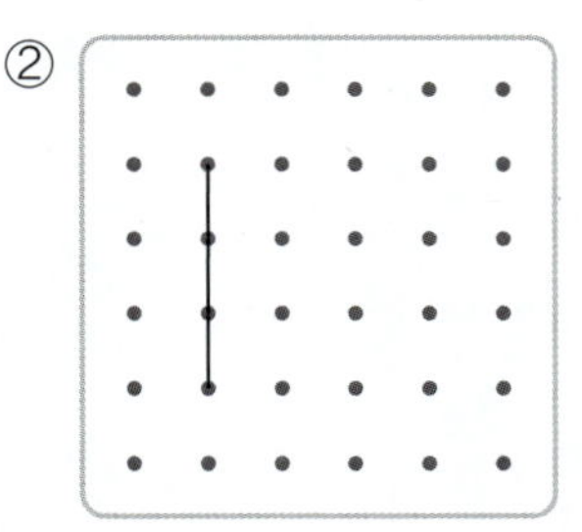

◆ 다음 도형은 평행사변형입니다. ☐ 안에 알맞은 수를 써넣으세요.

**19** 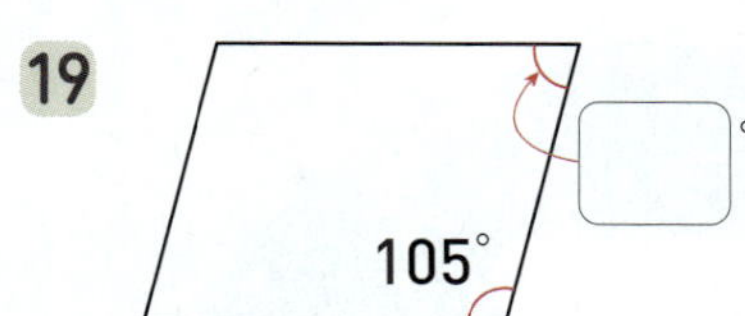

**20** 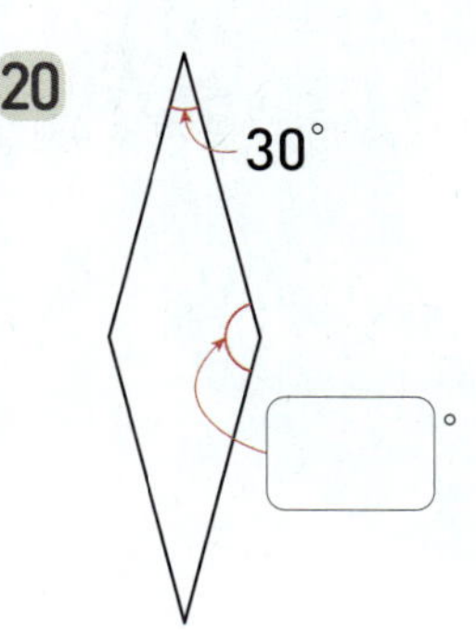

**21** 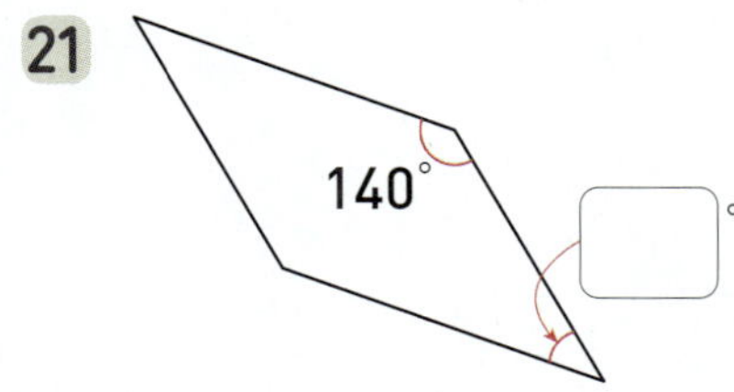

◆ 다음 도형은 마름모입니다. ☐ 안에 알맞은 수를 써넣으세요.

**22** 

**23** 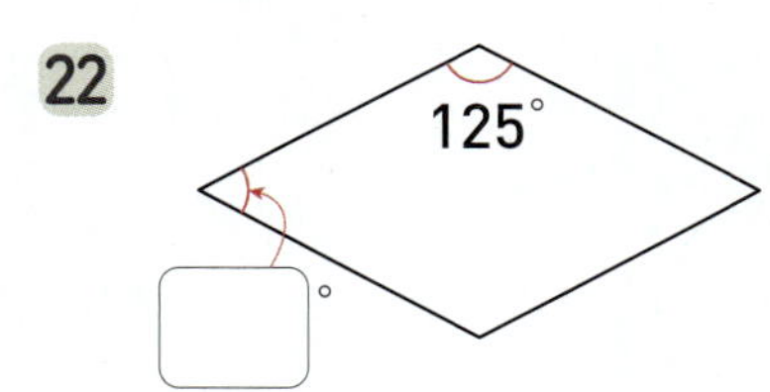

**24** 
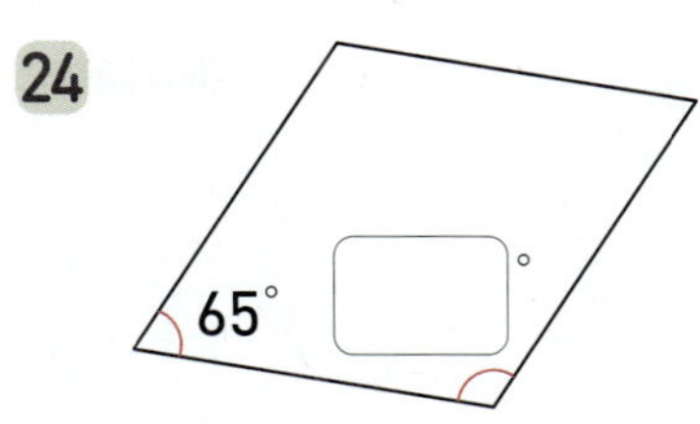

# 5 꺾은선그래프

35회
꺾은선그래프로
나타내기

학습을 끝낸 후
색칠하세요.

34회
꺾은선그래프

이전에 배운 내용

[4-1] 막대그래프
막대그래프로 나타내기
막대그래프 해석하기

37회
평가 B

36회
평가 A

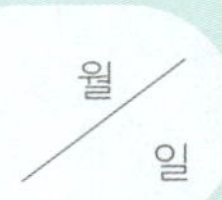

연속적으로 변화하는 양을 점으로 표시하고, 그 점들을 선분으로 이어 그린 그래프를 꺾은선그래프라고 합니다.

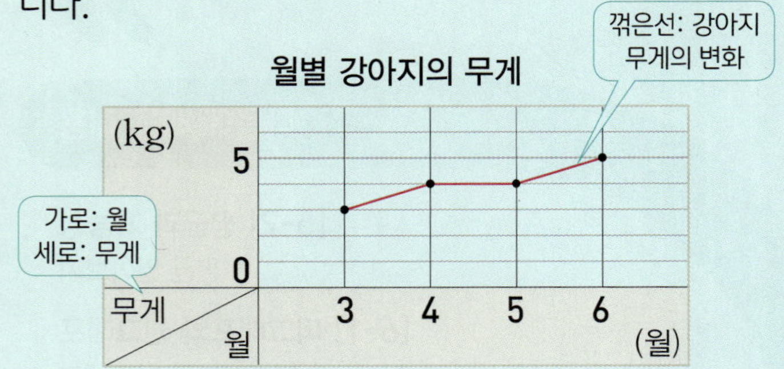



필요 없는 부분을 줄여서 ≈(물결선)으로 나타내면 변화하는 모습이 잘 나타납니다.

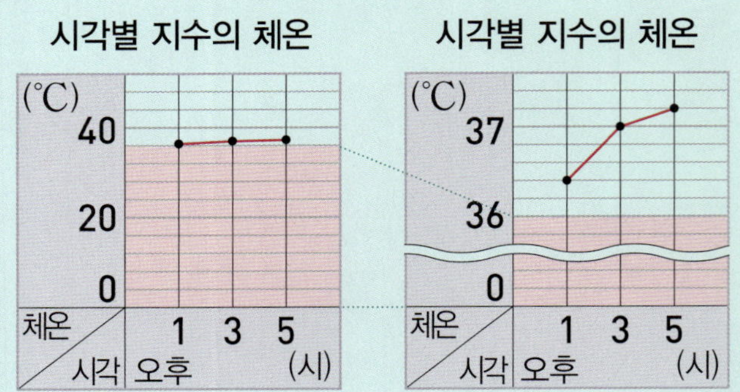



◆ ☐ 안에 알맞은 수나 말을 써넣으세요.

**1**



① 가로: ☐ , 세로: ☐

② 꺾은선: ☐ 의 변화

③ 세로 눈금 한 칸: ☐ 회

**2**



① 가로: ☐ , 세로: ☐

② 꺾은선: ☐ 의 변화

③ 세로 눈금 한 칸: ☐ 권

◆ 두 꺾은선그래프를 보고 ☐ 안에 알맞은 수를 써넣고, 알맞은 말에 ○표 하세요.

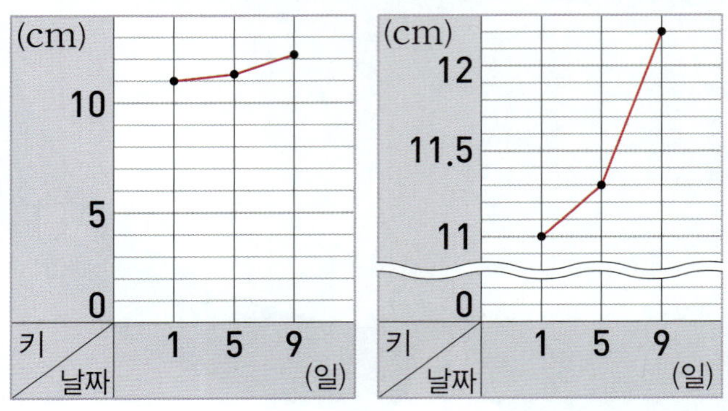



**3** ㉮ 그래프의 세로 눈금 한 칸은 ☐ cm, ㉯ 그래프의 세로 눈금 한 칸은 ☐ cm 를 나타냅니다.

**4** 필요 없는 부분을 줄여서 나타낸 그래프는 ( ㉮ , ㉯ ) 그래프입니다.

**5** 토마토 줄기의 키의 변화를 더 잘 알아볼 수 있는 그래프는 ( ㉮ , ㉯ ) 그래프입니다.

## 연습 꺾은선그래프

◆ ☐ 안에 알맞은 수를 써넣으세요.

**6** 날짜별 턱걸이 횟수

① 1일에 한 턱걸이 횟수: ☐ 회

② 2일에 한 턱걸이 횟수: ☐ 회

**7** 요일별 보건실을 이용한 학생 수

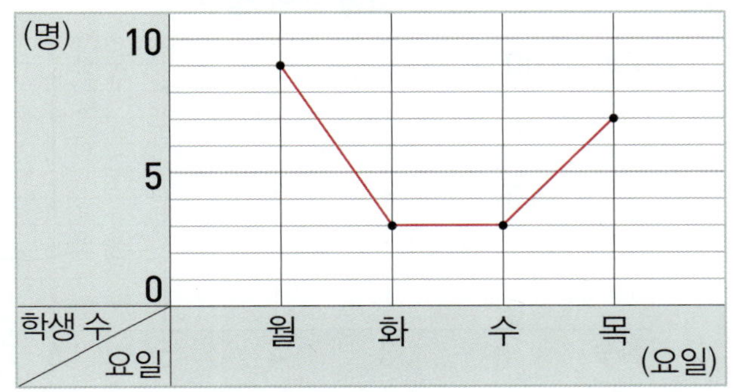


① 월요일에 이용한 학생 수: ☐ 명

② 목요일에 이용한 학생 수: ☐ 명

**8** 연도별 망고 수입량

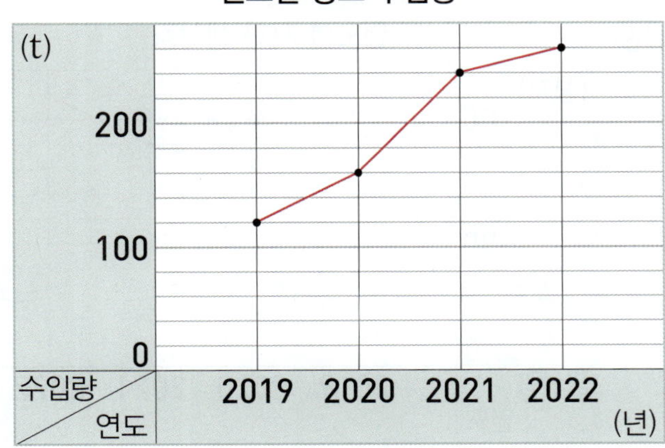


① 2021년의 망고 수입량: ☐ t

② 2022년의 망고 수입량: ☐ t

◆ ☐ 안에 알맞은 수를 써넣으세요.

**9** 시각별 교실의 온도

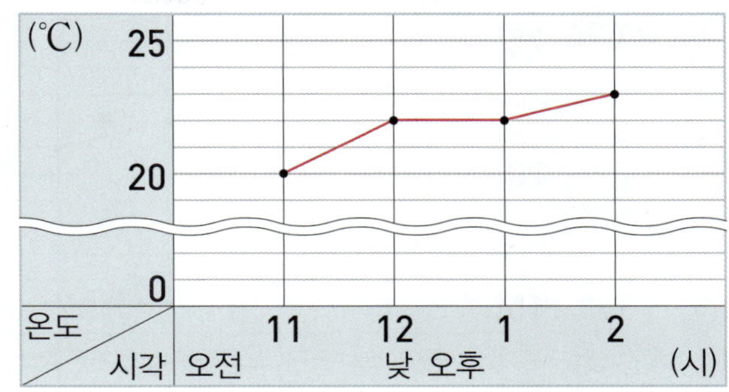


① 낮 12시의 교실의 온도: ☐ ℃

② 오후 2시의 교실의 온도: ☐ ℃

**10** 요일별 하리의 SNS 방문자 수

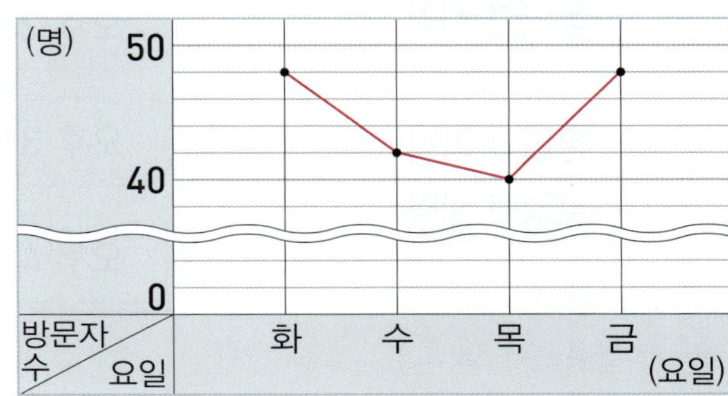


① 화요일의 방문자 수: ☐ 명

② 목요일의 방문자 수: ☐ 명

**11** 연도별 쌀 생산량

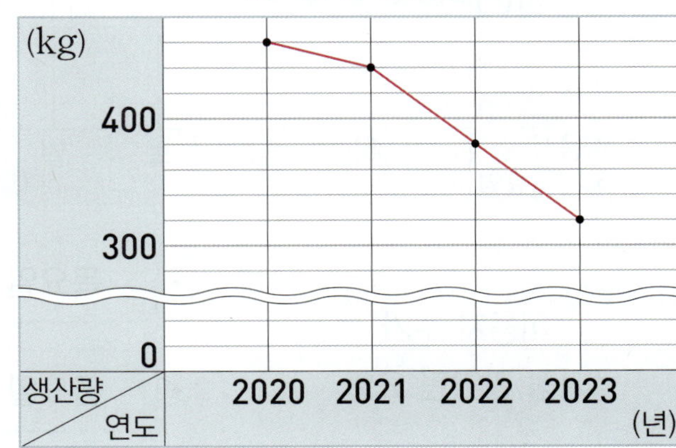


① 2021년의 쌀 생산량: ☐ kg

② 2023년의 쌀 생산량: ☐ kg

◆ 꺾은선그래프를 보고 관계있는 것끼리 이어 보세요.

◆ ◻ 안에 알맞은 수를 써넣으세요.

**12** 시각별 도서관의 온도

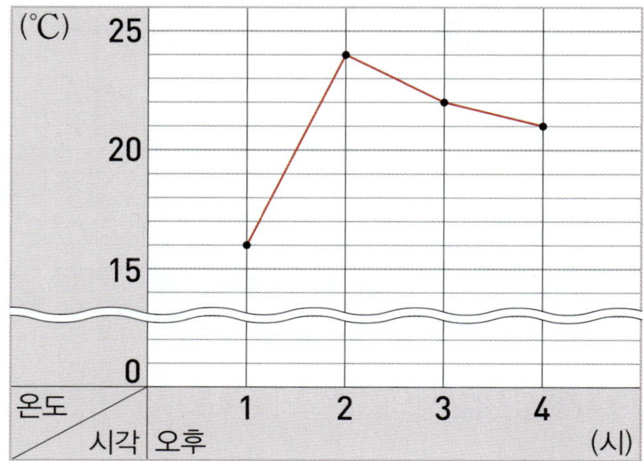


온도가 가장
높았던 시각

온도가 가장
낮았던 시각

• 오후 1시

• 오후 2시

• 오후 3시

• 오후 4시

**13** 요일별 편의점 이용자 수

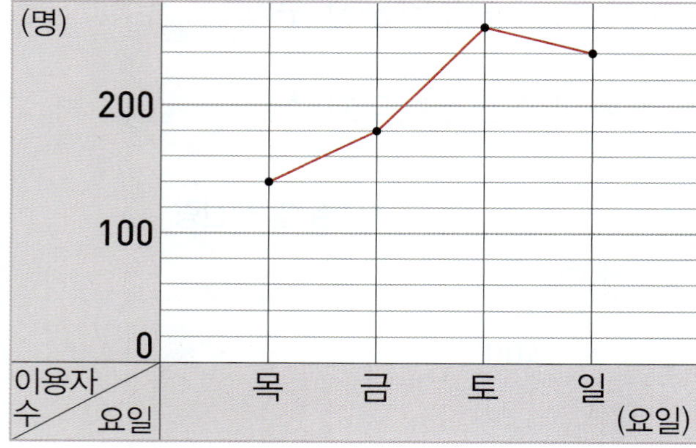


이용자 수가
가장 많았던 요일

이용자 수가
가장 적었던 요일

• 목요일

• 금요일

• 토요일

• 일요일

**14** 연도별 폭염 일수

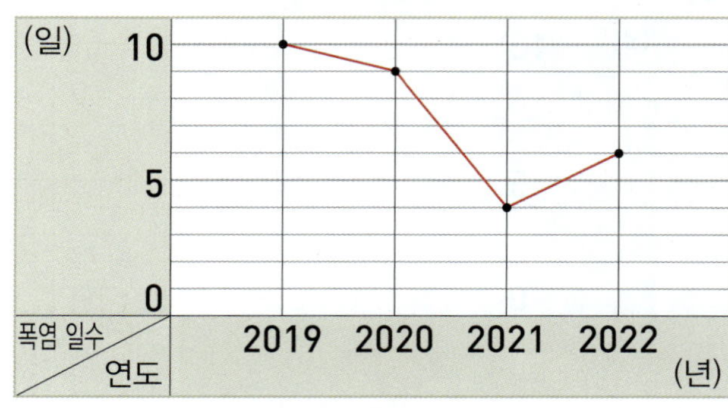


폭염 일수가 가장 많이 변한 때

◻년과 ◻년 사이

**15** 월별 수학 점수

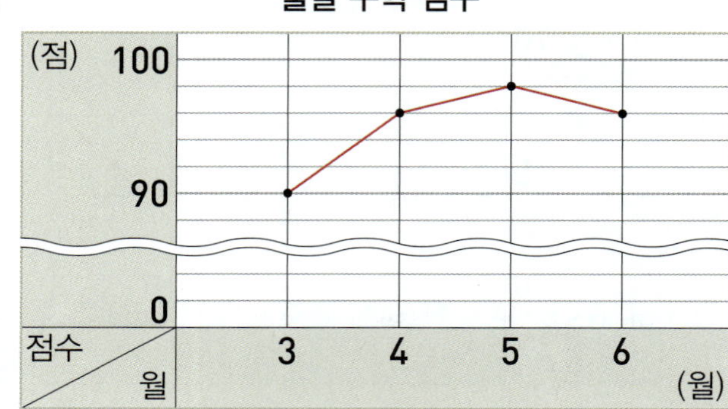


수학 점수가 가장 많이 변한 때

◻월과 ◻월 사이

**16** 연도별 사과 생산량

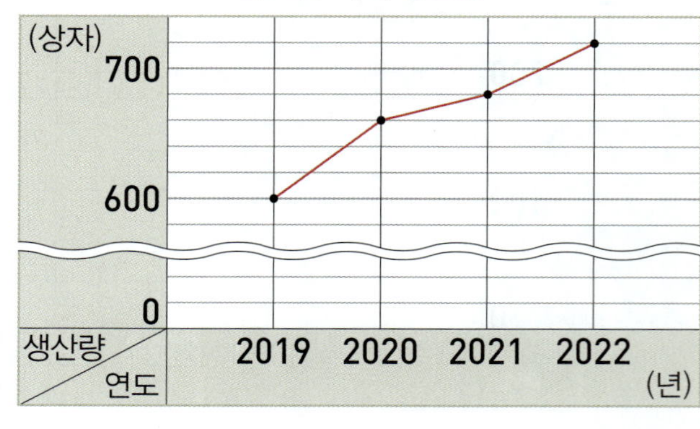


사과 생산량이 가장 많이 변한 때

◻년과 ◻년 사이

## ★ 완성   꺾은선그래프

◆ 열대야 일수를 연도별로 조사하여 나타낸 그래프입니다. 가로 열쇠 와 세로 열쇠 를 보고 ☐ 안에 알맞은 수나 말을 써 넣으세요.

**17**

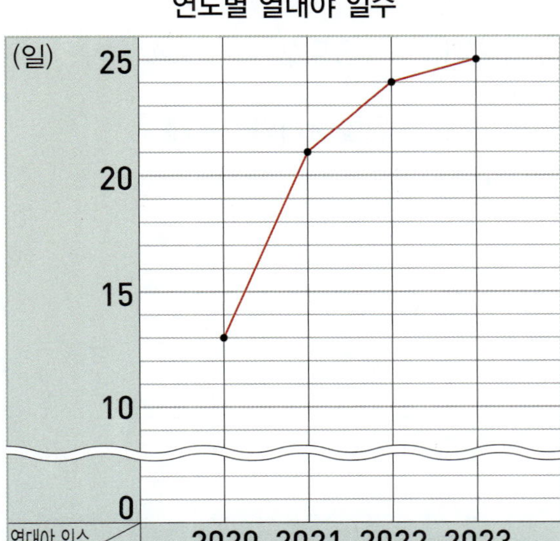



가로 열쇠
① 왼쪽과 같은 그래프를 ☐☐☐☐☐☐☐라고 합니다.
② **2021**년의 열대야 일수는 ☐☐일입니다.
③ ☐☐☐☐년에 열대야 일수가 가장 많았습니다.

세로 열쇠
(가) ☐☐☐은 열대야 일수의 변화를 나타냅니다.
(나) 필요 없는 부분을 줄여서 ☐☐☐으로 나타낼 수 있습니다.
(다) **2022**년의 열대야 일수는 ☐☐일입니다.
(라) ☐☐☐☐년에 열대야 일수가 가장 적었습니다.

5 단원
34 회

---

### ＋ 문해력

**18** 강낭콩 줄기의 키를 2일마다 조사하여 나타낸 꺾은선그래프입니다. 1일부터 7일까지 강낭콩 줄기의 키는 몇 cm만큼 자랐는지 구하세요.

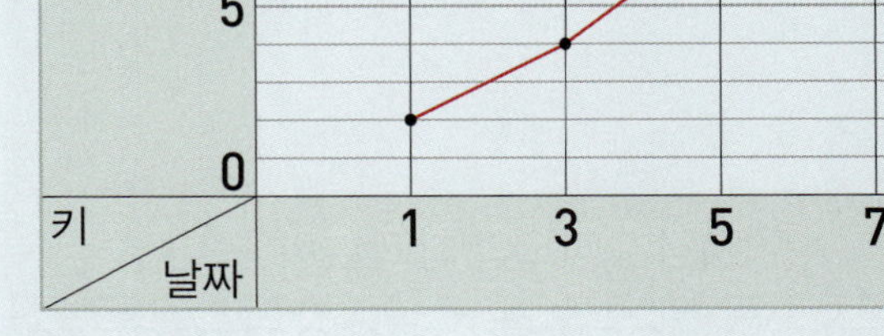



**풀이** 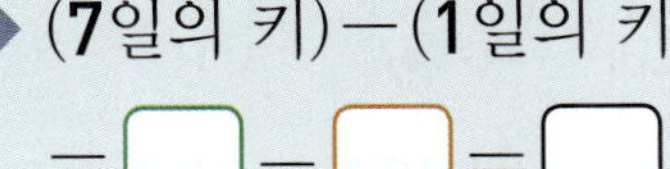 1일의 키: ☐ cm, 7일의 키: ☐ cm

➔ (**7**일의 키)−(**1**일의 키)

= ☐ − ☐ = ☐

**답** 1일부터 **7**일까지 강낭콩 줄기의 키는 ☐ cm만큼 자랐습니다.

# 꺾은선그래프로 나타내기

표를 보고 꺾은선그래프로 나타내는 방법을 알아봅니다.

**꺾은선그래프로 나타내는 방법**

① 가로, 세로에 나타낼 것 정하기

② 가로 눈금과 세로 눈금의 단위 넣기

③ 물결선을 넣을 곳 정하기
   → 나타낼 부분이 없으면 그리지 않아.

④ 세로 눈금 한 칸의 크기와 눈금의 수 정하기

⑤ 가로 눈금과 세로 눈금이 만나는 자리에 점 찍기

⑥ 찍은 점들을 선분으로 잇기

⑦ 꺾은선그래프에 알맞은 제목 쓰기
   → 제목을 먼저 써도 돼.

월별 혜리의 몸무게

| 월(월) | 1 | 3 | 5 |
|---|---|---|---|
| 몸무게(kg) | 35.2 | 35.4 | 36 |

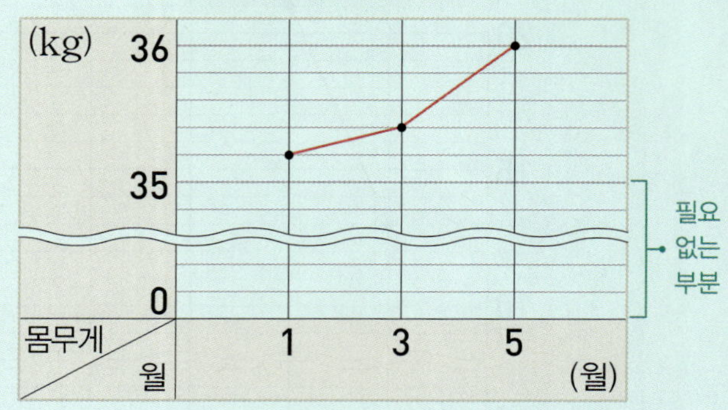

월별 혜리의 몸무게

---

◆ 표를 보고 꺾은선그래프로 나타내려고 합니다. 세로 눈금 한 칸의 크기로 알맞은 것에 ○표 하세요.

**1**   월별 비가 온 날수

| 월(월) | 3 | 4 | 5 | 6 |
|---|---|---|---|---|
| 날수(일) | 4 | 8 | 6 | 9 |

( 1일 , 5일 , 10일 )

**2**   날짜별 아침 운동에 참여한 학생 수

| 날짜(일) | 7 | 8 | 9 | 10 |
|---|---|---|---|---|
| 학생 수(명) | 100 | 80 | 130 | 150 |

( 1명 , 10명 , 50명 )

**3**   시각별 파도의 최고 높이

| 시각(시) | 오전 5 | 오전 6 | 오전 7 | 오전 8 |
|---|---|---|---|---|
| 최고 높이(m) | 0.7 | 1.1 | 1.5 | 0.9 |

( 0.1 m , 1 m , 10 m )

---

◆ 표를 보고 물결선을 사용한 꺾은선그래프로 나타내려고 합니다. 알맞은 수에 ○표 하세요.

**4**   날짜별 최고 기온

| 날짜(일) | 1 | 2 | 3 | 4 |
|---|---|---|---|---|
| 최고 기온(℃) | 36 | 37 | 37 | 33 |

물결선을 0 ℃와 ( 30 , 35 ) ℃ 사이에 넣는 것이 좋습니다.

**5**   연도별 입학생 수

| 연도(년) | 2021 | 2022 | 2023 | 2024 |
|---|---|---|---|---|
| 입학생 수(명) | 180 | 200 | 160 | 130 |

물결선을 0명과 ( 100 , 150 )명 사이에 넣는 것이 좋습니다.

**6**   나이별 세호의 발 길이

| 나이(세) | 7 | 8 | 9 | 10 |
|---|---|---|---|---|
| 발 길이(mm) | 201 | 208 | 212 | 216 |

물결선을 0 mm와 ( 200 , 205 ) mm 사이에 넣는 것이 좋습니다.

## 연습 · 꺾은선그래프로 나타내기

◆ 표를 보고 꺾은선그래프로 나타내세요.

**7** 날짜별 양파 싹의 키

| 날짜(일) | 7 | 14 | 21 | 28 |
|---|---|---|---|---|
| 키(cm) | 2 | 3 | 6 | 9 |

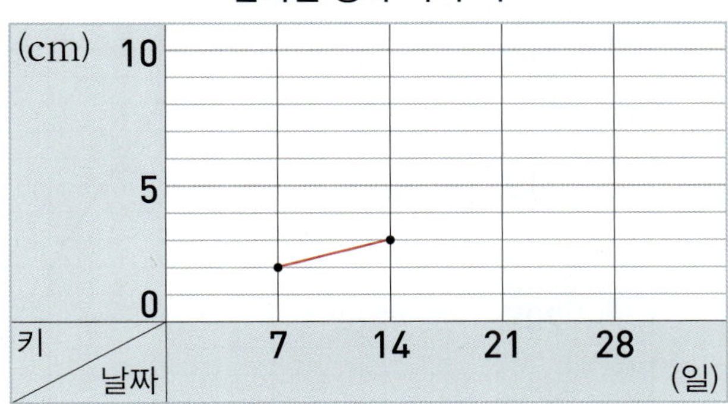


**8** 월별 고양이의 무게

| 월(월) | 3 | 4 | 5 | 6 |
|---|---|---|---|---|
| 무게(kg) | 5 | 5 | 6 | 7 |

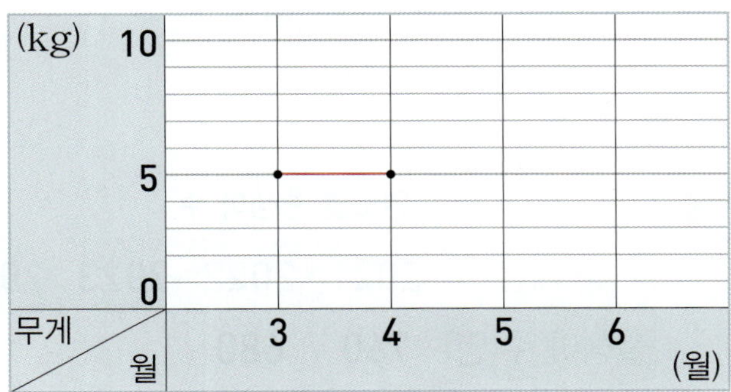


**9** 시각별 기온

| 시각(시) | 오전 9 | 낮 12 | 오후 3 | 오후 6 |
|---|---|---|---|---|
| 기온(℃) | 8 | 14 | 16 | 10 |

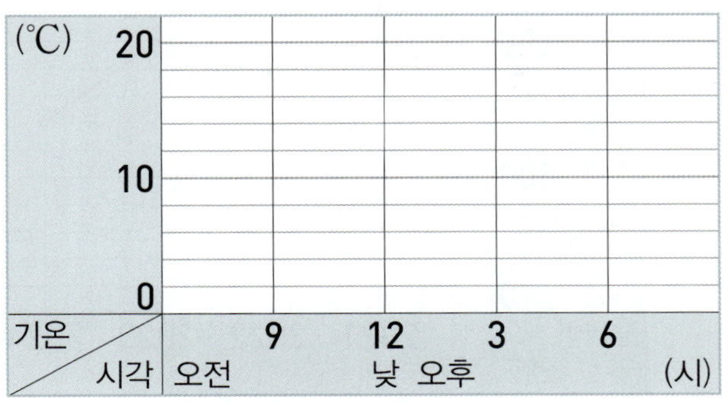


◆ 표를 보고 꺾은선그래프로 나타내세요.

**10** 연도별 1인당 음식물 쓰레기 배출량

| 연도(년) | 2018 | 2019 | 2020 | 2021 |
|---|---|---|---|---|
| 배출량(kg) | 116 | 116 | 118 | 119 |

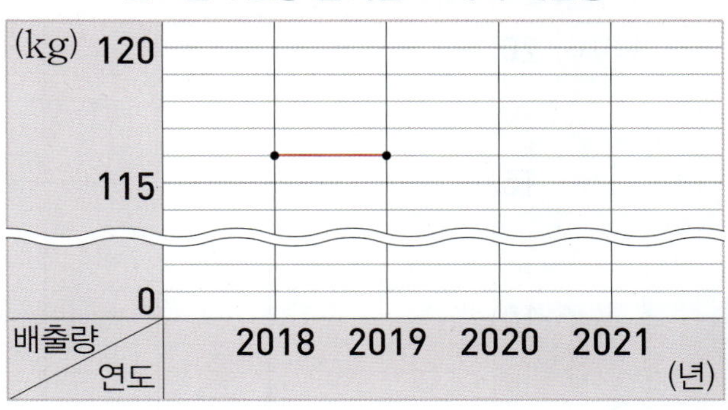


**11** 나이별 경민이의 키

| 나이(세) | 8 | 9 | 10 | 11 |
|---|---|---|---|---|
| 키(cm) | 132 | 136 | 138 | 140 |

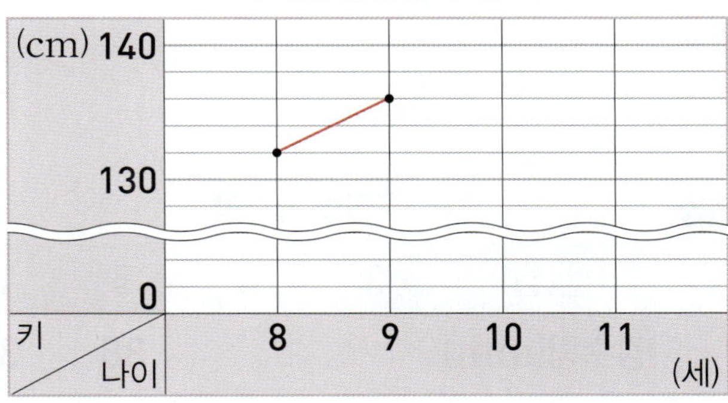


**12** 월별 여행객 수

| 월(월) | 1 | 2 | 3 | 4 |
|---|---|---|---|---|
| 여행객 수(명) | 220 | 210 | 230 | 240 |

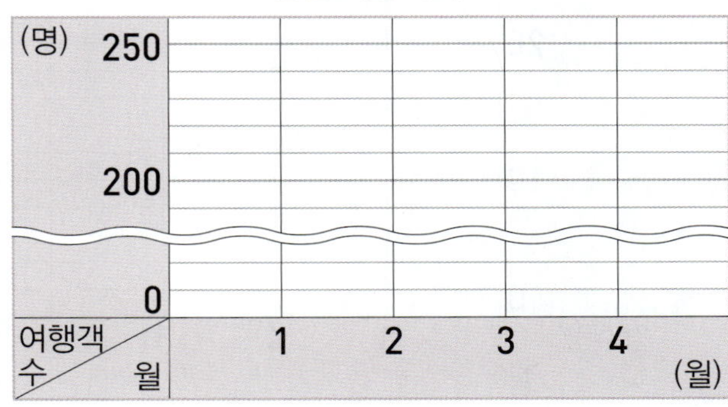


5단원 35회

◆ 표와 꺾은선그래프를 완성해 보세요.

**13** 시각별 막대의 그림자 길이

| 시각(시) | 낮 12 | 오후 1 | 오후 2 | 오후 3 |
|---|---|---|---|---|
| 길이(cm) | | | 11 | 17 |

시각별 막대의 그림자 길이

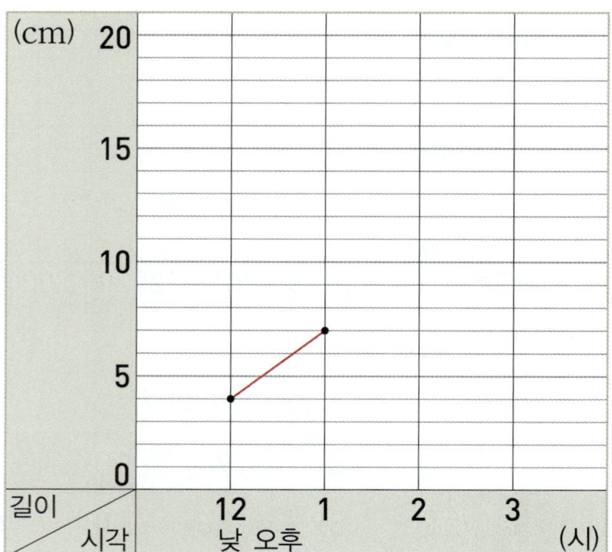

◆ 표와 꺾은선그래프를 완성해 보세요.

**15** 요일별 치킨 판매량

| 요일(요일) | 목 | 금 | 토 | 일 |
|---|---|---|---|---|
| 판매량(상자) | 201 | 214 | | |

요일별 치킨 판매량

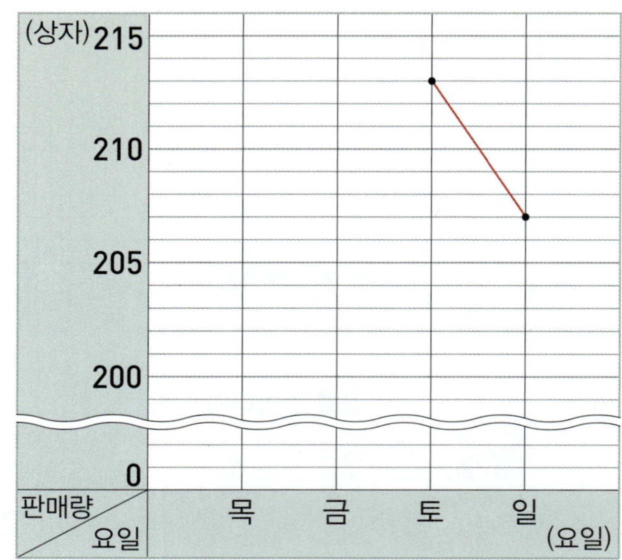

**14** 월별 강수량

| 월(월) | 3 | 4 | 5 | 6 |
|---|---|---|---|---|
| 강수량(mm) | | | 38 | 30 |

월별 강수량

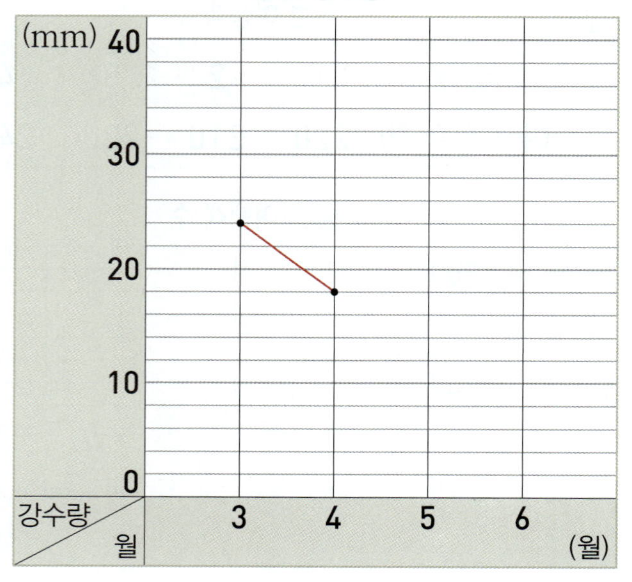

**16** 연도별 출생아 수

| 연도(년) | 2021 | 2022 | 2023 | 2024 |
|---|---|---|---|---|
| 출생아 수(명) | 760 | 680 | | |

연도별 출생아 수

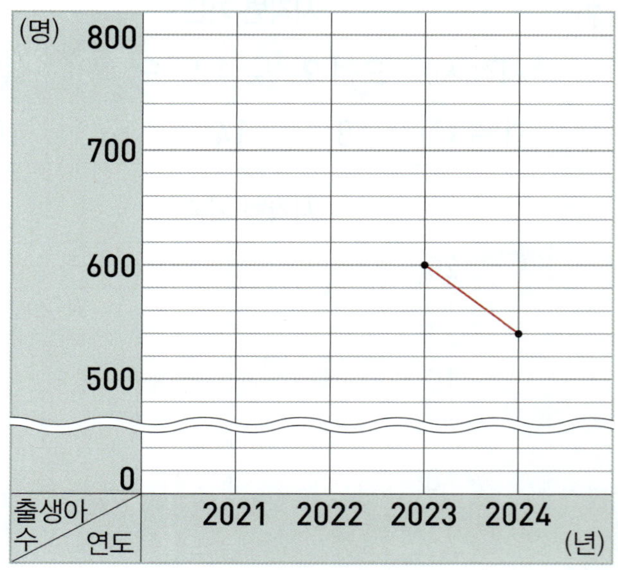

# ★ 완성  꺾은선그래프로 나타내기

◆ 방문객 수를 날짜별로 조사한 자료를 보고 꺾은선그래프로 나타내세요.

**17**

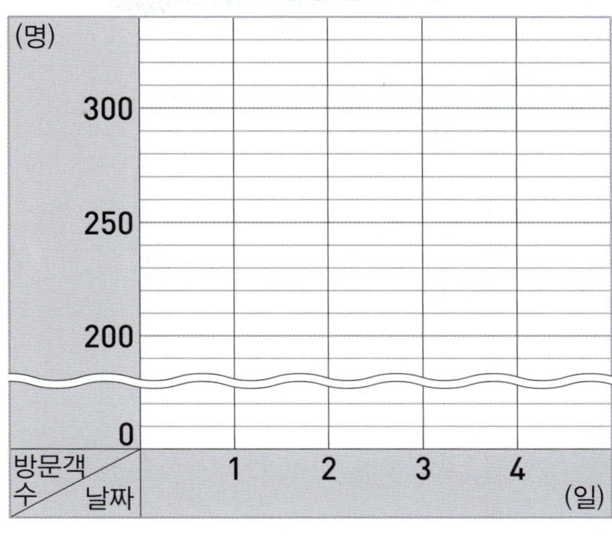




**18**

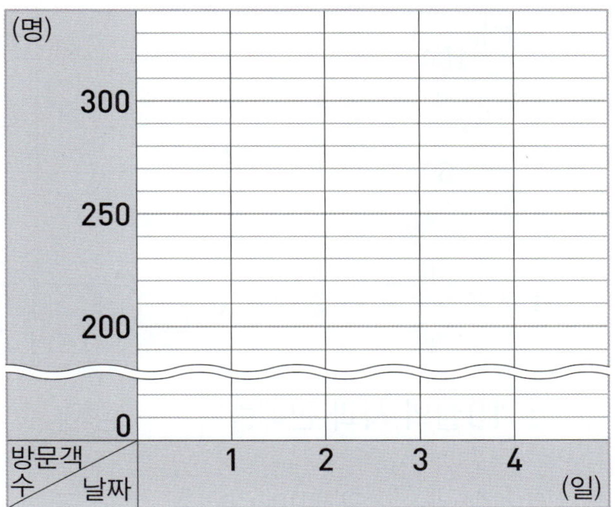


## ✚문해력

**19** 요일별 대여된 책 수를 조사하여 나타낸 표입니다. 표를 보고 꺾은선그래프를 완성해 보세요.

요일별 대여된 책 수

| 요일(요일) | 월 | 화 | 수 |
| --- | --- | --- | --- |
| 책 수(권) | 60 | 140 | 200 |

답

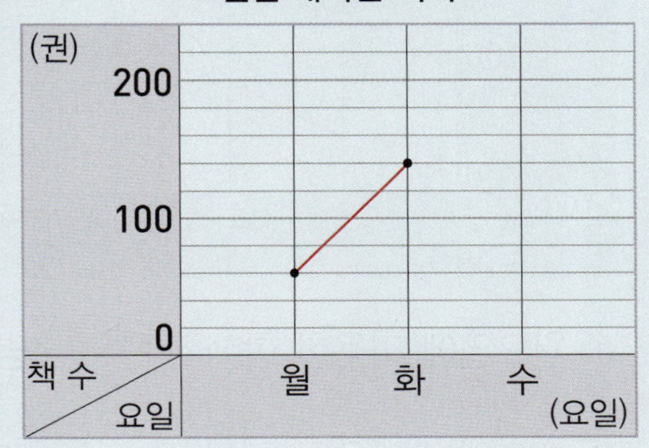


풀이  수요일과 □권이 만나는 자리에 점을 찍고, 점들을 선분으로 잇습니다.

◆ ☐ 안에 알맞은 수를 써넣으세요.

**1**

날짜별 식물의 키

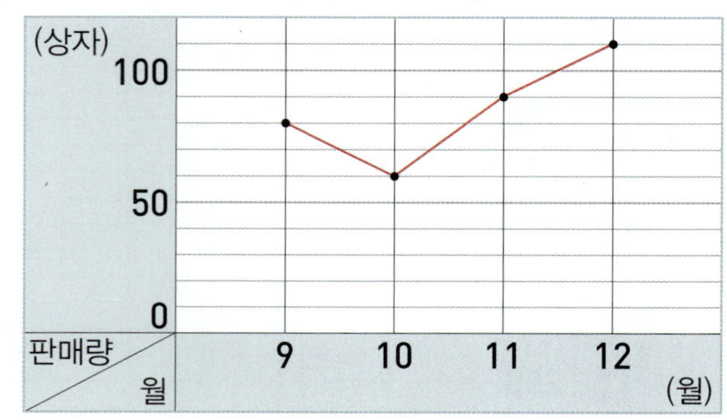


① 7일의 식물의 키: ☐ cm

② 14일의 식물의 키: ☐ cm

**2**

월별 사과 판매량

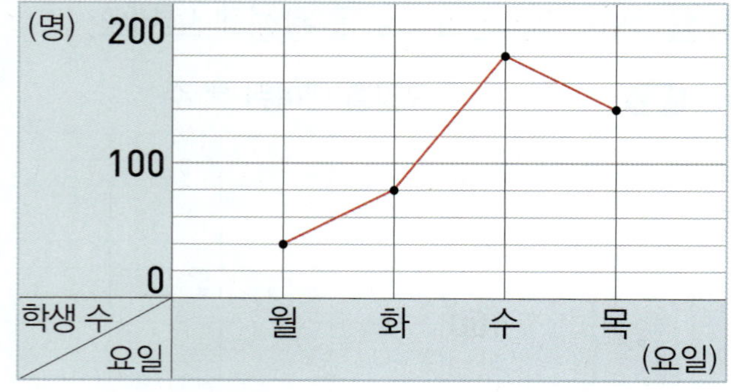


① 10월의 사과 판매량: ☐ 상자

② 12월의 사과 판매량: ☐ 상자

**3**

요일별 도서관을 이용한 학생 수



① 월요일에 이용한 학생 수: ☐ 명

② 수요일에 이용한 학생 수: ☐ 명

◆ ☐ 안에 알맞은 수를 써넣으세요.

**4**

월별 민이의 몸무게

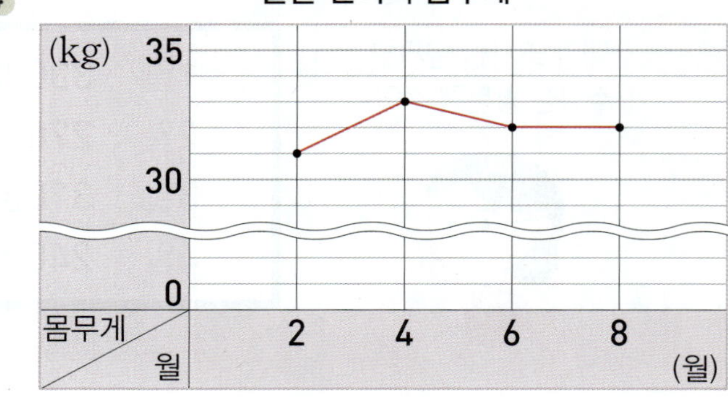


① 2월의 민이의 몸무게: ☐ kg

② 6월의 민이의 몸무게: ☐ kg

**5**

시각별 현규의 체온

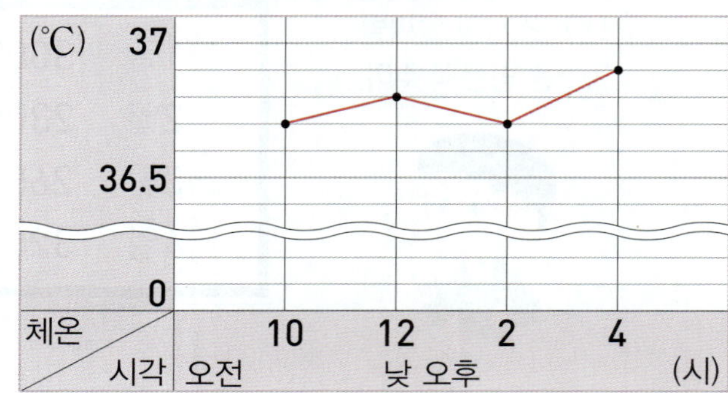


① 오전 10시의 현규의 체온: ☐ ℃

② 오후 4시의 현규의 체온: ☐ ℃

**6**

연도별 졸업생 수

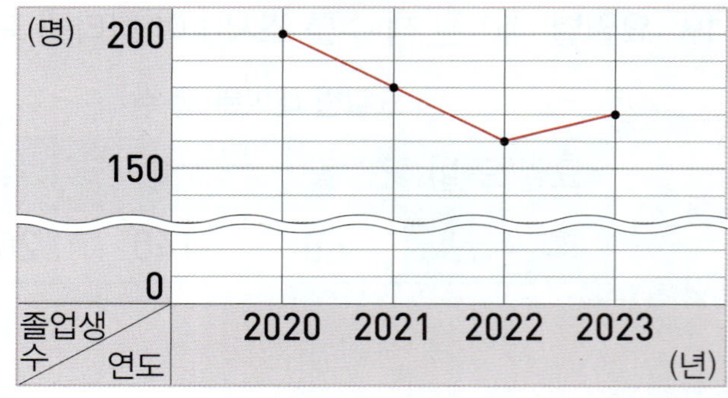


① 2020년의 졸업생 수: ☐ 명

② 2023년의 졸업생 수: ☐ 명

◆ 표를 보고 꺾은선그래프로 나타내세요.

**7** 월별 전학생 수

| 월(월) | 3 | 4 | 5 | 6 |
|---|---|---|---|---|
| 전학생 수(명) | 2 | 4 | 10 | 7 |

**8** 요일별 붕어빵 판매량

| 요일(요일) | 월 | 화 | 수 | 목 |
|---|---|---|---|---|
| 판매량(개) | 40 | 30 | 80 | 110 |

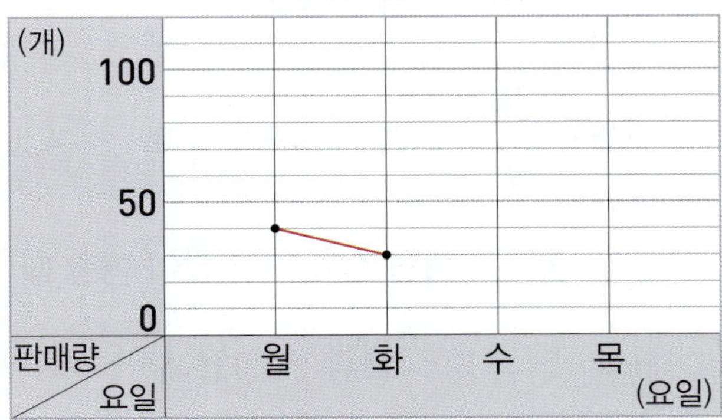


**9** 날짜별 외국인 관광객 수

| 날짜(일) | 1 | 2 | 3 | 4 |
|---|---|---|---|---|
| 관광객 수(명) | 80 | 160 | 180 | 120 |

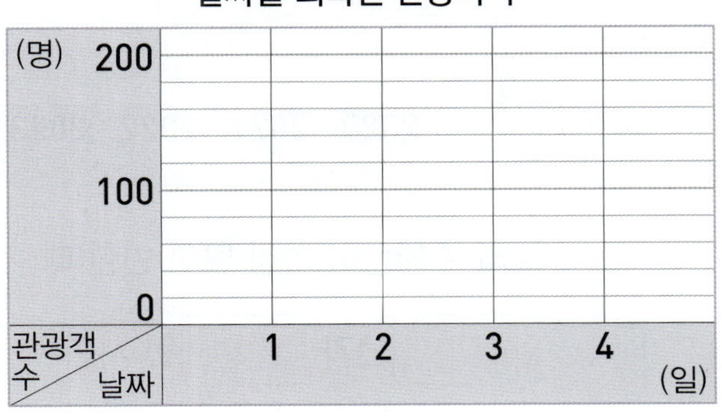


◆ 표를 보고 꺾은선그래프로 나타내세요.

**10** 월별 낮의 길이

| 월(월) | 4 | 6 | 8 | 10 |
|---|---|---|---|---|
| 낮의 길이(시간) | 13 | 14 | 13 | 11 |

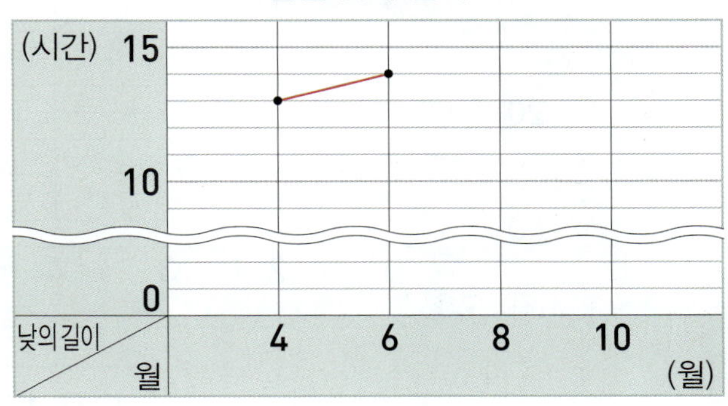


**11** 날짜별 최고 기온

| 날짜(일) | 7 | 14 | 21 | 28 |
|---|---|---|---|---|
| 최고 기온(℃) | 26 | 27 | 30 | 31 |

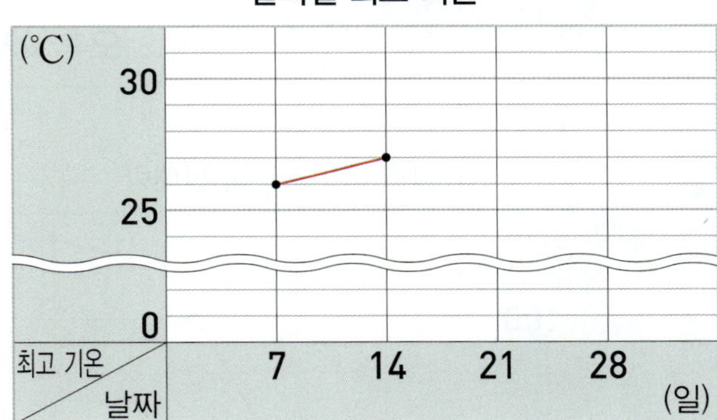


**12** 요일별 만화 영화 관객 수

| 요일(요일) | 수 | 목 | 금 | 토 |
|---|---|---|---|---|
| 관객 수(명) | 340 | 300 | 320 | 350 |

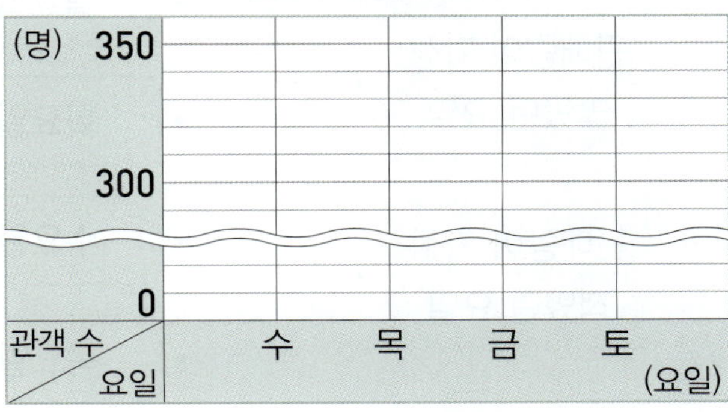


5단원 36회

◆ 꺾은선그래프를 보고 관계있는 것끼리 이어 보세요.

**1** 시각별 공원의 기온

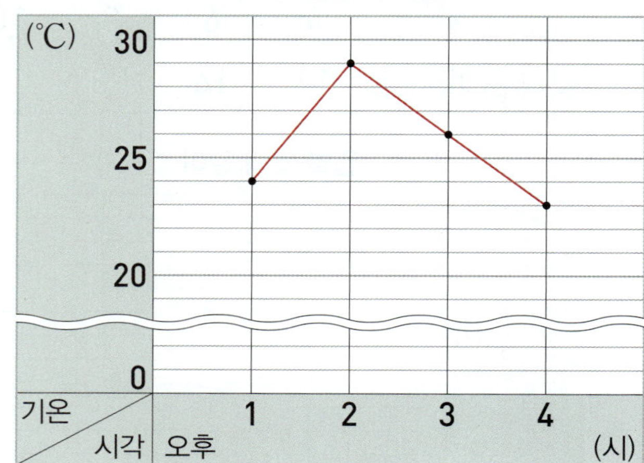

기온이 가장 높았던 시각 •

기온이 가장 낮았던 시각 •

• 오후 1시

• 오후 2시

• 오후 3시

• 오후 4시

**2** 요일별 아이스크림 판매량

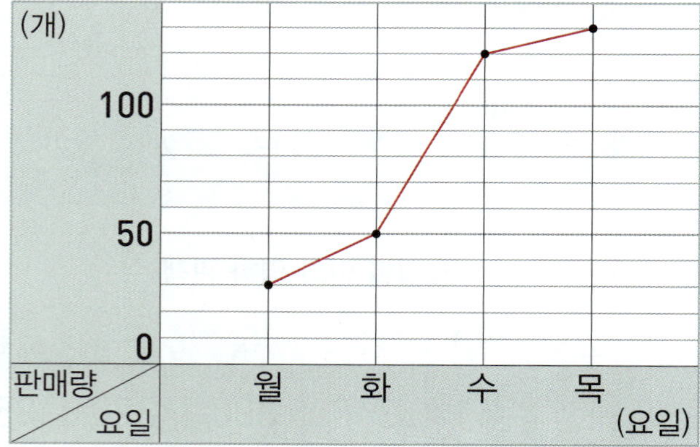

판매량이 가장 많았던 요일 •

판매량이 가장 적었던 요일 •

• 월요일

• 화요일

• 수요일

• 목요일

◆ ☐ 안에 알맞은 수를 써넣으세요.

**3** 어느 아파트의 연도별 1인 가구 수

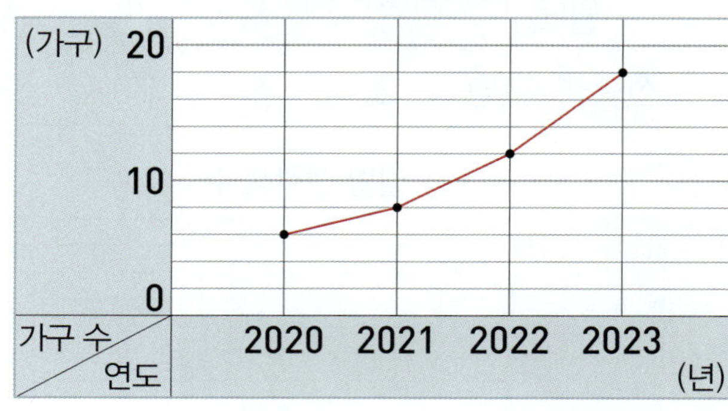

1인 가구 수가 가장 많이 변한 때

☐ 년과 ☐ 년 사이

**4** 월별 동호회 회원 수

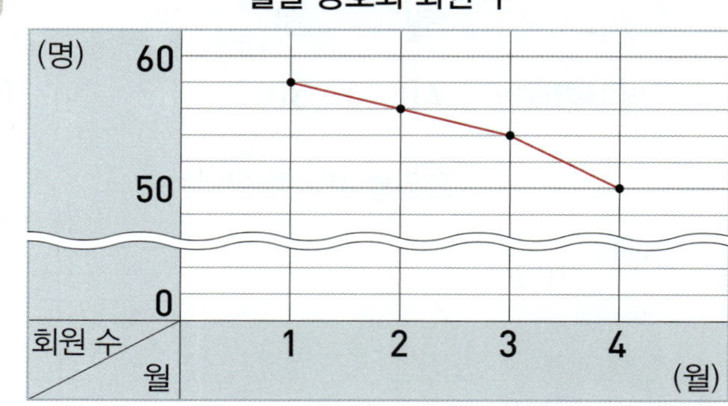

동호회 회원 수가 가장 많이 변한 때

☐ 월과 ☐ 월 사이

**5** 연도별 보리 수확량

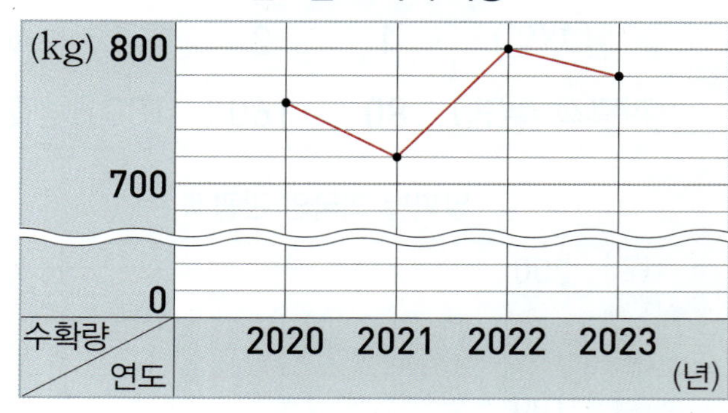

보리 수확량이 가장 많이 변한 때

☐ 년과 ☐ 년 사이

◆ 표와 꺾은선그래프를 완성해 보세요.

**6**

### 시각별 학교 누리집 방문자 수

| 시각(시) | 오후 1 | 오후 3 | 오후 5 | 오후 7 |
|---|---|---|---|---|
| 방문자 수(명) | | | 36 | 14 |

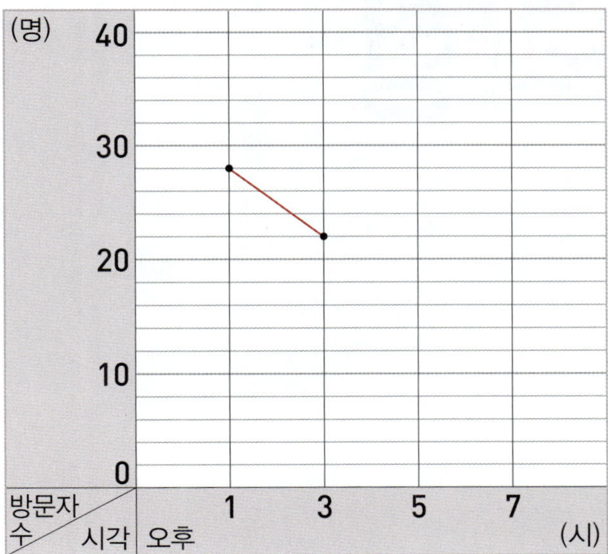

시각별 학교 누리집 방문자 수

◆ 표와 꺾은선그래프를 완성해 보세요.

**8**

### 연도별 1인당 하루 물 사용량

| 연도(년) | 2019 | 2020 | 2021 | 2022 |
|---|---|---|---|---|
| 사용량(L) | 295 | 295 | | |

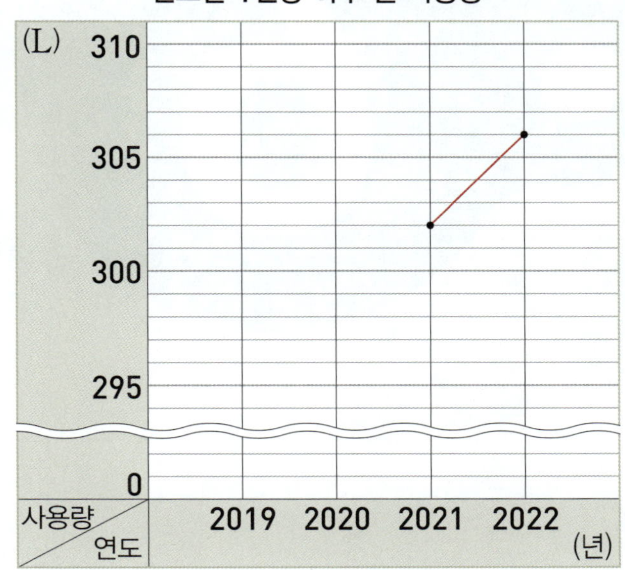

연도별 1인당 하루 물 사용량

**7**

### 월별 불량품 수

| 월(월) | 1 | 2 | 3 | 4 |
|---|---|---|---|---|
| 불량품 수(개) | | | 360 | 240 |

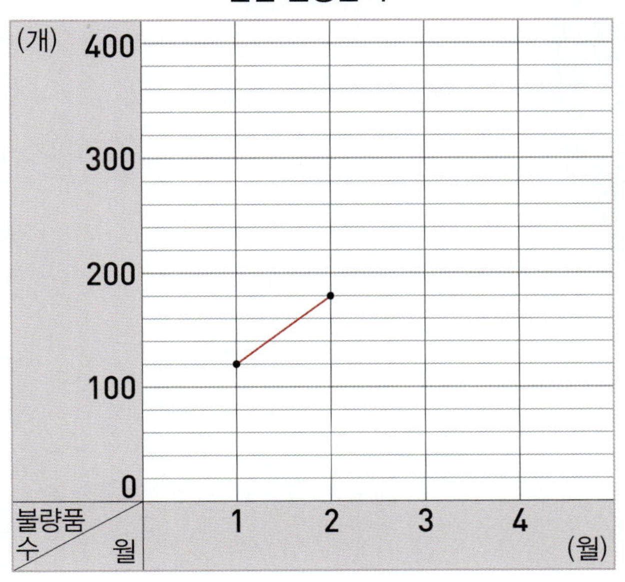

월별 불량품 수

**9**

### 요일별 줄넘기 횟수

| 요일(요일) | 월 | 화 | 수 | 목 |
|---|---|---|---|---|
| 횟수(회) | 102 | 108 | | |

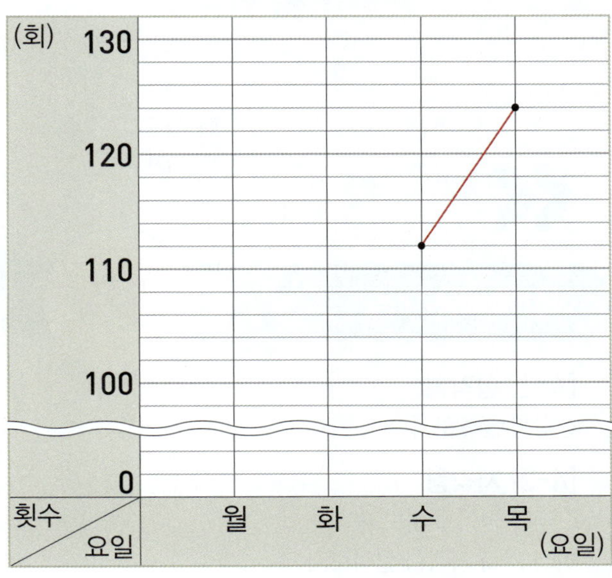

요일별 줄넘기 횟수

# 6 다각형

39회
정다각형
학습을 끝낸 후 색칠하세요.
38회
다각형
이전에 배운 내용
[4-2] 삼각형
삼각형 분류하기
[4-2] 사각형
수직과 평행 알아보기
여러 가지 사각형 알아보기

**다음에 배울 내용**

**[5-2] 직육면체**
직육면체 알아보기
정육면체 알아보기

**[6-1] 각기둥과 각뿔**
각기둥 알아보기
각뿔 알아보기


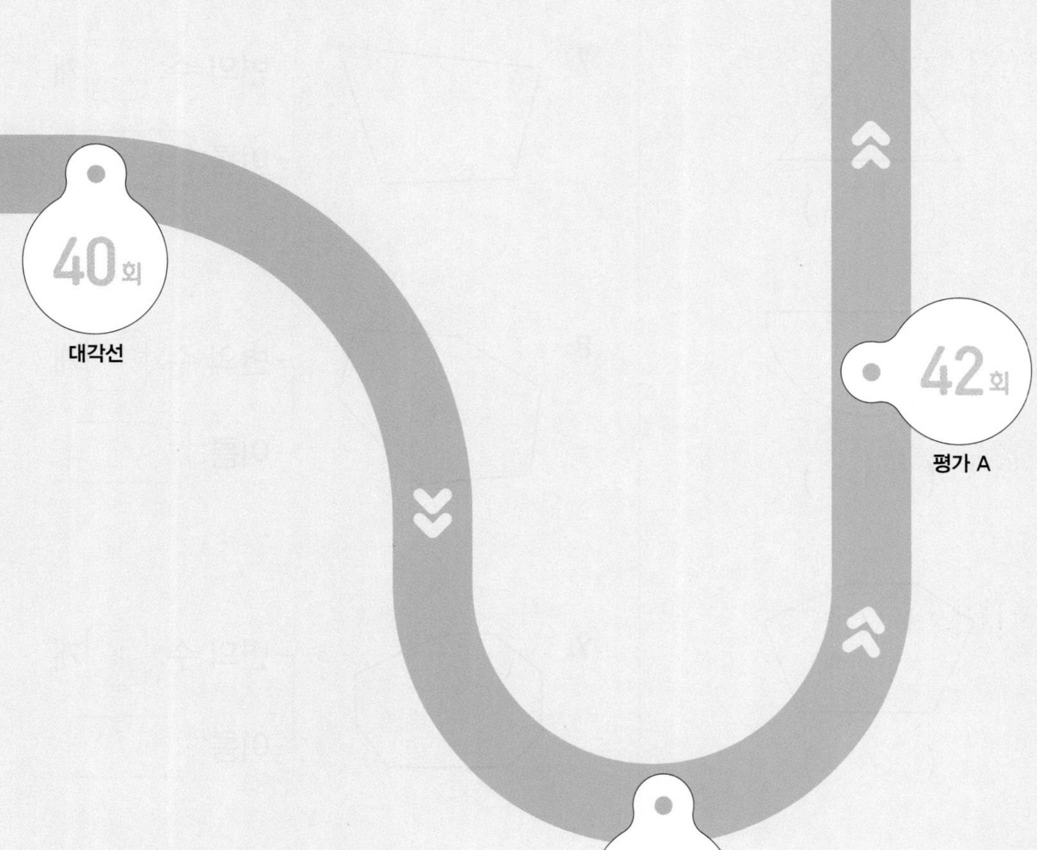

선분으로만 둘러싸인 도형을 **다각형**이라고 합니다.

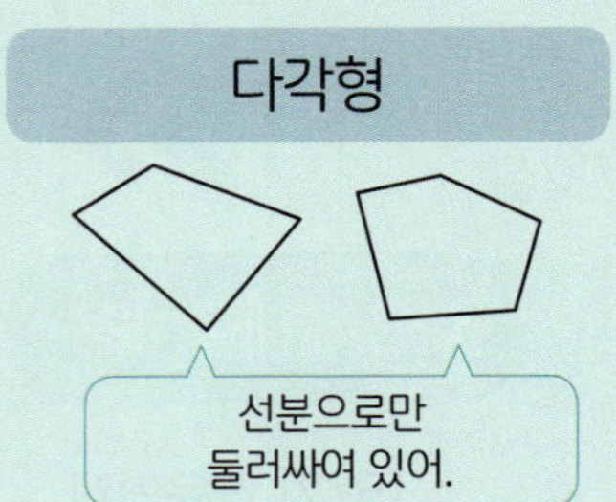


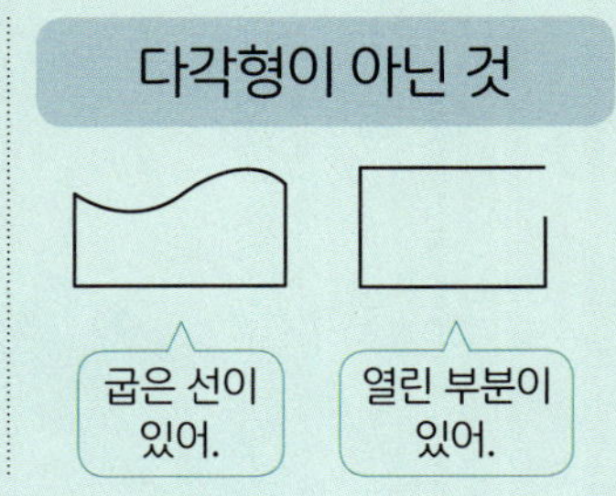


다각형의 이름은 변의 수에 따라 정해집니다.

| 다각형 | 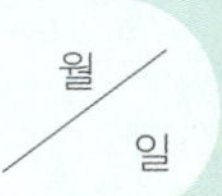 | | |
|---|---|---|---|
| 변의 수 | 3개 | 4개 | 5개 |
| 이름 | 삼각형 | 사각형 | 오각형 |

---

◆ 다각형인 것에 ◯표 하세요.

**1** 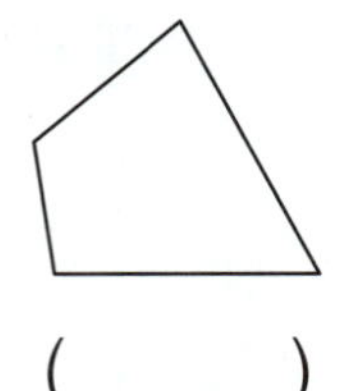 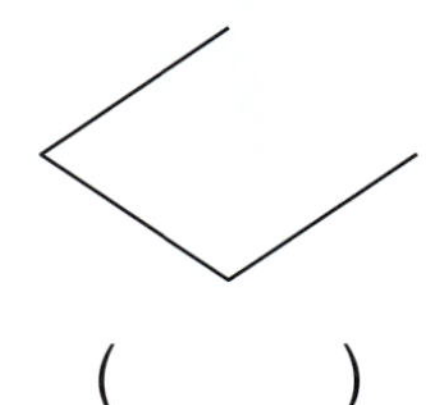
( )   ( )

**2** 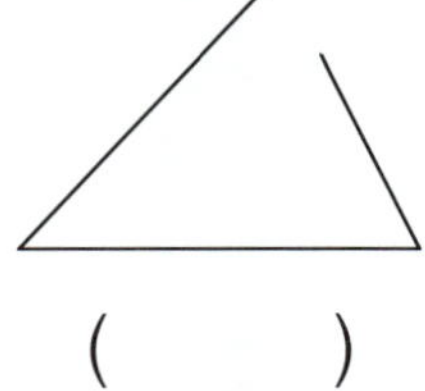 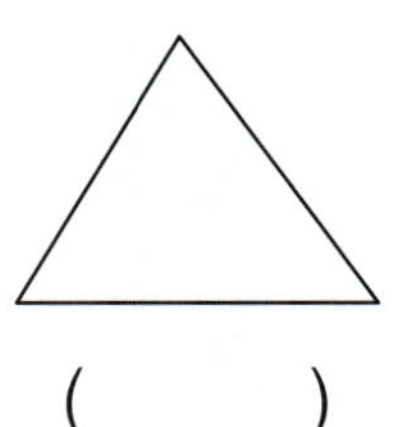
( )   ( )

**3** 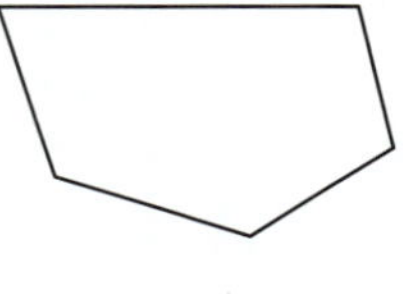 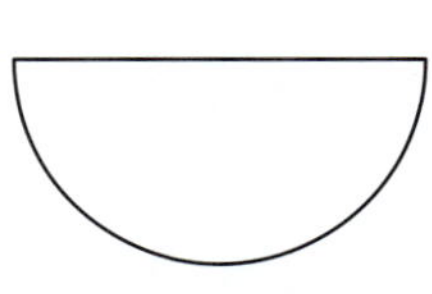
( )   ( )

**4** 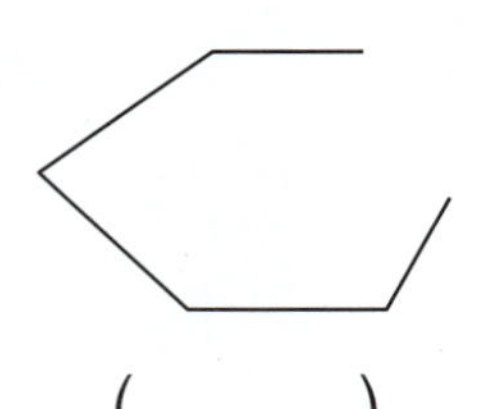 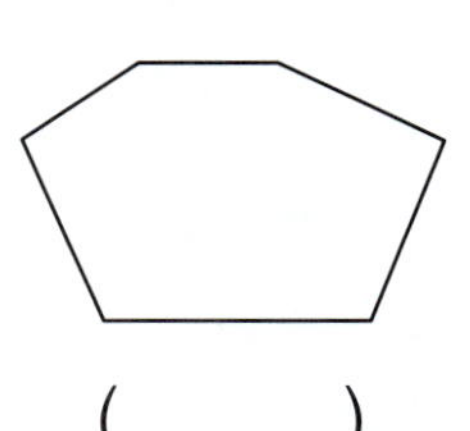
( )   ( )

**5**  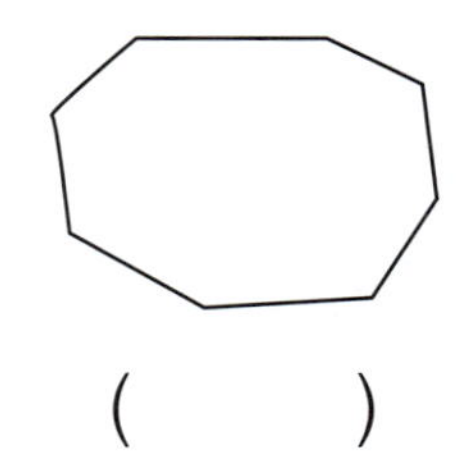
( )   ( )

◆ 다각형을 보고 ☐ 안에 알맞게 써넣으세요.

**6**
변의 수: ☐ 개
이름: ☐

**7**
변의 수: ☐ 개
이름: ☐

**8**
변의 수: ☐ 개
이름: ☐

**9**
변의 수: ☐ 개
이름: ☐

**10**
변의 수: ☐ 개
이름: ☐

## 연습  다각형

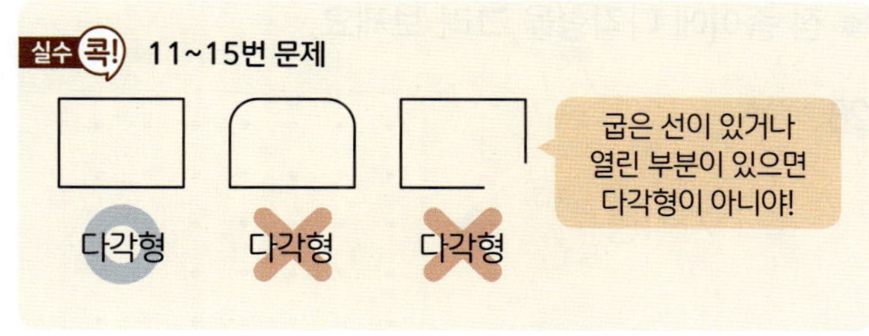


◆ 다각형을 모두 찾아 기호를 쓰세요.

**11**
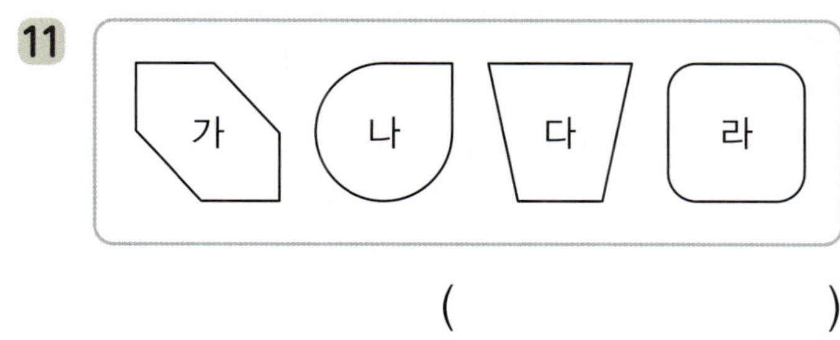


( )

**12**
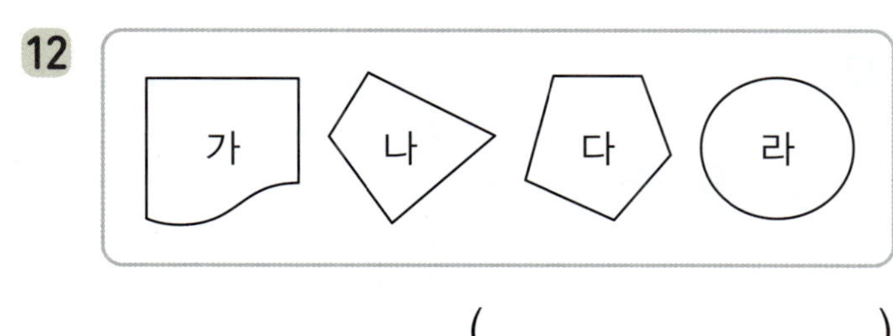


( )

**13**
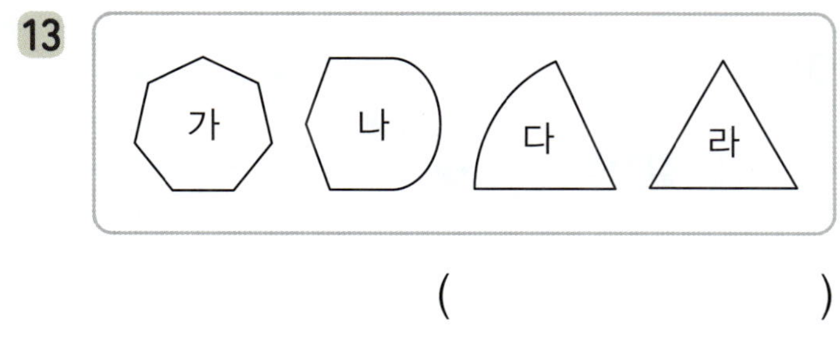


( )

**14**
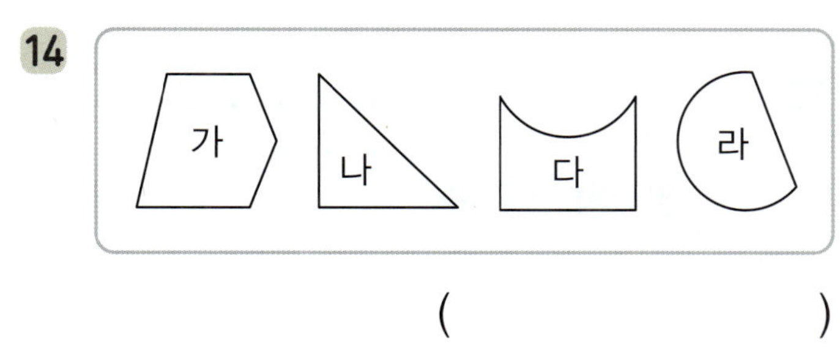


( )

**15**
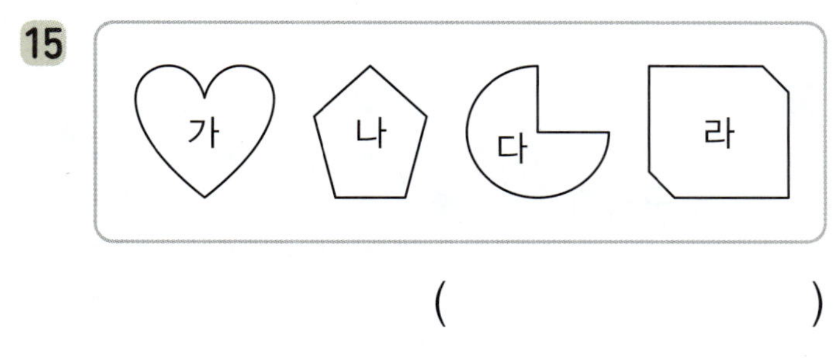


( )

◆ 주어진 다각형을 찾아 ◯표 하세요.

**16**   사각형
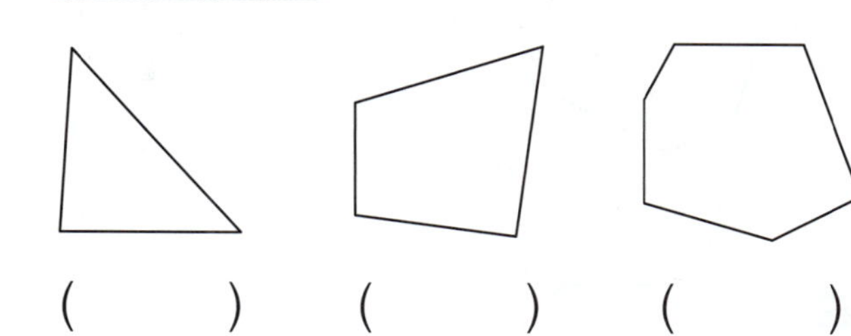

( )   ( )   ( )

**17**   오각형
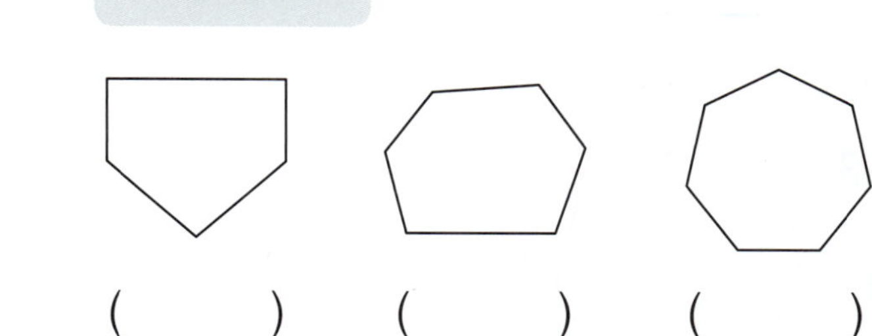
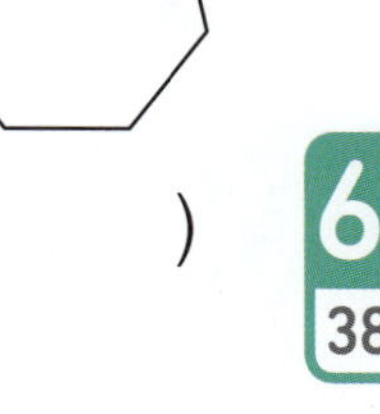

( )   ( )   ( )

**18**   육각형
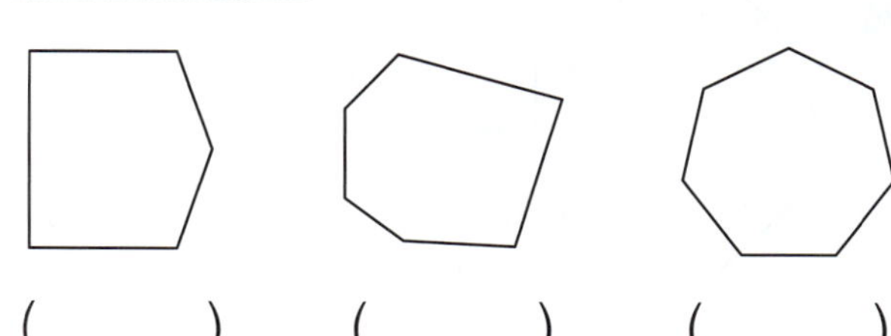

( )   ( )   ( )

**19**   칠각형
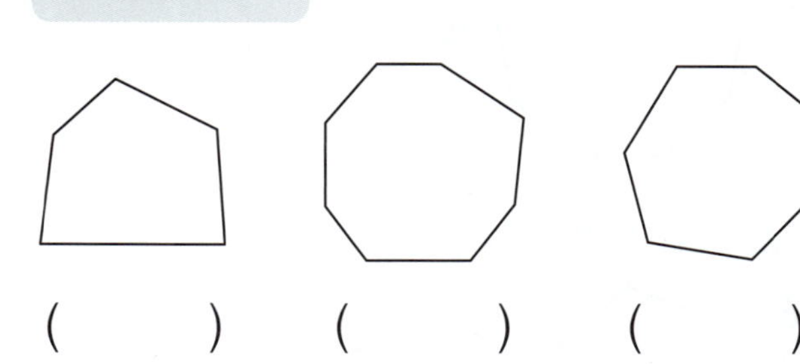

( )   ( )   ( )

**20**   팔각형
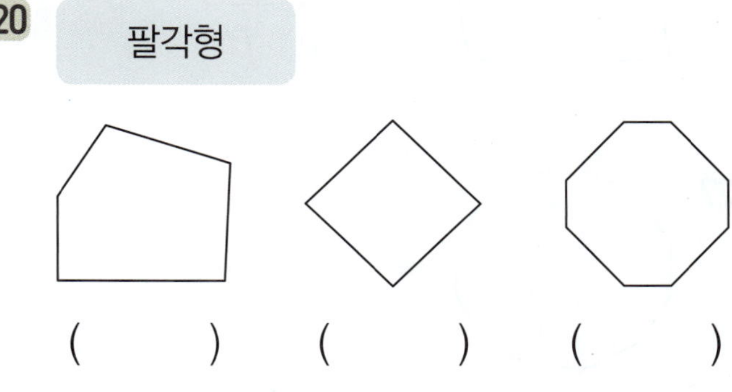

( )   ( )   ( )

◆ 다각형의 이름을 쓰세요.

**21** 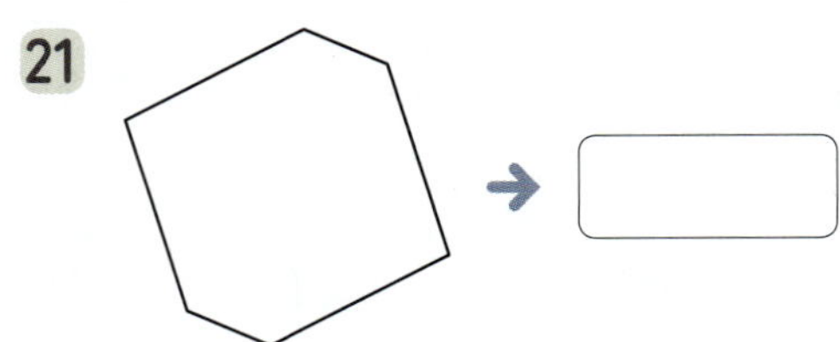 →

**22** 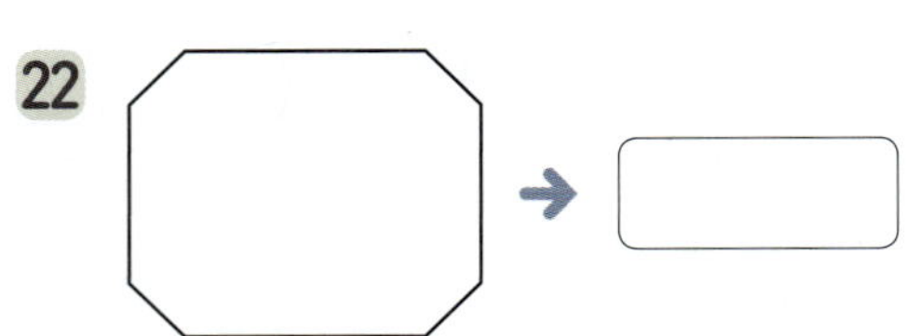 →

**23** 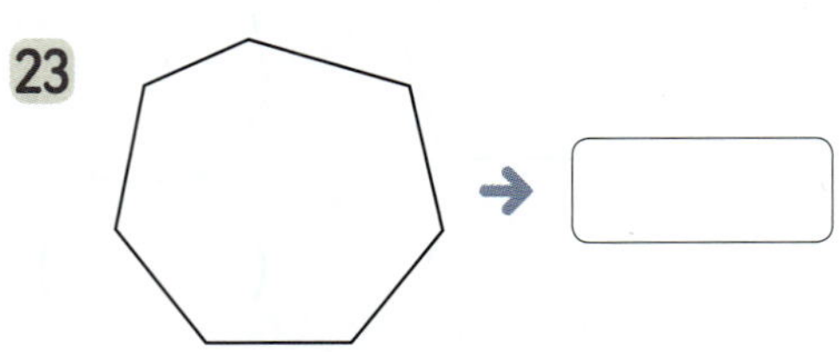 →

**24** 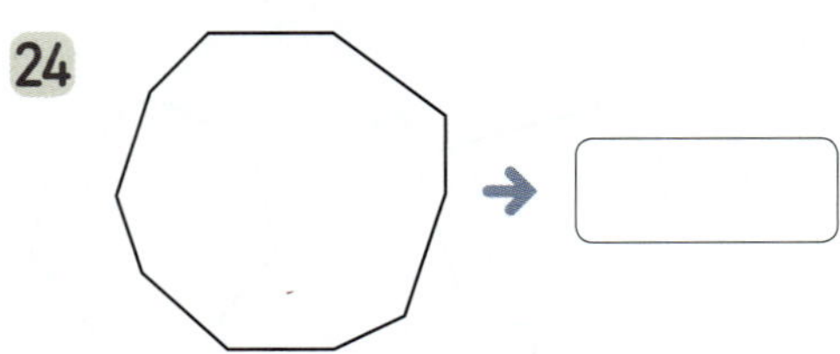 →

**25** 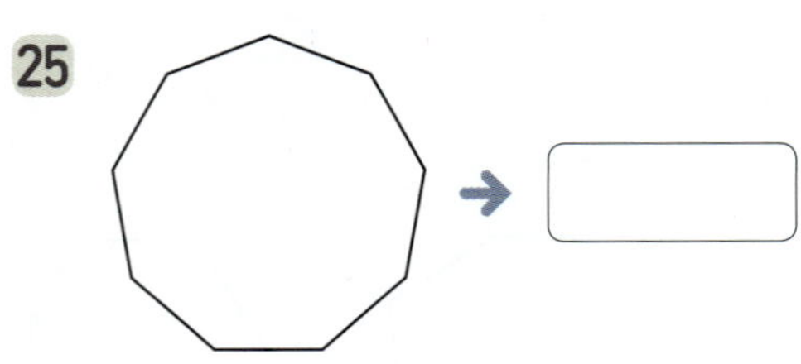 →

**26** 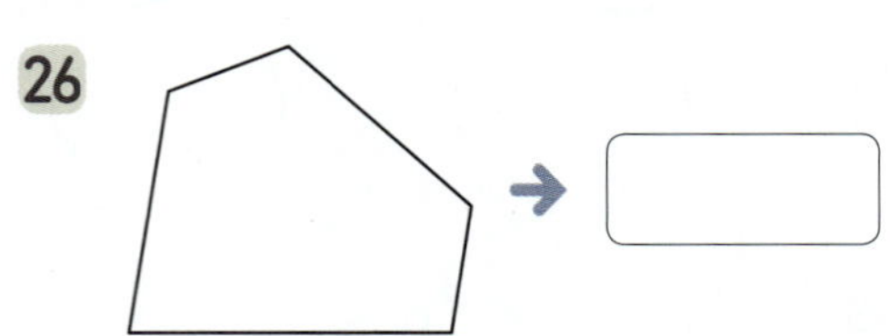 →

**27** 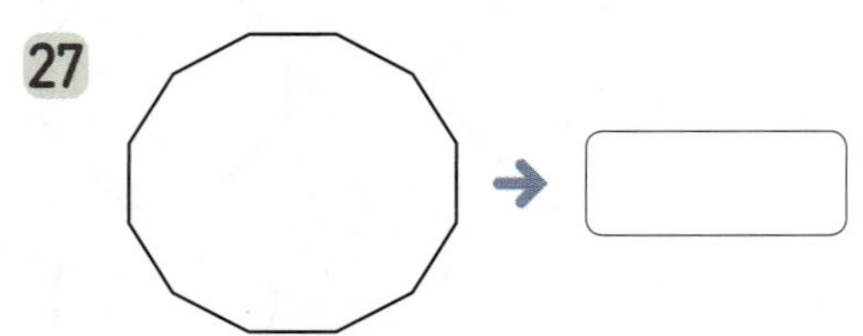 →

◆ 점 종이에 다각형을 그려 보세요.

**28** 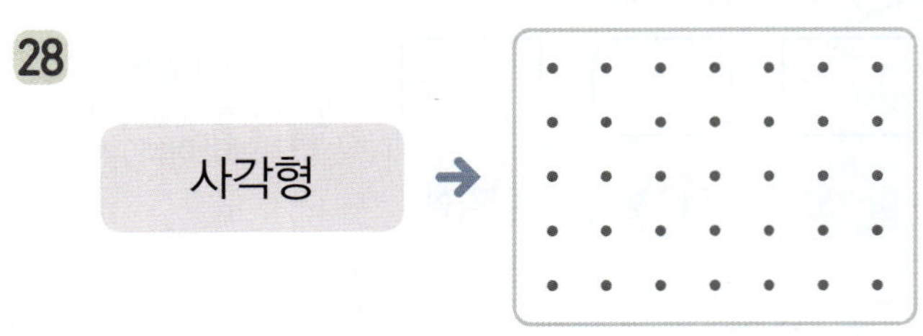 사각형 →

**29** 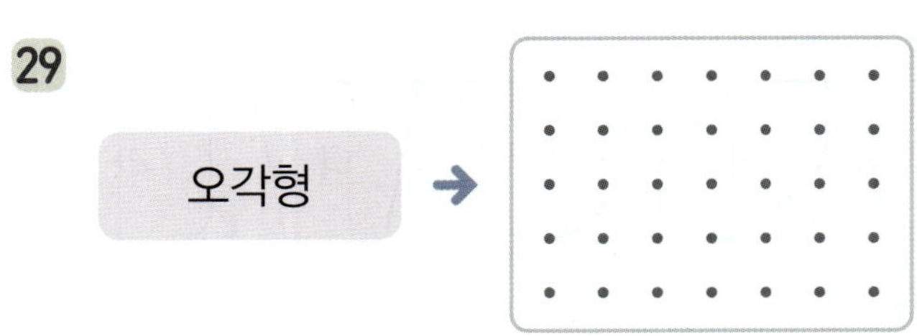 오각형 →

**30** 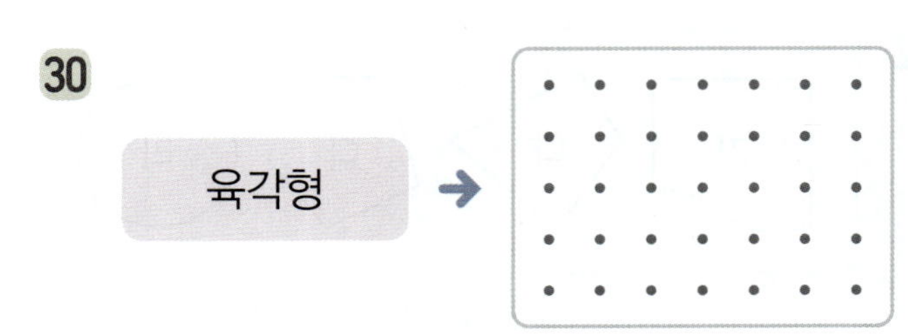 육각형 →

**31** 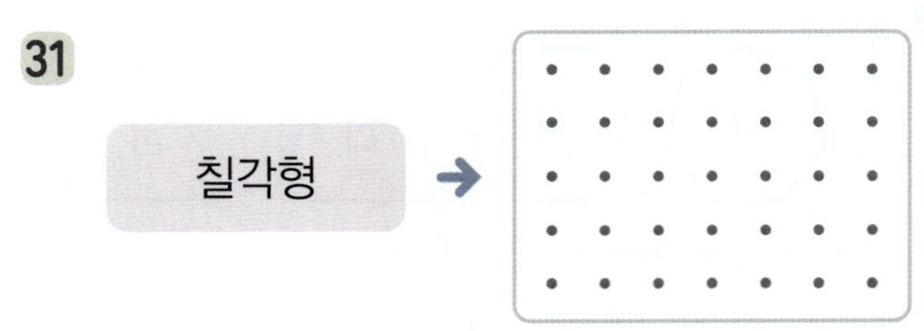 칠각형 →

**32** 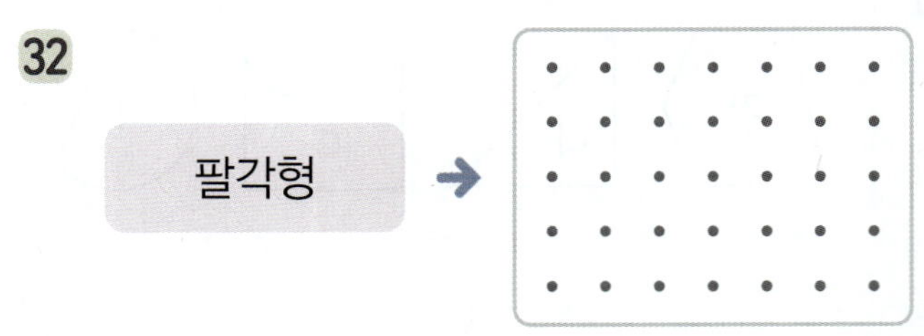 팔각형 →

**33** 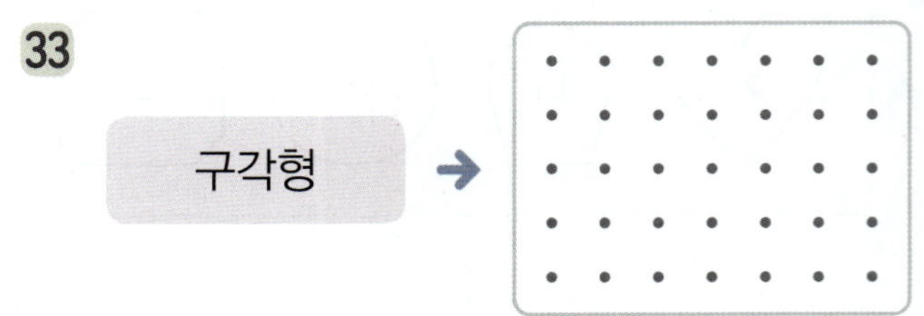 구각형 →

## ★ 완성  다각형

◆ 친구들이 모래 위에 도형을 그렸습니다. 설명하는 도형을 모두 찾아 ◯표 하세요.

34 

36 

35 

37 

**+ 문해력**

38 모양 자를 보고 다각형은 모두 몇 개인지 구하세요.

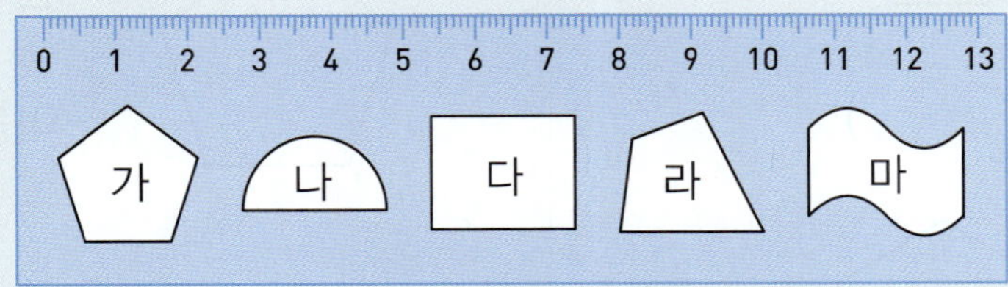


**풀이** 모양 자에서 다각형을 모두 찾으면 ( 가 , 나 , 다 , 라 , 마 )입니다.

**답** 다각형은 모두 [  ]개입니다.

## 개념 정다각형

변의 길이가 모두 같고, 각의 크기가 모두 같은 다각형을 **정다각형**이라고 합니다.

| 정다각형 | 정다각형이 아닌 것 |
|---|---|
| 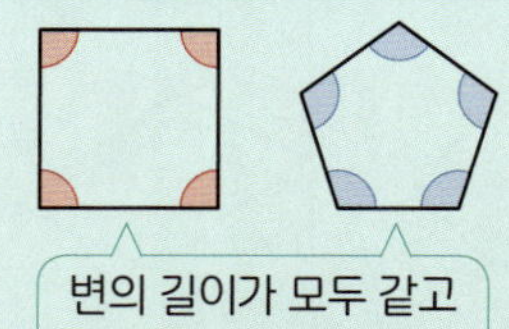 변의 길이가 모두 같고 각의 크기가 모두 같아. | 크기가 다른 각이 있어. / 길이가 다른 변이 있어. |

정다각형의 이름은 변의 수에 따라 정해집니다.

| 정다각형 | △ | □ | ⬠ |
|---|---|---|---|
| 변의 수 | 3개 | 4개 | 5개 |
| 이름 | 정삼각형 | 정사각형 | 정오각형 |

◆ 정다각형인 것에 ◯표 하세요.

**1** 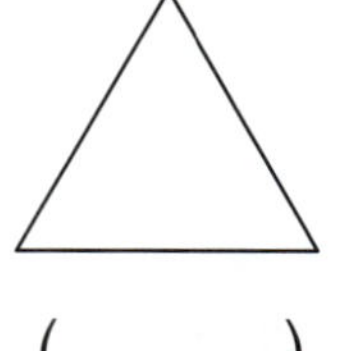 ( )   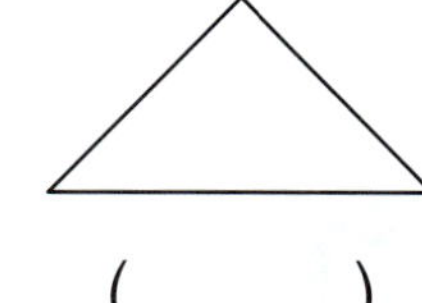 ( )

**2** 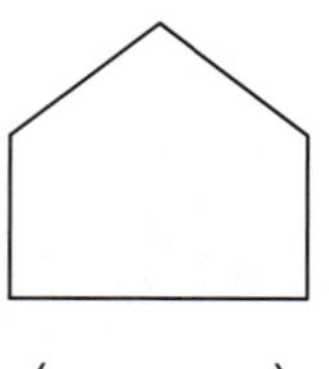 ( )   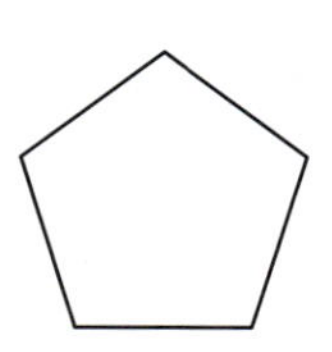 ( )

**3** 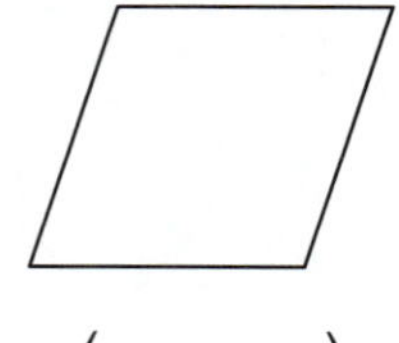 ( )   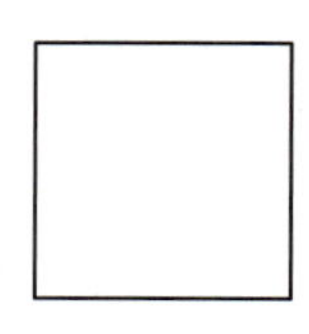 ( )

**4** 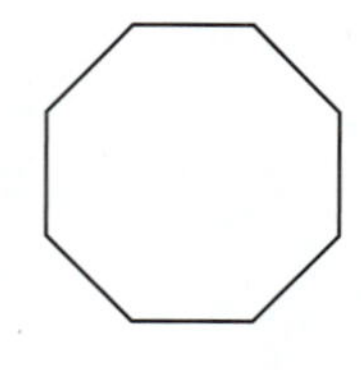 ( )   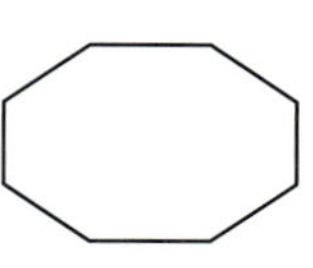 ( )

**5** 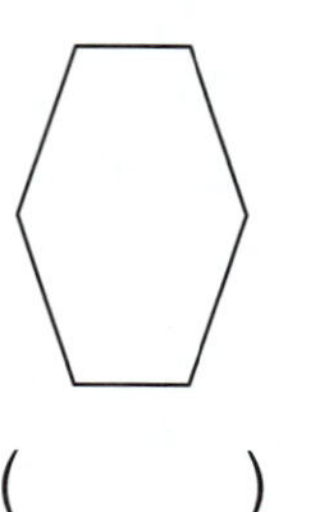 ( )   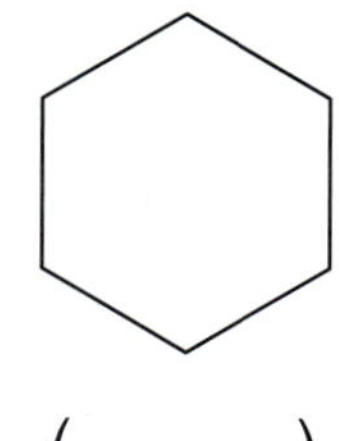 ( )

◆ 정다각형을 보고 ☐ 안에 알맞게 써넣으세요.

**6** 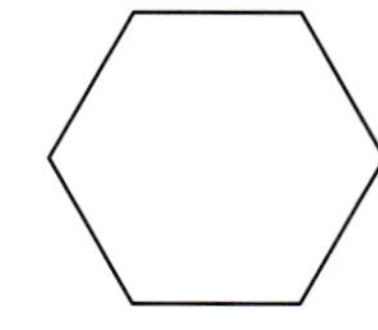 변의 수: ☐ 개   이름: ______

**7** 변의 수: ☐ 개   이름: ______

**8** 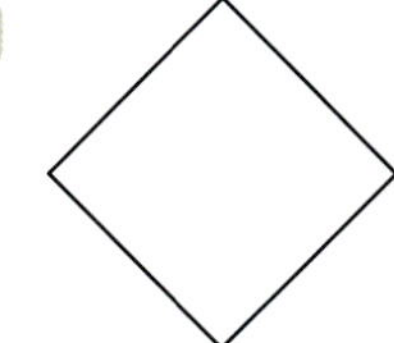 변의 수: ☐ 개   이름: ______

**9** 변의 수: ☐ 개   이름: ______

**10** 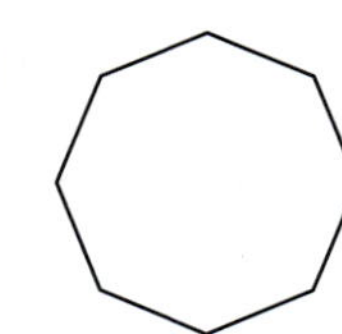 변의 수: ☐ 개   이름: ______

## 연습 정다각형

◆ 정다각형을 모두 찾아 기호를 쓰세요.

**11**

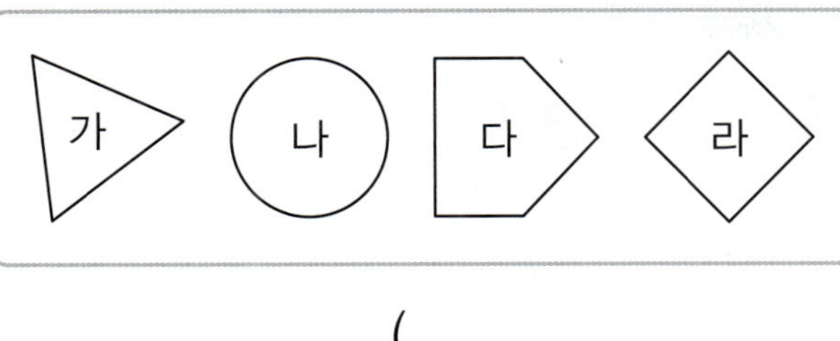


( )

**12**

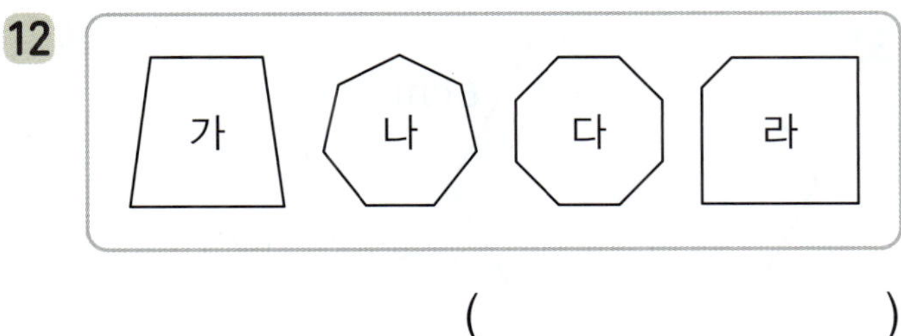


( )

**13**

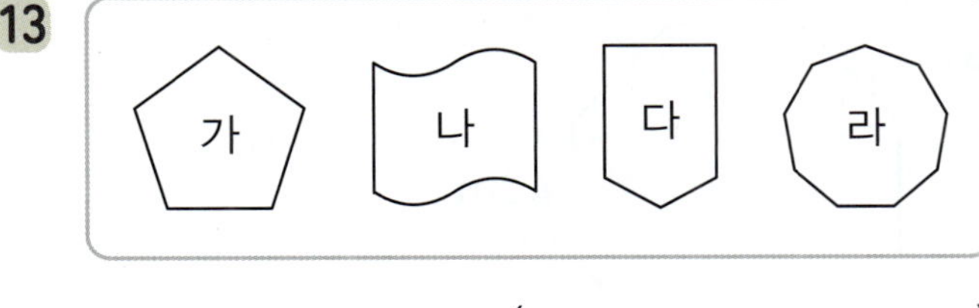


( )

**14**

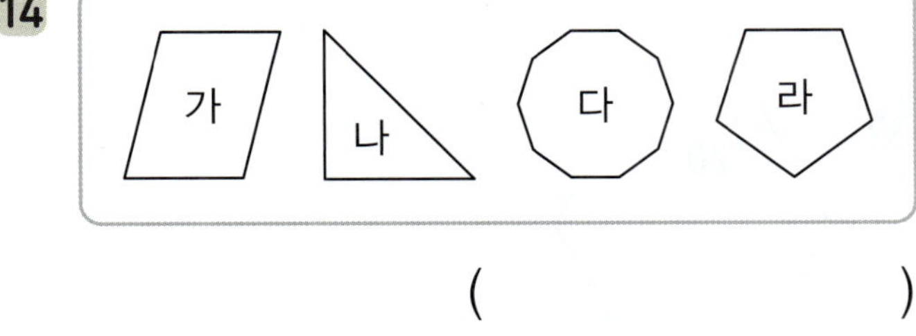


( )

**15**

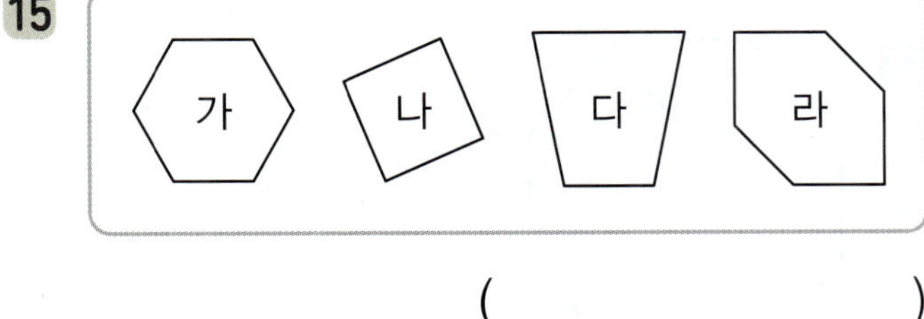


( )

**16**

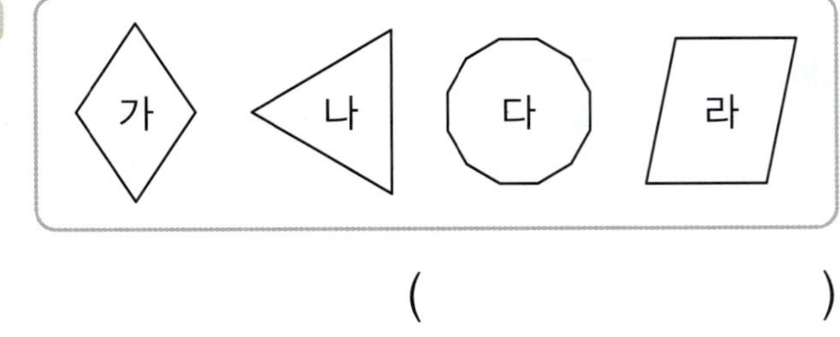


( )

◆ 주어진 정다각형을 찾아 ◯표 하세요.

**17** 정사각형

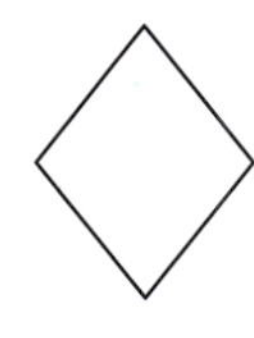 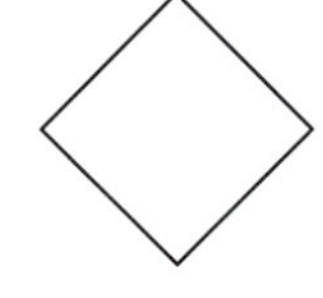 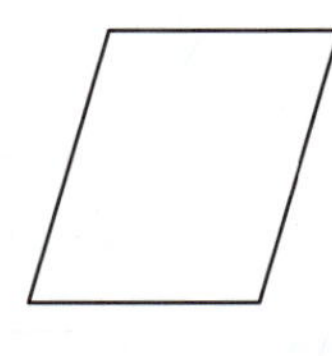

( ) ( ) ( )

**18** 정오각형

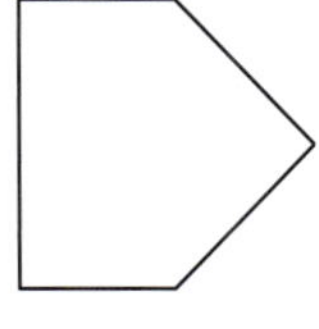 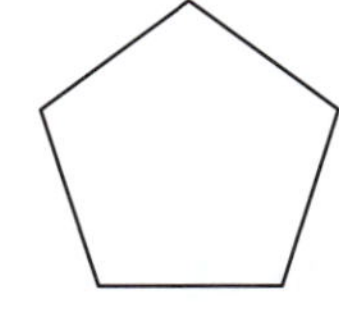 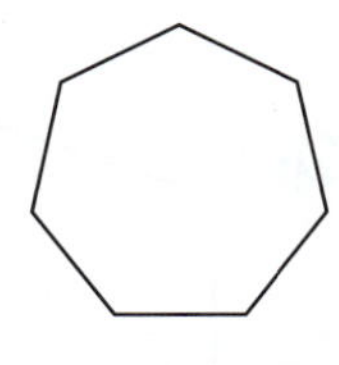

( ) ( ) ( )

**19** 정육각형

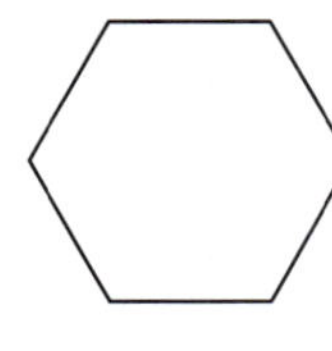 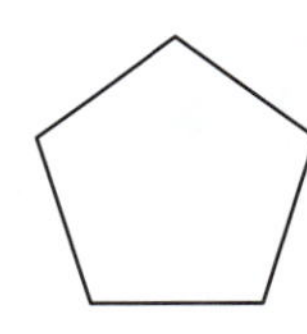 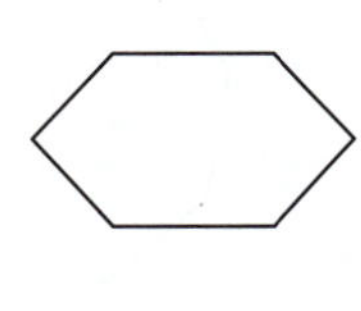

( ) ( ) ( )

**20** 정칠각형

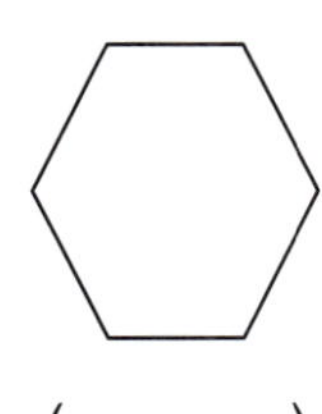 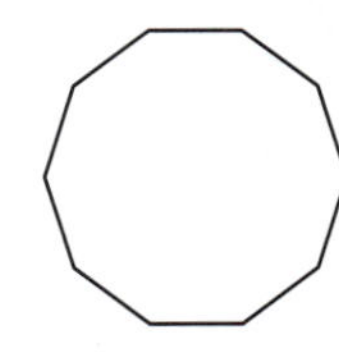 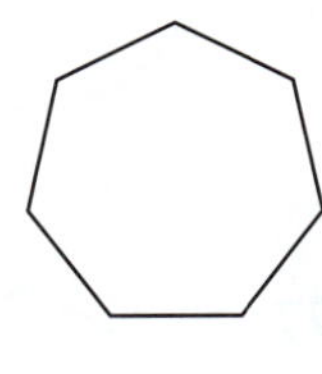

( ) ( ) ( )

**21** 정팔각형

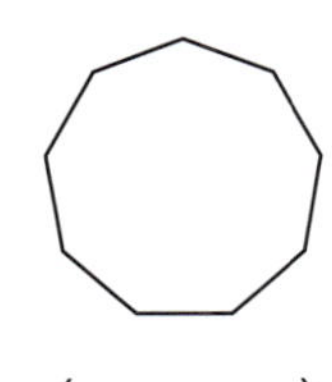 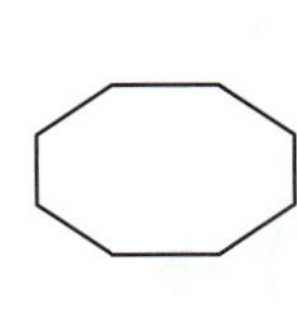 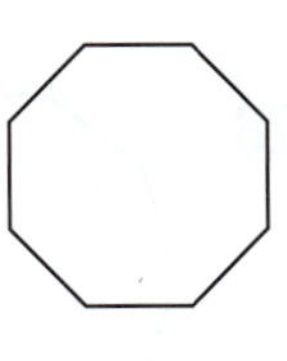

( ) ( ) ( )

◆ 정다각형의 이름을 쓰세요.

**22** 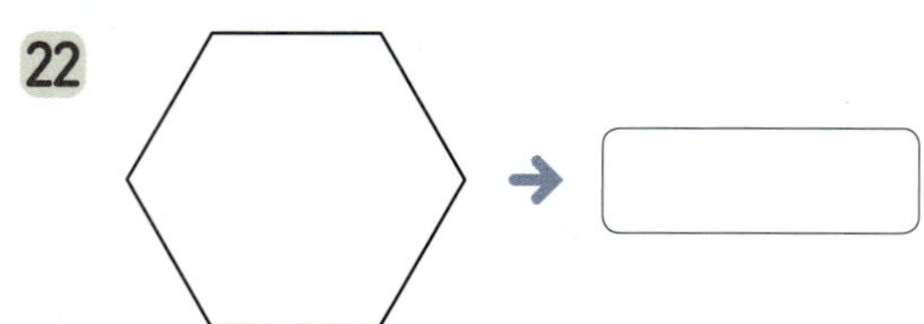 →

**23** 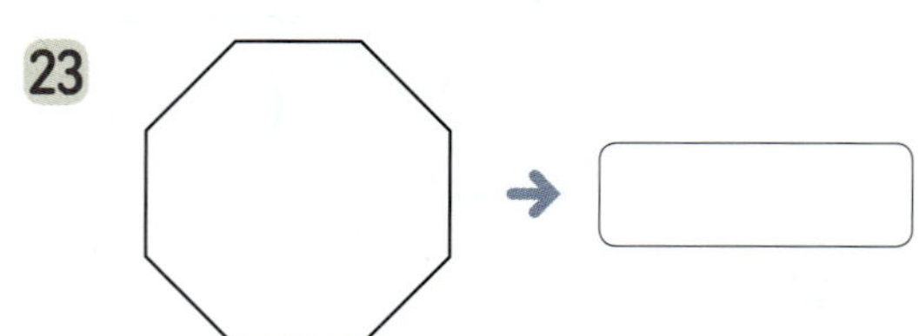 →

**24** 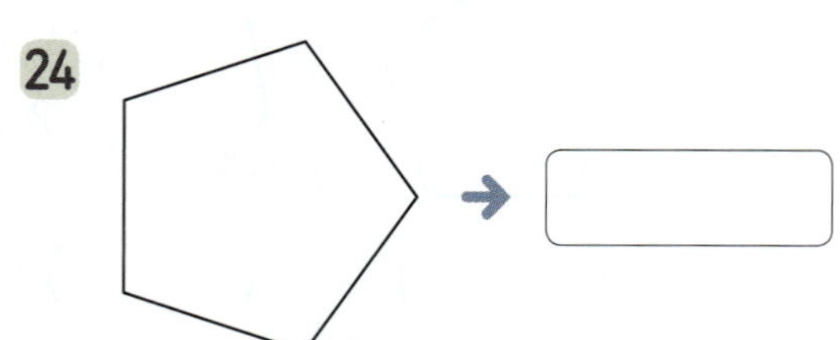 →

**25** 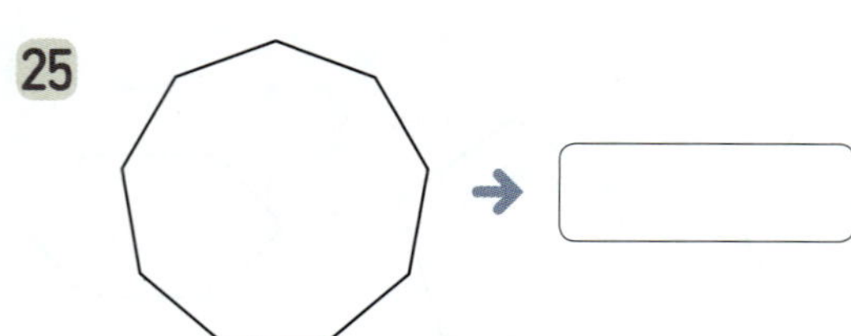 →

**26** 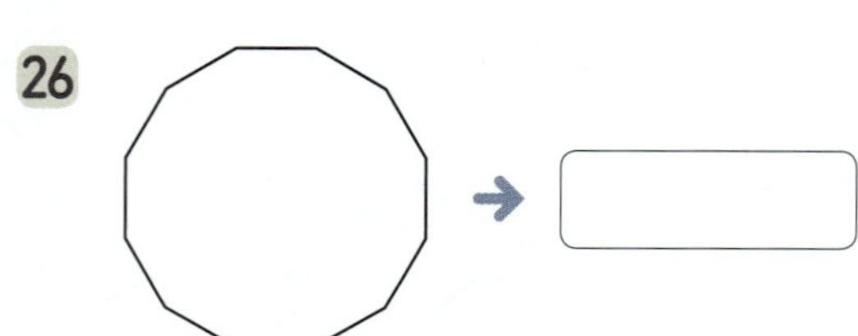 →

**27** 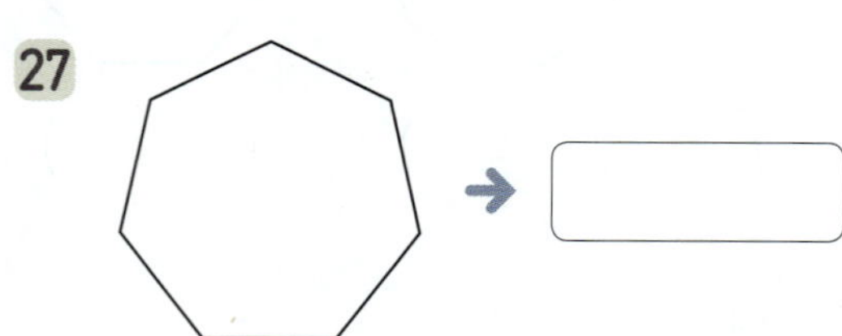 →

**28** 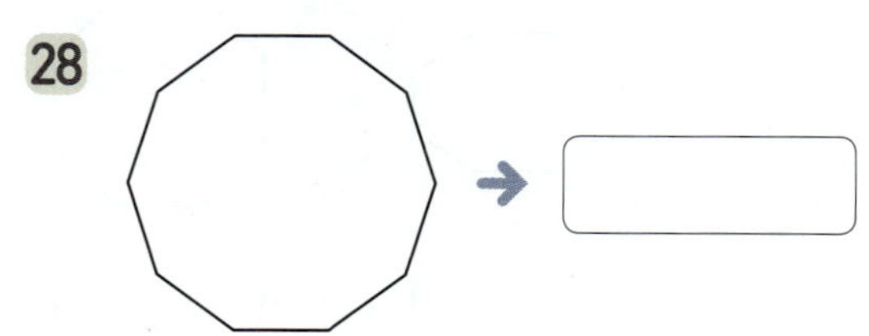 →

◆ 다음 도형은 정다각형입니다. ☐ 안에 알맞은 수를 써넣으세요.

**29** 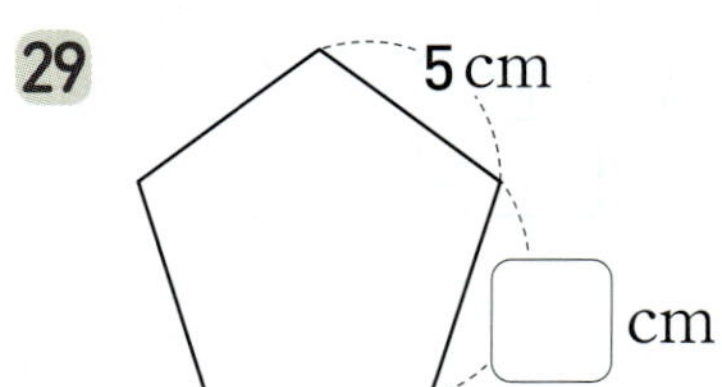


**30** 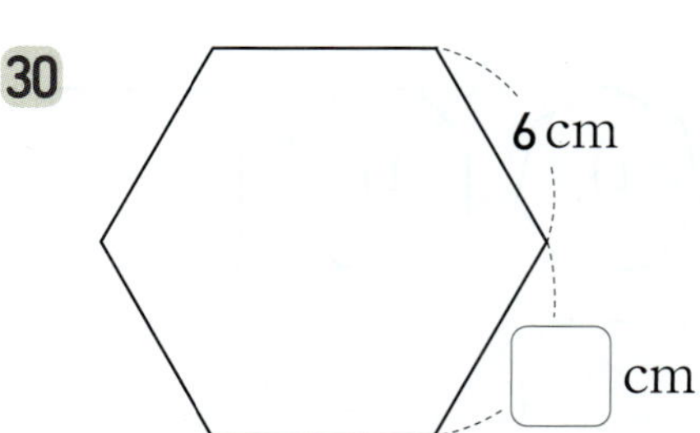


**31** 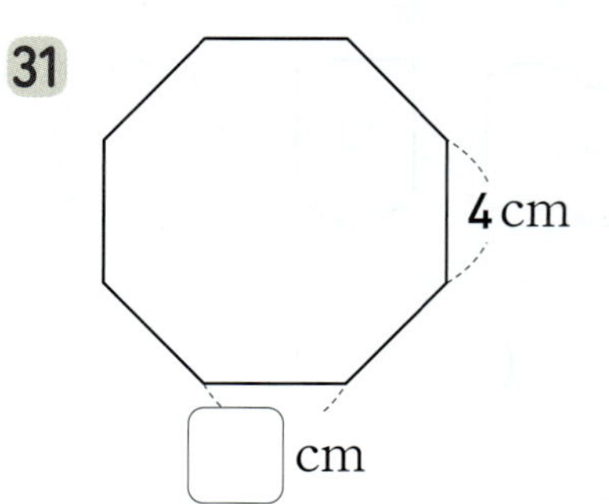


**32** 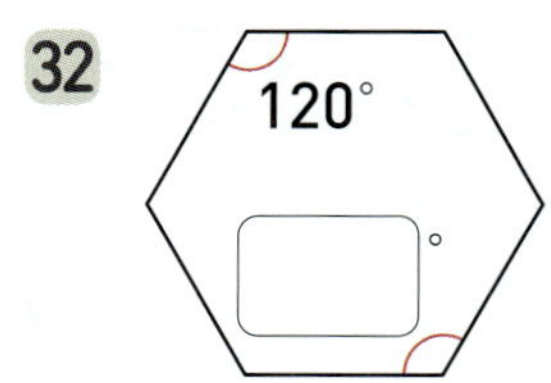


**33** 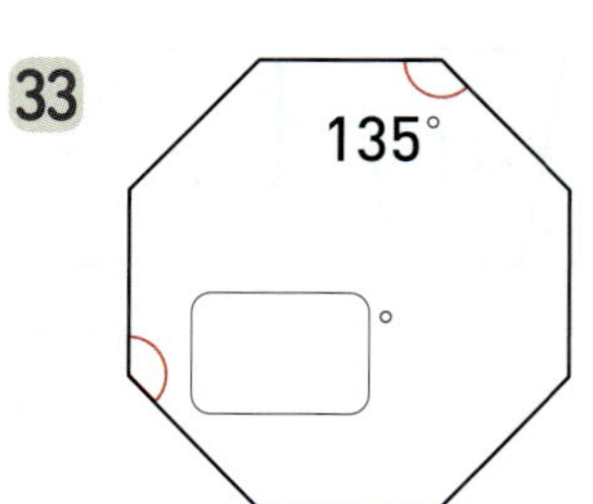


**34** 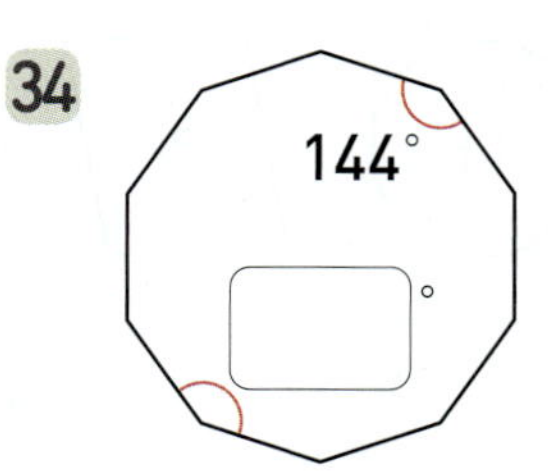

## ★ 완성  정다각형

◆ 그림을 보고 정다각형을 모두 찾아 색칠해 보세요.

35
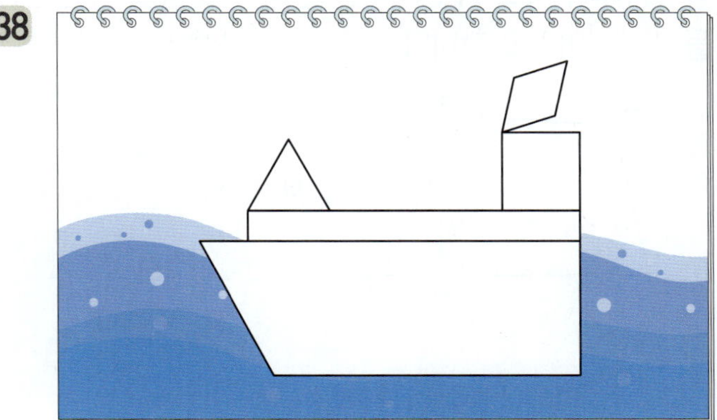

38

36
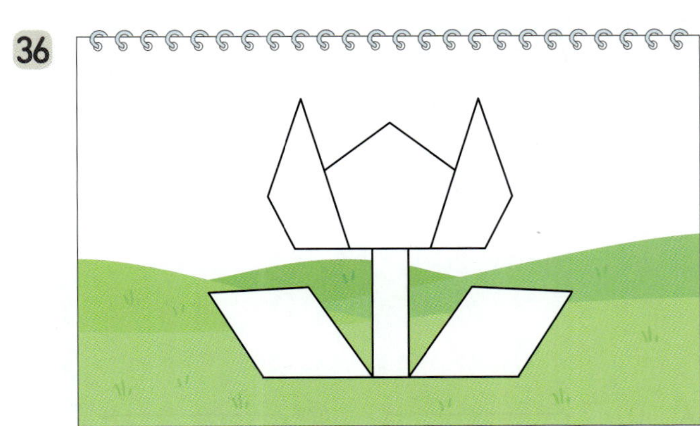

39

37

40

## + 문해력

41  오른쪽 정오각형의 모든 변의 길이의 합은 몇 cm일까요?

풀이  (정오각형의 한 변의 길이) × (변의 수)

$$= \boxed{\phantom{0}} \times \boxed{\phantom{0}} = \boxed{\phantom{0}}$$

답  정오각형의 모든 변의 길이의 합은 $\boxed{\phantom{00}}$ cm입니다.

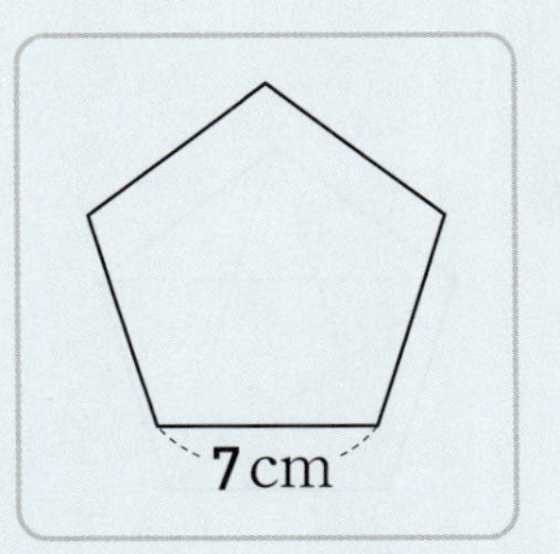

## 개념 대각선

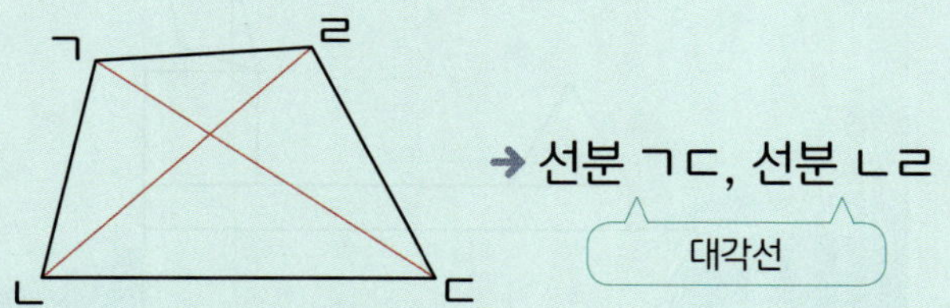

다각형에서 서로 이웃하지 않는 두 꼭짓점을 이은 선분을 대각선이라고 합니다.

→ 선분 ㄱㄷ, 선분 ㄴㄹ
대각선

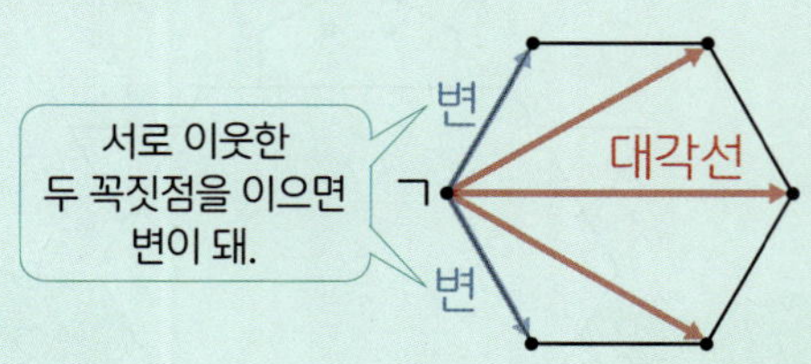

점 ㄱ과 이웃하지 않는 꼭짓점을 선분으로 이어 대각선을 그을 수 있습니다.



◆ 대각선을 바르게 나타낸 것에 ◯표 하세요.

**1** 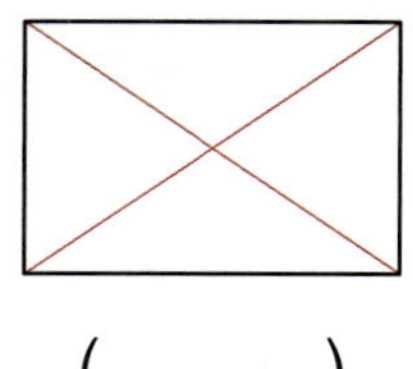 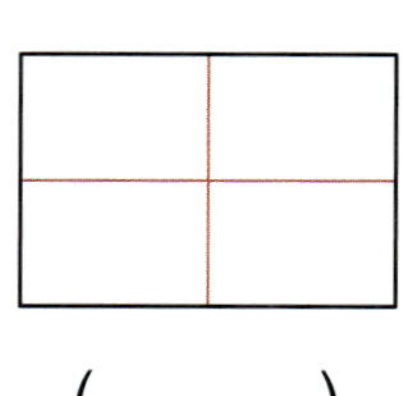
(     )       (     )

**2** 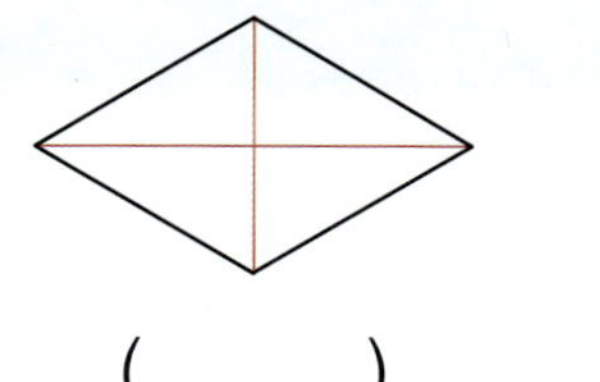
(     )       (     )

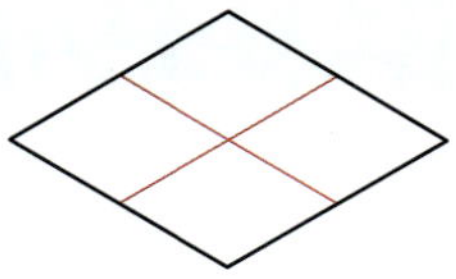

**3**
(     )       (     )

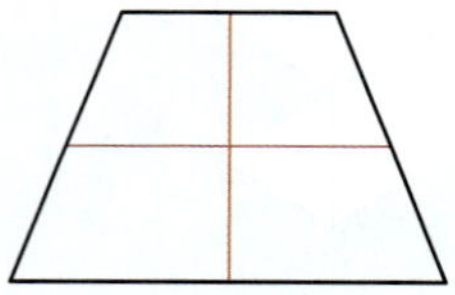

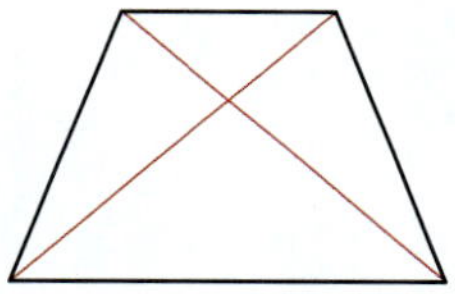

**4** 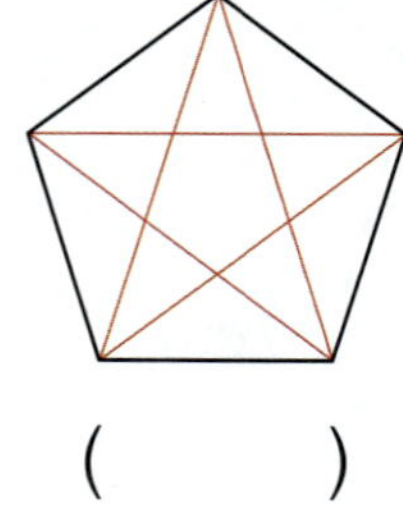
(     )       (     )

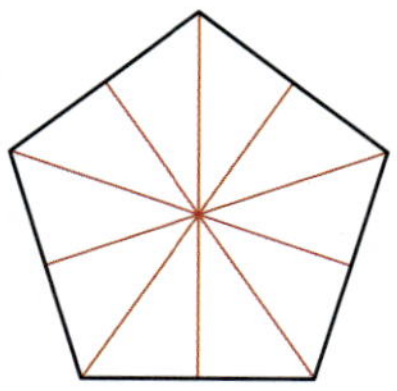

◆ 점 ㄱ에서 그을 수 있는 대각선을 모두 그어 보세요.

**5** ① 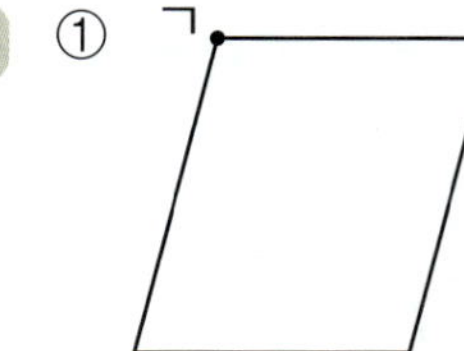 ② 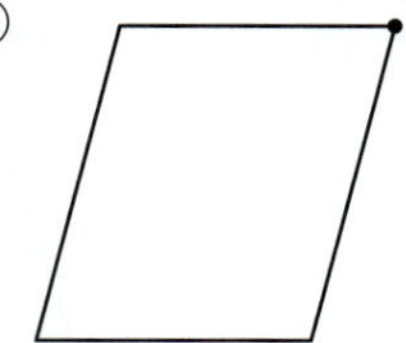

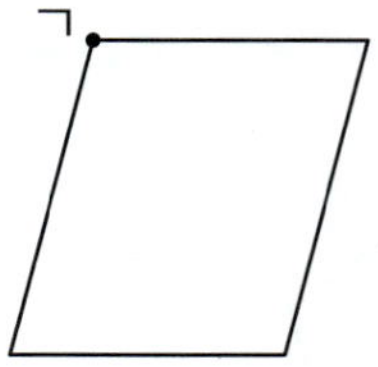

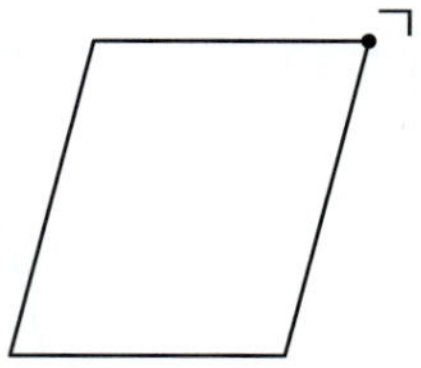

**6** ① 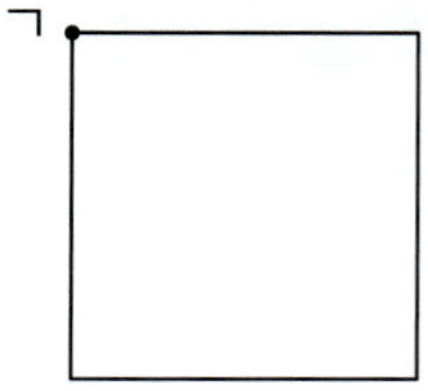 ②

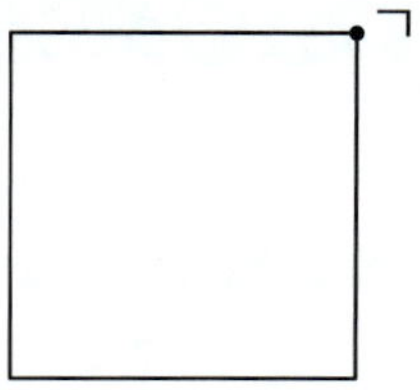

**7** ① 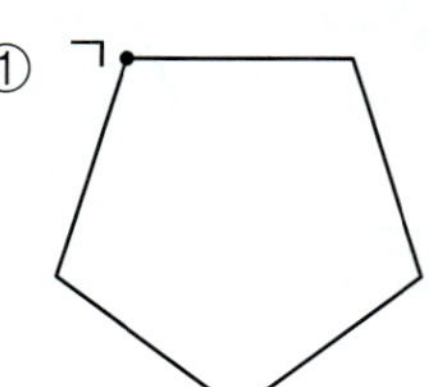 ② 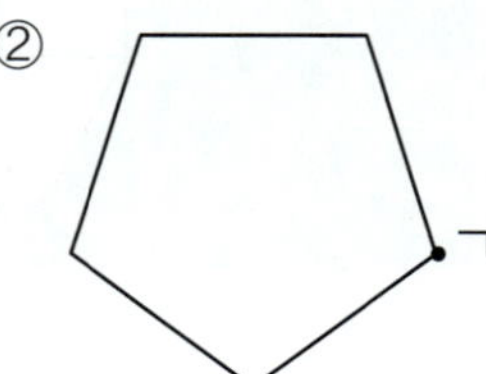

**8** ① 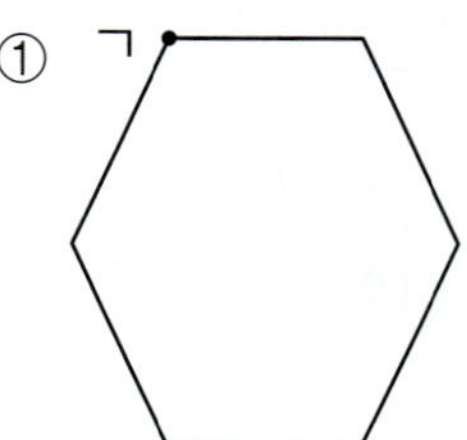 ② 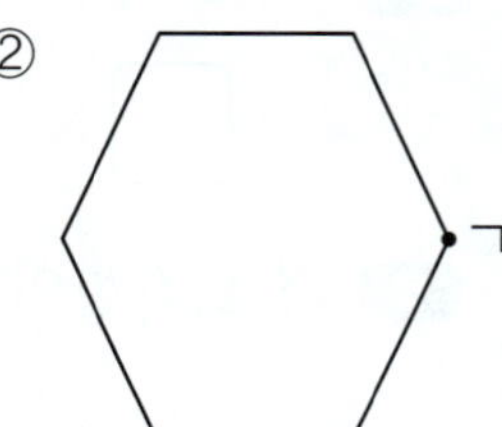

## 연습 대각선

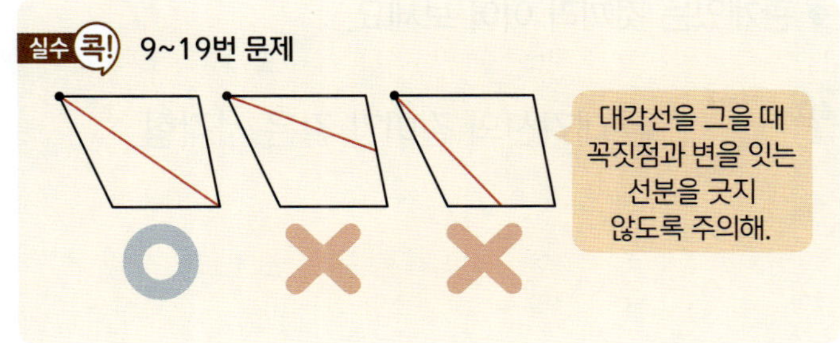


◆ 주어진 점에서 그을 수 있는 대각선의 수를 구하세요.

**9**

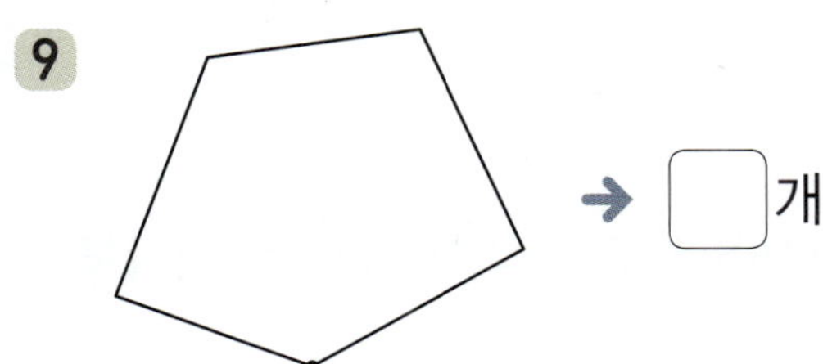

→ ☐ 개

**10**

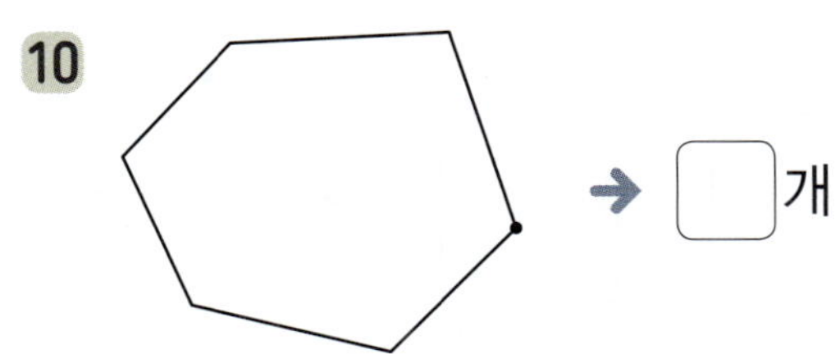

→ ☐ 개

**11**

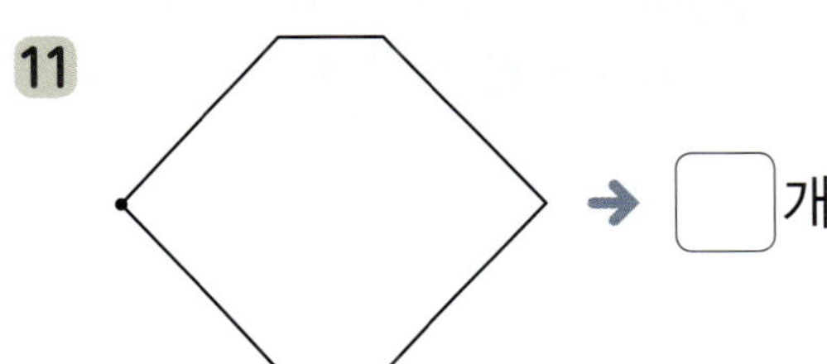

→ ☐ 개

**12**

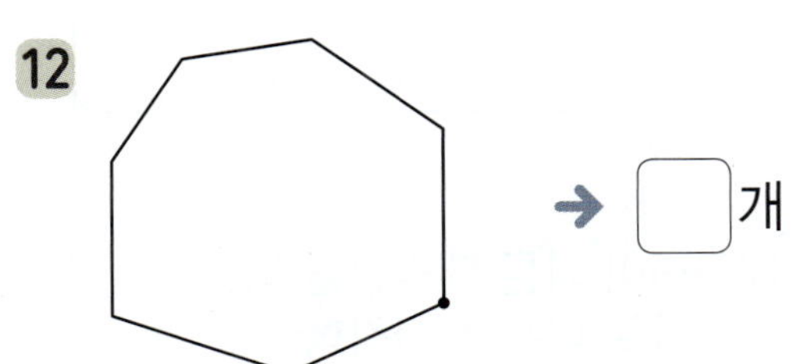

→ ☐ 개

**13**

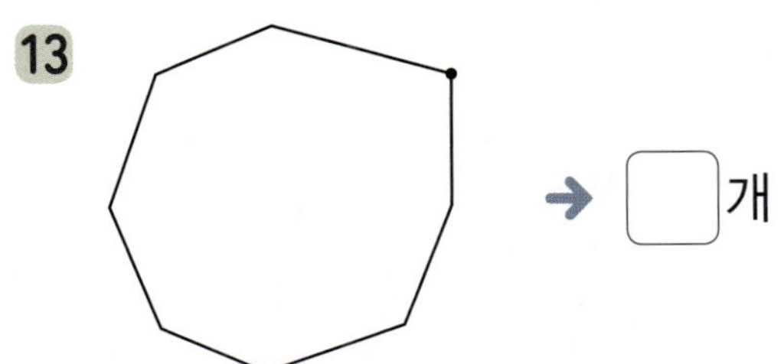

→ ☐ 개

◆ 다각형에 대각선을 모두 그어 보세요.

**14**

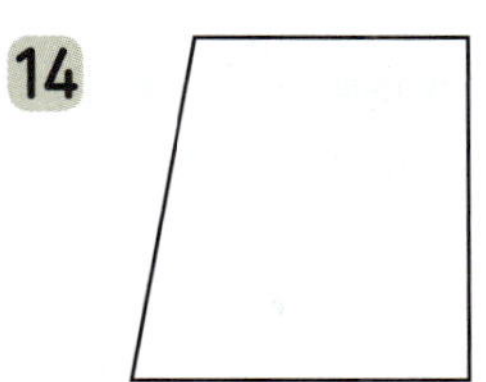

**15**

**16**

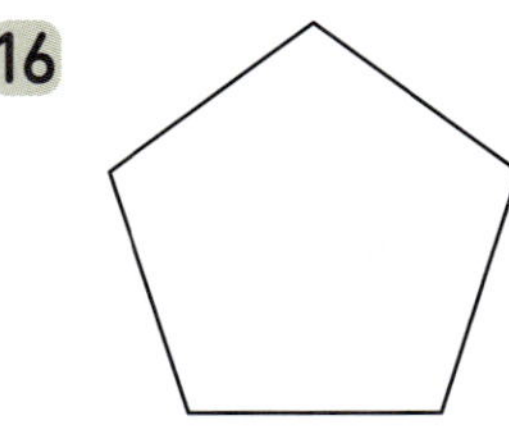

**17**

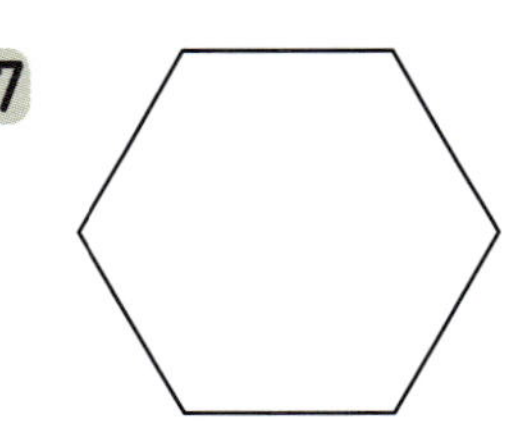

**18**

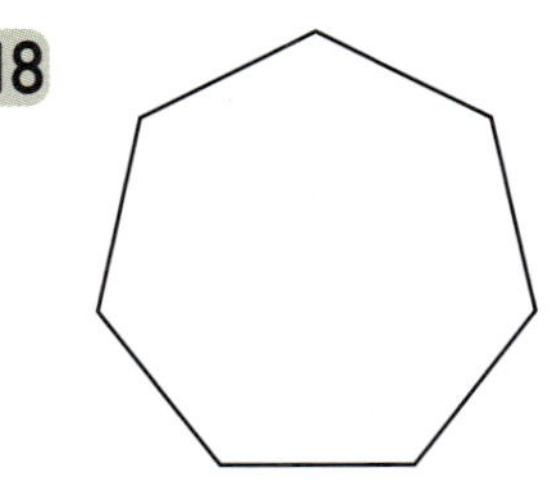

**19**

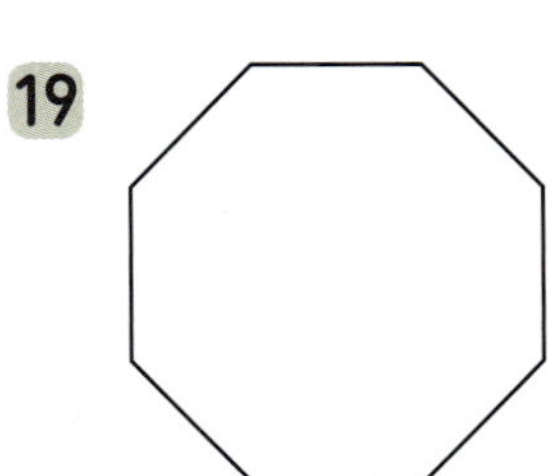

◆ 그을 수 있는 대각선의 수를 구하세요.

**20**

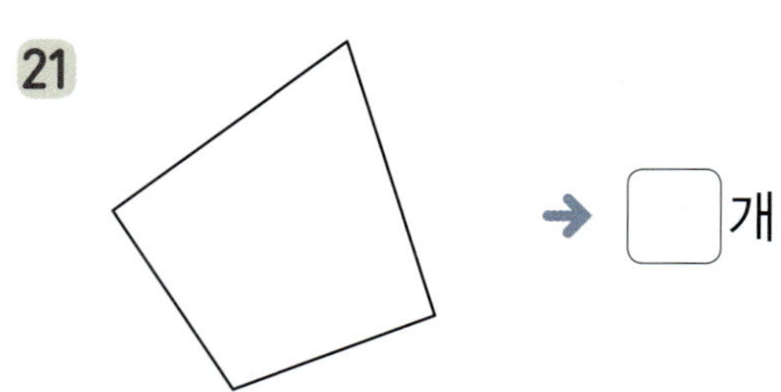

→ ☐ 개

**21**

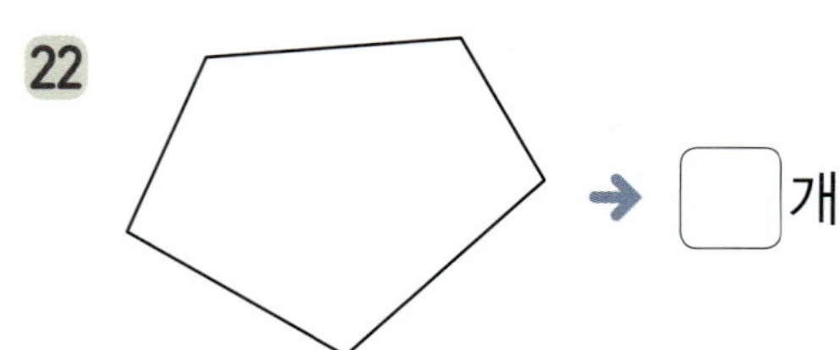

→ ☐ 개

**22**

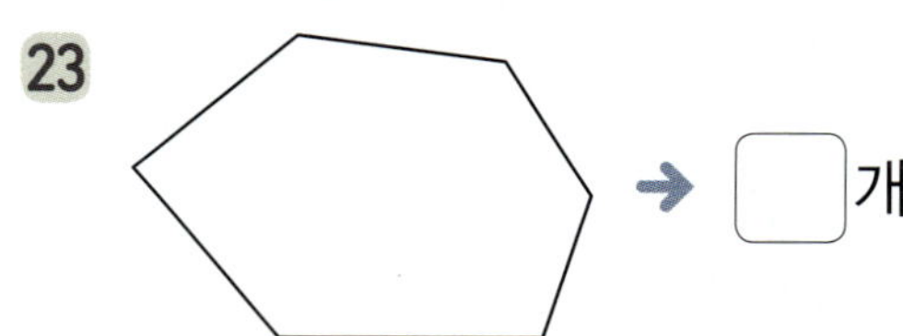

→ ☐ 개

**23**

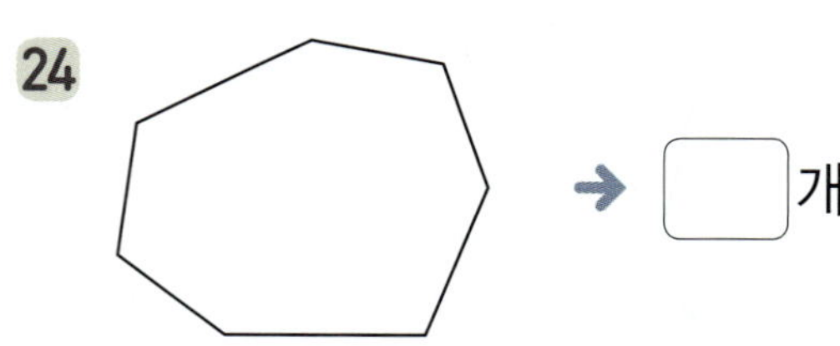

→ ☐ 개

**24**

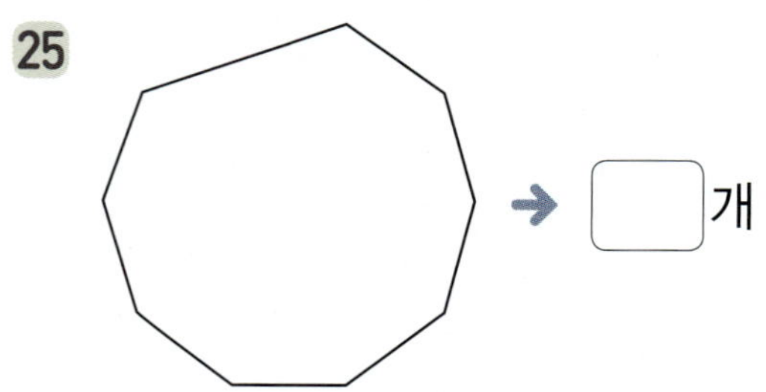

→ ☐ 개

**25**

→ ☐ 개

◆ 관계있는 것끼리 이어 보세요.

**26**

두 대각선의 길이가 같은 사각형

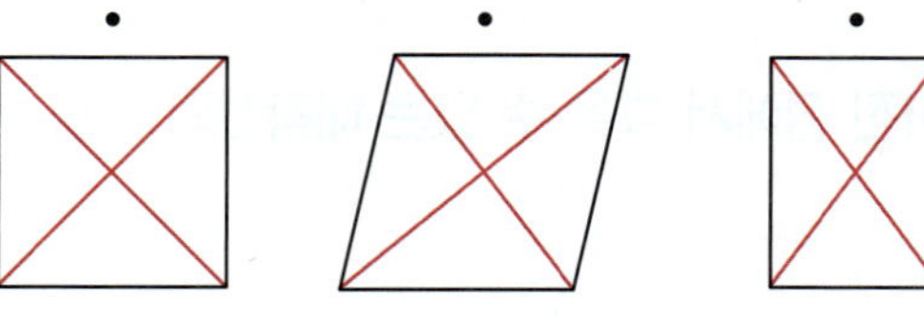

**27**

두 대각선이 서로 수직으로 만나는 사각형

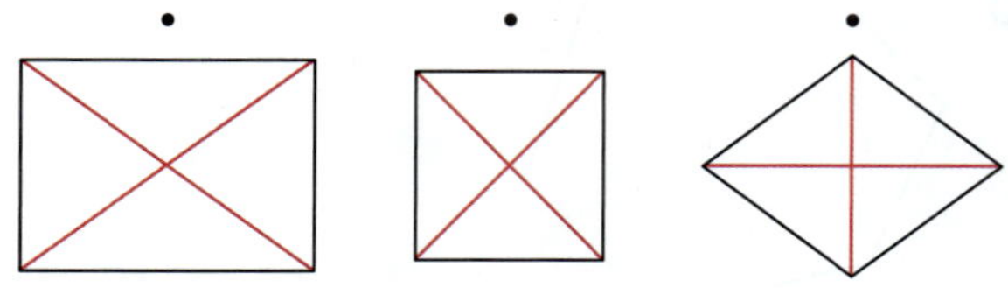

**28**

한 대각선이 다른 대각선을 똑같이
둘로 나누는 사각형

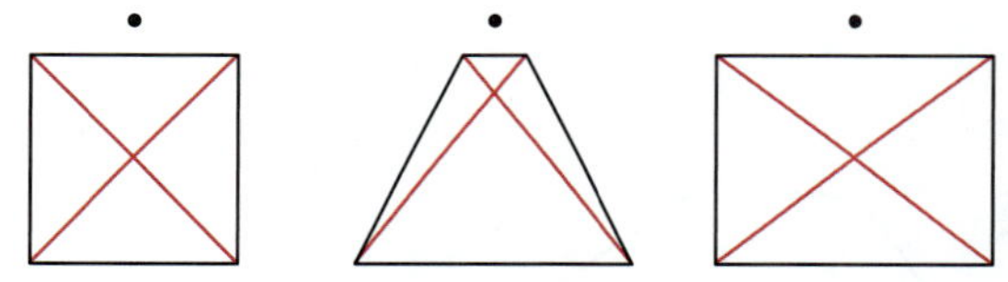

**29**

한 대각선이 다른 대각선을 똑같이
둘로 나누는 사각형

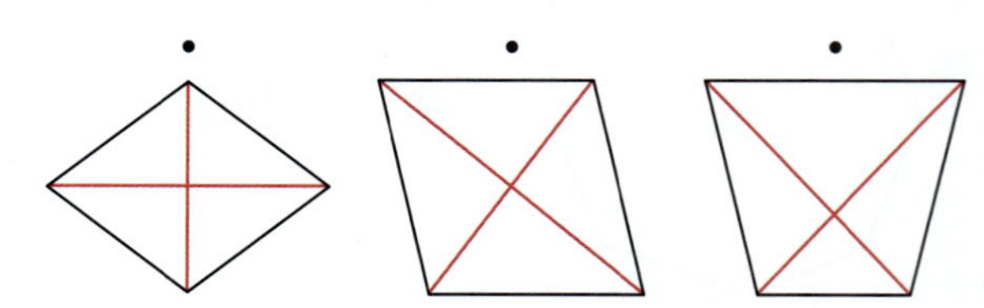

## ★ 완성  대각선

◆ 도형에 그을 수 있는 대각선을 모두 긋고, 대각선은 모두 몇 개인지 ☐ 안에 알맞은 수를 써넣으세요.

**30**

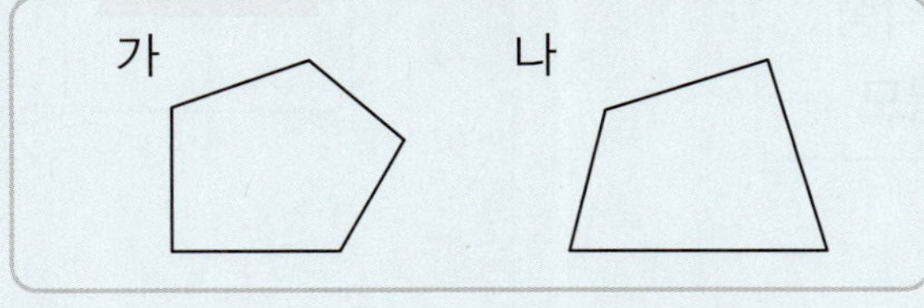



6단원
40회

---

**＋문해력**

**31** 두 다각형에 그을 수 있는 대각선 수의 합은 몇 개일까요?

가          나

**풀이** (가에 그을 수 있는 대각선의 수)＋(나에 그을 수 있는 대각선의 수)

= ☐ ＋ ☐ = ☐

**답** 두 다각형에 그을 수 있는 대각선 수의 합은 ☐ 개입니다.

## 개념 모양 만들기와 채우기

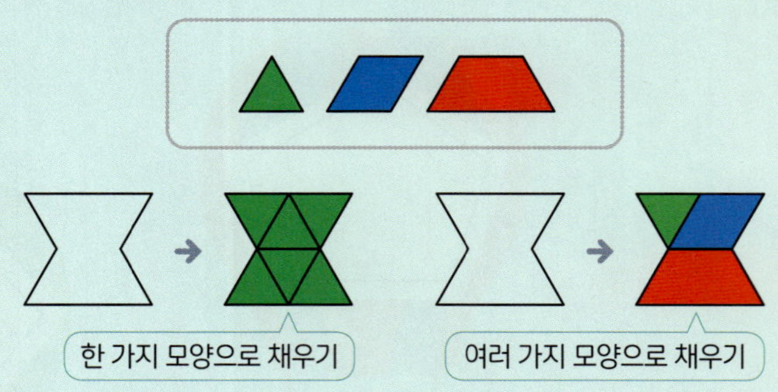


◆ 모양을 만드는 데 이용한 모양 조각의 이름을 모두 찾아 ◯표 하세요.

**1** 

정삼각형
정사각형
정육각형

**2** 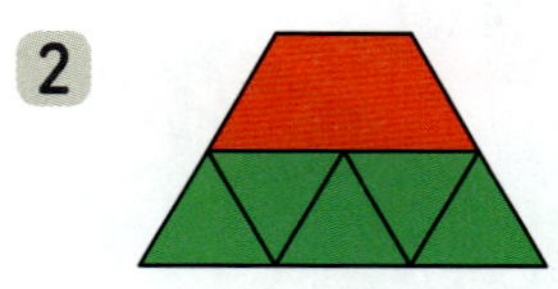

정삼각형
정사각형
사다리꼴

**3** 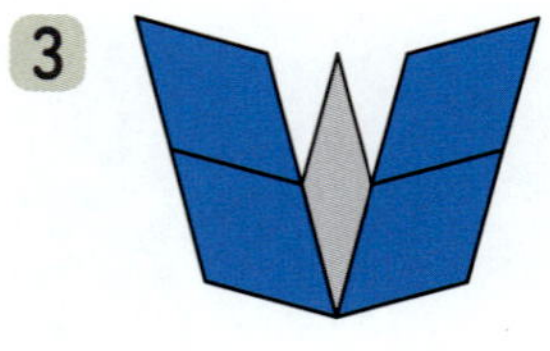

평행사변형
정삼각형
마름모

**4** 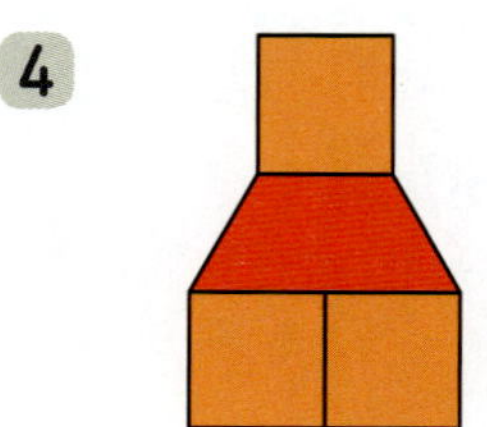

정삼각형
정사각형
사다리꼴

◆ 주어진 모양 조각만 여러 개 사용할 때 빈틈없이 채울 수 있는 모양에 ◯표 하세요.

**5** 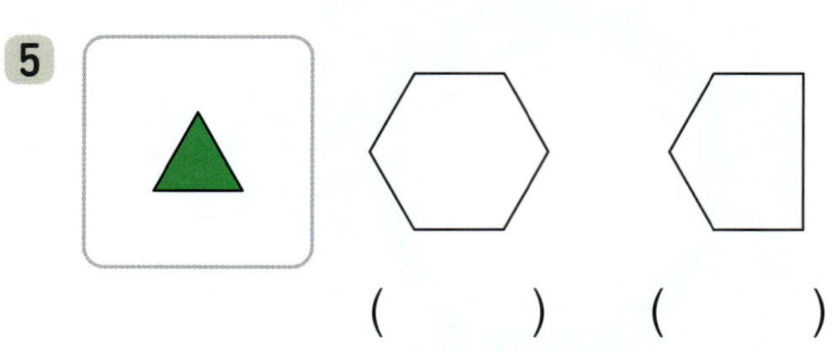

(　) 　 (　)

**6** 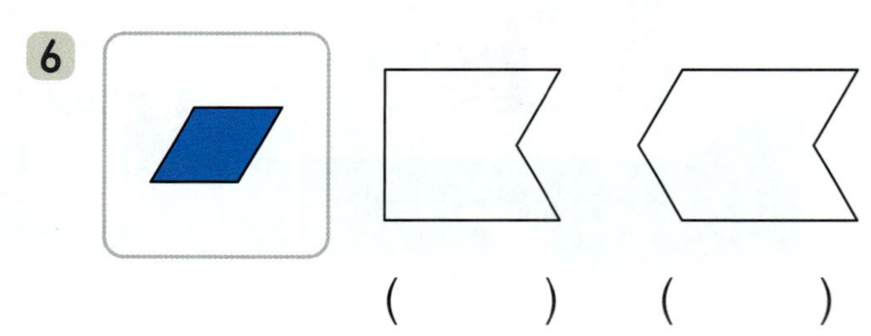

(　) 　 (　)

**7** 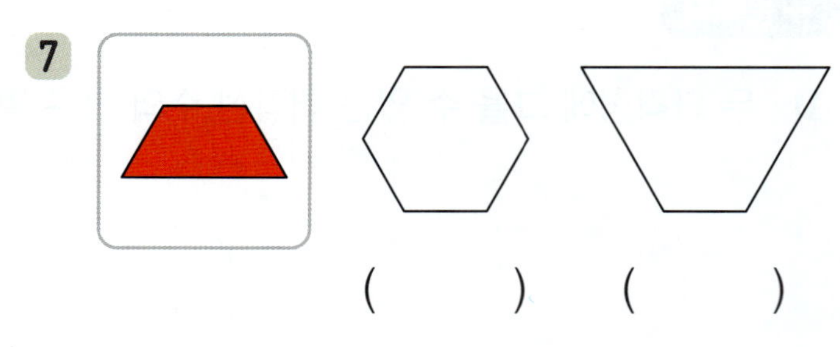

(　) 　 (　)

**8** 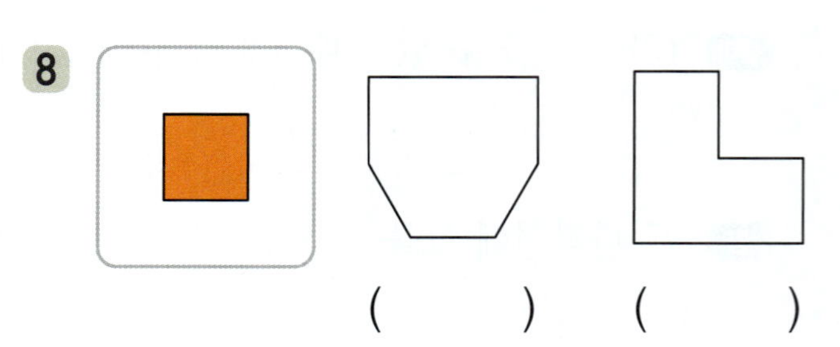

(　) 　 (　)

## 연습  모양 만들기와 채우기

◆ 모양을 만드는 데 이용한 모양 조각의 수를 구하세요.

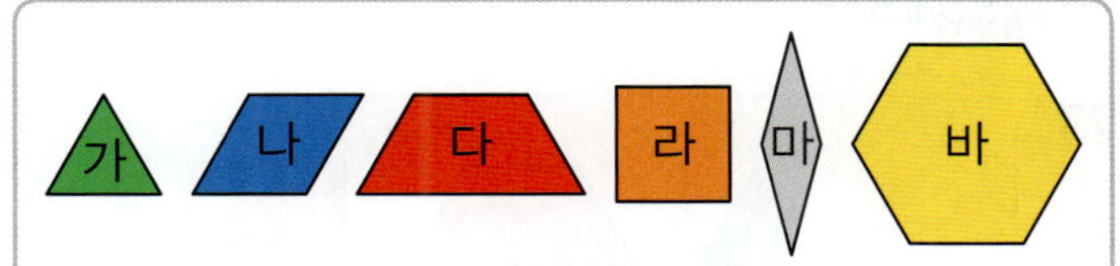

◆ 모양을 채우는 데 필요한 모양 조각의 수를 구하세요.

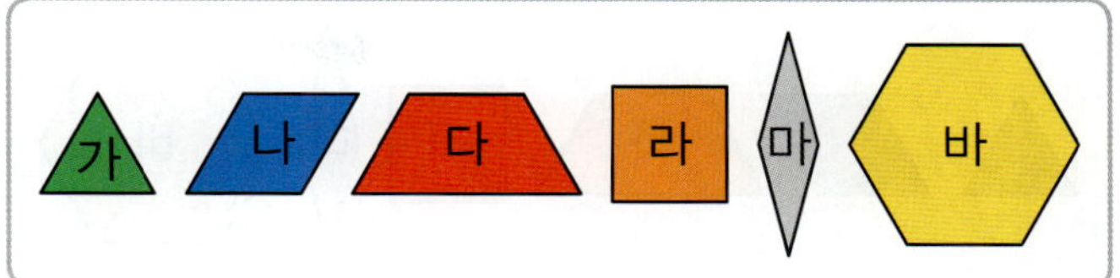

**9**

가 조각: ☐ 개

나 조각: ☐ 개

라 조각: ☐ 개

**10**

가 조각: ☐ 개

다 조각: ☐ 개

라 조각: ☐ 개

**11**

나 조각: ☐ 개

다 조각: ☐ 개

마 조각: ☐ 개

**12**

가 조각: ☐ 개

마 조각: ☐ 개

바 조각: ☐ 개

**13**

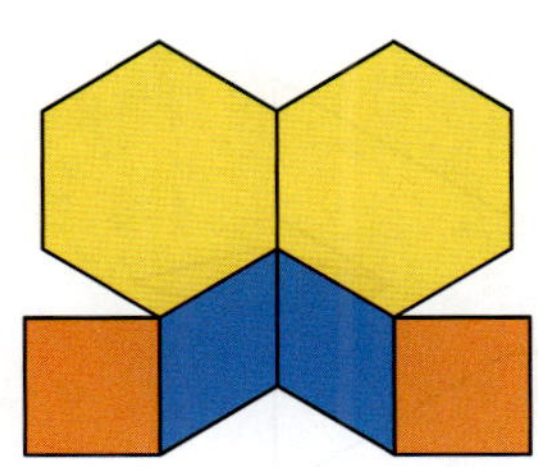

나 조각: ☐ 개

라 조각: ☐ 개

바 조각: ☐ 개

**14**

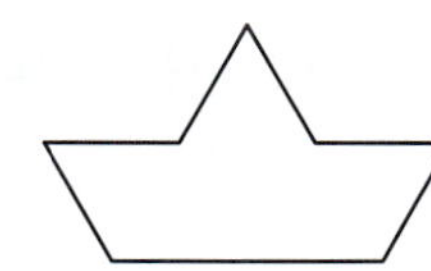

가 조각: 2 개

나 조각: ☐ 개

**15**

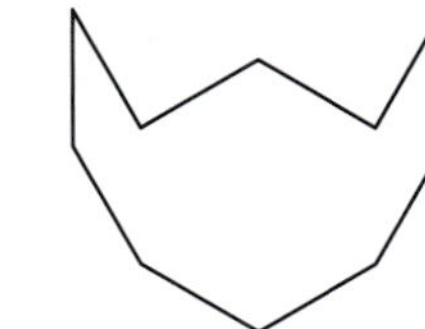

마 조각: ☐ 개

바 조각: ☐ 개

**16**

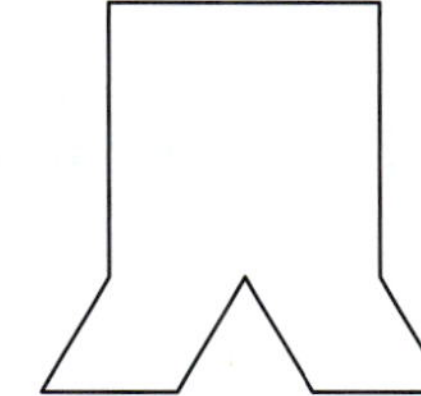

나 조각: ☐ 개

라 조각: ☐ 개

**17**

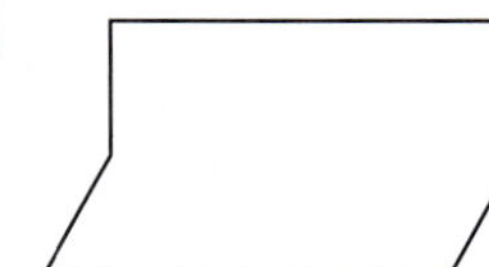

다 조각: ☐ 개

라 조각: ☐ 개

**18**

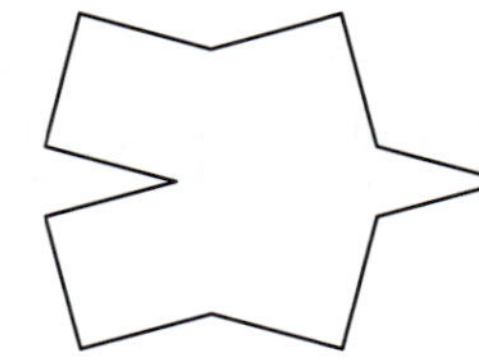

라 조각: ☐ 개

마 조각: ☐ 개

**19**

가 조각: ☐ 개

바 조각: ☐ 개

## 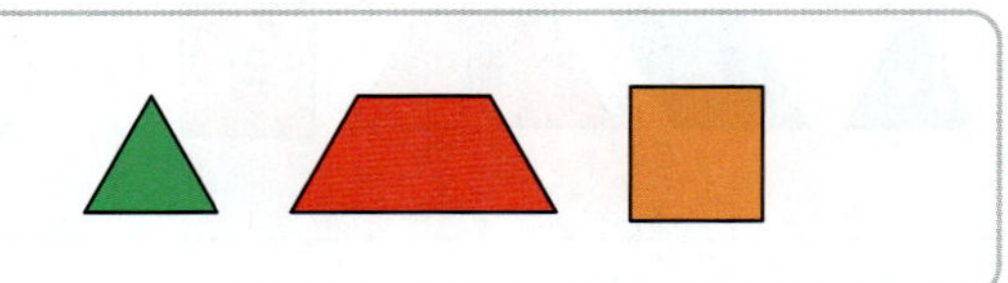 적용  모양 만들기와 채우기

◆ 관계있는 것끼리 이어 보세요.

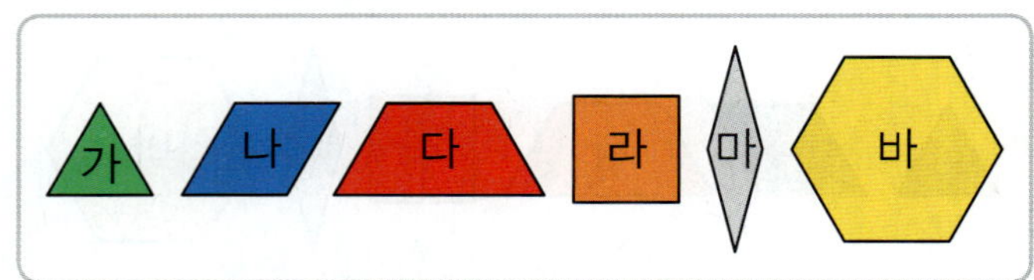

**20** 가 조각 **2**개, 다 조각 **2**개로 만든 모양

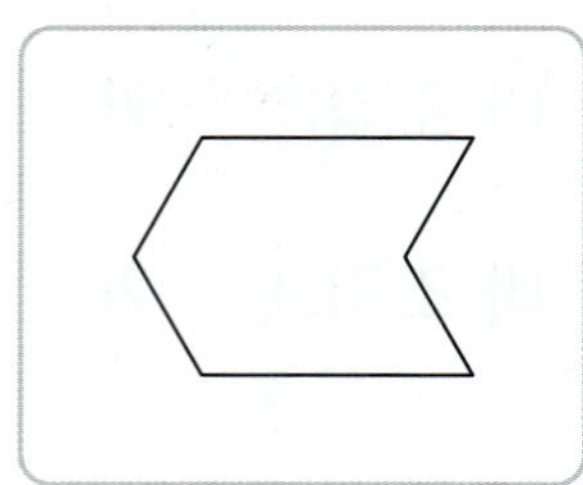  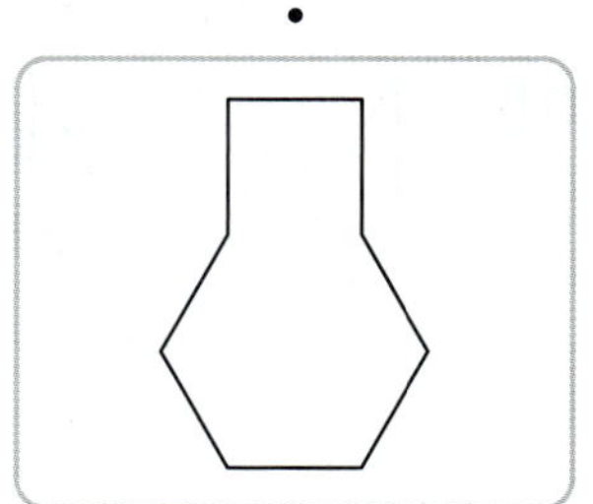

**21** 나 조각 **3**개, 라 조각 **1**개로 만든 모양

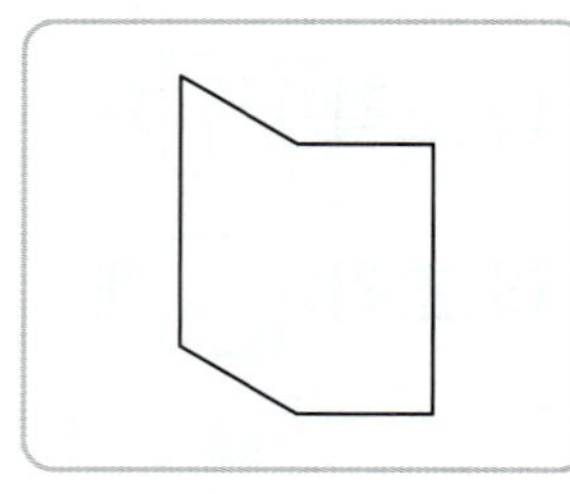  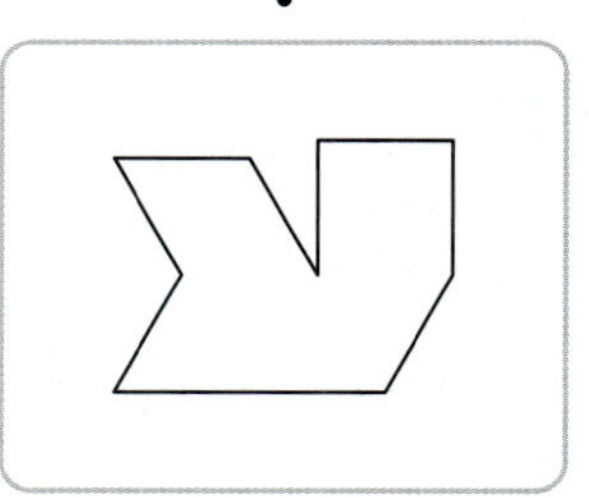

**22** 가 조각 **4**개, 바 조각 **1**개로 만든 모양

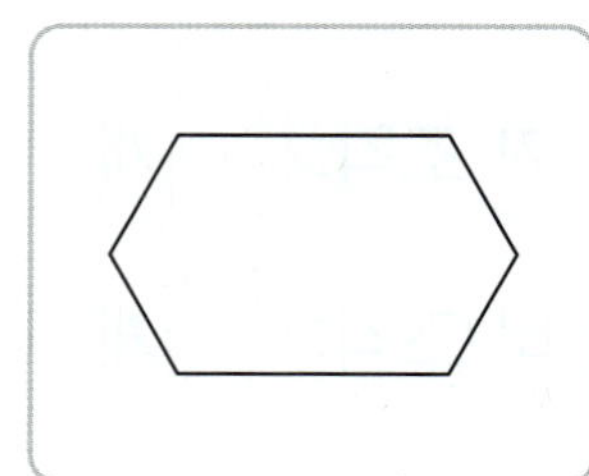  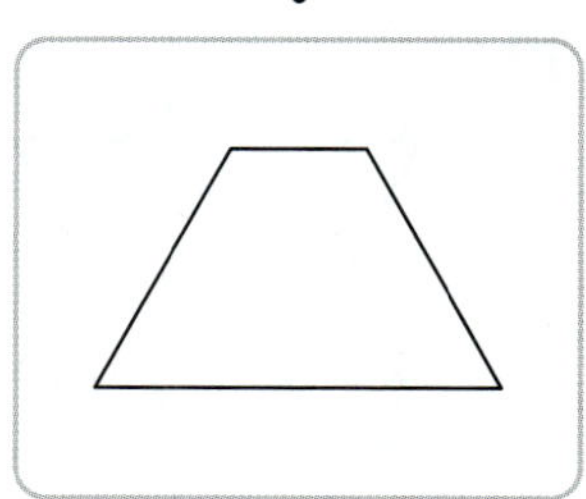

◆ 주어진 모양 조각을 모두 이용하여 다음 모양을 채워 보세요.

**23** 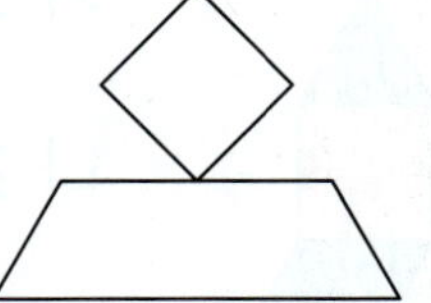

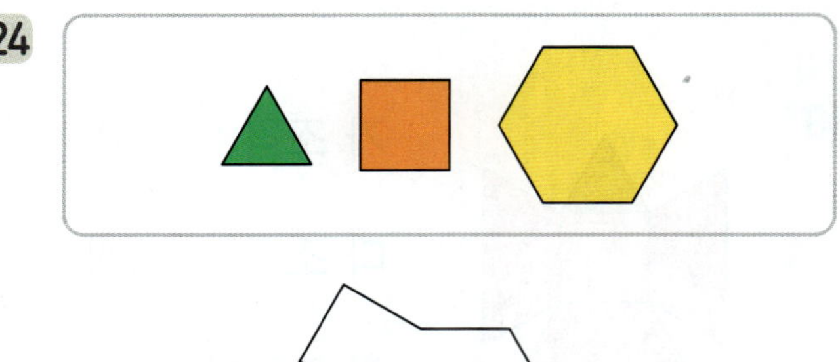

**24** 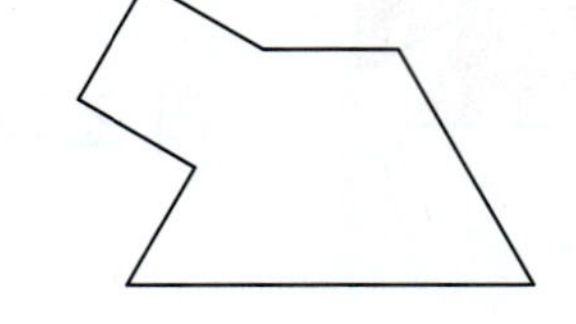

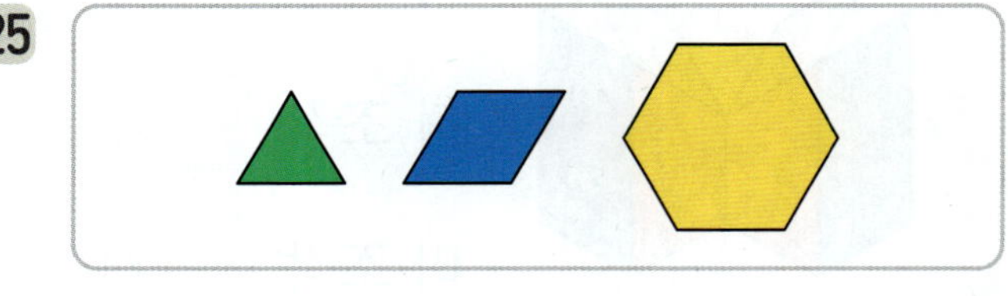

**25** 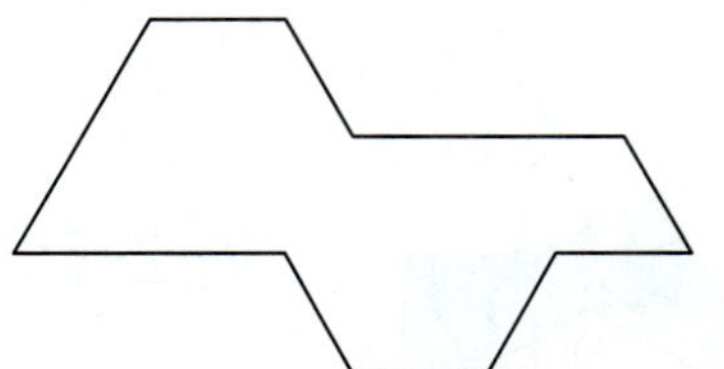

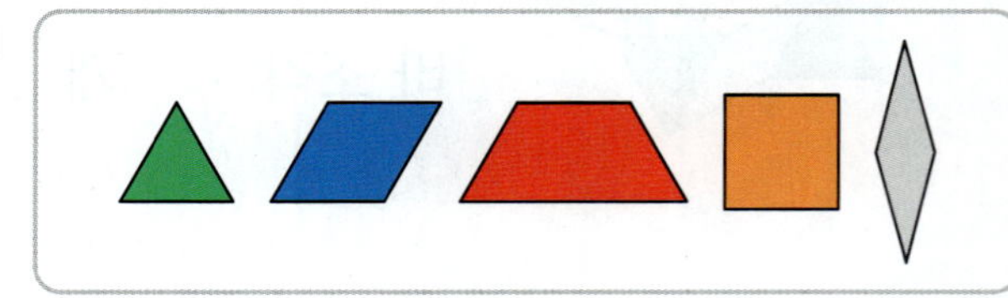

**26** 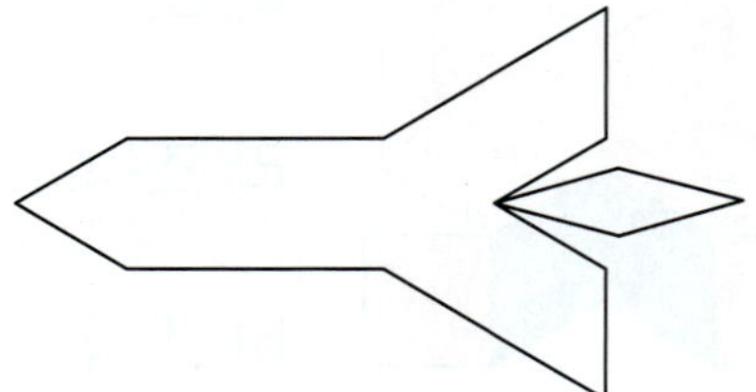

# ★ 완성  모양 만들기와 채우기

◆ 여러 가지 모양 조각을 이용하여 주어진 모양을 채워서 그림을 완성해 보세요.

**27**

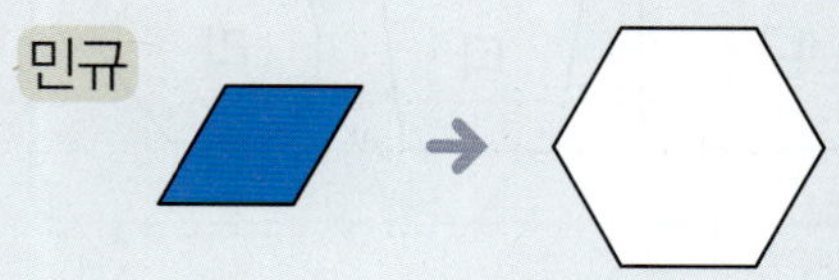



## ➕ 문해력

**28** 현주와 민규가 각각 모양 조각을 이용하여 오른쪽 모양을 빈틈없이 채웠습니다. 두 사람이
사용한 모양 조각 수의 차는 몇 개인지 구하세요.

**풀이** 현주가 사용한 모양 조각 수: ☐개, 민규가 사용한 모양 조각 수: ☐개

➡ (현주가 사용한 모양 조각 수) − (민규가 사용한 모양 조각 수)

= ☐ − ☐ = ☐

**답** 두 사람이 사용한 모양 조각 수의 차는 ☐개입니다.

◆ 다각형을 모두 찾아 기호를 쓰세요.

**1**
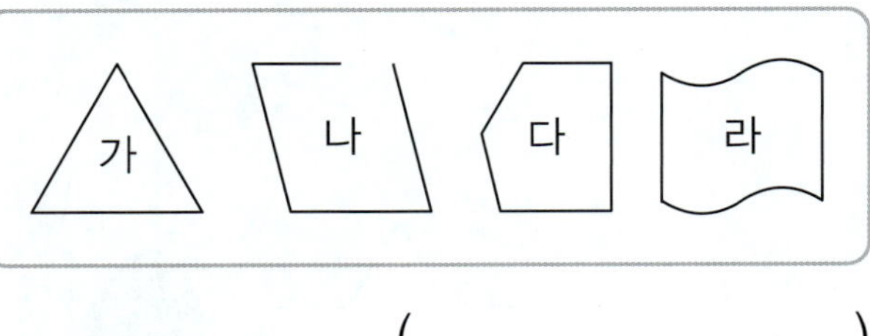

(       )

**2**
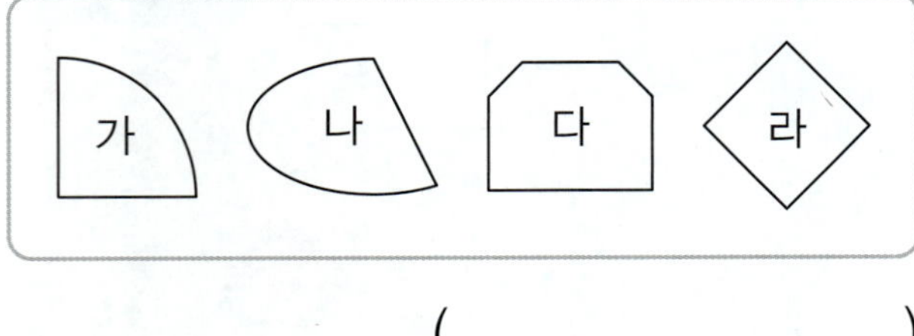

(       )

**3**
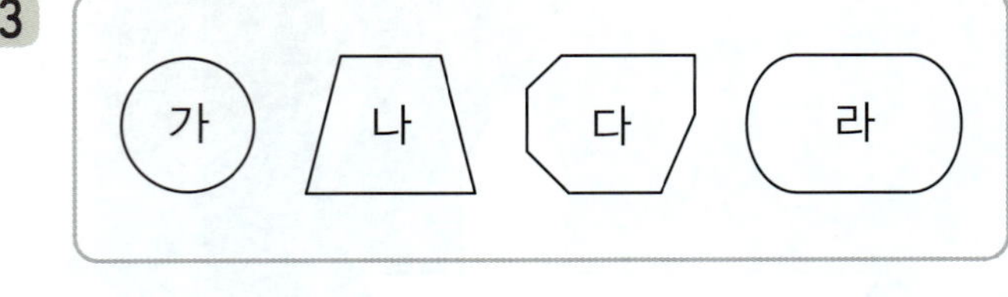

(       )

**4**
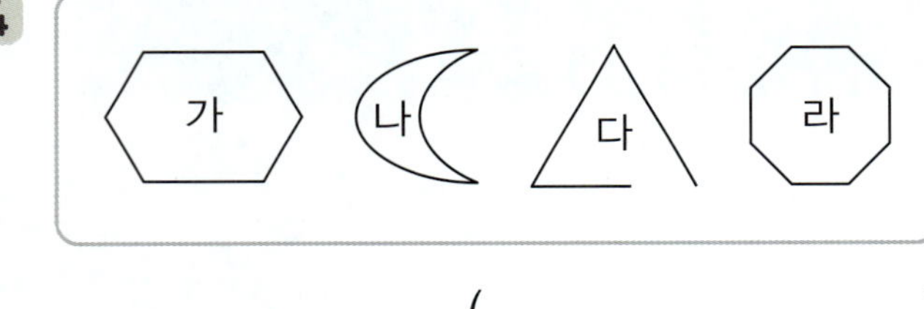

(       )

**5**
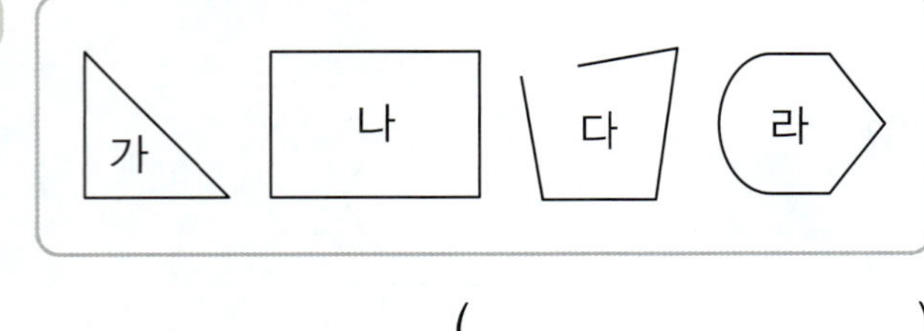

(       )

**6**
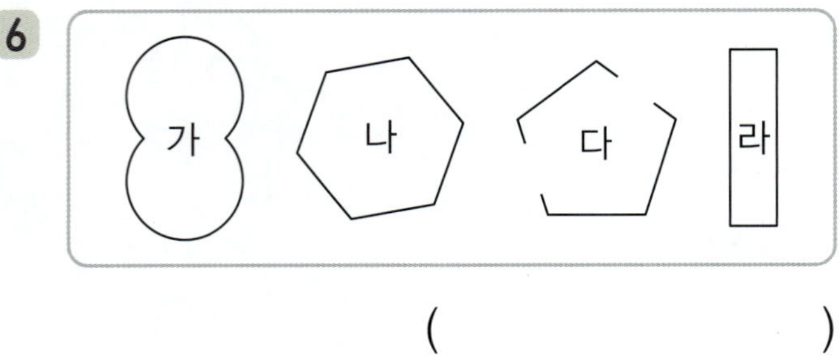

(       )

◆ 주어진 정다각형을 찾아 ◯표 하세요.

**7** 정삼각형

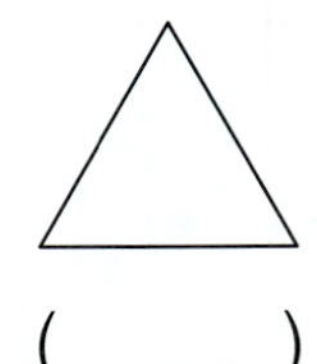 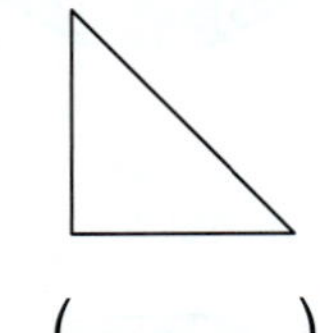 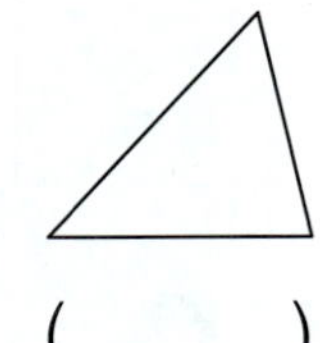

(    )    (    )    (    )

**8** 정오각형

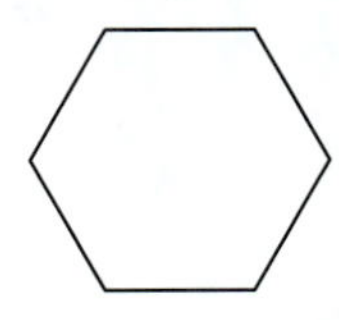 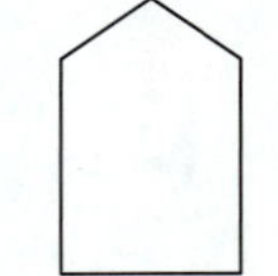 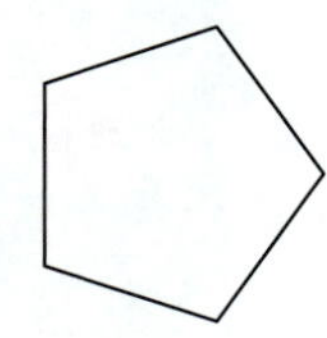

(    )    (    )    (    )

**9** 정구각형

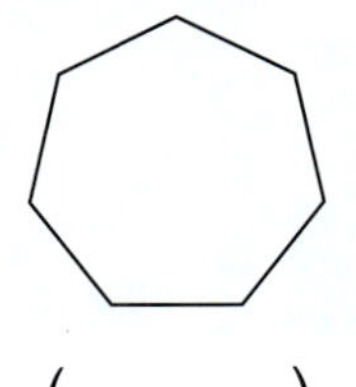 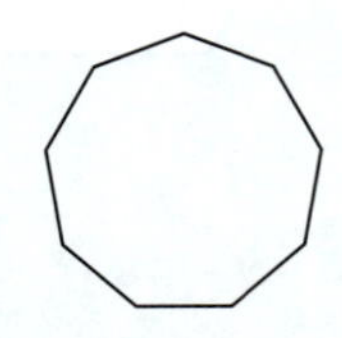 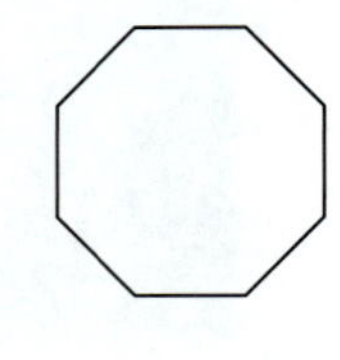

(    )    (    )    (    )

**10** 정십각형

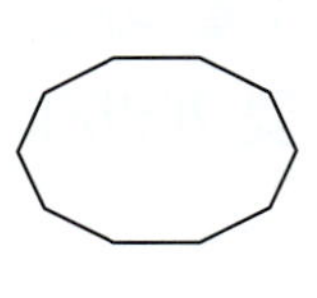 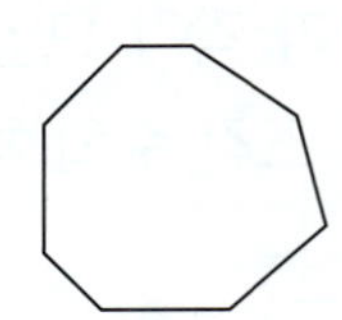 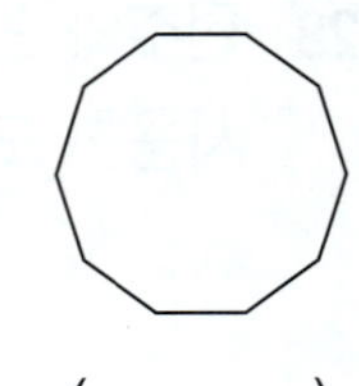

(    )    (    )    (    )

**11** 정십이각형

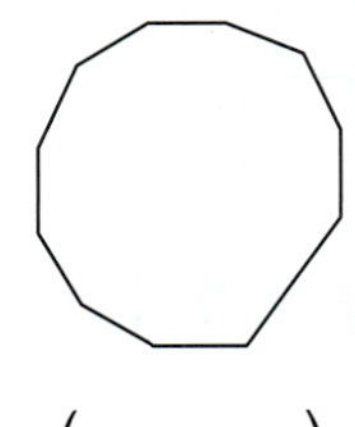 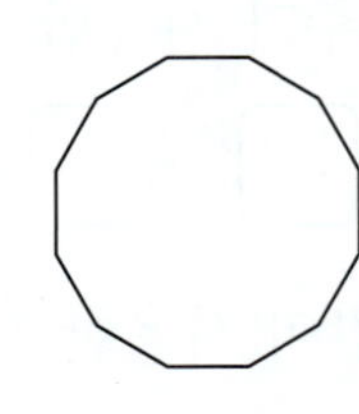 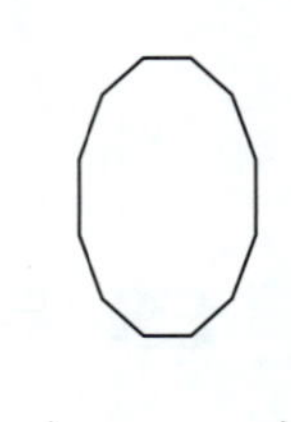

(    )    (    )    (    )

◆ 주어진 점에서 그을 수 있는 대각선의 수를 구하세요.

**12**  → ☐ 개

**13** 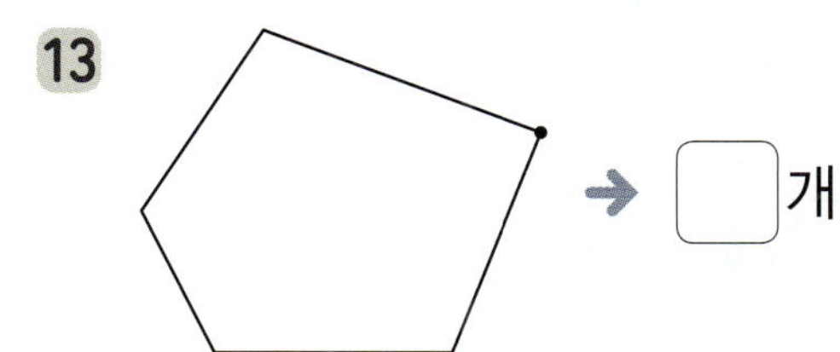 → ☐ 개

**14** 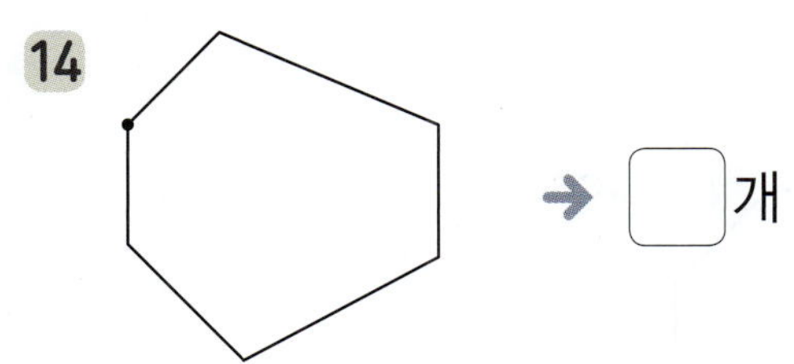 → ☐ 개

**15** 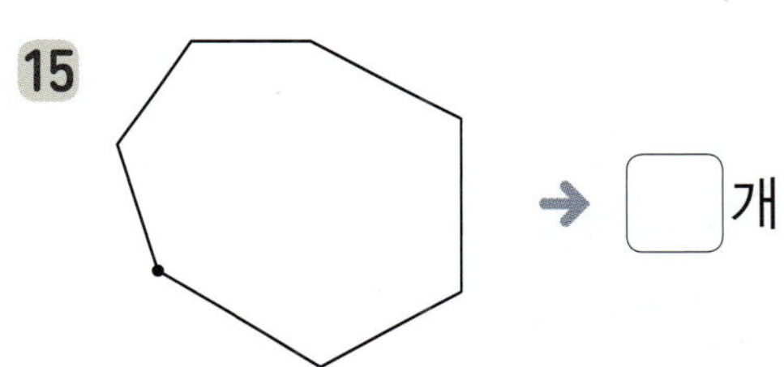 → ☐ 개

**16** 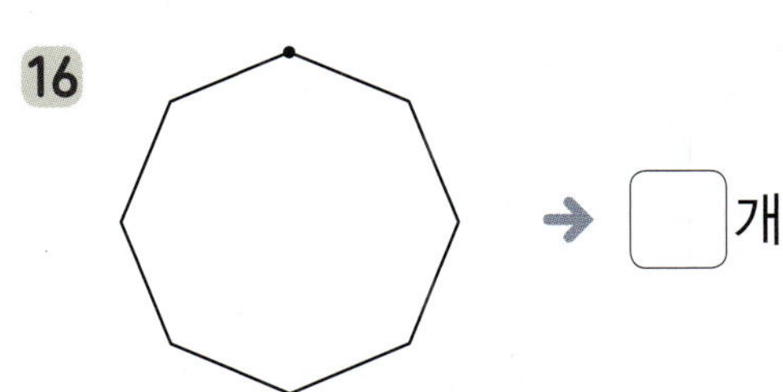 → ☐ 개

**17** 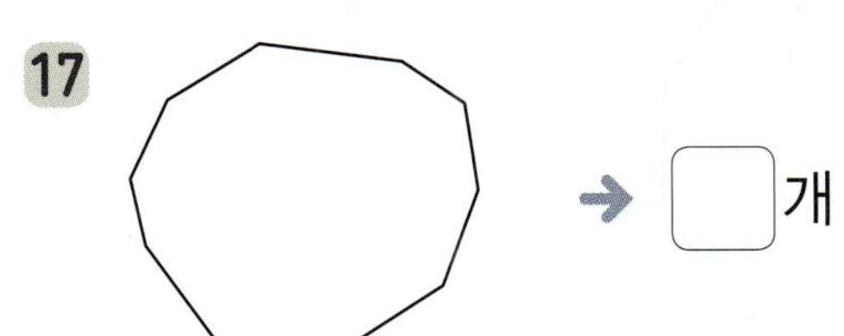 → ☐ 개

◆ 모양을 만드는 데 이용한 모양 조각의 수를 구하세요.

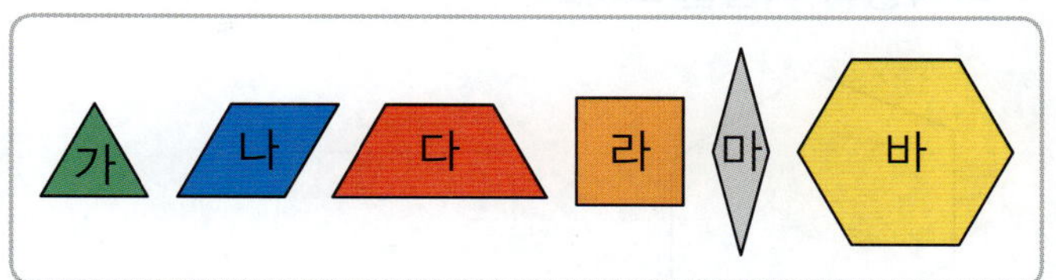

**18** 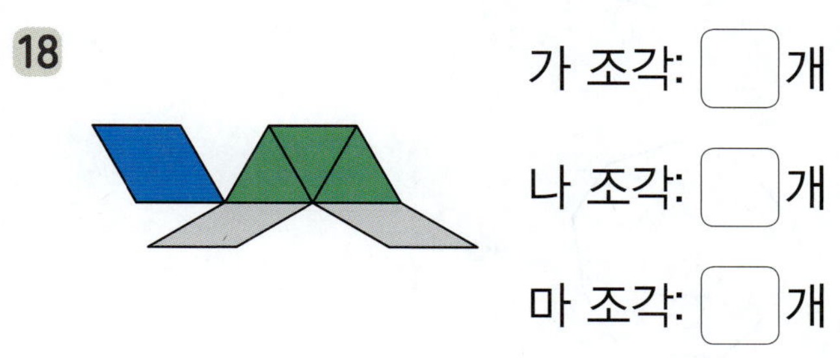

가 조각: ☐ 개

나 조각: ☐ 개

마 조각: ☐ 개

**19** 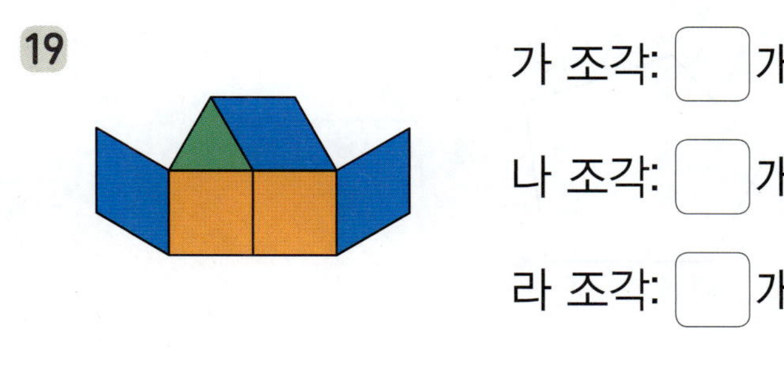

가 조각: ☐ 개

나 조각: ☐ 개

라 조각: ☐ 개

**20** 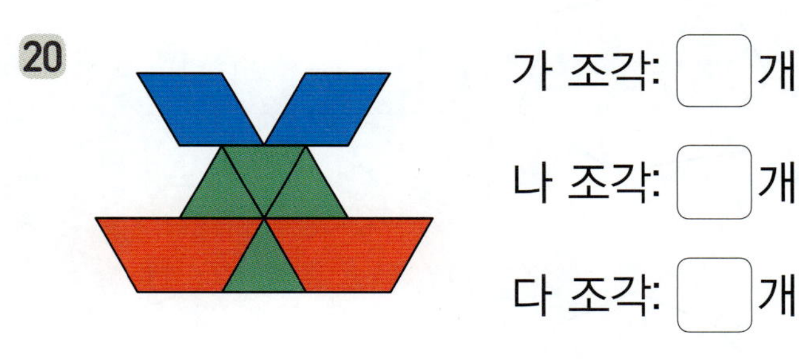

가 조각: ☐ 개

나 조각: ☐ 개

다 조각: ☐ 개

**21** 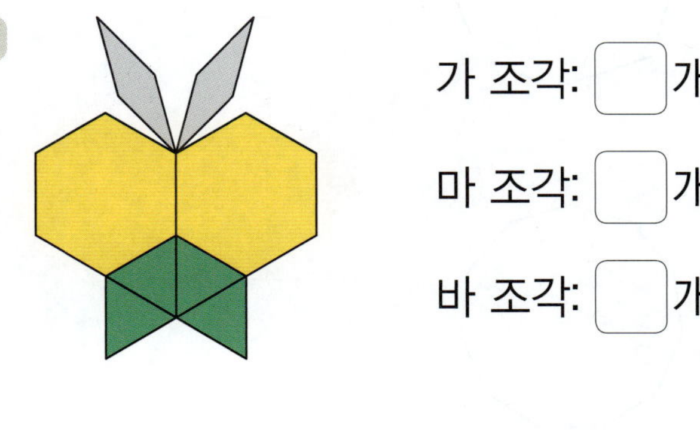

가 조각: ☐ 개

마 조각: ☐ 개

바 조각: ☐ 개

**22** 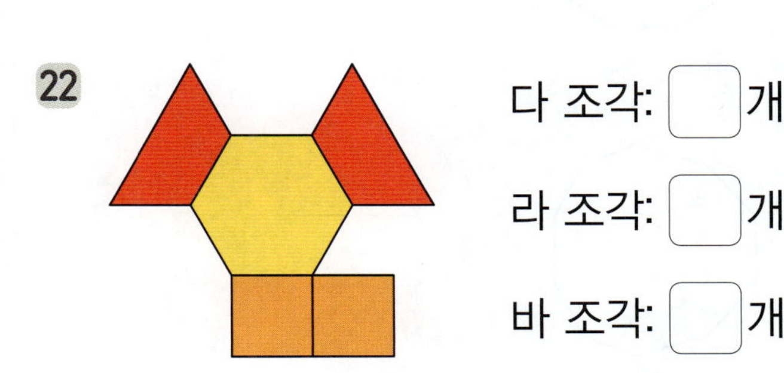

다 조각: ☐ 개

라 조각: ☐ 개

바 조각: ☐ 개

◆ 다각형의 이름을 쓰세요.

**1** 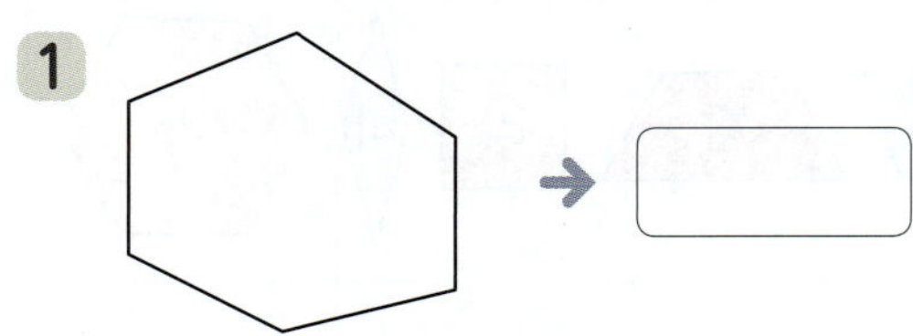 →

**2** 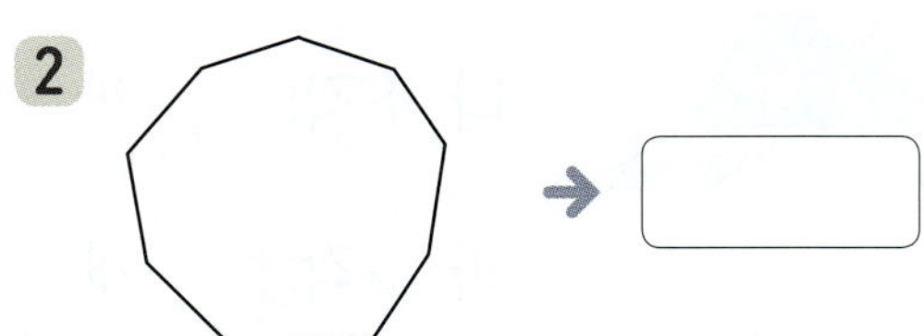 →

**3** 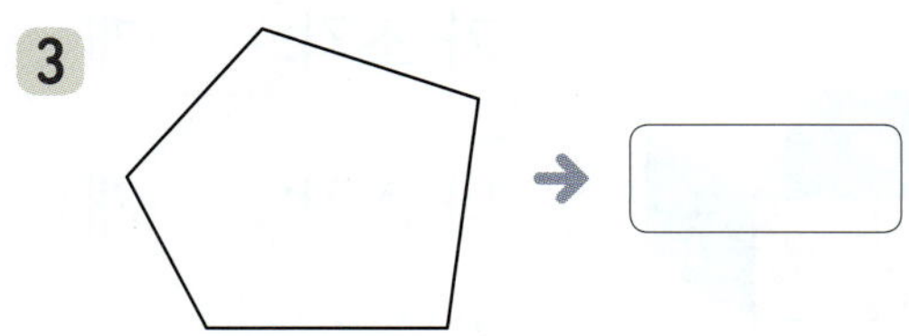 →

**4** 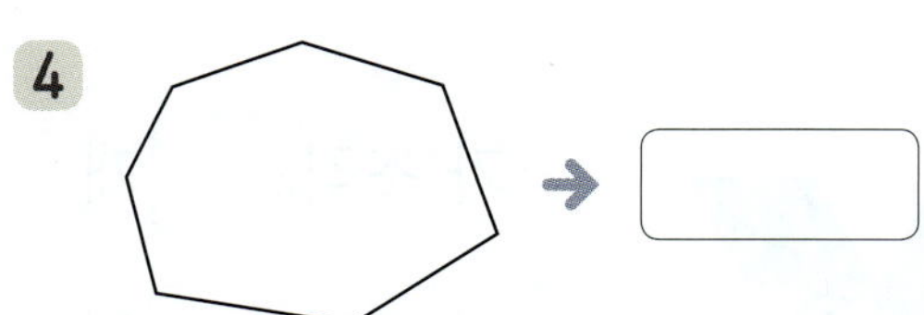 →

**5** 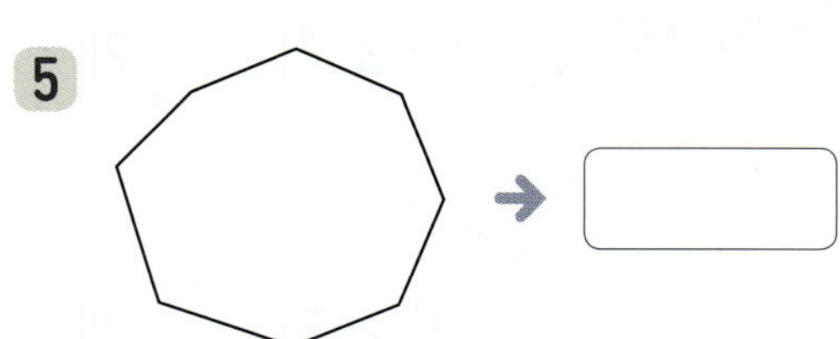 →

**6** 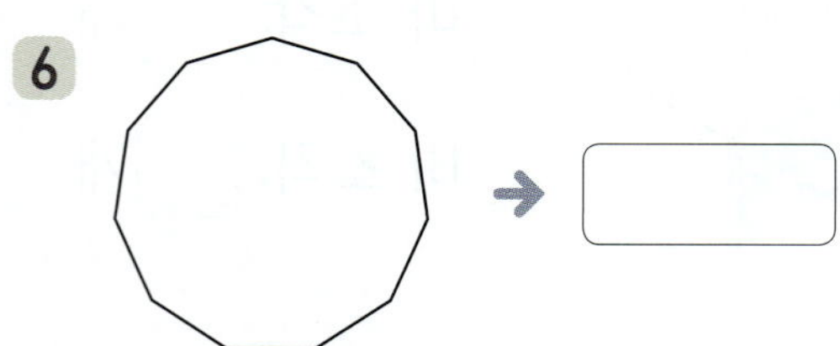 →

**7** 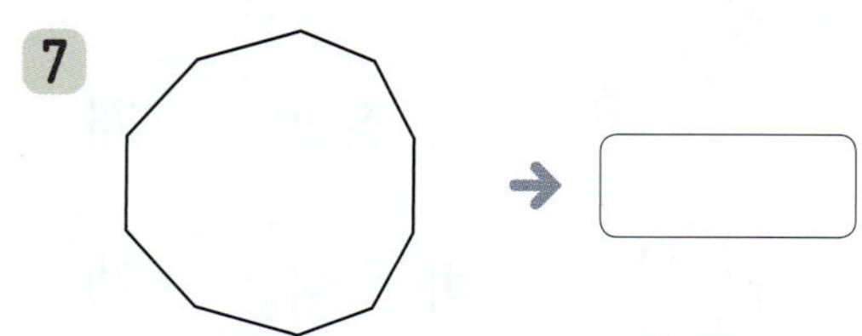 →

◆ 다음 도형은 정다각형입니다. ☐ 안에 알맞은 수를 써넣으세요.

**8** 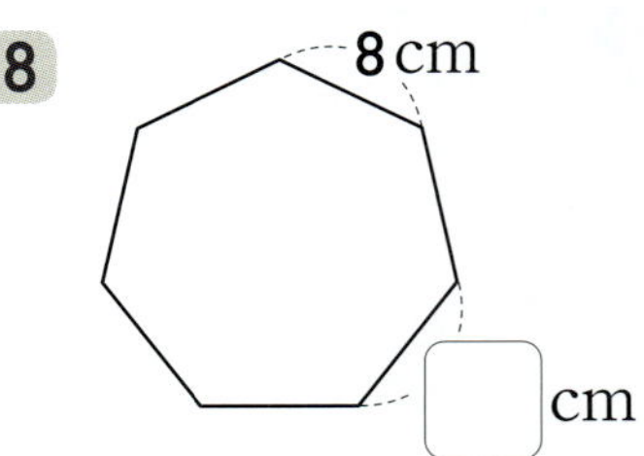
8 cm, ☐ cm

**9** 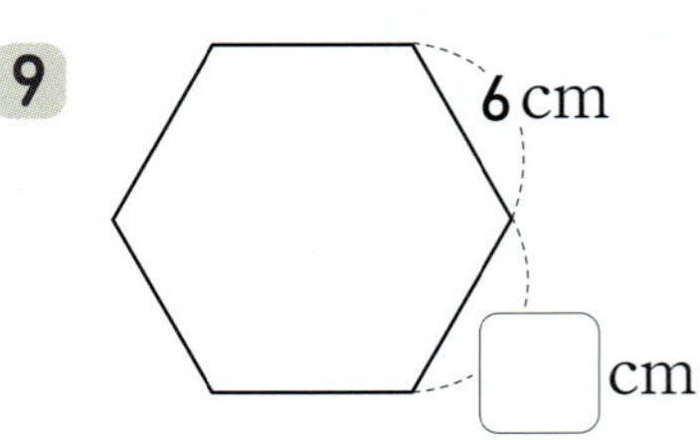
6 cm, ☐ cm

**10** 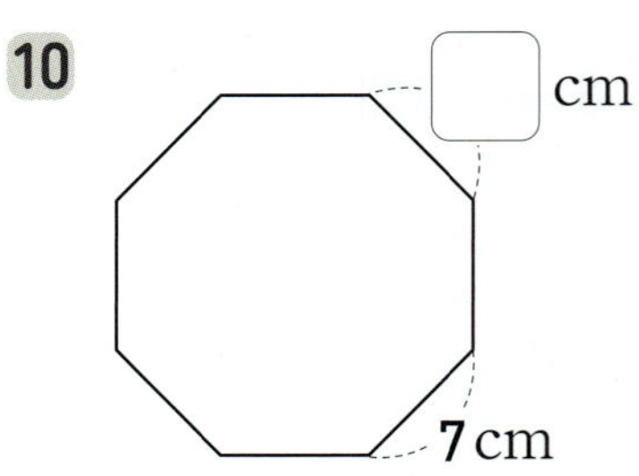
☐ cm, 7 cm

**11** 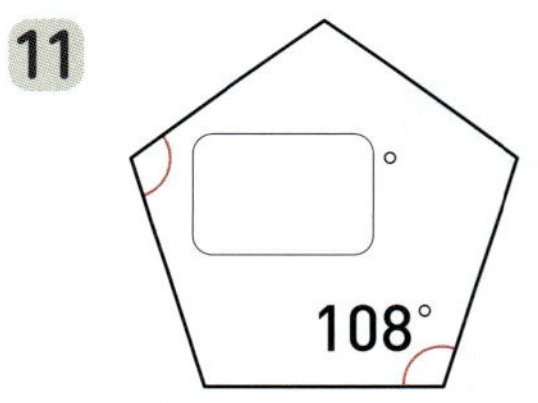
☐°, 108°

**12** 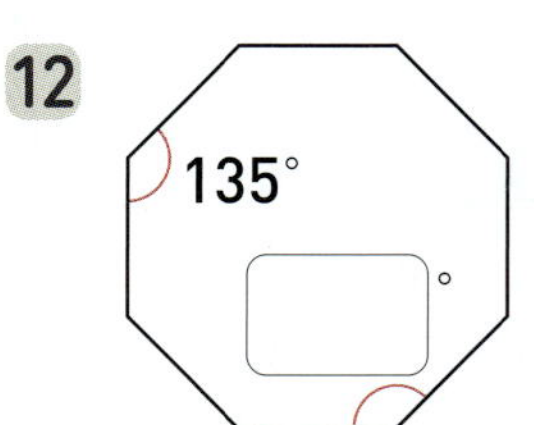
135°, ☐°

**13** 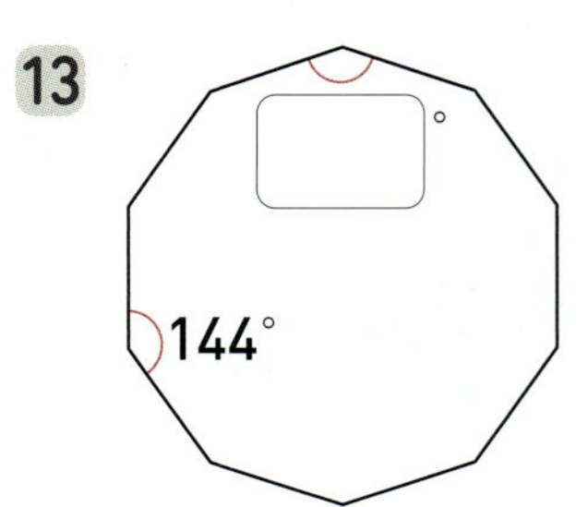
☐°, 144°

◆ 관계있는 것끼리 이어 보세요.

**14**

두 대각선이 서로 수직으로 만나는 사각형

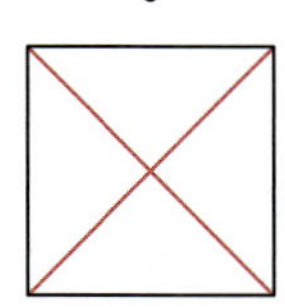 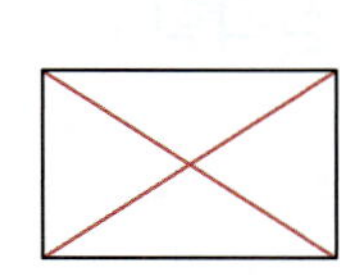 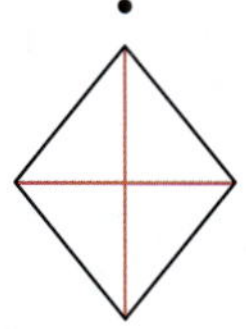

**15**

두 대각선의 길이가 같은 사각형

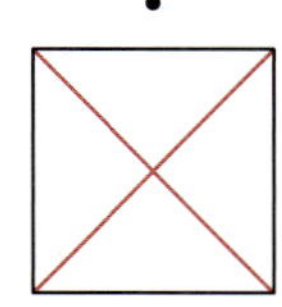 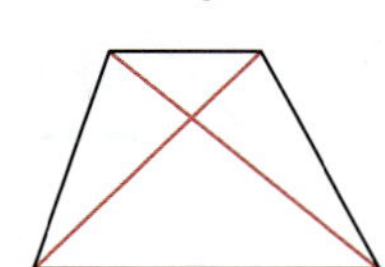 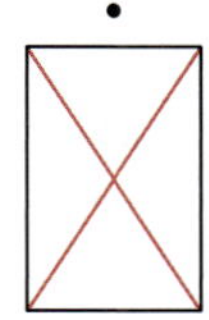

**16**

한 대각선이 다른 대각선을 똑같이
둘로 나누는 사각형

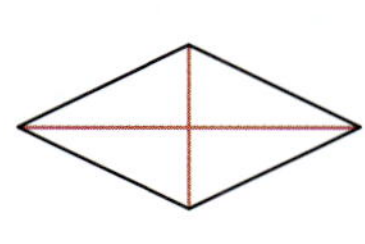 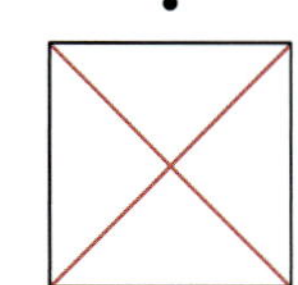 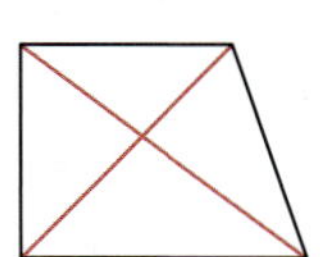

**17**

한 대각선이 다른 대각선을 똑같이
둘로 나누는 사각형

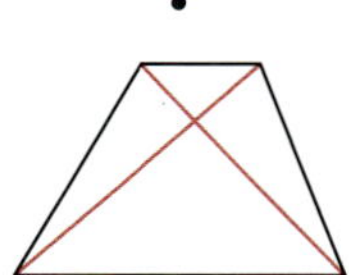 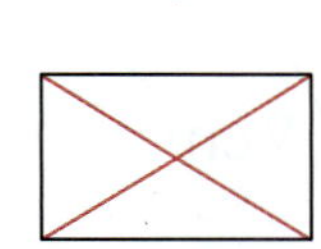 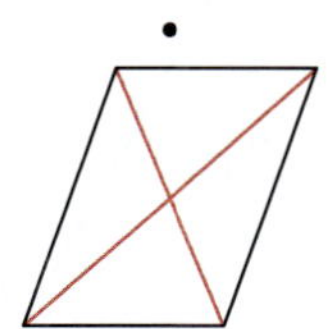

◆ 주어진 모양 조각을 모두 이용하여 다음 모양을 채워 보세요.

**18**

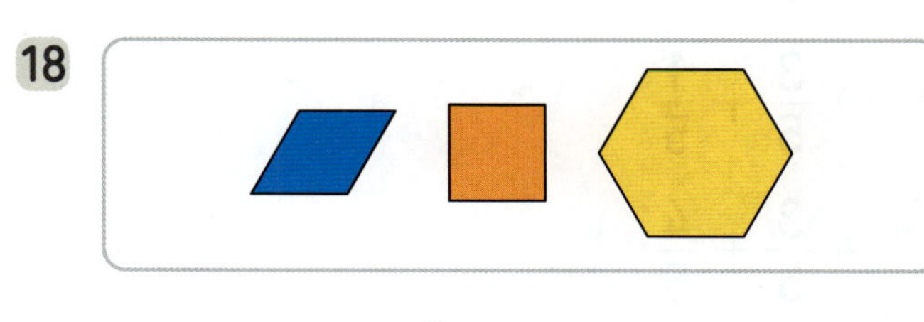

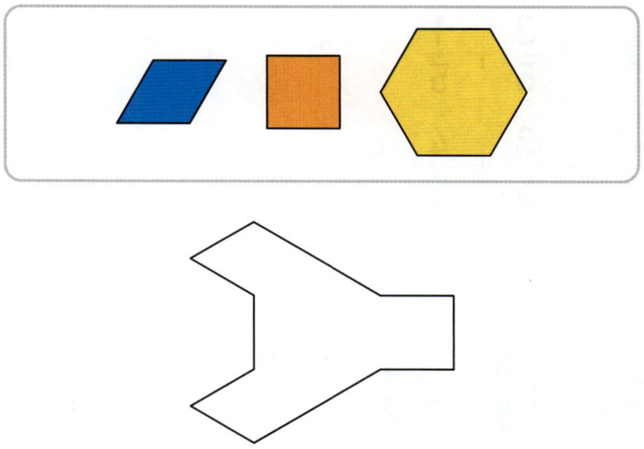

**19**

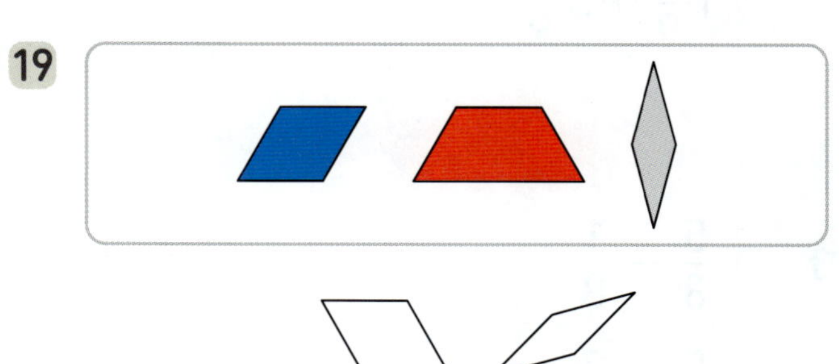

**20**

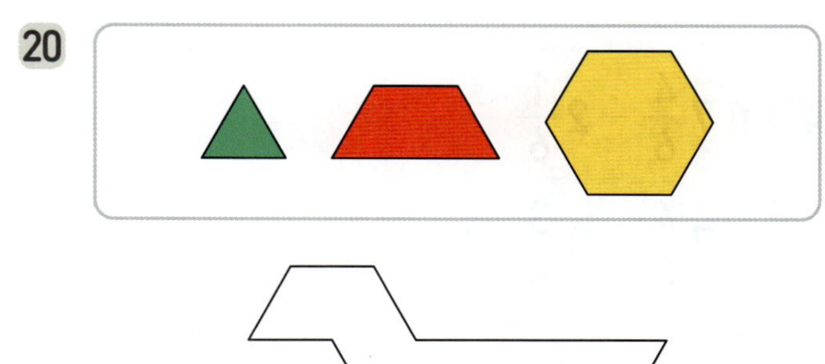

**21**

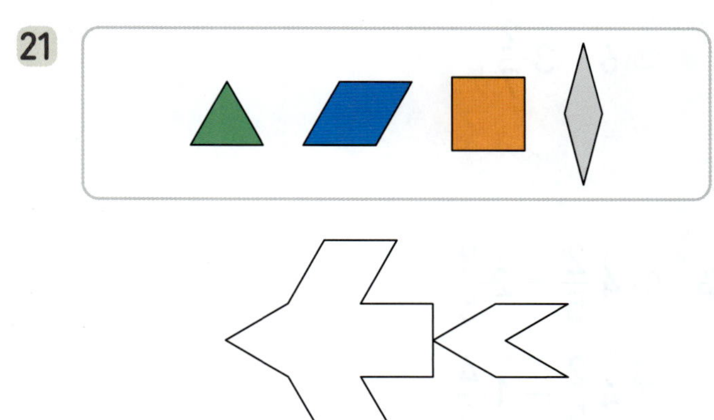

**6**단원
**43**회

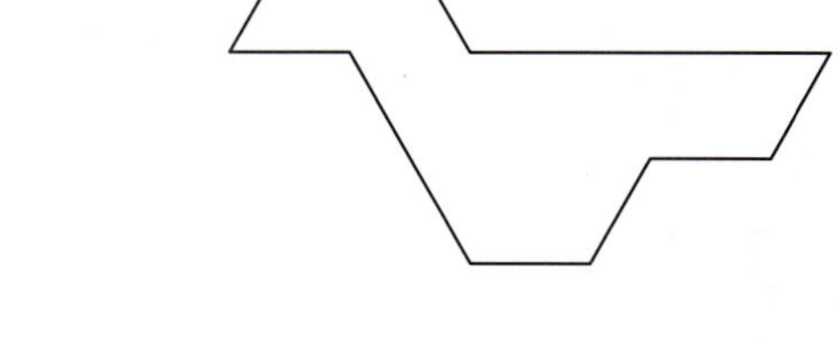

◆ 분수의 덧셈과 뺄셈을 해 보세요.

**1** ① $\dfrac{3}{5} + \dfrac{1}{5}$

② $\dfrac{3}{5} + \dfrac{4}{5}$

**2** ① $1\dfrac{3}{9} + 2\dfrac{4}{9}$

② $1\dfrac{3}{9} + 3\dfrac{8}{9}$

**3** ① $\dfrac{5}{8} - \dfrac{1}{8}$

② $\dfrac{5}{8} - \dfrac{2}{8}$

**4** ① $7\dfrac{4}{6} - 2\dfrac{1}{6}$

② $7\dfrac{4}{6} - 3\dfrac{3}{6}$

**5** ① $6 - \dfrac{1}{7}$

② $6 - 3\dfrac{2}{7}$

**6** ① $4\dfrac{2}{5} - 2\dfrac{3}{5}$

② $4\dfrac{2}{5} - 1\dfrac{4}{5}$

◆ 각 도형을 찾아 기호를 쓰세요.

**7**
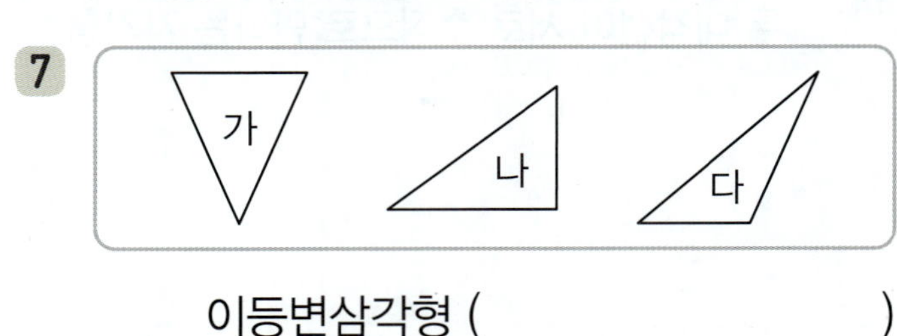


이등변삼각형 (　　　　　　　)

**8**
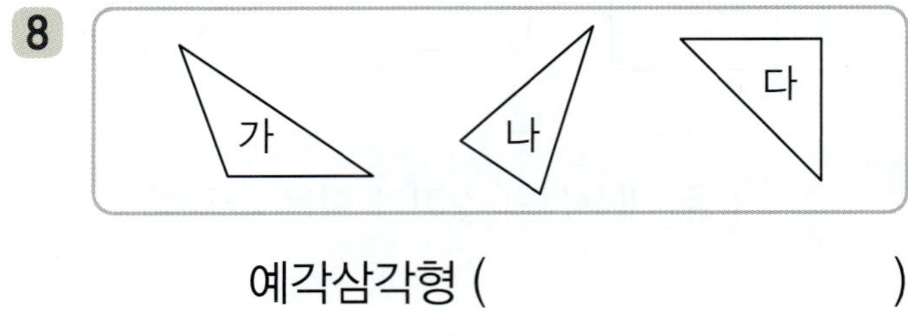


예각삼각형 (　　　　　　　)

**9**
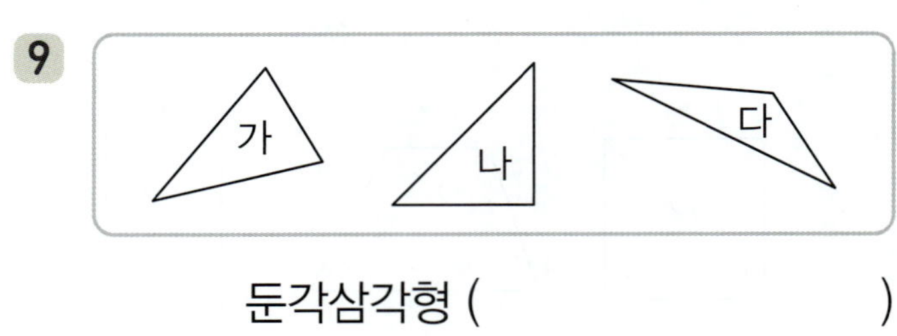


둔각삼각형 (　　　　　　　)

◆ ☐ 안에 알맞은 수를 써넣으세요.

**10**
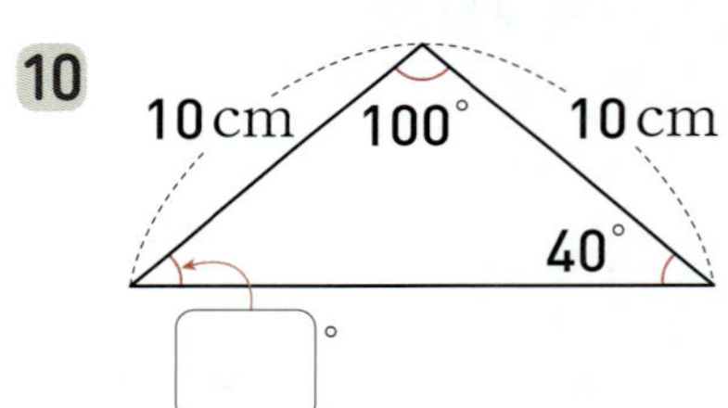


**11**
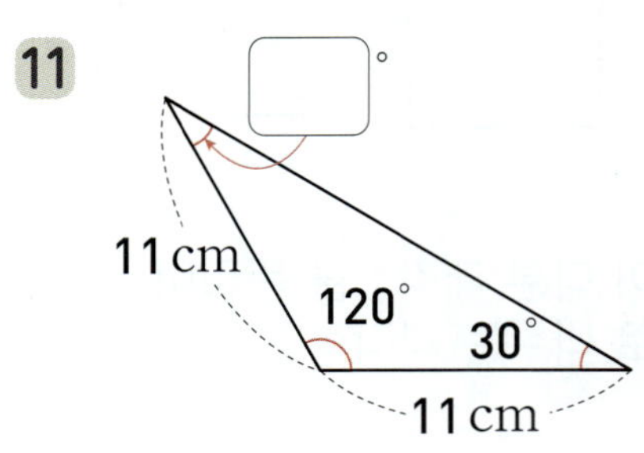


**12**
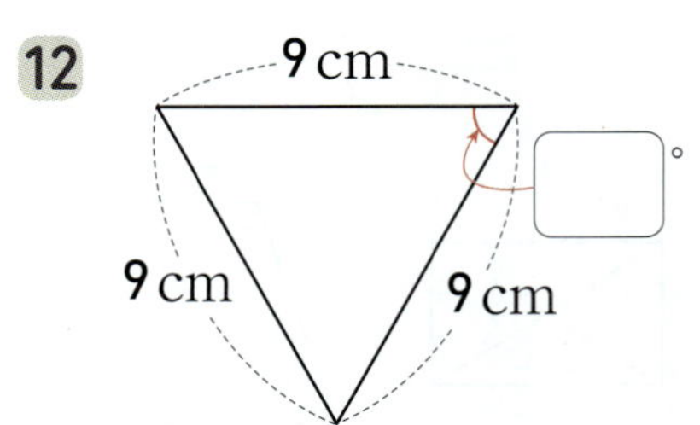

◆ 소수의 덧셈과 뺄셈을 해 보세요.

**13** ① 
$$\begin{array}{r} 0.6 \\ +\,1.1 \\ \hline \end{array}$$
② 
$$\begin{array}{r} 0.6 \\ +\,3.8 \\ \hline \end{array}$$

**14** ① 
$$\begin{array}{r} 2.4\,9 \\ +\,1.2\,7 \\ \hline \end{array}$$
② 
$$\begin{array}{r} 2.4\,9 \\ +\,3.6\,2 \\ \hline \end{array}$$

**15** ① 
$$\begin{array}{r} 4.5 \\ +\,0.8\,9 \\ \hline \end{array}$$
② 
$$\begin{array}{r} 4.5 \\ +\,1.5\,4 \\ \hline \end{array}$$

**16** ① 
$$\begin{array}{r} 0.8 \\ -\,0.2 \\ \hline \end{array}$$
② 
$$\begin{array}{r} 0.8 \\ -\,0.5 \\ \hline \end{array}$$

**17** ① 
$$\begin{array}{r} 3.1\,4 \\ -\,1.0\,2 \\ \hline \end{array}$$
② 
$$\begin{array}{r} 3.1\,4 \\ -\,2.5\,7 \\ \hline \end{array}$$

**18** ① 
$$\begin{array}{r} 5.5\,1 \\ -\,1.3 \\ \hline \end{array}$$
② 
$$\begin{array}{r} 5.5\,1 \\ -\,3.7 \\ \hline \end{array}$$

**19** ① 
$$\begin{array}{r} 7.6 \\ -\,0.2\,8 \\ \hline \end{array}$$
② 
$$\begin{array}{r} 7.6 \\ -\,5.9\,4 \\ \hline \end{array}$$

◆ 각 도형을 찾아 기호를 쓰세요.

**20** 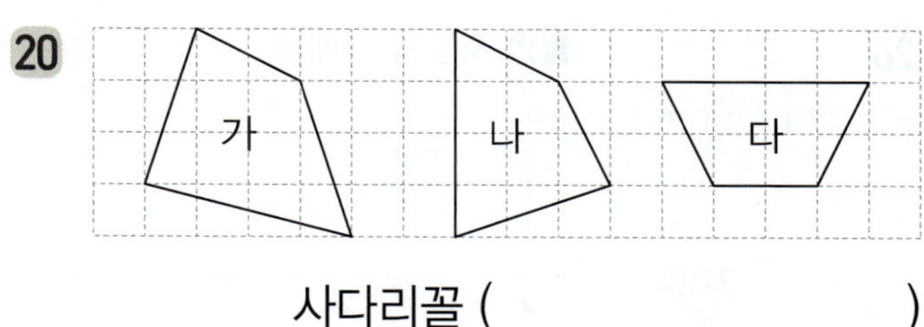


사다리꼴 ( )

**21** 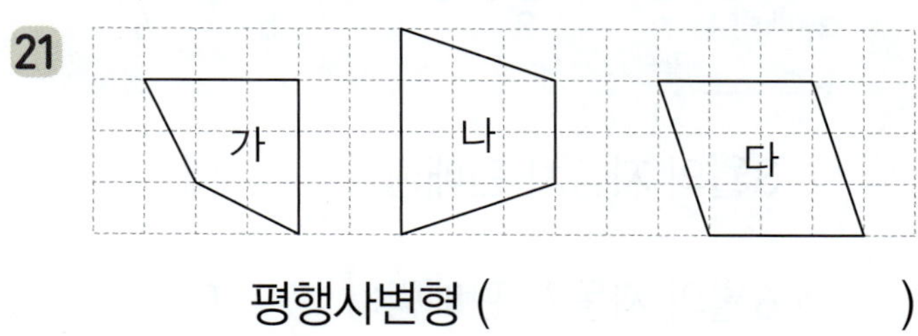


평행사변형 ( )

**22** 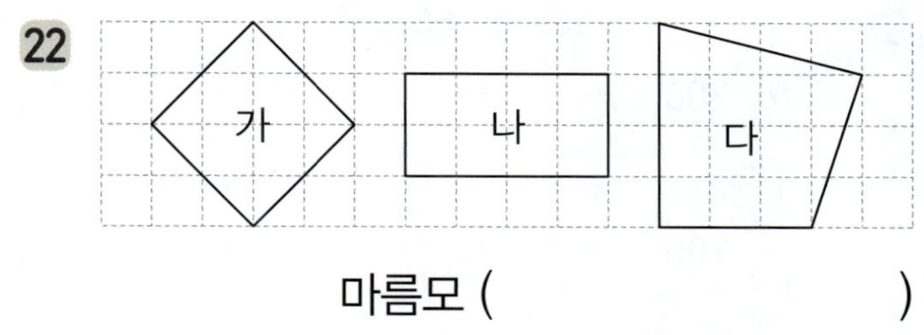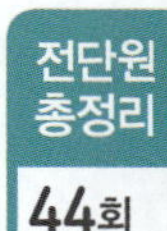


마름모 ( )

◆ 도형을 보고 ▢ 안에 알맞은 수를 써넣으세요.

**23** 평행사변형 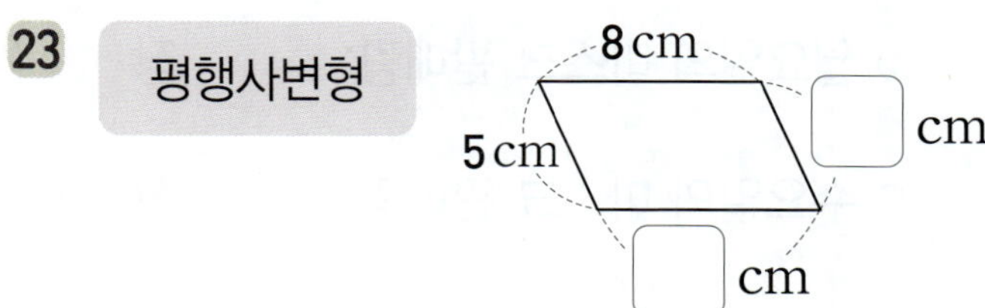


**24** 평행사변형 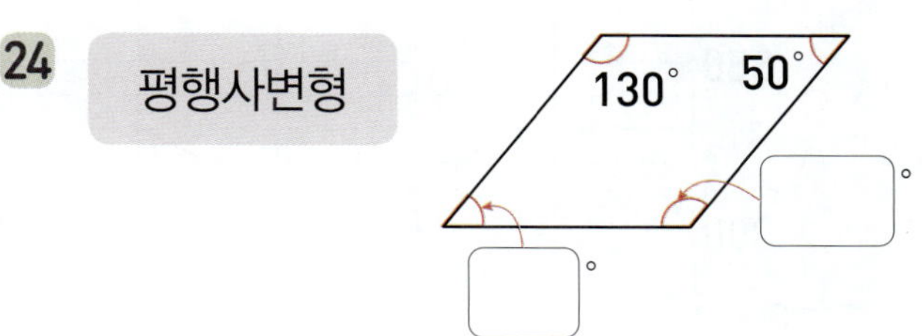


**25** 마름모 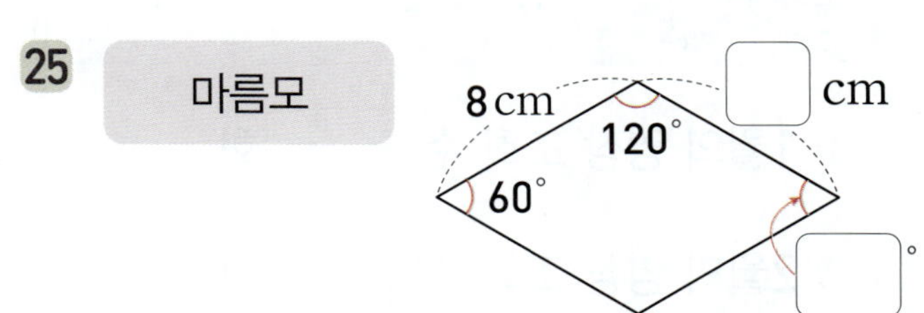

◆ ☐ 안에 알맞은 수를 써넣으세요.

**26**

월별 자동차 판매량

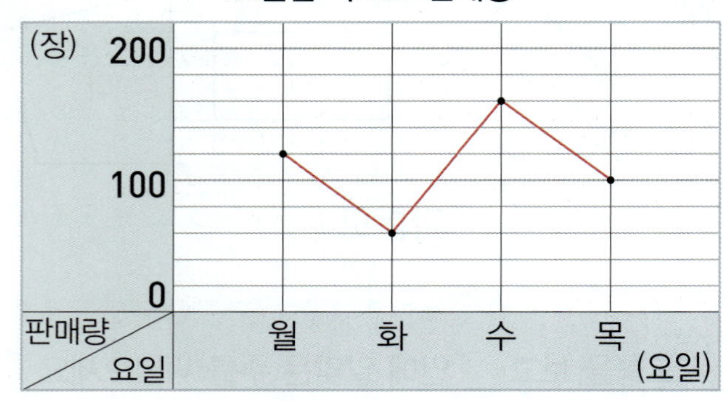

① 3월의 자동차 판매량: ☐ 대

② 6월의 자동차 판매량: ☐ 대

**27**

요일별 마스크 판매량

① 월요일의 마스크 판매량: ☐ 장

② 수요일의 마스크 판매량: ☐ 장

**28**

월별 영상 조회 수

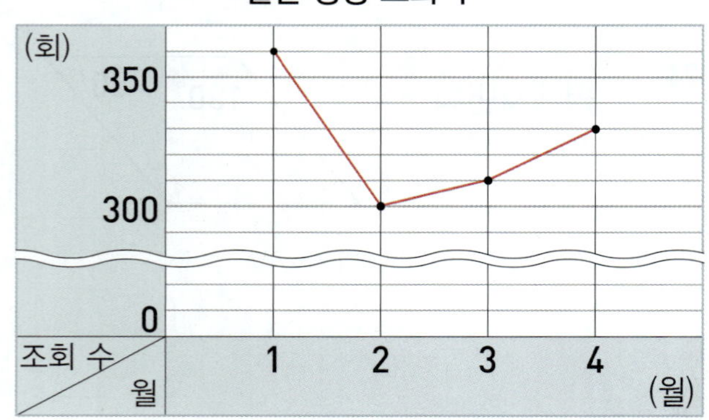

① 1월의 영상 조회 수: ☐ 회

② 2월의 영상 조회 수: ☐ 회

◆ 다각형을 모두 찾아 기호를 쓰세요.

**29**

가 　 나 　 다 　 라

( 　 　 )

**30**

가 　 나 　 다 　 라

( 　 　 )

**31**

가 　 나 　 다 　 라

( 　 　 )

**32**

가 　 나 　 다 　 라

( 　 　 )

**33**

가 　 나 　 다 　 라

( 　 　 )

**34**

가 　 나 　 다 　 라

( 　 　 )

# 엄마표 학습 큐브

## 큐브챌린지란?

큐브로 6주간 매주 자녀와
학습한 내용을 기록하고,
같은 목표를 가진 엄마들과 소통하며
함께 성장할 수 있는
엄마표 학습단입니다.

## 큐브챌린지 이런 점이 좋아요

- 계획적인 학습
- 동기부여
- 학습고민 나눔
- 학습 혜택

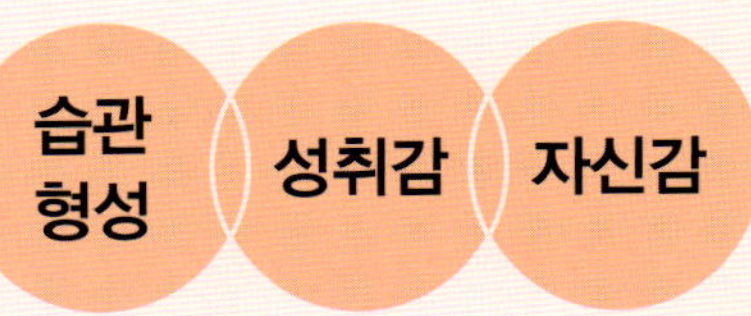


## 학습 태도 변화

- 습관 형성
- 성취감
- 자신감

학습단 참여 후 우리 아이는
"꾸준히 학습하는 습관이 잡혔어요."
"성취감이 높아졌어요."
"수학에 자신감이 생겼어요."

## 학습 지속률

### 10명 중 8.3명

## 학습 스케줄

### 매일 4쪽씩 학습!

| 항목 | 비율 |
| --- | --- |
| 주 5회 매일 4쪽 | 39% |
| 주 5회 매일 2쪽 | 15% |
| 1주에 한 단원 끝내기 | 17% |
| 기타(개별 진도 등) | 29% |

## 학습 참여자 2명 중 1명은

### 6주 간 1권 끝!

# 큐브 연산

초등 수학

## 4·2

# 정답

동아출판

**모바일 빠른 정답**

QR코드를 찍으면 **정답**을 쉽고 빠르게 확인할 수 있습니다.

## 01회 분모가 같은 (진분수) + (진분수)

### 008쪽 | 개념

**1** 1, 1, 2
**2** 1, 2, 3
**3** 2, 2, 4
**4** 3, 2, 5
**5** 5, 6, 11 / 1, 4
**6** 3, 7, 10 / 1, 1
**7** 2, 9, 11 / 1, 1
**8** 6, 8, 14 / 1, 2

### 009쪽 | 연습

**9** ① $\dfrac{3}{5}$　② $\dfrac{4}{5}$

**10** ① $\dfrac{5}{7}$　② $\dfrac{6}{7}$

**11** ① $\dfrac{6}{8}$　② $\dfrac{7}{8}$

**12** ① $\dfrac{9}{11}$　② $\dfrac{10}{11}$

**13** ① $\dfrac{8}{15}$　② $\dfrac{13}{15}$

**14** ① $1\left(=\dfrac{6}{6}\right)$　② $1\dfrac{1}{6}\left(=\dfrac{7}{6}\right)$

**15** ① $1\dfrac{1}{7}\left(=\dfrac{8}{7}\right)$　② $1\dfrac{2}{7}\left(=\dfrac{9}{7}\right)$

**16** ① $1\dfrac{1}{9}\left(=\dfrac{10}{9}\right)$　② $1\dfrac{3}{9}\left(=\dfrac{12}{9}\right)$

**17** ① $1\dfrac{3}{10}\left(=\dfrac{13}{10}\right)$　② $1\dfrac{4}{10}\left(=\dfrac{14}{10}\right)$

**18** ① $1\dfrac{4}{11}\left(=\dfrac{15}{11}\right)$　② $1\dfrac{8}{11}\left(=\dfrac{19}{11}\right)$

**19** ① $1\dfrac{3}{13}\left(=\dfrac{16}{13}\right)$　② $1\dfrac{7}{13}\left(=\dfrac{20}{13}\right)$

### 010쪽 | 적용

**20** $\dfrac{6}{8}$, $1\dfrac{3}{11}$
**21** $1\dfrac{3}{9}$, $\dfrac{10}{13}$
**22** $\dfrac{3}{7}$, $1\dfrac{1}{16}$
**23** $\dfrac{4}{6}$, $1\dfrac{5}{12}$
**24** $\dfrac{9}{10}$, $1\dfrac{5}{14}$

**25** $<$
**26** $>$
**27** $<$
**28** $<$
**29** $=$
**30** $<$
**31** $>$
**32** $<$

### 011쪽 | 완성

**33** ( ◯ ) (　　) (　　)
**34** (　　) ( ◯ ) (　　)
**35** ( ◯ ) (　　) (　　)
**36** (　　) (　　) ( ◯ )

**+문해력**

**37** $\dfrac{3}{8}$, $\dfrac{1}{8}$, $\dfrac{4}{8}$ / $\dfrac{4}{8}$

## 02회 분모가 같은 (대분수) + (대분수) ⑴

### 012쪽 | 개념

**1** 1, 2, 1, 1 / 3, 2, 3, 2
**2** 4, 1, 3, 2 / 5, 5, 5, 5
**3** 2, 1, 5, 1 / 3, 6, 3, 6
**4** 13, 6 / 19, 4, 3
**5** 12, 22 / 34, 6, 4
**6** 19, 10 / 29, 3, 5
**7** 31, 21 / 52, 5, 7

**8** ① $4\frac{2}{4}\left(=\frac{18}{4}\right)$

② $5\frac{3}{4}\left(=\frac{23}{4}\right)$

**9** ① $5\frac{3}{6}\left(=\frac{33}{6}\right)$

② $6\frac{5}{6}\left(=\frac{41}{6}\right)$

**10** ① $6\frac{5}{7}\left(=\frac{47}{7}\right)$

② $9\frac{6}{7}\left(=\frac{69}{7}\right)$

**11** ① $4\frac{6}{8}\left(=\frac{38}{8}\right)$

② $6\frac{5}{8}\left(=\frac{53}{8}\right)$

**12** ① $5\frac{5}{9}\left(=\frac{50}{9}\right)$

② $9\frac{7}{9}\left(=\frac{88}{9}\right)$

**13** ① $5\frac{6}{10}\left(=\frac{56}{10}\right)$

② $8\frac{9}{10}\left(=\frac{89}{10}\right)$

**14** ① $5\frac{8}{11}\left(=\frac{63}{11}\right)$

② $6\frac{10}{11}\left(=\frac{76}{11}\right)$

**15** ① $5\frac{9}{12}\left(=\frac{69}{12}\right)$

② $7\frac{10}{12}\left(=\frac{94}{12}\right)$

**16** ① $7\frac{11}{15}\left(=\frac{116}{15}\right)$

② $9\frac{12}{15}\left(=\frac{147}{15}\right)$

**17** ① $3\frac{8}{16}\left(=\frac{56}{16}\right)$

② $6\frac{4}{16}\left(=\frac{100}{16}\right)$

**18** ① $4\frac{11}{21}\left(=\frac{95}{21}\right)$

② $5\frac{20}{21}\left(=\frac{125}{21}\right)$



**19** $5\frac{3}{6}$, $8\frac{4}{6}$

**20** $5\frac{5}{9}$, $7\frac{8}{9}$

**21** $8\frac{4}{12}$, $9\frac{7}{12}$

**22** $7\frac{9}{20}$, $9\frac{7}{20}$

**23** $5\frac{12}{23}$, $6\frac{15}{23}$

**24** $5\frac{7}{8}$

**25** $9\frac{13}{14}$

**26** $7\frac{14}{17}$

**27** $8\frac{14}{27}$

**28** $3\frac{10}{31}$

**29** $7\frac{22}{40}$



**30**

**+문해력**

**31** $1\frac{1}{5}$, $4\frac{3}{5}$, $5\frac{4}{5}$ / $5\frac{4}{5}$

# 03회 분모가 같은 (대분수) + (대분수) (2)



**1** 3, 7, 3, 1, 2 / 4, 2

**2** 4, 9, 4, 1, 2 / 5, 2

**3** 4, 10, 4, 1, 1 / 5, 1

**4** 5, 11 / 16, 5, 1

**5** 16, 9 / 25, 4, 1

**6** 13, 22 / 35, 4, 3

**7** 17, 15 / 32, 3, 2

**8** ① $6\frac{1}{5}\left(=\frac{31}{5}\right)$　② $8\frac{2}{5}\left(=\frac{42}{5}\right)$

**9** ① $6\frac{1}{6}\left(=\frac{37}{6}\right)$　② $7\frac{3}{6}\left(=\frac{45}{6}\right)$

**10** ① $8\frac{3}{7}\left(=\frac{59}{7}\right)$　② $10\frac{5}{7}\left(=\frac{75}{7}\right)$

**11** ① $8\frac{2}{8}\left(=\frac{66}{8}\right)$　② $9\frac{4}{8}\left(=\frac{76}{8}\right)$

**12** ① $11\frac{1}{9}\left(=\frac{100}{9}\right)$　② $13\frac{3}{9}\left(=\frac{120}{9}\right)$

**13** ① $4\frac{1}{10}\left(=\frac{41}{10}\right)$　② $10\frac{4}{10}\left(=\frac{104}{10}\right)$

**14** ① $8\frac{3}{11}\left(=\frac{91}{11}\right)$　② $9\frac{4}{11}\left(=\frac{103}{11}\right)$

**15** ① $5\frac{2}{12}\left(=\frac{62}{12}\right)$　② $8\frac{6}{12}\left(=\frac{102}{12}\right)$

**16** ① $6\frac{4}{15}\left(=\frac{94}{15}\right)$　② $8\frac{6}{15}\left(=\frac{126}{15}\right)$

**17** ① $7\frac{1}{17}\left(=\frac{120}{17}\right)$　② $9\frac{2}{17}\left(=\frac{155}{17}\right)$

**18** ① $5\frac{6}{21}\left(=\frac{111}{21}\right)$　② $9\frac{4}{21}\left(=\frac{193}{21}\right)$



**19** $4\frac{3}{6}$, $8\frac{1}{6}$

**20** $8\frac{4}{7}$, $9\frac{1}{7}$

**21** $7\frac{3}{8}$, $8\frac{6}{8}$

**22** $6\frac{2}{9}$, $9\frac{1}{9}$

**23** $5\frac{5}{12}$, $8\frac{3}{12}$

**24** ( ○ )( 　 )

**25** ( 　 )( ○ )

**26** ( ○ )( 　 )

**27** ( ○ )( 　 )

**28** ( 　 )( ○ )

**29** ( ○ )( 　 )



**30**

**+문해력**

**31** $3\frac{5}{7}$, $1\frac{6}{7}$, $5\frac{4}{7}$ / $5\frac{4}{7}$

## 04회 분모가 같은 (진분수) - (진분수)



**1** 3, 1, 2　　**6** 6, 1, 5

**2** 4, 2, 2　　**7** 7, 4, 3

**3** 5, 4, 1　　**8** 7, 2, 5

**4** 7, 3, 4　　**9** 10, 3, 7

**5** 10, 5, 5　　**10** 12, 6, 6

**11** 15, 9, 6



**12** ① $\frac{3}{5}$　② $\frac{2}{5}$　　**17** ① $\frac{3}{10}$　② $\frac{4}{10}$

**13** ① $\frac{3}{6}$　② $\frac{2}{6}$　　**18** ① $\frac{5}{13}$　② $\frac{7}{13}$

**14** ① $\frac{3}{7}$　② $\frac{1}{7}$　　**19** ① $\frac{5}{14}$　② $\frac{9}{14}$

**15** ① $\frac{5}{8}$　② $0$　　**20** ① $0$　② $\frac{11}{19}$

**16** ① $\frac{2}{9}$　② $\frac{1}{9}$　　**21** ① $\frac{4}{26}$　② $\frac{12}{26}$

**22** ① $\frac{8}{30}$　② $\frac{17}{30}$

## 022쪽 | 적용

23 $\dfrac{2}{6}$, $\dfrac{3}{7}$

24 $\dfrac{3}{9}$, $\dfrac{4}{11}$

25 $\dfrac{6}{14}$, $\dfrac{4}{16}$

26 $\dfrac{4}{21}$, $\dfrac{13}{28}$

27 $\dfrac{12}{32}$, $\dfrac{21}{33}$

28 $=$

29 $>$

30 $<$

31 $<$

32 $>$

33 $>$

34 $=$

35 $<$

## 023쪽 | 완성

36 

+문해력

37 $\dfrac{7}{10}$, $\dfrac{2}{10}$, $\dfrac{5}{10}$ / $\dfrac{5}{10}$

## 05회 분모가 같은 (대분수) - (대분수) (1)

### 024쪽 | 개념

1 4, 1, 2, 1 / 3, 1, 3, 1

2 2, 1, 4, 3 / 1, 1, 1, 1

3 5, 3, 7, 2 / 2, 5, 2, 5

4 11, 5 / 6, 1, 2

5 26, 11 / 15, 2, 1

6 35, 23 / 12, 1, 3

7 43, 11 / 32, 3, 2

## 025쪽 | 연습

8 ① $4\dfrac{3}{5}\left(=\dfrac{23}{5}\right)$
   ② $3\dfrac{1}{5}\left(=\dfrac{16}{5}\right)$

9 ① $3\dfrac{1}{6}\left(=\dfrac{19}{6}\right)$
   ② $5\dfrac{2}{6}\left(=\dfrac{32}{6}\right)$

10 ① $3\dfrac{3}{7}\left(=\dfrac{24}{7}\right)$
   ② $\dfrac{2}{7}$

11 ① $2\dfrac{6}{8}\left(=\dfrac{22}{8}\right)$
   ② $1\dfrac{4}{8}\left(=\dfrac{12}{8}\right)$

12 ① $4\dfrac{5}{9}\left(=\dfrac{41}{9}\right)$
   ② $3\dfrac{3}{9}\left(=\dfrac{30}{9}\right)$

13 ① $1\dfrac{5}{10}\left(=\dfrac{15}{10}\right)$
   ② $2\dfrac{1}{10}\left(=\dfrac{21}{10}\right)$

14 ① $\dfrac{7}{11}$
   ② $3\dfrac{4}{11}\left(=\dfrac{37}{11}\right)$

15 ① $1\dfrac{2}{12}\left(=\dfrac{14}{12}\right)$
   ② $3\dfrac{1}{12}\left(=\dfrac{37}{12}\right)$

16 ① $4\dfrac{2}{13}\left(=\dfrac{54}{13}\right)$
   ② $3\dfrac{1}{13}\left(=\dfrac{40}{13}\right)$

17 ① $2\left(=\dfrac{32}{16}\right)$
   ② $3\dfrac{3}{16}\left(=\dfrac{51}{16}\right)$

18 ① $1\dfrac{3}{21}\left(=\dfrac{24}{21}\right)$
   ② $4\dfrac{10}{21}\left(=\dfrac{94}{21}\right)$

## 026쪽 | 적용

19 $2\dfrac{3}{8}$

20 $3\dfrac{3}{9}$

21 $1\dfrac{3}{10}$

22 $3\dfrac{4}{11}$

23 $1\dfrac{5}{23}$

24 $\dfrac{1}{7}$

25 $4\dfrac{4}{10}$

26 $3\dfrac{9}{13}$

27 $3\dfrac{5}{15}$

28 $2\dfrac{6}{22}$

29 $5\dfrac{9}{30}$

**027쪽 | 완성**

**30**

**+문해력**

**31** $6\dfrac{3}{5}$, $3\dfrac{2}{5}$, $3\dfrac{1}{5}$ / $3\dfrac{1}{5}$

## 06회 (자연수) - (진분수)

**028쪽 | 개념**

**1** 4, 3

**2** 6, 1

**3** 7, 5

**4** 8, 4

**5** 12, 3

**6** 13, 5

**7** 15, 3, 12 / 2, 2

**8** 12, 1, 11 / 3, 2

**9** 10, 1, 9 / 4, 1

**10** 49, 5, 44 / 6, 2

**029쪽 | 연습**

**11** ① $\dfrac{4}{5}$  ② $\dfrac{2}{5}$

**12** ① $\dfrac{3}{7}$  ② $\dfrac{1}{7}$

**13** ① $\dfrac{6}{8}$  ② $\dfrac{3}{8}$

**14** ① $\dfrac{7}{9}$  ② $\dfrac{5}{9}$

**15** ① $\dfrac{6}{11}$  ② $\dfrac{3}{11}$

**16** ① $1\dfrac{2}{3}\left(=\dfrac{5}{3}\right)$  ② $1\dfrac{3}{4}\left(=\dfrac{7}{4}\right)$

**17** ① $2\dfrac{2}{4}\left(=\dfrac{10}{4}\right)$  ② $2\dfrac{2}{7}\left(=\dfrac{16}{7}\right)$

**18** ① $3\dfrac{1}{3}\left(=\dfrac{10}{3}\right)$  ② $3\dfrac{3}{6}\left(=\dfrac{21}{6}\right)$

**19** ① $4\dfrac{4}{8}\left(=\dfrac{36}{8}\right)$  ② $4\dfrac{7}{9}\left(=\dfrac{43}{9}\right)$

**20** ① $5\dfrac{1}{5}\left(=\dfrac{26}{5}\right)$  ② $5\dfrac{5}{10}\left(=\dfrac{55}{10}\right)$

**21** ① $6\dfrac{5}{6}\left(=\dfrac{41}{6}\right)$  ② $6\dfrac{5}{8}\left(=\dfrac{53}{8}\right)$

**030쪽 | 적용**

**22** $\dfrac{2}{4}$, $\dfrac{4}{6}$

**23** $\dfrac{3}{5}$, $\dfrac{4}{7}$

**24** $1\dfrac{1}{3}$, $1\dfrac{4}{8}$

**25** $3\dfrac{1}{2}$, $3\dfrac{7}{10}$

**26** $4\dfrac{1}{4}$, $4\dfrac{1}{6}$

**27** ( 　 ) ( ○ )

**28** ( 　 ) ( ○ )

**29** ( 　 ) ( ○ )

**30** ( ○ ) ( 　 )

**31** ( 　 ) ( ○ )

**32** ( ○ ) ( 　 )

**031쪽 | 완성**

**33**

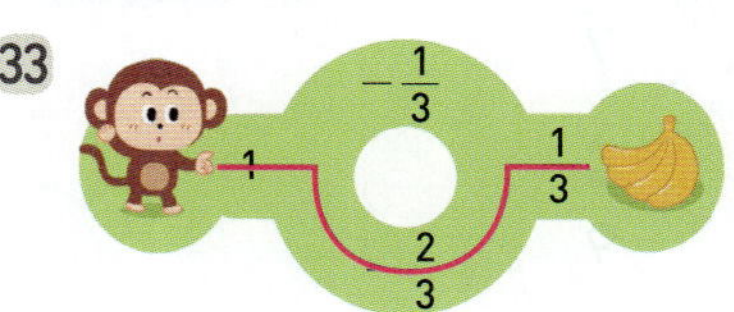

**34**

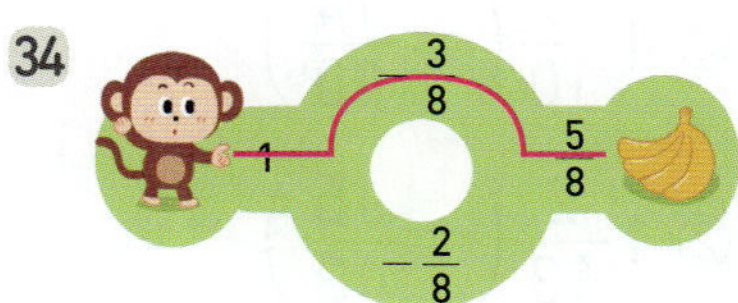

**35** 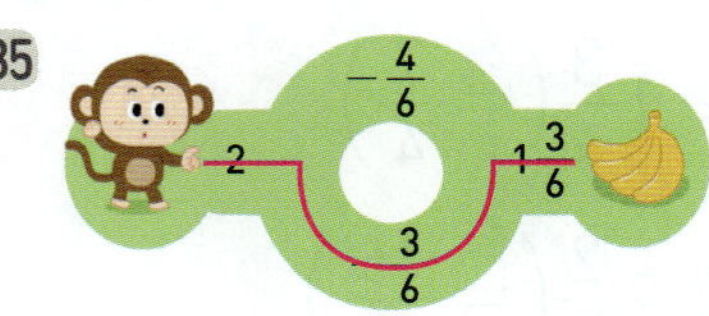

**36** 

**37** 

**38** 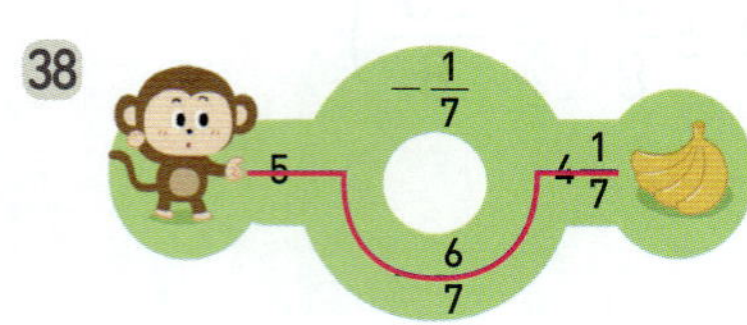

+문해력

**39** $2$, $\dfrac{2}{8}$, $1\dfrac{6}{8}$ / $1\dfrac{6}{8}$

## 07회 (자연수) - (대분수)

### 032쪽 | 개념

**1** 2, 4 / 1, 3

**2** 4, 5 / 2, 3

**3** 3, 7 / 2, 2

**4** 5, 9 / 1, 2

**5** 9, 4 / 1, 1

**6** 16, 9 / 2, 1

**7** 42, 20 / 3, 2

**8** 48, 35 / 4, 3

### 033쪽 | 연습

**9** ① $2\dfrac{2}{5}\left(=\dfrac{12}{5}\right)$　② $1\dfrac{4}{5}\left(=\dfrac{9}{5}\right)$

**10** ① $1\dfrac{5}{7}\left(=\dfrac{12}{7}\right)$　② $\dfrac{6}{7}$

**11** ① $2\dfrac{5}{9}\left(=\dfrac{23}{9}\right)$　② $\dfrac{4}{9}$

**12** ① $3\dfrac{7}{10}\left(=\dfrac{37}{10}\right)$　② $1\dfrac{4}{10}\left(=\dfrac{14}{10}\right)$

**13** ① $2\dfrac{8}{13}\left(=\dfrac{34}{13}\right)$　② $1\dfrac{2}{13}\left(=\dfrac{15}{13}\right)$

**14** ① $2\dfrac{5}{6}\left(=\dfrac{17}{6}\right)$　② $4\dfrac{5}{6}\left(=\dfrac{29}{6}\right)$

**15** ① $2\dfrac{3}{7}\left(=\dfrac{17}{7}\right)$　② $4\dfrac{3}{7}\left(=\dfrac{31}{7}\right)$

**16** ① $4\dfrac{3}{8}\left(=\dfrac{35}{8}\right)$　② $6\dfrac{3}{8}\left(=\dfrac{51}{8}\right)$

**17** ① $\dfrac{6}{10}$　② $3\dfrac{6}{10}\left(=\dfrac{36}{10}\right)$

**18** ① $3\dfrac{1}{12}\left(=\dfrac{37}{12}\right)$　② $6\dfrac{1}{12}\left(=\dfrac{73}{12}\right)$

**19** ① $1\dfrac{8}{15}\left(=\dfrac{23}{15}\right)$　② $7\dfrac{8}{15}\left(=\dfrac{113}{15}\right)$

### 034쪽 | 적용

**20** $1\dfrac{1}{5}$

**21** $3\dfrac{3}{6}$

**22** $\dfrac{6}{7}$

**23** $4\dfrac{2}{9}$

**24** $3\dfrac{7}{12}$

**25** $2\dfrac{1}{14}$

**26** $4\dfrac{7}{15}$

**27** · **28** · **29** · **30**

### 035쪽 | 완성

**31** 2

**32** 5

**33** 2

**34** 3

+문해력

**35** $6$, $2\dfrac{4}{9}$, $3\dfrac{5}{9}$ / $3\dfrac{5}{9}$

## 08회 분모가 같은 (대분수) - (대분수) (2)

### 036쪽 | 개념

**1** 6 / 2, 3
**2** 7 / 2, 2
**3** 12 / 3, 6
**4** 12 / 2, 5
**5** 16, 8 / 8, 2, 2
**6** 17, 9 / 8, 1, 3
**7** 45, 20 / 25, 3, 4
**8** 27, 21 / 6

### 037쪽 | 연습

**9** ① $1\frac{4}{5}\left(=\frac{9}{5}\right)$  ② $\frac{3}{5}$

**10** ① $1\frac{4}{6}\left(=\frac{10}{6}\right)$  ② $\frac{5}{6}$

**11** ① $3\frac{6}{7}\left(=\frac{27}{7}\right)$  ② $2\frac{3}{7}\left(=\frac{17}{7}\right)$

**12** ① $3\frac{5}{8}\left(=\frac{29}{8}\right)$  ② $1\frac{3}{8}\left(=\frac{11}{8}\right)$

**13** ① $3\frac{8}{9}\left(=\frac{35}{9}\right)$  ② $1\frac{7}{9}\left(=\frac{16}{9}\right)$

**14** ① $1\frac{7}{10}\left(=\frac{17}{10}\right)$  ② $3\frac{8}{10}\left(=\frac{38}{10}\right)$

**15** ① $3\frac{9}{11}\left(=\frac{42}{11}\right)$  ② $5\frac{10}{11}\left(=\frac{65}{11}\right)$

**16** ① $1\frac{10}{13}\left(=\frac{23}{13}\right)$  ② $3\frac{6}{13}\left(=\frac{45}{13}\right)$

**17** ① $1\frac{13}{14}\left(=\frac{27}{14}\right)$  ② $3\frac{12}{14}\left(=\frac{54}{14}\right)$

**18** ① $4\frac{9}{15}\left(=\frac{69}{15}\right)$  ② $6\frac{12}{15}\left(=\frac{102}{15}\right)$

**19** ① $1\frac{17}{20}\left(=\frac{37}{20}\right)$  ② $3\frac{16}{20}\left(=\frac{76}{20}\right)$

### 038쪽 | 적용

**20** $1\frac{6}{7}$
**21** $2\frac{7}{8}$
**22** $4\frac{8}{9}$
**23** $3\frac{6}{10}$
**24** $1\frac{8}{12}$
**25** $4\frac{11}{17}$
**26** $\frac{12}{21}$

**27** ( ○ ) (　　)
**28** ( ○ ) (　　)
**29** (　　) ( ○ )
**30** ( ○ ) (　　)
**31** (　　) ( ○ )
**32** (　　) ( ○ )

### 039쪽 | 완성

**33**

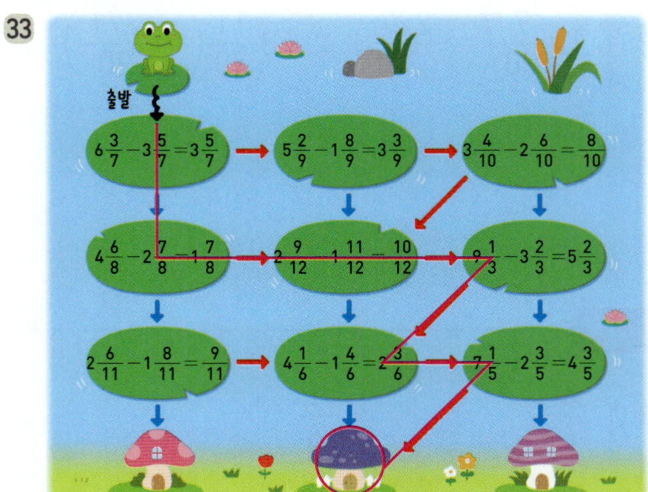


**+문해력**

**34** $2\frac{2}{4}$, $1\frac{3}{4}$, $\frac{3}{4}$ / $\frac{3}{4}$

## 09회 평가 A

**040쪽**

1 ① $\dfrac{6}{7}$　② $1\dfrac{2}{7}\left(=\dfrac{9}{7}\right)$

2 ① $\dfrac{4}{8}$　② $1\dfrac{1}{8}\left(=\dfrac{9}{8}\right)$

3 ① $\dfrac{6}{10}$　② $1\dfrac{2}{10}\left(=\dfrac{12}{10}\right)$

4 ① $3\dfrac{3}{6}\left(=\dfrac{21}{6}\right)$　② $4\dfrac{5}{6}\left(=\dfrac{29}{6}\right)$

5 ① $4\dfrac{5}{8}\left(=\dfrac{37}{8}\right)$　② $7\dfrac{7}{8}\left(=\dfrac{63}{8}\right)$

6 ① $4\dfrac{6}{10}\left(=\dfrac{46}{10}\right)$　② $9\dfrac{9}{10}\left(=\dfrac{99}{10}\right)$

7 ① $6\dfrac{1}{7}\left(=\dfrac{43}{7}\right)$　② $7\dfrac{2}{7}\left(=\dfrac{51}{7}\right)$

8 ① $8\dfrac{1}{9}\left(=\dfrac{73}{9}\right)$　② $11\dfrac{3}{9}\left(=\dfrac{102}{9}\right)$

9 ① $7\dfrac{4}{11}\left(=\dfrac{81}{11}\right)$　② $11\dfrac{2}{11}\left(=\dfrac{123}{11}\right)$

10 ① $9\dfrac{4}{12}\left(=\dfrac{112}{12}\right)$　② $10\dfrac{6}{12}\left(=\dfrac{126}{12}\right)$

11 ① $10\dfrac{6}{13}\left(=\dfrac{136}{13}\right)$　② $16\dfrac{3}{13}\left(=\dfrac{211}{13}\right)$

12 ① $11\dfrac{7}{20}\left(=\dfrac{227}{20}\right)$　② $13\dfrac{11}{20}\left(=\dfrac{271}{20}\right)$

**041쪽**

13 ① $\dfrac{4}{6}$　② $\dfrac{1}{6}$

14 ① $\dfrac{5}{10}$　② $\dfrac{3}{10}$

15 ① $3\dfrac{2}{4}\left(=\dfrac{14}{4}\right)$　② $2\dfrac{1}{4}\left(=\dfrac{9}{4}\right)$

16 ① $6\dfrac{1}{5}\left(=\dfrac{31}{5}\right)$　② $4\left(=\dfrac{20}{5}\right)$

17 ① $\dfrac{4}{7}$　② $\dfrac{2}{7}$

18 ① $4\dfrac{3}{5}\left(=\dfrac{23}{5}\right)$　② $4\dfrac{6}{9}\left(=\dfrac{42}{9}\right)$

19 ① $3\dfrac{1}{3}\left(=\dfrac{10}{3}\right)$　② $2\dfrac{2}{3}\left(=\dfrac{8}{3}\right)$

20 ① $6\dfrac{2}{6}\left(=\dfrac{38}{6}\right)$　② $5\dfrac{4}{6}\left(=\dfrac{34}{6}\right)$

21 ① $7\dfrac{4}{7}\left(=\dfrac{53}{7}\right)$　② $5\dfrac{2}{7}\left(=\dfrac{37}{7}\right)$

22 ① $1\dfrac{4}{6}\left(=\dfrac{10}{6}\right)$　② $\dfrac{5}{6}$

23 ① $4\dfrac{3}{8}\left(=\dfrac{35}{8}\right)$　② $1\dfrac{4}{8}\left(=\dfrac{12}{8}\right)$

24 ① $3\dfrac{8}{10}\left(=\dfrac{38}{10}\right)$　② $1\dfrac{3}{10}\left(=\dfrac{13}{10}\right)$

## 10회 평가 B

**042쪽**

1 $\dfrac{13}{15}$, $1\dfrac{1}{15}$　6 $\dfrac{6}{8}$, $\dfrac{2}{8}$

2 $7\dfrac{3}{7}$, $9\dfrac{6}{7}$　7 $3\dfrac{1}{9}$, $1\dfrac{2}{9}$

3 $4\dfrac{8}{10}$, $7\dfrac{9}{10}$　8 $\dfrac{7}{12}$, $\dfrac{1}{12}$

4 $9\dfrac{1}{13}$, $10\dfrac{3}{13}$　9 $1\dfrac{2}{10}$, $\dfrac{4}{10}$

5 $3\dfrac{17}{30}$, $5\dfrac{5}{30}$　10 $2\dfrac{18}{23}$, $1\dfrac{21}{23}$

## 043쪽

11 $=$

12 $<$

13 $>$

14 $<$

15 $>$

16 $<$

17 $>$

18 $>$

19 $\dfrac{17}{24}$

20 $6\dfrac{6}{8}$

21 $8\dfrac{1}{10}$

22 $6\dfrac{5}{11}$

23 $1\dfrac{5}{7}$

24 $4\dfrac{7}{9}$

## 11회 삼각형을 변의 길이에 따라 분류하기

### 046쪽 | 개념

1 ( )( ○ )   5 ( ○ )( )

2 ( ○ )( )   6 ( ○ )( )

3 ( )( ○ )   7 ( ○ )( )

4 ( ○ )( )   8 ( )( ○ )

### 047쪽 | 연습

9 가, 다   14 다

10 나, 다   15 나

11 가, 나   16 가

12 나, 다   17 나

13 가, 다   18 다

19 가

### 048쪽 | 적용

20 7

21 11

22 9

23 5

24 6

25 7, 7

26 예 ① ② 

27 예 ① ②

28 예 ① ②

29 예 ① ②

30 예 ① ②

### 049쪽 | 완성

31

+문해력

32 11, 11, 38 / 38

## 12회  이등변삼각형과 정삼각형의 성질

### 050쪽 | 개념

1 ① 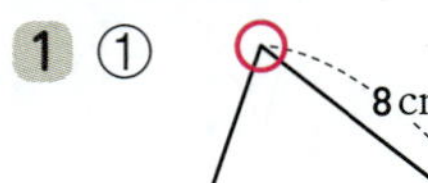 ② 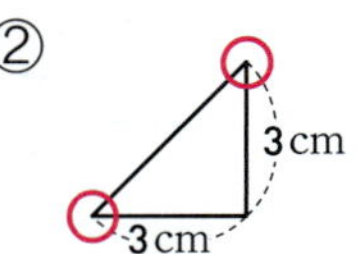

2 ① 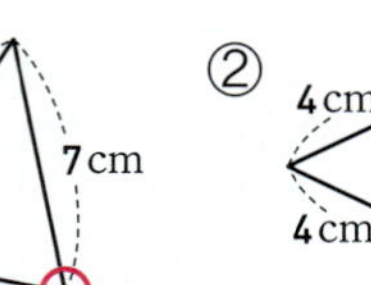 ②

3 ① ②

4 ① ②

5 ① 같습니다 / 4  ② 같습니다 / 30

6 ① 같습니다 / 2  ② 같습니다 / 60

### 051쪽 | 연습

7 75
8 35
9 40
10 45
11 65
12 55

13 60
14 60
15 60, 60
16 60, 60
17 60, 60, 60
18 60, 60, 60

### 052쪽 | 적용

※ 19 ~ 30은 위에서부터 채점하세요.

19 9, 70
20 7, 40
21 50, 8
22 55, 6
23 25, 4
24 45, 5

25 60, 5
26 6, 60
27 60, 8
28 9, 60
29 60, 10
30 11, 60

### 053쪽 | 완성

31
32
33
34

+문해력

35 180, 100, 100, 50 / 50

## 13회  삼각형을 각의 크기에 따라 분류하기

### 054쪽 | 개념

1 ( ○ )( )
2 ( )( ○ )
3 ( ○ )( )
4 ( )( ○ )

5 ( ○ )( )
6 ( ○ )( )
7 ( )( ○ )
8 ( )( ○ )

### 055쪽 | 연습

9 다
10 가
11 나
12 다
13 가

14 가
15 나
16 다
17 나
18 가
19 가

### 056쪽 | 적용

20
21
22

**23** 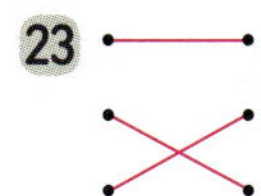

**24** 예 ① ② 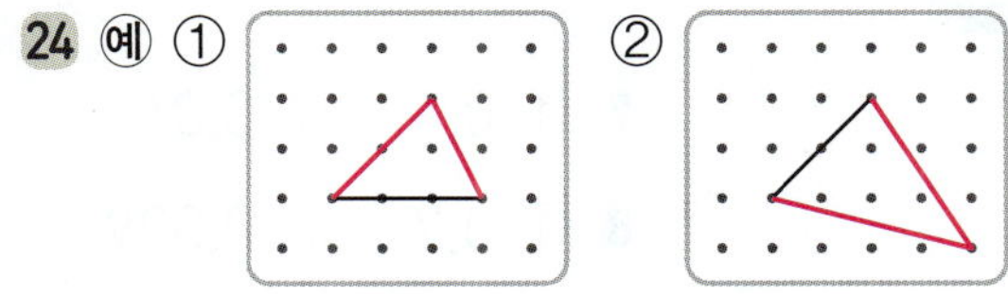

**25** 예 ① ② 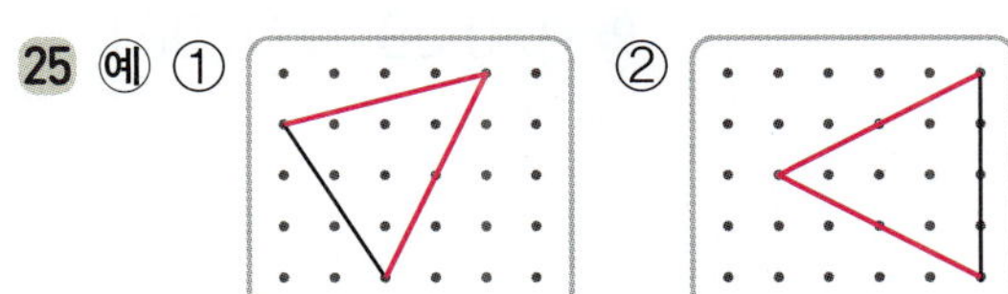

**26** 예 ① ② 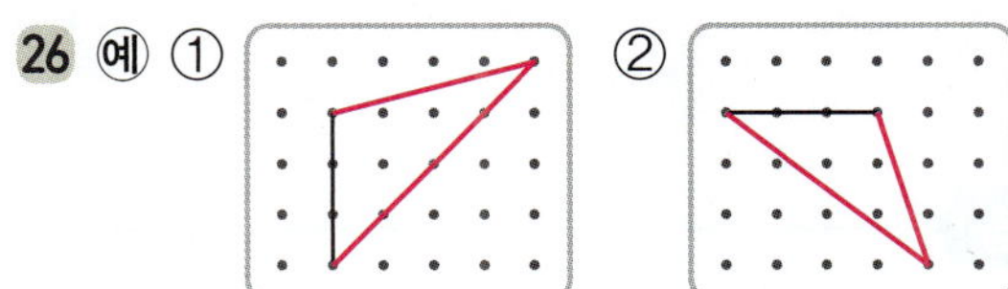

**27** 예 ① ② 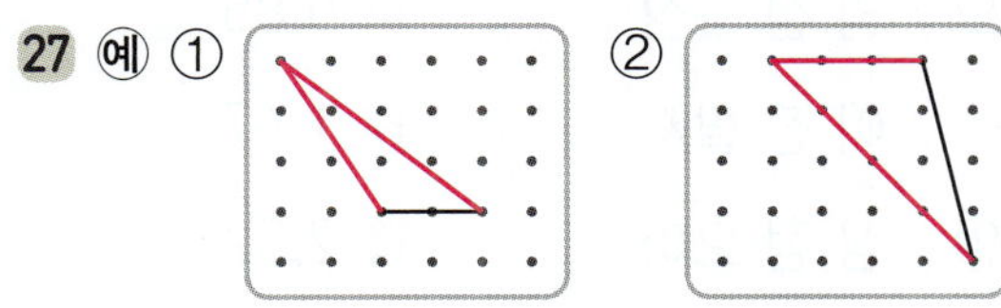

**28** 예 ① ② 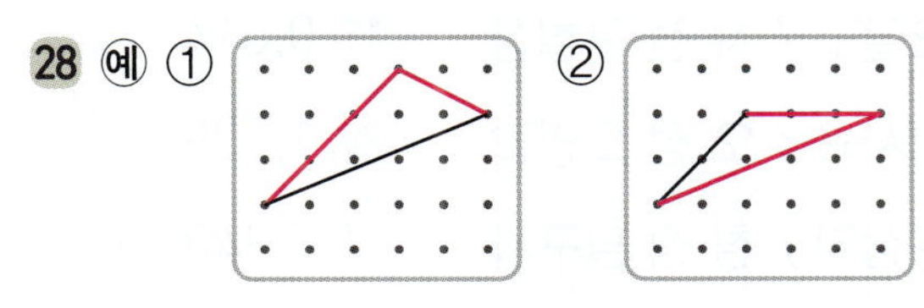



**29**

+ 문해력

**30** 둔각, 예각, 예각, 둔각, 둔각삼각형 / 둔각삼각형

## 14회 평가 A

**058**쪽

**1** 가, 나　　**7** 20

**2** 가, 나　　**8** 80

**3** 가, 다　　**9** 25

**4** 나　　**10** 50

**5** 나　　**11** 70

**6** 가　　**12** 30

**059**쪽

**13** 60　　**19** 나

**14** 60　　**20** 나

**15** 60, 60　　**21** 다

**16** 60, 60　　**22** 가

**17** 60, 60, 60　　**23** 다

**18** 60, 60, 60　　**24** 나

## 15회 평가 B

**060**쪽

※ **7**～**12**는 위에서부터 채점하세요.

**1** 8　　**7** 5, 35

**2** 7　　**8** 30, 8

**3** 10　　**9** 11, 75

**4** 3　　**10** 60, 7

**5** 4　　**11** 60, 6

**6** 8, 8　　**12** 60, 9

**061쪽**

13 

14 

15 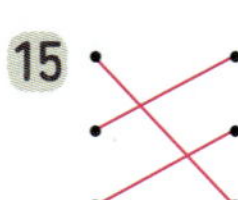

16 

17 예 ① ② 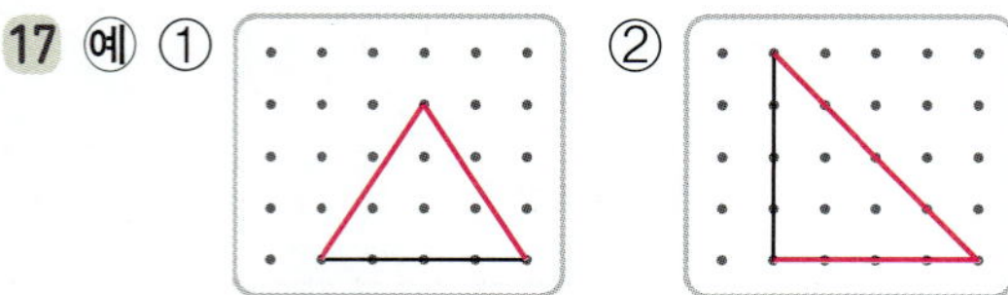

18 예 ① ② 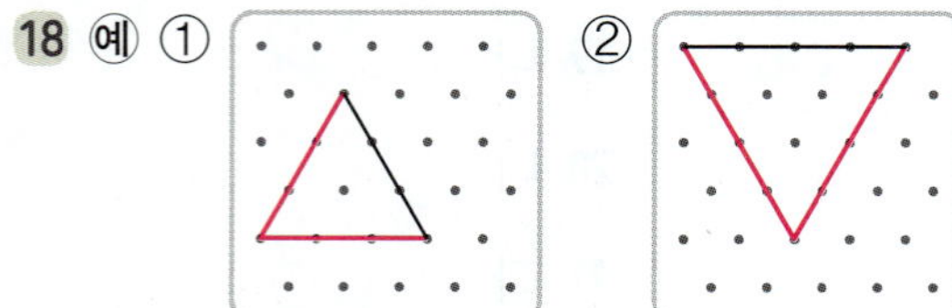

19 예 ① ② 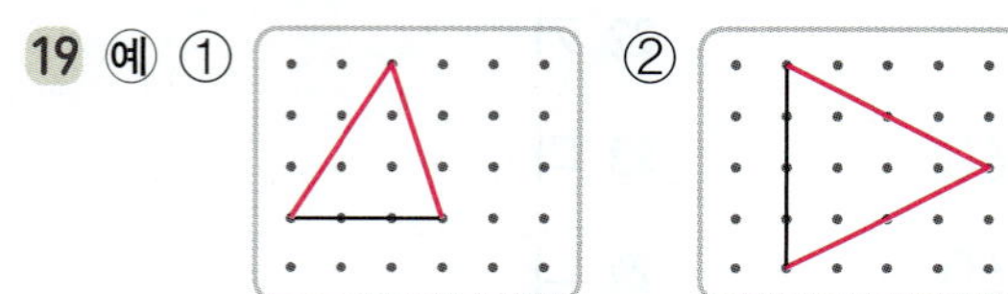

20 예 ① ② 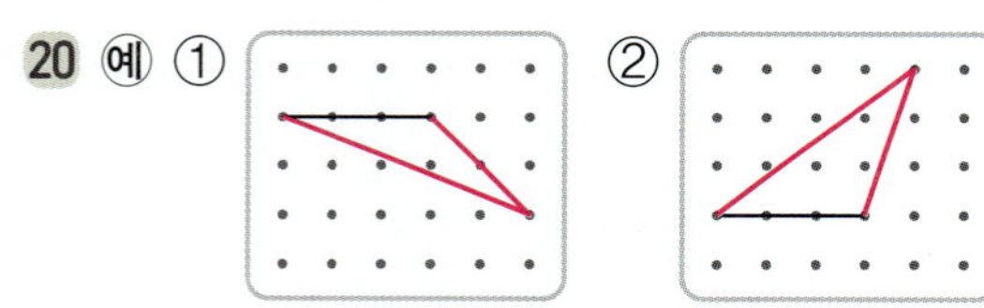

21 예 ① ② 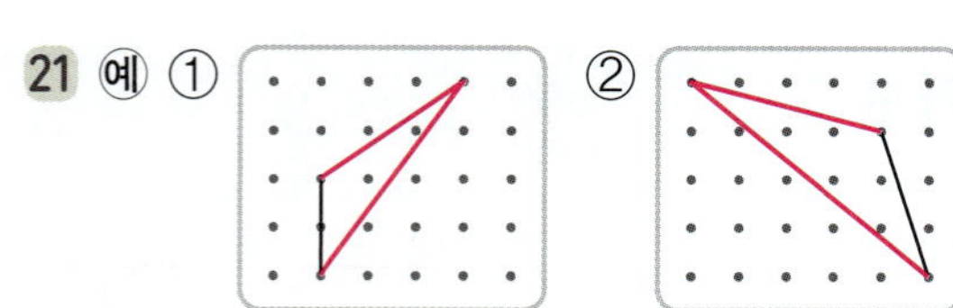

## 16회 소수 두 자리 수, 소수 세 자리 수

**064쪽 | 개념**

1 0.05

2 0.42

3 1.26

4 0.031

5 0.687

6 2.725

7 ① 0.4  ② 0.06

8 ① 0.7  ② 0.009

9 ① 0.08  ② 0.001

**065쪽 | 연습**

10 영 점 일오 / 영 점 구삼

11 이 점 영칠 / 이 점 팔사

12 삼 점 이일 / 삼 점 오이

13 사 점 오팔구 / 사 점 구칠삼

14 오 점 영사육 / 오 점 오영팔

15 칠 점 육삼일 / 칠 점 팔구사

16 0.85

17 1.67

18 2.52

19 0.014

20 1.538

21 5.343

22 4.616

**066쪽 | 적용**

23 ① 93  ② 193

24 ① 48  ② 248

25 ① 675  ② 5675

26 ① 306  ② 7306

27 ① 0.46  ② 3.46

28 ① 0.87  ② 1.87

29 ① 0.259  ② 1.259

30 ① 0.01  ② 0.1

31 ① 0.3  ② 0.03

32 ① 0.4  ② 0.04

33 ① 0.5  ② 0.005

34 ① 0.008  ② 0.08

35 ① 0.09  ② 0.009

**067쪽 | 완성**

36 2.306

37 6.312

38 7.108

39 3.258

+문해력

40 1, 3, 5, 1.35 / 1.35

## 17회 소수의 크기 비교

### 068쪽 | 개념

1 <
2 >
3 <
4 < / <
5 > / >
6 > / >
7 > / >
8 < / <
9 > / >

### 069쪽 | 연습

10 ① > ② <
11 ① > ② <
12 ① < ② <
13 ① = ② >
14 ① > ② <
15 ① < ② <
16 ① > ② <
17 ① < ② <
18 ① > ② <
19 ① < ② >
20 ① < ② <
21 ① > ② >
22 ① < ② <

### 070쪽 | 적용

23 0.45
24 1.63
25 2.64
26 0.293
27 4.803
28 6.171
29 2.842 / 1.32
30 5.654 / 4.61
31 7.32 / 6.531
32 4.51 / 1.793
33 5.98 / 3.082
34 3.19 / 2.456

### 071쪽 | 완성

35 0.165, 0.249, 0.23
36 0.2, 1.13, 1.54
37 2.5, 5.42, 2.49, 4.5
38 3.105, 6.43

**+문해력**

39 0.51, <, 0.63 / 윤후

## 18회 소수 사이의 관계

### 072쪽 | 개념

1 0.1
2 0.01
3 0.001
4 0.01
5 0.1
6 1
7 0.003
8 0.046
9 0.102
10 0.05
11 7.91

### 073쪽 | 연습

12 ① 0.4 ② 0.04
13 ① 2.9 ② 0.29
14 ① 80.4 ② 8.04
15 ① 6.51 ② 0.651
16 ① 10 ② 100
17 ① 10 ② 100
18 ① 2 ② 20
19 ① 13.5 ② 135
20 ① 42.8 ② 428
21 ① 56.79 ② 567.9
22 ① 10 ② 100
23 ① 10 ② 100
24 ① 10 ② 100

### 074쪽 | 적용

25
| | | |
|---|---|---|
| | 4 . 6 | |
| $\frac{1}{10}$ | 0 . 4  6 | |
| $\frac{1}{10}$ | 0 . 0  4  6 | |

26
| | | |
|---|---|---|
| | 5 . 3 | |
| $\frac{1}{10}$ | 0 . 5  3 | |
| $\frac{1}{10}$ | 0 . 0  5  3 | |

27
| | | |
|---|---|---|
| | 6 . 5 | |
| $\frac{1}{10}$ | 0 . 6  5 | |
| $\frac{1}{10}$ | 0 . 0  6  5 | |

28
| | |
|---|---|
| 1  2 . 3 | 10배 |
| 1 . 2  3 | 10배 |
| 0 . 1  2  3 | |

29
| | |
|---|---|
| 8  3 . 6 | 10배 |
| 8 . 3  6 | 10배 |
| 0 . 8  3  6 | |

30
| | |
|---|---|
| 9  5 . 4 | 10배 |
| 9 . 5  4 | 10배 |
| 0 . 9  5  4 | |

31 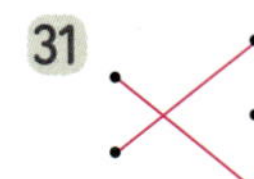

32 

33 

### 075쪽 | 완성

36 0.32

37 0.208

38 24.95

39 57.1

+문해력

40 1.25, 12.5, 12.5 / 도현

## 19회 (소수 한 자리 수) + (소수 한 자리 수)

### 076쪽 | 개념

1 25 / 2.5

2 38 / 3.8

3 65 / 6.5

4 ① 0.7　② 1.6

5 ① 3.5　② 4.8

6 ① 7.8　② 9.9

7 ① 1 / 4.3　② 1 / 8.4

8 ① 1 / 7.2　② 1 / 8.1

### 077쪽 | 연습

9 ① 0.5　② 0.9

10 ① 1.9　② 2.6

11 ① 3.8　② 5.6

12 ① 4.3　② 9.5

13 ① 7　② 11

14 ① 10.1　② 12

15 ① 0.6　② 0.8

16 ① 1.8　② 1.9

17 ① 5.3　② 8.4

18 ① 4.8　② 7.7

19 ① 5.1　② 7.6

20 ① 8.8　② 9.4

21 ① 9.2　② 11.1

22 ① 13.1　② 14

### 078쪽 | 적용

23 0.8 / 8.6

24 1.8 / 4.4

25 3.2 / 4.9

26 5.3 / 8.8

27 8.1 / 5.3

28 9 / 9.5

29 <

30 >

31 <

32 >

33 <

34 =

35 <

36 >

### 079쪽 | 완성

37

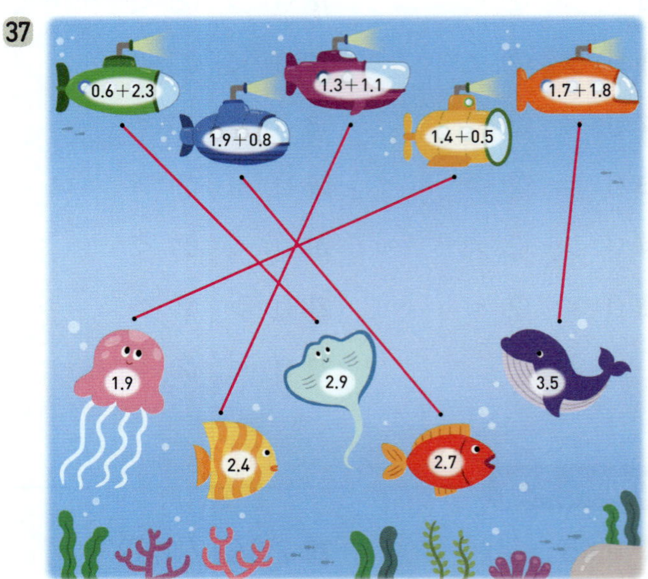


+문해력

38 1.2, 0.5, 1.7 / 1.7

## 20회 (소수 두 자리 수) + (소수 두 자리 수)

### 080쪽 | 개념

1 87 / 0.87

2 514 / 5.14

3 612 / 6.12

4 ① 0.88　② 2.36

5 ① 3.99　② 5.97

6 ① 1 / 3.63　② 1 / 5.56

7 ① 1 / 5.16　② 1 / 6.36

8 ① 1, 1 / 6.17　② 1, 1 / 8.31

## 081쪽 | 연습

**9** ① 1.85 ② 1.79
**10** ① 3.99 ② 5.37
**11** ① 7.98 ② 8.77
**12** ① 0.45 ② 0.64
**13** ① 3.71 ② 5.15
**14** ① 5.37 ② 7.29
**15** ① 8.03 ② 9.24

**16** ① 0.66 ② 0.78
**17** ① 5.98 ② 7.87
**18** ① 4.89 ② 5.62
**19** ① 1.4 ② 3.81
**20** ① 1.63 ② 5.71
**21** ① 4.19 ② 6.08
**22** ① 5.08 ② 6.17
**23** ① 8.1 ② 10.42

## 082쪽 | 적용

**24** 1.68 / 1.85
**25** 5.79 / 7.66
**26** 7.94 / 8.78
**27** 0.72 / 1.81
**28** 1.84 / 4.39
**29** 5.17 / 8.06

**30** ㉡
**31** ㉡
**32** ㉠
**33** ㉠
**34** ㉡
**35** ㉡
**36** ㉠

## 083쪽 | 완성

**37**

**+문해력**
**38** 0.55, 0.66, 1.21 / 1.21

## 21회 자릿수가 다른 소수의 덧셈

### 084쪽 | 개념

**1** 93 / 0.93
**2** 321 / 3.21
**3** 452 / 4.52
**4** ① 0.71 ② 0.85
**5** ① 2.89 ② 4.82
**6** ① 1 / 3.24 ② 1 / 6.43
**7** ① 4.86 ② 6.88
**8** ① 1 / 6.49 ② 1 / 9.27

### 085쪽 | 연습

**9** ① 3.57 ② 5.77
**10** ① 6.05 ② 9.15
**11** ① 8.02 ② 10.32
**12** ① 5.94 ② 6.73
**13** ① 2.05 ② 3.37
**14** ① 5.29 ② 7.11

**15** ① 0.96 ② 1.85
**16** ① 4.11 ② 6.57
**17** ① 7.16 ② 13.06
**18** ① 11.02 ② 13.25
**19** ① 2.58 ② 4.78
**20** ① 5.05 ② 6.25
**21** ① 5.07 ② 6.27
**22** ① 12.36 ② 15.26

### 086쪽 | 적용

※ **23** ~ **27**은 위에서부터 채점하세요.

**23** 2.25 / 3.15
**24** 6.47 / 6.81
**25** 7.89 / 10.19
**26** 10.88 / 4.03
**27** 9.18 / 7.08

**28** ( ) ( ○ )
**29** ( ) ( ○ )
**30** ( ○ ) ( )
**31** ( ) ( ○ )
**32** ( ○ ) ( )
**33** ( ○ ) ( )
**34** ( ) ( ○ )

## 087쪽 | 완성

**35**

**+문해력**

**36** 43.8, 1.35, 45.15 / 45.15

## 22회 (소수 한 자리 수) - (소수 한 자리 수)

### 088쪽 | 개념

**1** 4 / 0.4
**2** 9 / 0.9
**3** 13 / 1.3

**4** ① 0.6　② 0.1
**5** ① 0.3　② 1.1
**6** ① 1.4　② 2.1
**7** ① 2, 10 / 1.6　② 5, 10 / 3.5
**8** ① 4, 10 / 2.8　② 6, 10 / 3.6

### 089쪽 | 연습

**9** ① 0.6　② 0.5
**10** ① 1.1　② 0.2
**11** ① 2.6　② 1.4
**12** ① 2.6　② 1.3
**13** ① 2.9　② 1.8
**14** ① 1.6　② 0.7

**15** ① 0.2　② 2.3
**16** ① 0.3　② 3.1
**17** ① 0.5　② 3.6
**18** ① 2　② 3.1
**19** ① 2.9　② 3.8
**20** ① 1.8　② 3.7
**21** ① 1.9　② 2.6
**22** ① 2.4　② 6.3

## 090쪽 | 적용

**23** 1.2 / 3.4
**24** 1.5 / 0.6
**25** 2.9 / 2.1
**26** 2.4 / 4.2
**27** 0.7 / 1.6
**28** 3.5 / 2.8

**29** <
**30** <
**31** >
**32** >
**33** >
**34** <
**35** >
**36** >

## 091쪽 | 완성

**37**

**+문해력**

**38** 3.5, 2.1, 1.4 / 1.4

## 23회 (소수 두 자리 수) - (소수 두 자리 수)

### 092쪽 | 개념

**1** 77 / 0.77
**2** 109 / 1.09
**3** 172 / 1.72

**4** ① 1.21　② 2.45
**5** ① 1.43　② 3.22
**6** ① 2, 10 / 1.16　② 7, 10 / 2.59
**7** ① 4, 10 / 2.93　② 5, 10 / 1.62
**8** ① 3, 12, 10 / 2.78　② 4, 16, 10 / 2.86

## 093쪽 | 연습

**9** ① 1.33 ② 1.22
**10** ① 3.71 ② 1.13
**11** ① 4.01 ② 2.12
**12** ① 0.09 ② 1.08
**13** ① 2.9 ② 2.69
**14** ① 2.67 ② 1.78

**15** ① 1.22 ② 1.31
**16** ① 1.3 ② 4.41
**17** ① 1.45 ② 5.24
**18** ① 2.41 ② 3.03
**19** ① 0.23 ② 0.58
**20** ① 1.91 ② 2.68
**21** ① 0.29 ② 2.87
**22** ① 3.49 ② 4.17

## 094쪽 | 적용

**23** 0.44 / 0.23
**24** 3.22 / 2.11
**25** 3.23 / 2.07
**26** 0.68 / 0.59
**27** 2.57 / 1.39
**28** 4.58 / 1.86

**29** ㉡
**30** ㉠
**31** ㉡
**32** ㉡
**33** ㉠
**34** ㉠
**35** ㉡

## 095쪽 | 완성

**36**

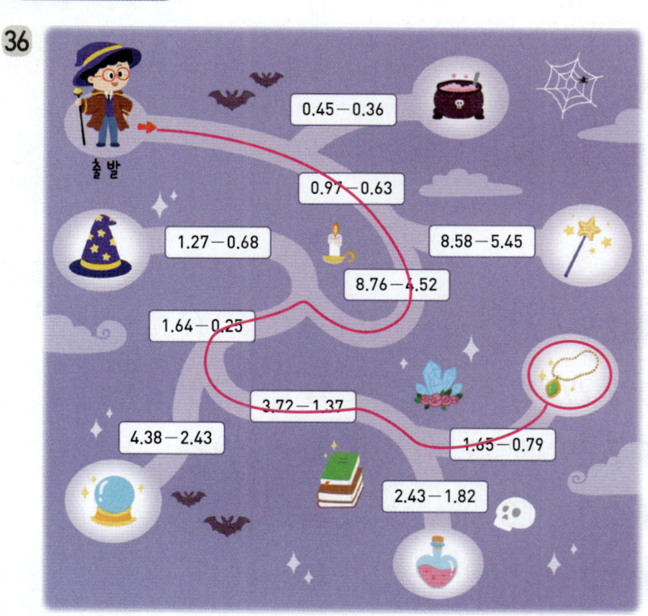


**+문해력**
**37** 5.54, 1.41, 4.13 / 4.13

## 24회 자릿수가 다른 소수의 뺄셈

### 096쪽 | 개념

**1** 56 / 0.56
**2** 83 / 0.83
**3** 53 / 0.53
**4** ① 0.43 ② 1.42
**5** ① 0.28 ② 1.56
**6** ① 2, 10 / 2.65 ② 3, 10 / 1.59
**7** ① 3, 10 / 2.14 ② 7, 10 / 1.23
**8** ① 3, 15, 10 / 2.79 ② 5, 16, 10 / 3.76

### 097쪽 | 연습

**9** ① 0.19 ② 0.09
**10** ① 0.92 ② 0.72
**11** ① 1.44 ② 0.74
**12** ① 0.47 ② 0.24
**13** ① 2.09 ② 0.88
**14** ① 3.42 ② 2.31

**15** ① 0.22 ② 0.34
**16** ① 0.62 ② 2.38
**17** ① 2.84 ② 3.76
**18** ① 1.61 ② 2.77
**19** ① 0.37 ② 0.67
**20** ① 0.35 ② 0.75
**21** ① 0.28 ② 1.98
**22** ① 1.56 ② 3.46

### 098쪽 | 적용

※ **23** ~ **27** 은 위에서부터 채점하세요.

**23** 3.22 / 1.82
**24** 7.84 / 5.66
**25** 2.53 / 1.43
**26** 0.09 / 0.28
**27** 5.64 / 2.03

**28** ( ) ( ○ )
**29** ( ) ( ○ )
**30** ( ○ ) ( )
**31** ( ) ( ○ )
**32** ( ○ ) ( )
**33** ( ) ( ○ )
**34** ( ○ ) ( )

## 099쪽 | 완성

**35**



**+문해력**

**36** 1.2, 0.35, 0.85 / 0.85

## 25회 평가 A

### 100쪽

**1** 영 점 팔일
／ 영 점 구오

**2** 일 점 오팔
／ 일 점 칠삼구

**3** 삼 점 사팔육
／ 삼 점 구사이

**4** ① ＝　② ＜

**5** ① ＜　② ＞

**6** ① ＜　② ＞

**7** ① ＞　② ＜

**8** 0.35

**9** 100

**10** 297.3

**11** 10

**12** ① 7.7　② 4.4

**13** ① 8.32　② 2.56

**14** ① 11.22　② 2.92

**15** ① 10.46　② 5.88

### 101쪽

**16** ① 3.6　② 5.7

**17** ① 8.7　② 9.5

**18** ① 7.3　② 8.1

**19** ① 1.68　② 5.79

**20** ① 6.94　② 8.37

**21** ① 12.01　② 15.6

**22** ① 6.76　② 10.06

**23** ① 3.98　② 5.06

**24** ① 2.4　② 0.3

**25** ① 2.7　② 1.1

**26** ① 2.4　② 1.3

**27** ① 1.52　② 0.22

**28** ① 2.15　② 0.91

**29** ① 1.87　② 0.48

**30** ① 3.31　② 0.91

**31** ① 3.08　② 1.86

## 26회 평가 B

### 102쪽

**1** ① 0.1　② 0.01

**2** ① 0.04　② 0.4

**3** ① 0.6　② 0.06

**4** ① 0.3　② 0.003

**5** ① 0.05　② 0.005

**6** ① 0.7　② 0.07

**7** 4.26 / 3.127

**8** 4.72 / 4.046

**9** 9.58 / 9.51

**10**

**11**

### 103쪽

**12** 2.9 / 7.5

**13** 2.99 / 3.76

**14** 5.89 / 7.19

**15** 2.3 / 0.8

**16** 2.11 / 1.28

**17** 2.99 / 2.21

**18** (　)( ○ )

**19** (　)( ○ )

**20** ( ○ )(　)

**21** ( ○ )(　)

**22** (　)( ○ )

**23** (　)( ○ )

**24** ( ○ )(　)

## 27회 수직과 수선

### 106쪽 | 개념

1 (　)( ○ )　　6 나
2 ( ○ )(　)　　7 다
3 ( ○ )(　)　　8 다
4 ( ○ )(　)　　9 다
5 (　)( ○ )

### 107쪽 | 연습

10 다　　16 직선 나
11 나　　17 직선 라
12 가　　18 직선 다
13 가　　19 직선 라
14 다　　20 직선 마
15 나

### 108쪽 | 적용

21 2
22 3
23 1
24 2
25 1
26 1
27 3
28 예 ① 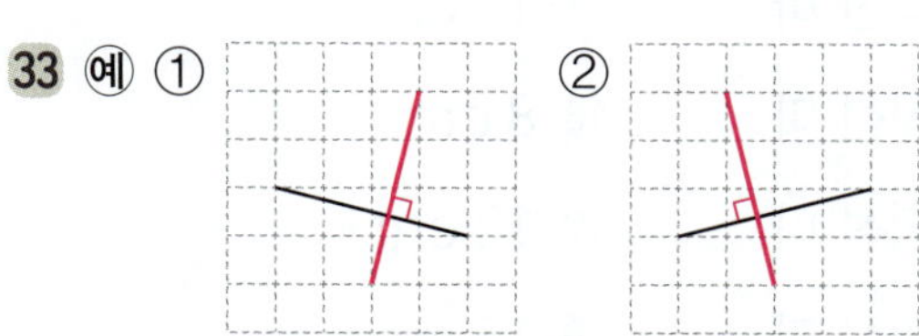 ②

29 예 ① ②
30 예 ① ②
31 예 ① ②
32 예 ① ②
33 예 ① ②

### 109쪽 | 완성

34 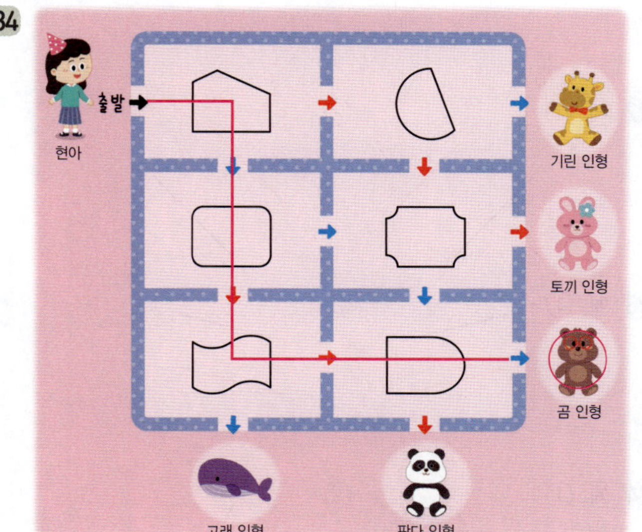


+문해력
35 1, 4, 0, 4, 1, 4, 0, 4, 9 / 9

## 28회 평행과 평행선

### 110쪽 | 개념

**1** ( ○ ) ( )     **6** ㉠

**2** ( ) ( ○ )     **7** ㉡

**3** ( ○ ) ( )     **8** ㉢

**4** ( ) ( ○ )     **9** ㉢

**5** ( ) ( ○ )     **10** ㉡

### 111쪽 | 연습

**11** 직선 나, 직선 라    **16** 8 cm

**12** 직선 다, 직선 마    **17** 11 cm

**13** 직선 나, 직선 마    **18** 8 cm

**14** 직선 가, 직선 나    **19** 12 cm

**15** 직선 다, 직선 라    **20** 15 cm

### 112쪽 | 적용

**21** 예 ①  ② 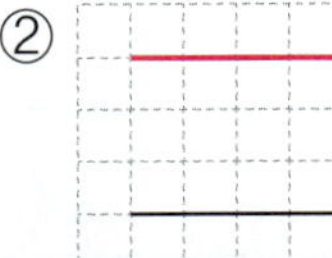

**22** 예 ① 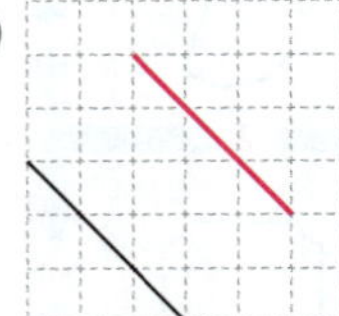 ② 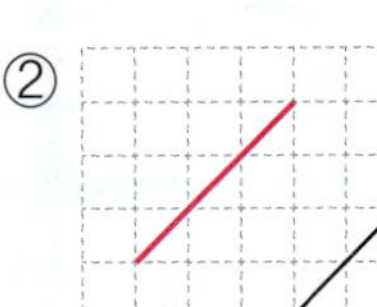

**23** 예 ① 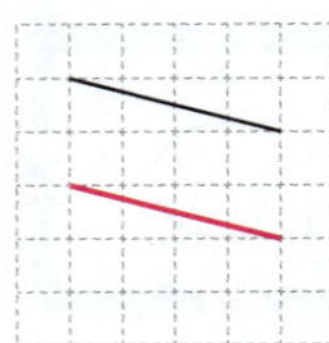 ② 

**24** 예 ① 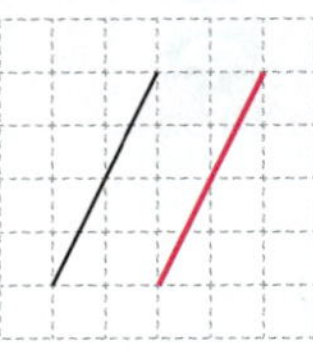 ② 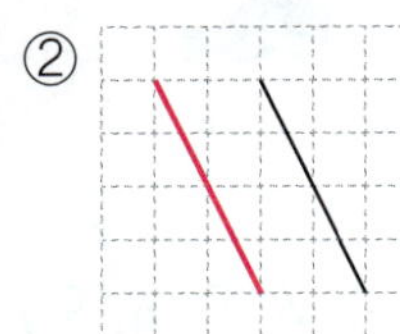

**25** 예 ① 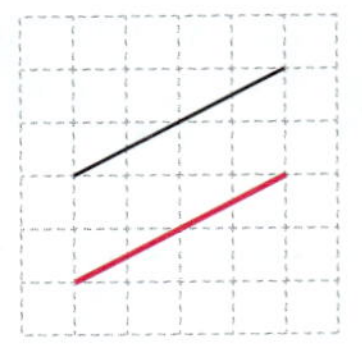 ② 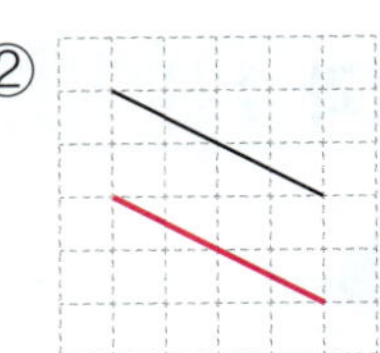

**26** 예 ① 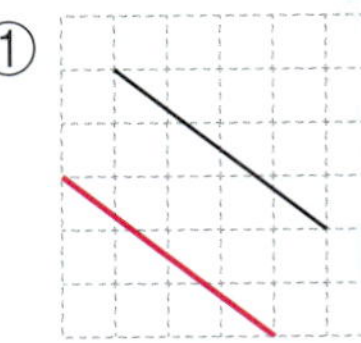 ② 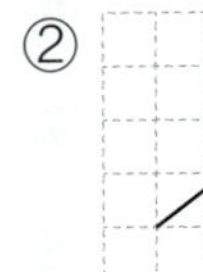

**27** 1

**28** 4

**29** 2

**30** 3

**31** 1

**32** 2

**33** 3

### 113쪽 | 완성

※ **34** ~ **38** 은 주어진 선분과 평행한 선분이 있으면 모두 정답으로 인정합니다.

**34** 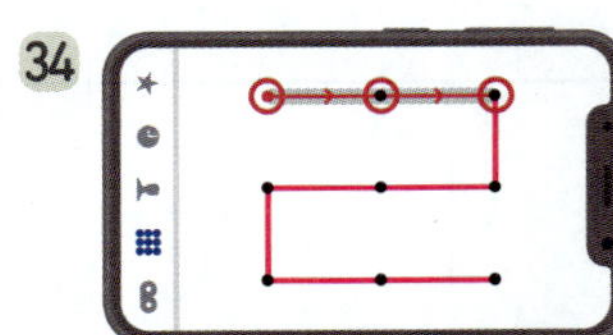 **36** 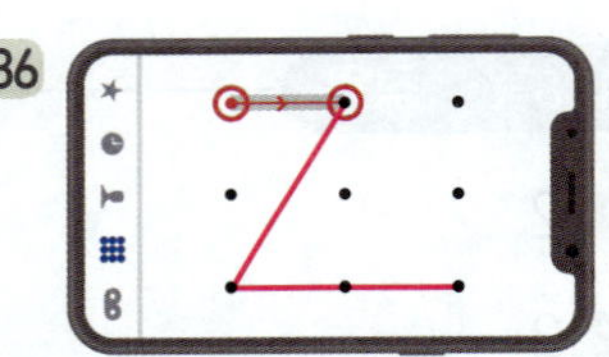

**35** 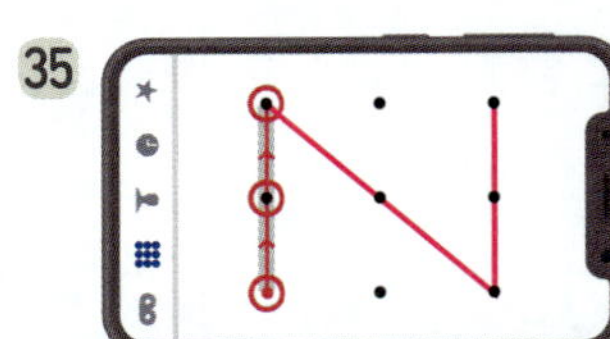 **37** 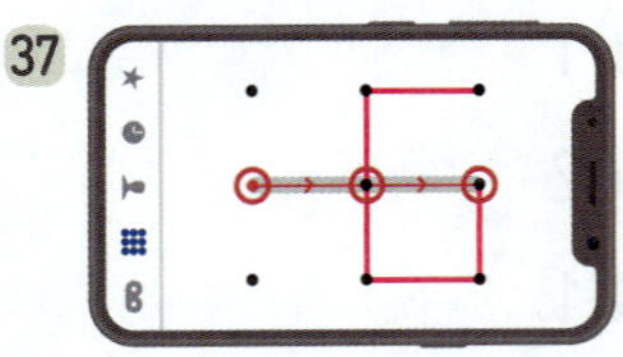

**38** 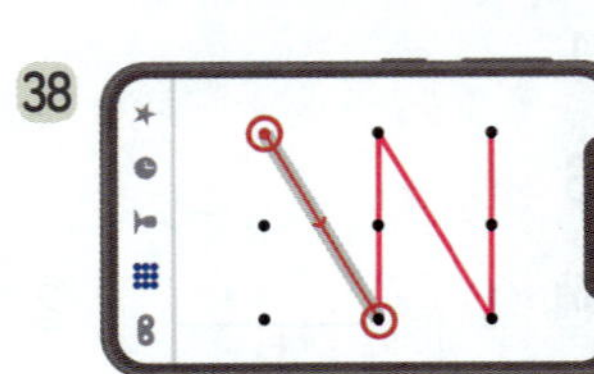

**+문해력**

**39** 0, 1, 1, 0, 0, 0 / Z, H

## 29회  사다리꼴



1 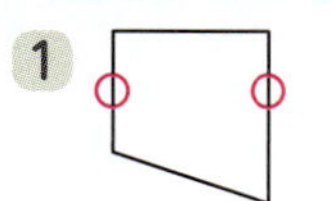 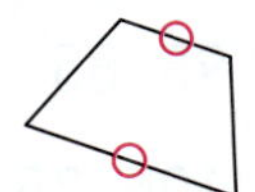

2 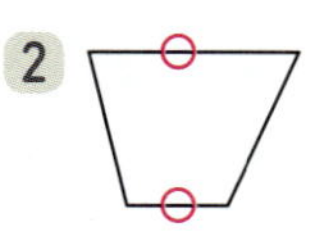 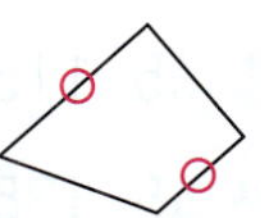

3 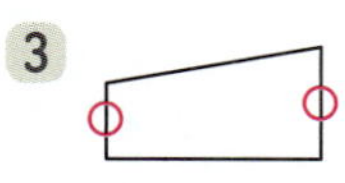 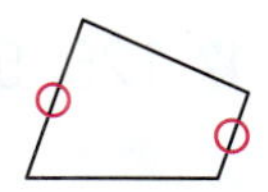

4 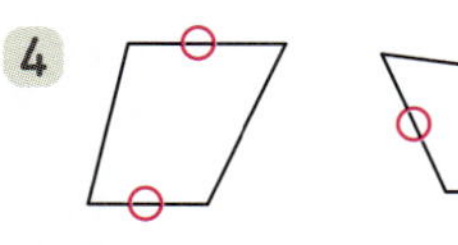

5 (　　) ( ○ )

6 (　　) ( ○ )

7 ( ○ ) (　　)

8 ( ○ ) (　　)



9 나, 다

10 나, 다

11 가, 나

12 가, 다

13 나, 다

14 예 ① ② 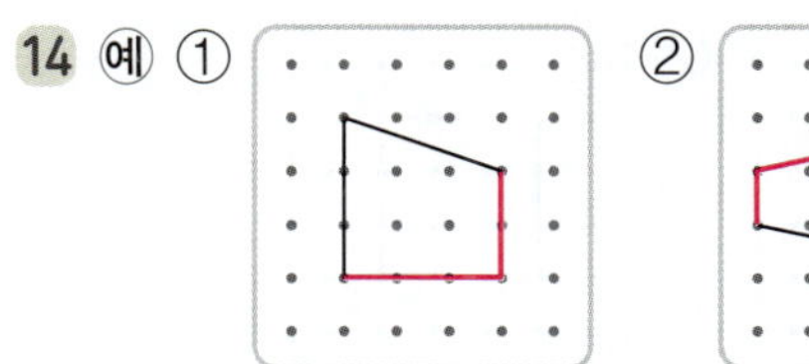

15 예 ① ② 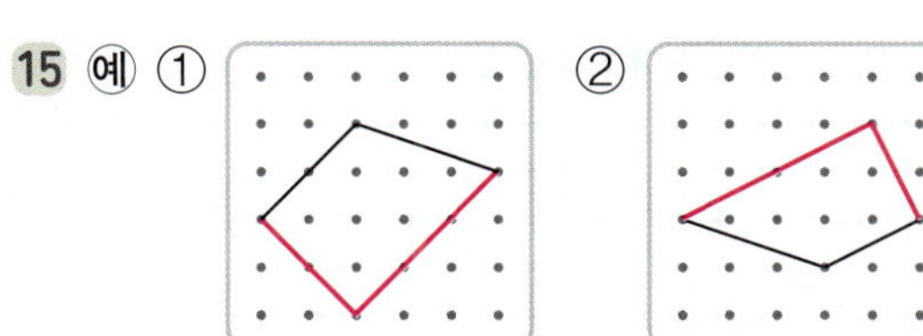

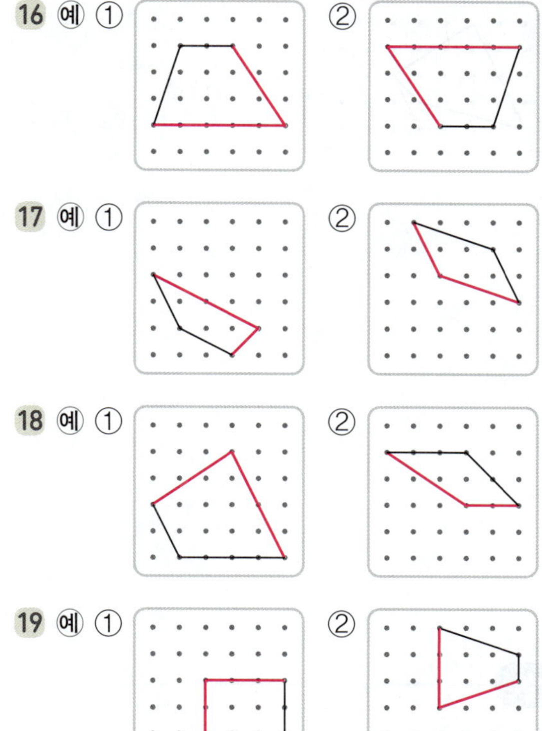

16 예 ① ②

17 예 ① ②

18 예 ① ②

19 예 ① ②



20 예 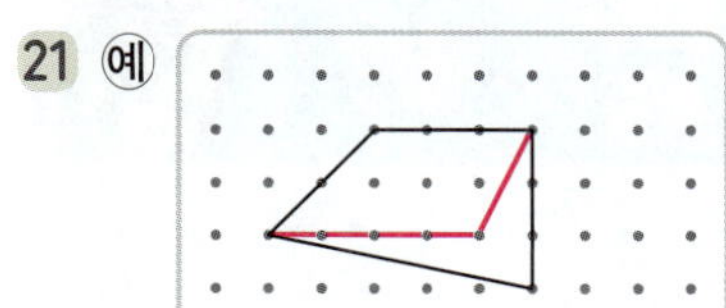

21 예

22 예

23 예

24 예 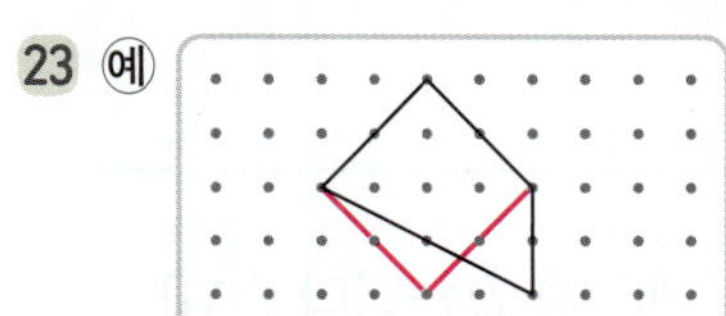

**25** 예 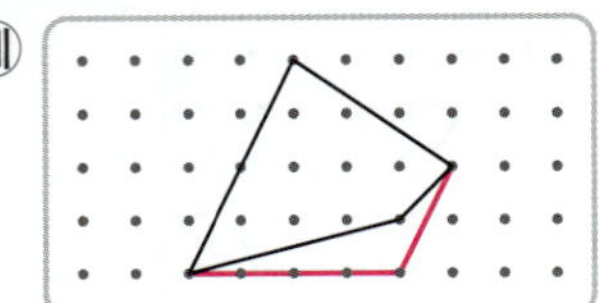

**26** 5개

**27** 4개

**28** 6개

**29** 4개

**30** 4개

**31** 5개

---

**117쪽 ｜ 완성**

**32** 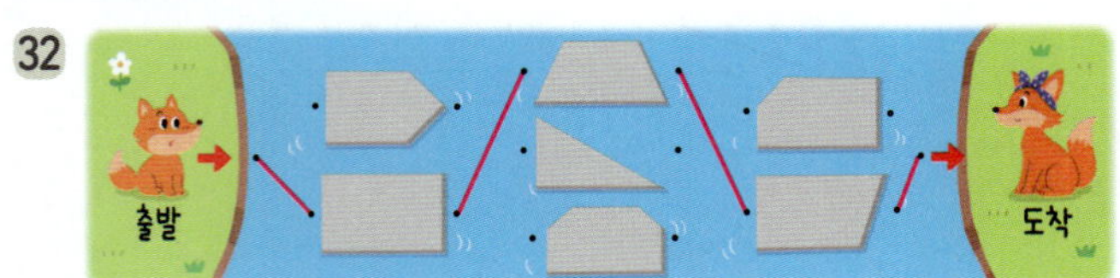

**33** 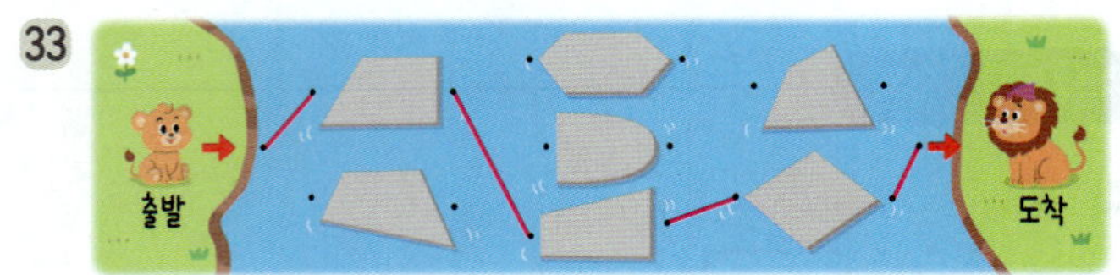

**34** 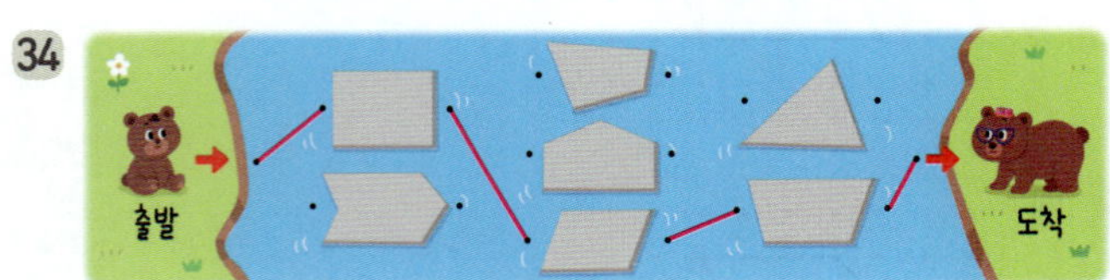

**+문해력**

**35** 1, 2, 2, 1 / 2

## 30회 평행사변형

**118쪽 ｜ 개념**

**1** ( ◯ ) (　　)

**2** ( ◯ ) (　　)

**3** (　　) ( ◯ )

**4** ( ◯ ) (　　)

**5** ① 같습니다 / 10

　② 같습니다 / 70

**6** ① 변 / 11

　② 각 / 60

---

**119쪽 ｜ 연습**

※ **7** ～ **17**은 왼쪽에서부터 채점하세요.

**7** 8, 10

**8** 9, 12

**9** 13, 8

**10** 14, 7

**11** 16, 10

**12** 40, 140

**13** 95, 85

**14** 105, 75

**15** 65, 115

**16** 45, 135

**17** 125, 55

---

**120쪽 ｜ 적용**

**18** ① 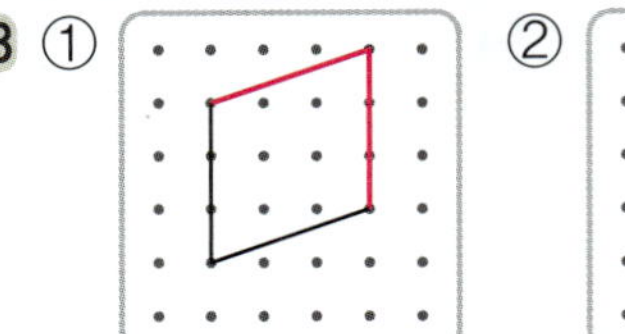 ② 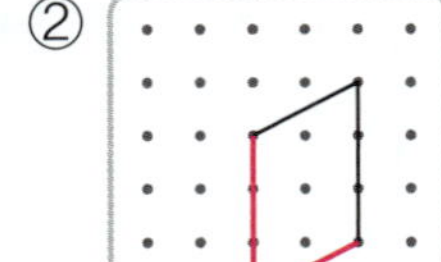

**19** ① 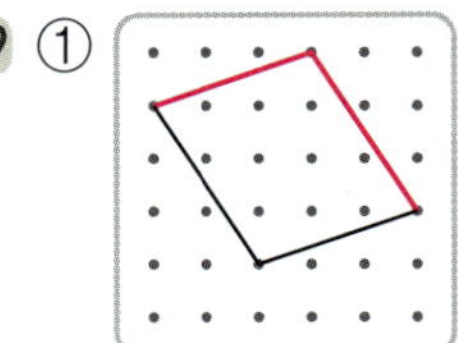 ② 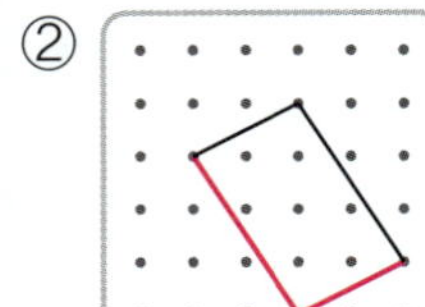

**20** ① 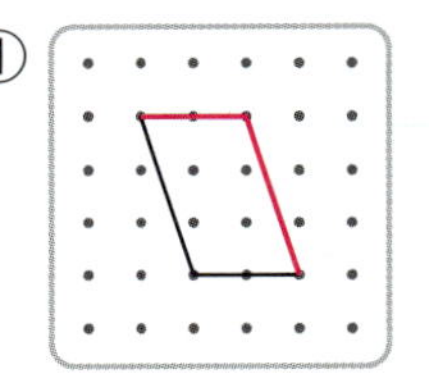 ② 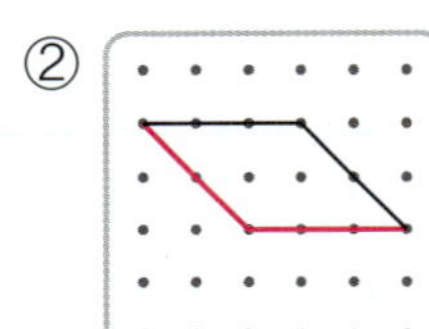

**21** 예 ① ② 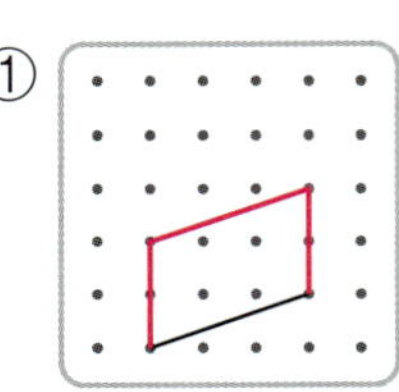

**22** 예 ① ② 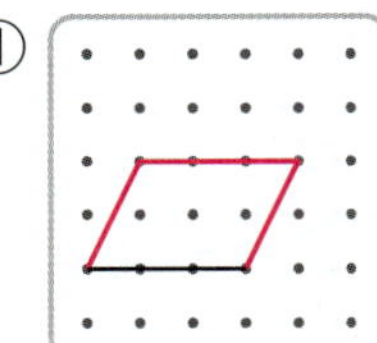

**23** 예 ① ② 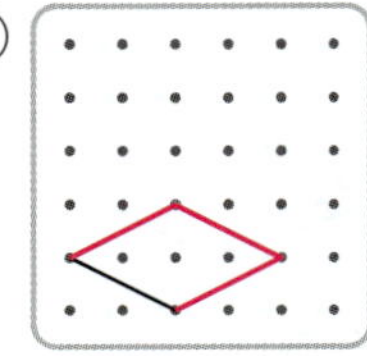

**24** 50

**25** 140

**26** 60

**27** 70

**28** 145

**29** 95



**30** 12　　**32** 130

**31** 150　　**33** 105

**+문해력**

**34** 같습니다, 8, 6, 8, 6, 28 / 28

## 31회 마름모

**122쪽 | 개념**

**1** ( ○ )(　　)

**2** (　　)( ○ )

**3** ( ○ )(　　)

**4** (　　)( ○ )

**5** ① 같습니다 / 9
　② 같습니다 / 80

**6** ① ㄱㅁ, 4
　② ㄴㅁ, 9
　③ 90

**123쪽 | 연습**

※ **7**~**18**은 왼쪽에서부터 채점하세요.

**7** 5, 115　　**13** 7, 90

**8** 8, 40　　**14** 9, 90

**9** 75, 4　　**15** 10, 90

**10** 6, 110　　**16** 6, 90

**11** 90, 7　　**17** 90, 8

**12** 10, 45　　**18** 12, 90

**124쪽 | 적용**

**19** ① 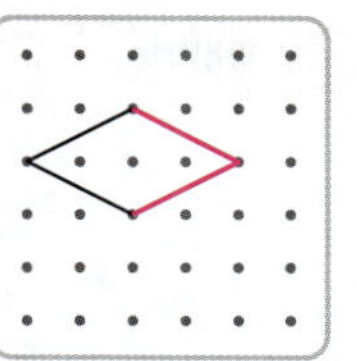 ② 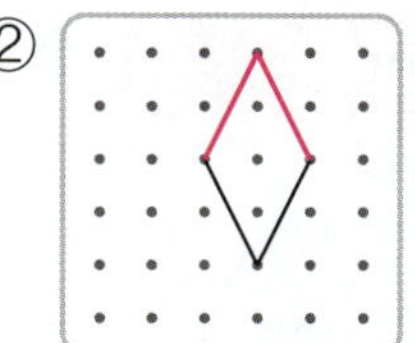

**20** ① 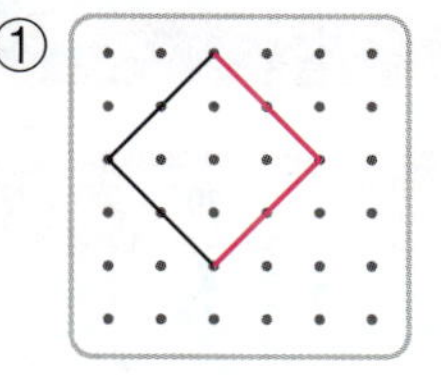 ② 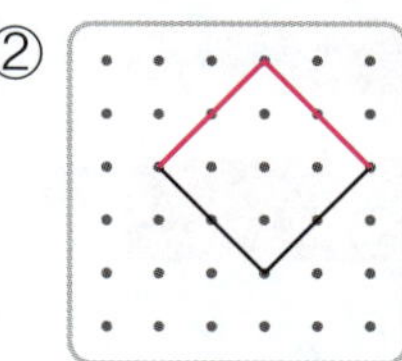

**21** ① 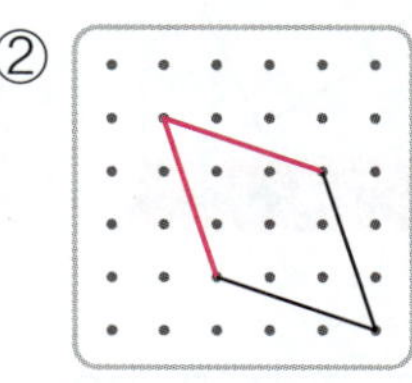 ②

**22** ① 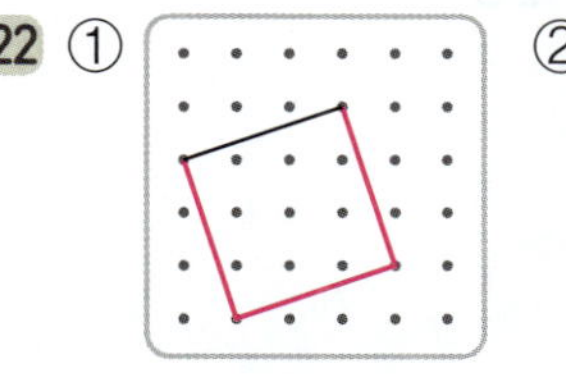 ② 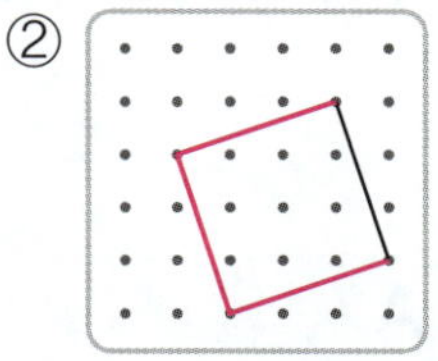

**23** ① 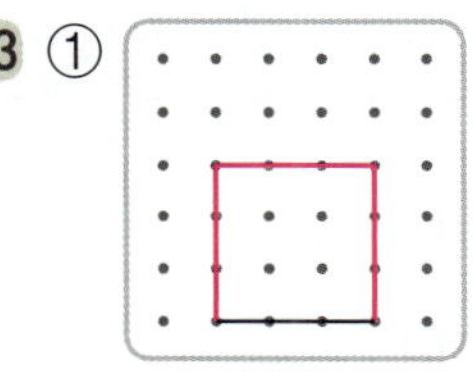 ② 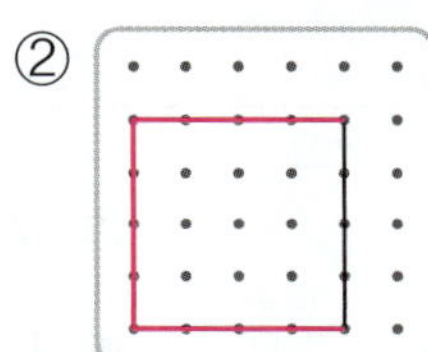

**24** 예 ① 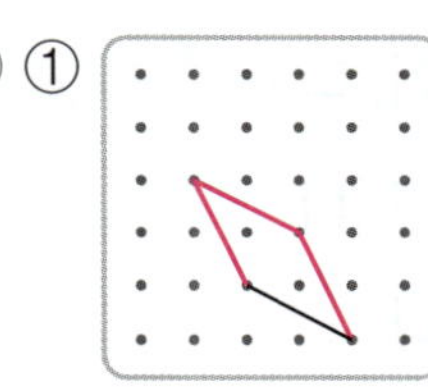 ② 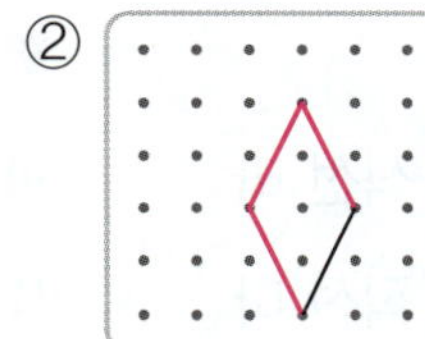

**25** 140

**26** 70

**27** 105

**28** 85

**29** 135

**30** 60

**125쪽 | 완성**

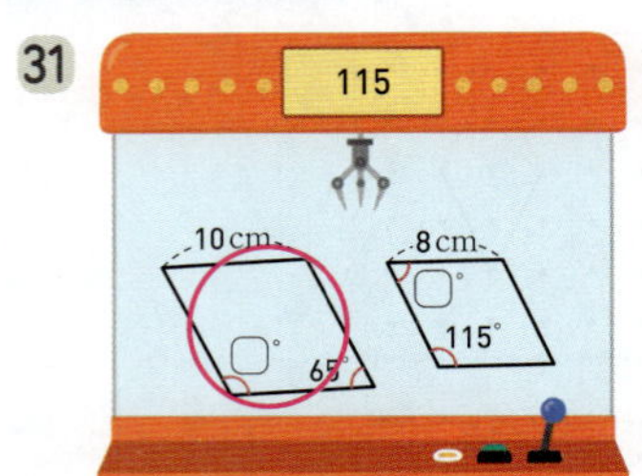


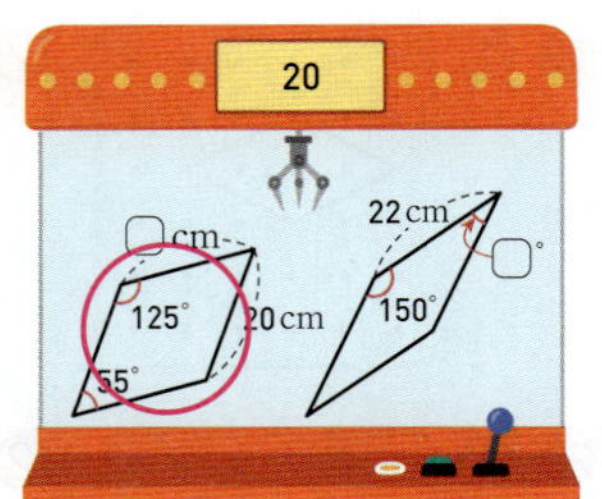


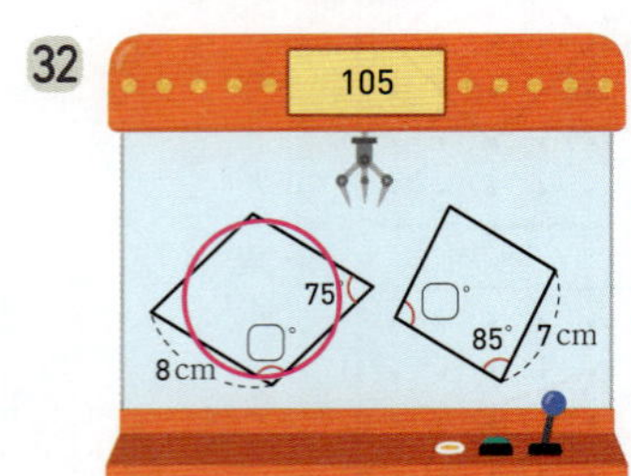


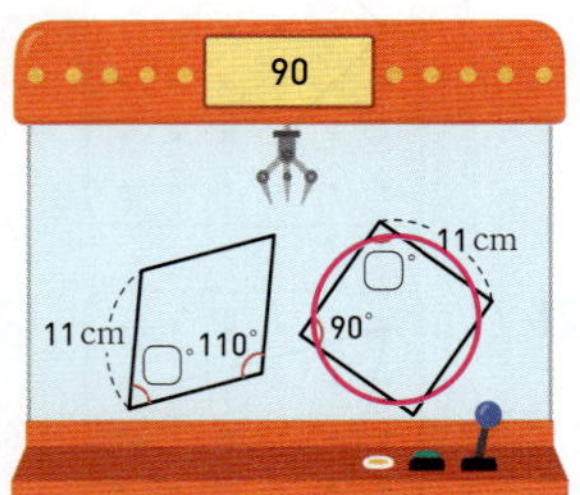




**+문해력**

**35** 같습니다, 7, 7, 7, 7, 28 / 28

## 32회 평가 A

**126쪽**

**1** 직선 라

**2** 직선 다

**3** 직선 마

**4** 직선 나, 직선 라

**5** 직선 라, 직선 마

**6** 직선 다, 직선 마

**7** 가, 다

**8** 나, 다

**9** 가, 다

**10** 가, 나

**11** 나

**12** 나, 다

**127쪽**

※ **13** ~ **24** 는 왼쪽에서부터 채점하세요.

**13** 8, 11

**14** 14, 6

**15** 9, 15

**16** 145, 35

**17** 65, 115

**18** 105, 75

**19** 5, 85

**20** 6, 50

**21** 10, 30

**22** 6, 90

**23** 9, 90

**24** 12, 90

## 33회 평가 B

**128쪽**

**1** 예 ① 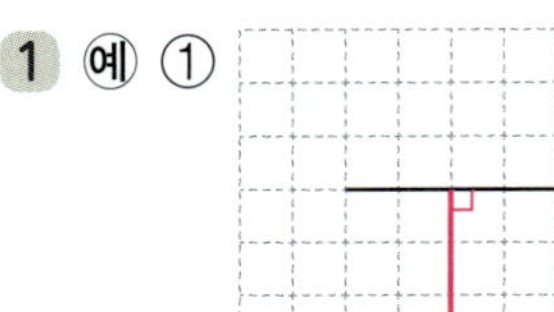 ② 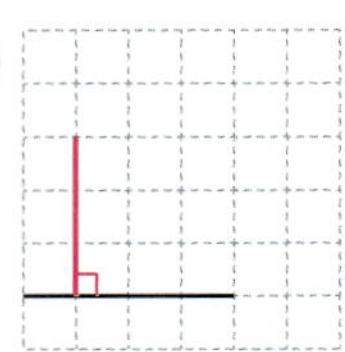

**2** 예 ①  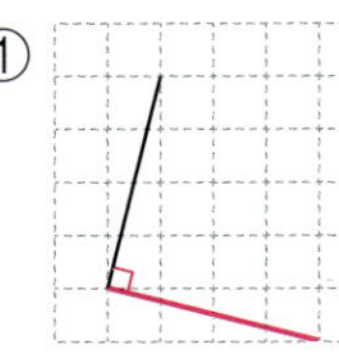 ② 

**3** 예 ① 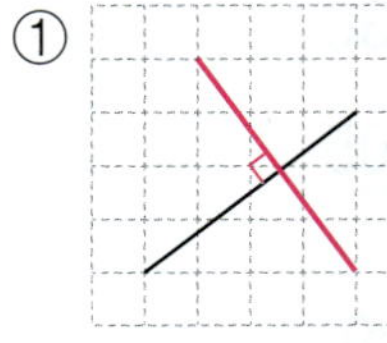 ② 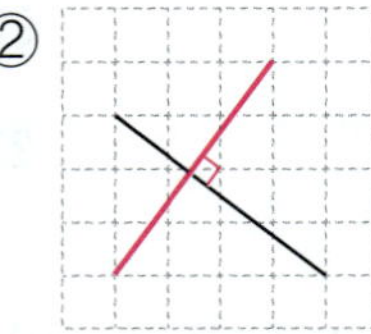

**4** 예 ① 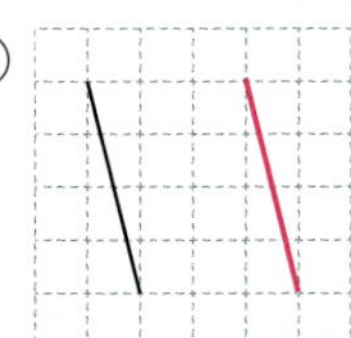 ② 

**5** 예 ① 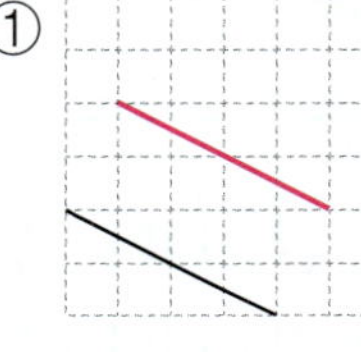 ② 

**6** 예 ① 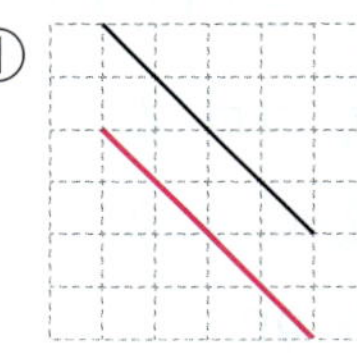 ②

**7** 8

**8** 12

**9** 9

**10** 3개

**11** 4개

**12** 3개

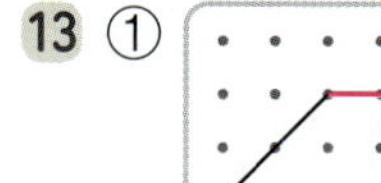

**129쪽**

**13** ①  ② 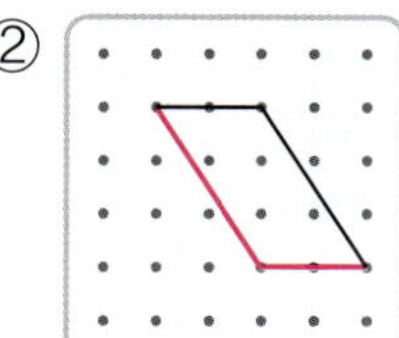

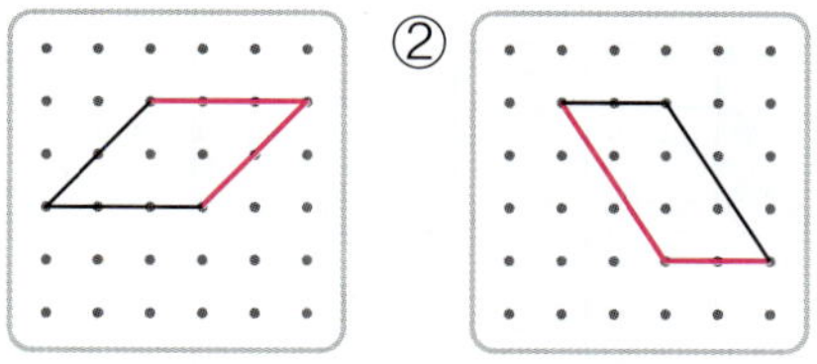

**14** ① 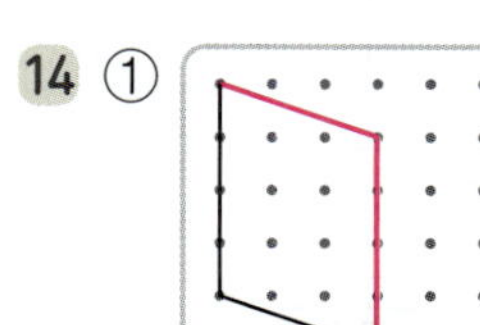 ②

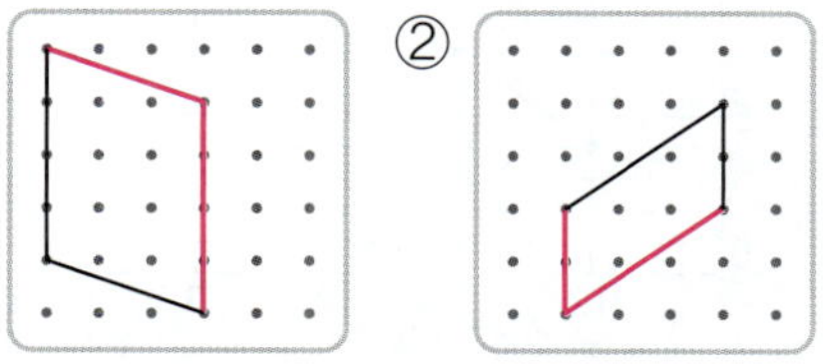

**15** ① 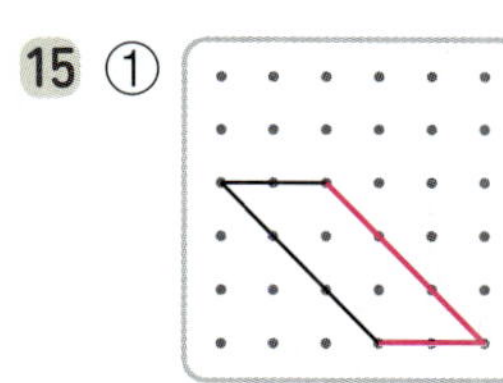 ②

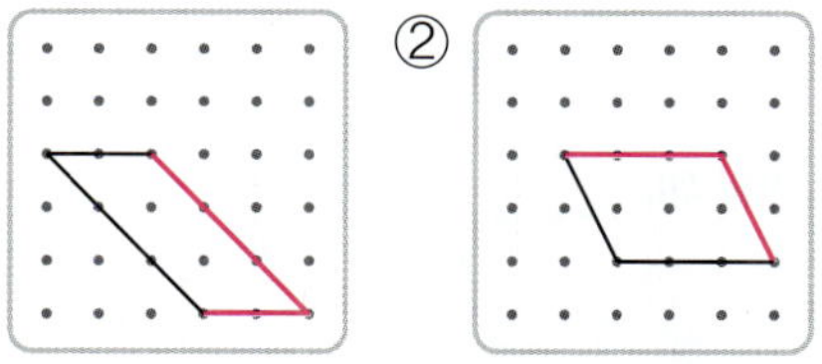

**16** ① 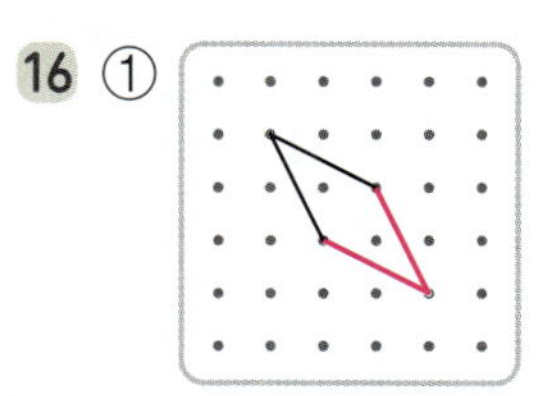 ②

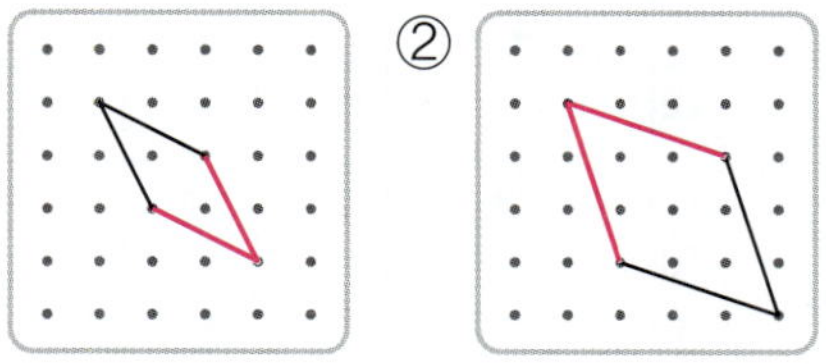

**17** ① 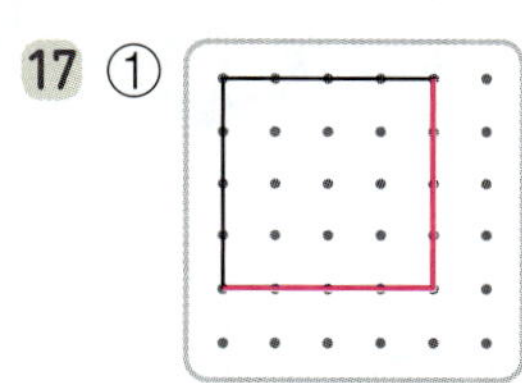 ②

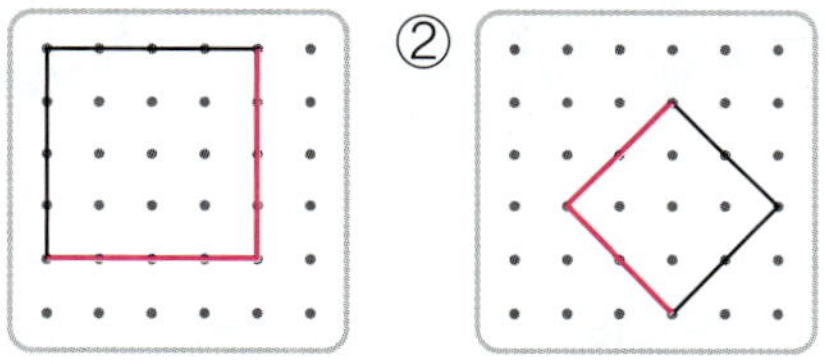

**18** ① 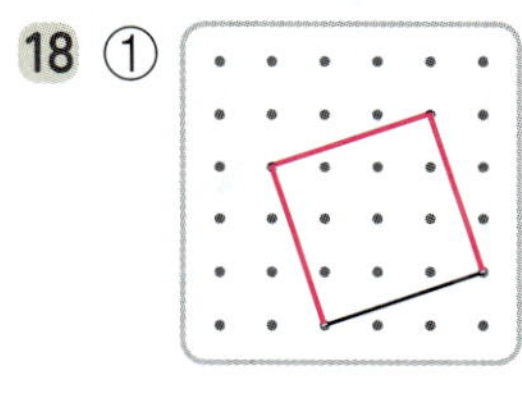 ②

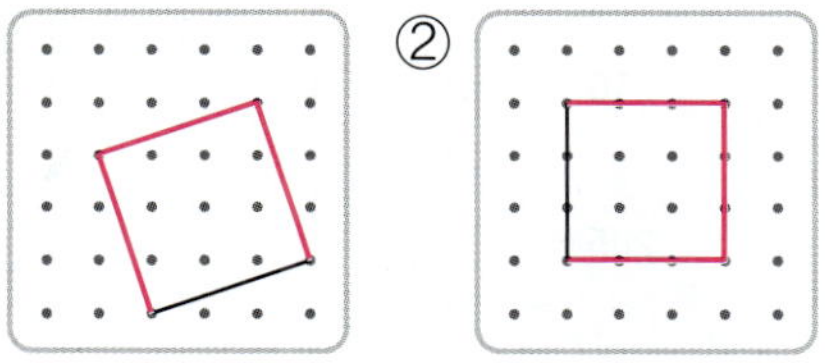

**19** 75

**20** 150

**21** 40

**22** 55

**23** 80

**24** 115

## 34회 꺾은선그래프

**132쪽 | 개념**

**1** ① 날짜, 기록  ② 제기차기 기록  ③ 1

**2** ① 월, 책 수  ② 읽은 책 수  ③ 2

**3** 1, 0.1

**4** 나

**5** 나

**133쪽 | 연습**

**6** ① 2  ② 7      **9** ① 22  ② 23

**7** ① 9  ② 7      **10** ① 48  ② 40

**8** ① 240  ② 260   **11** ① 440  ② 320

**134쪽 | 적용**

**12** 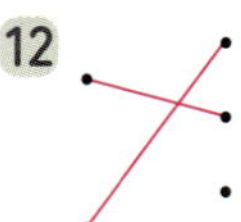

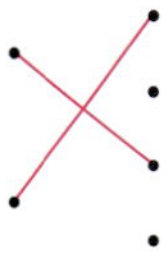

**14** 2020, 2021

**15** 3, 4

**16** 2019, 2020

**13**

**135쪽 | 완성**

**17** 

**+문해력**

**18** 2, 8, 8, 2, 6 / 6

## 35회 꺾은선그래프로 나타내기

**136쪽 | 개념**

**1** 1일      **4** 30

**2** 10명     **5** 100

**3** 0.1 m    **6** 200

**7** 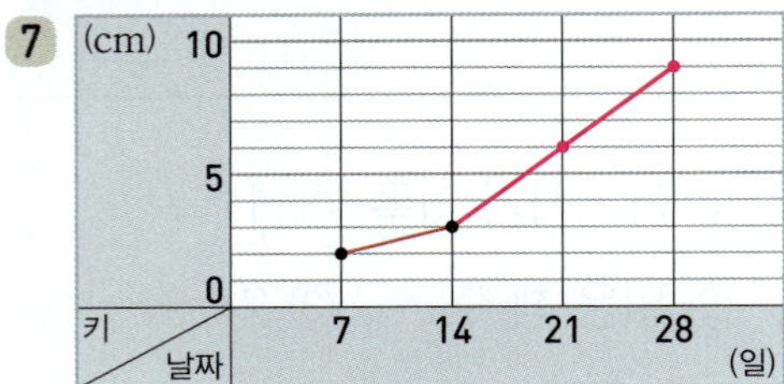

**8** 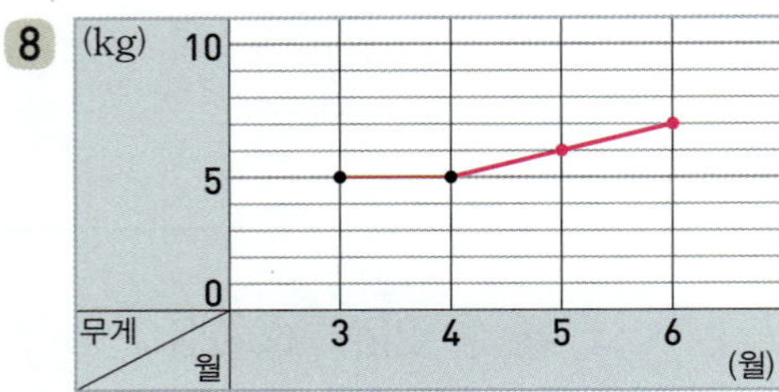

**9** 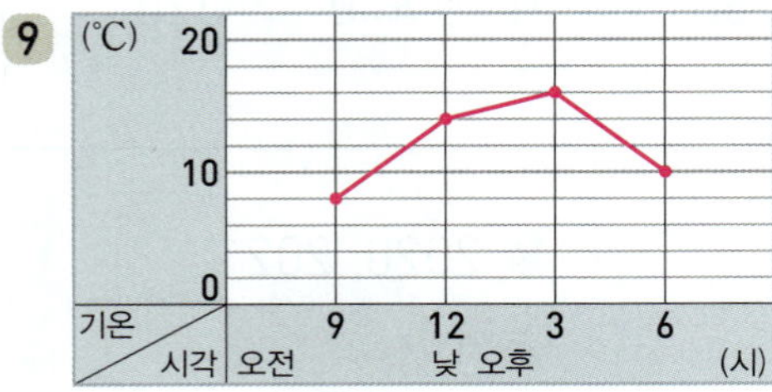

**10** 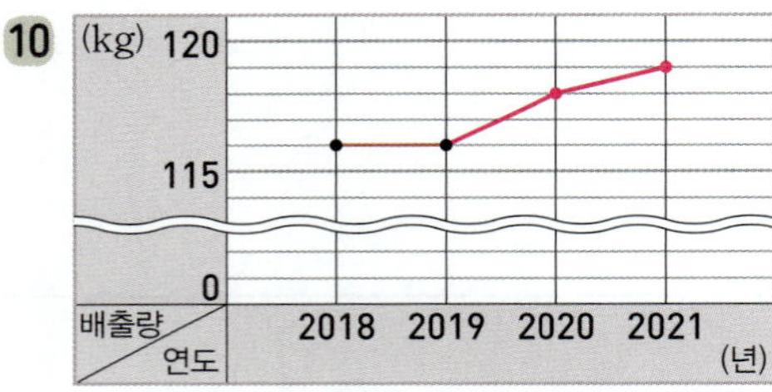

**11** 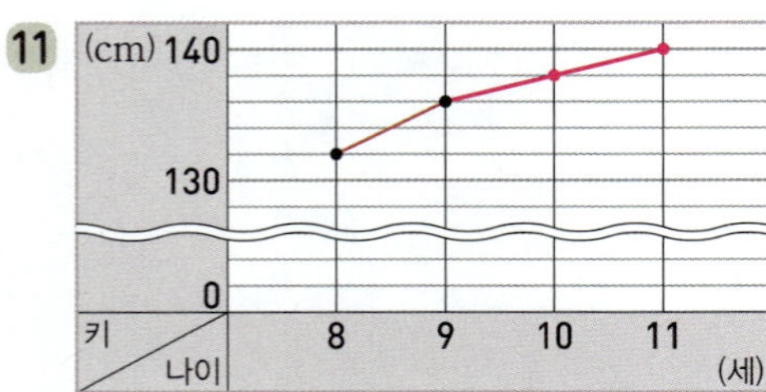

**12** 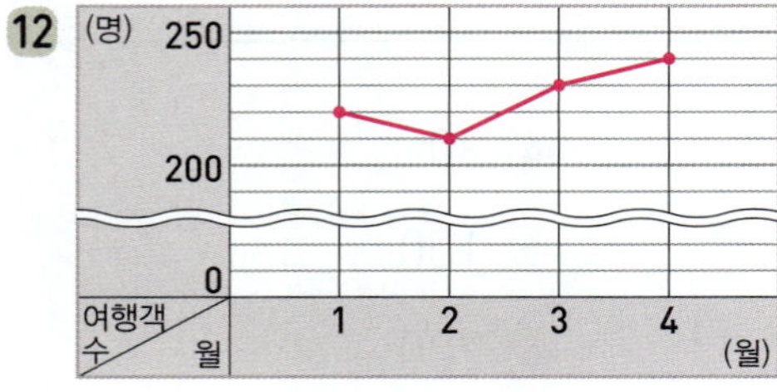



**13** 4, 7 / 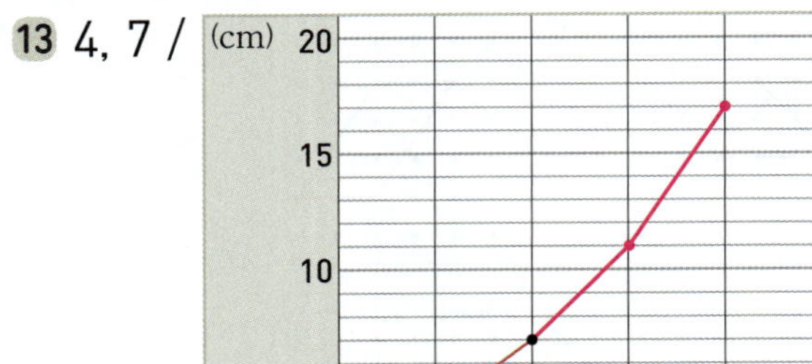

**14** 24, 18 / 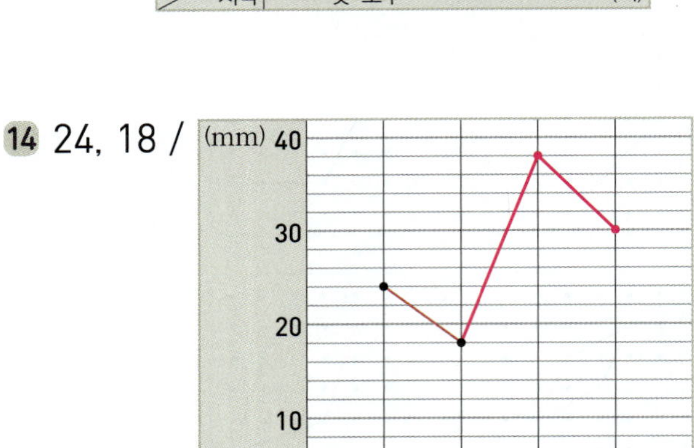

**15** 213, 207 / 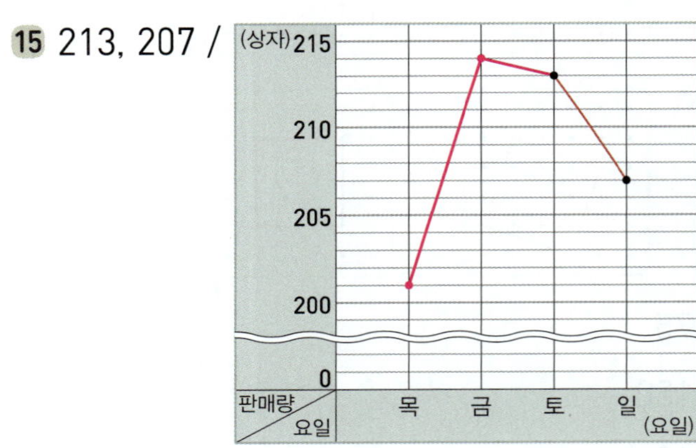

**16** 600, 540 / 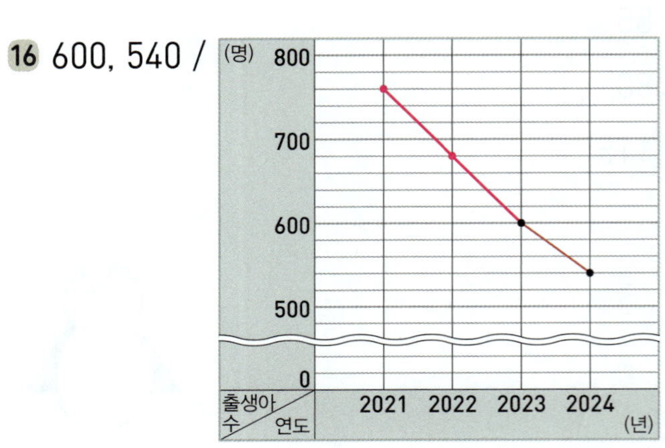

## 139쪽 | 완성

**17** 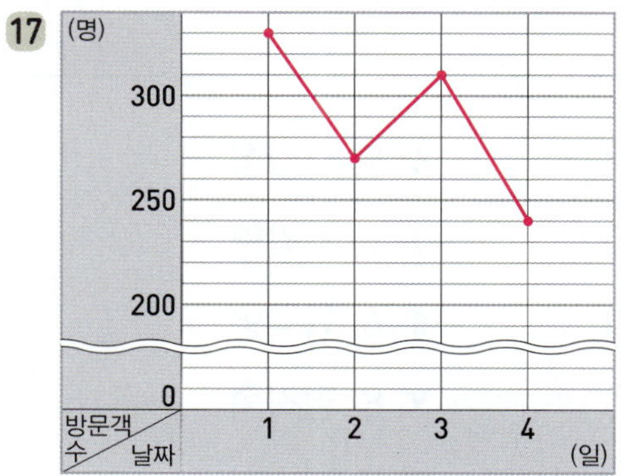

**18** 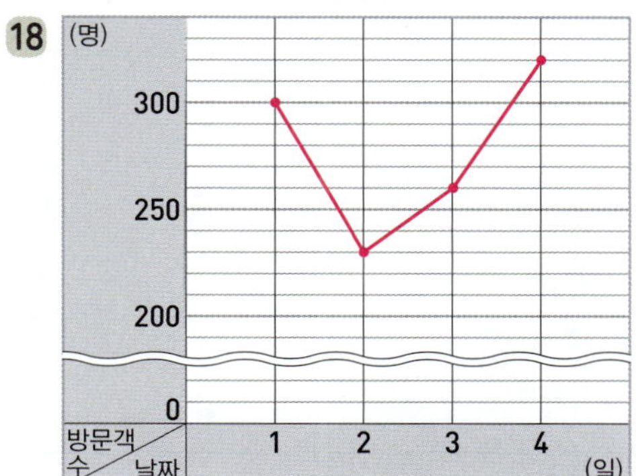

**+문해력**

**19** 200 / 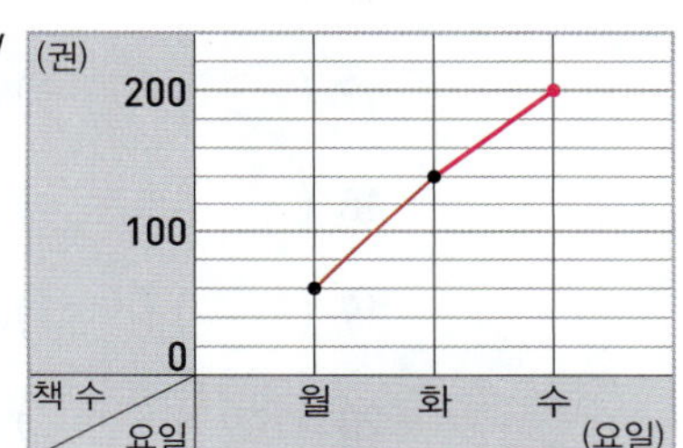

## 36회 평가 A

**140쪽**

**1** ① 4  ② 6
**2** ① 60  ② 110
**3** ① 40  ② 180
**4** ① 31  ② 32
**5** ① 36.7  ② 36.9
**6** ① 200  ② 170

**141쪽**

**7** 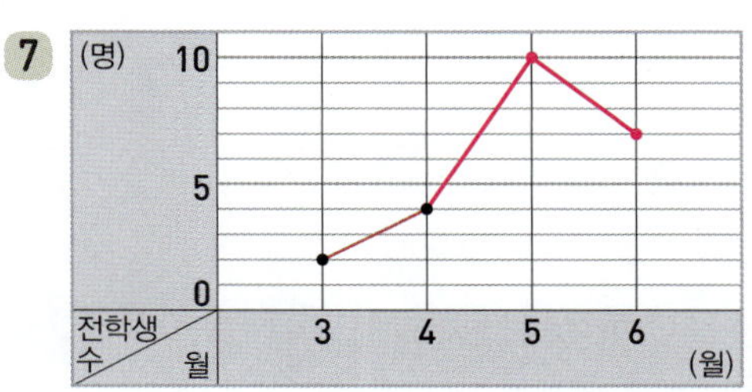

**8** 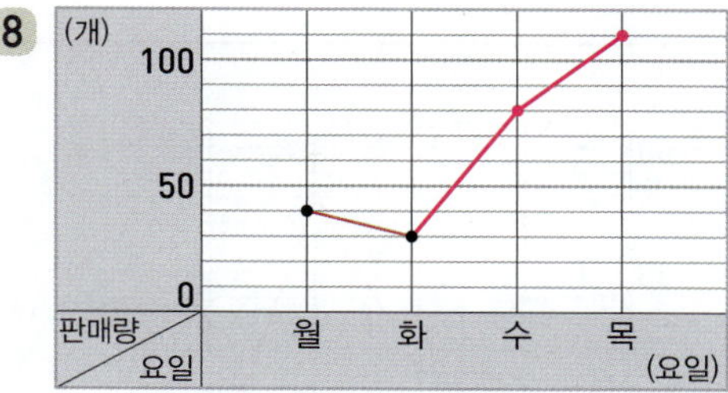

**9** 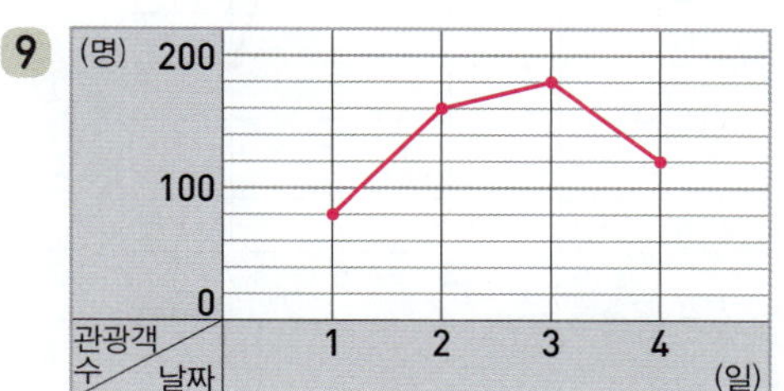

**10** 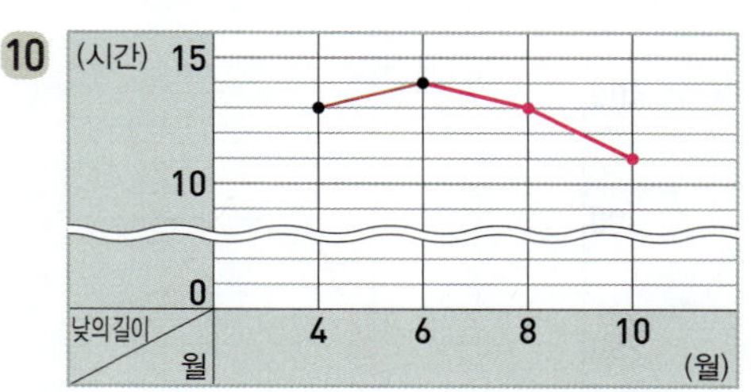

**11** 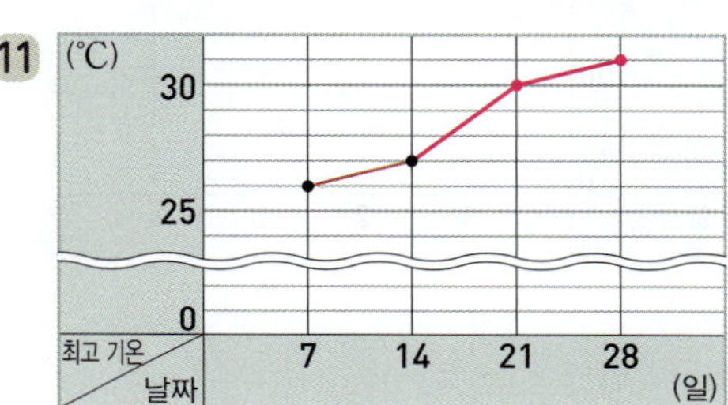

**12** 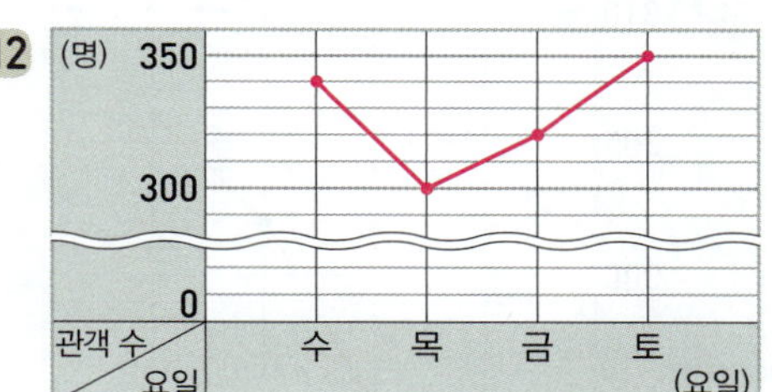

## 37회 평가 B

**142쪽**

**1**
**2**

**3** 2022, 2023
**4** 3, 4
**5** 2021, 2022

**143쪽**

6  28, 22 /

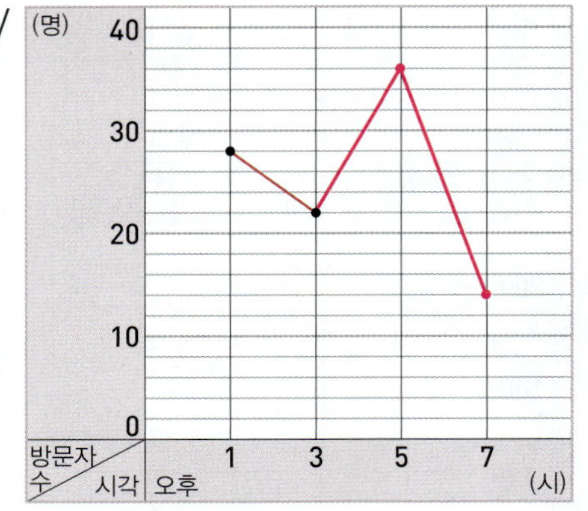

7  120, 180 /

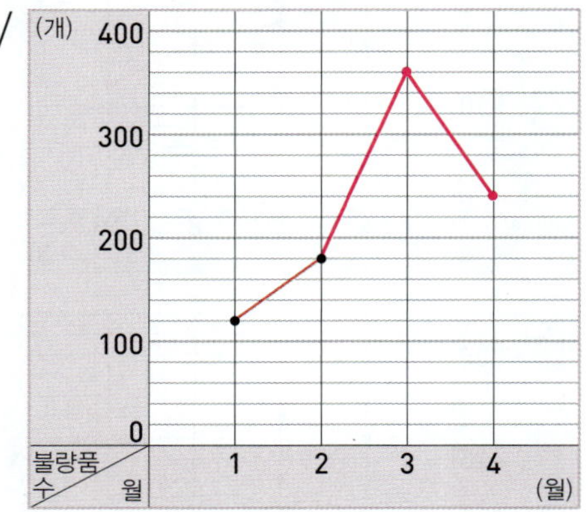

8  302, 306 /

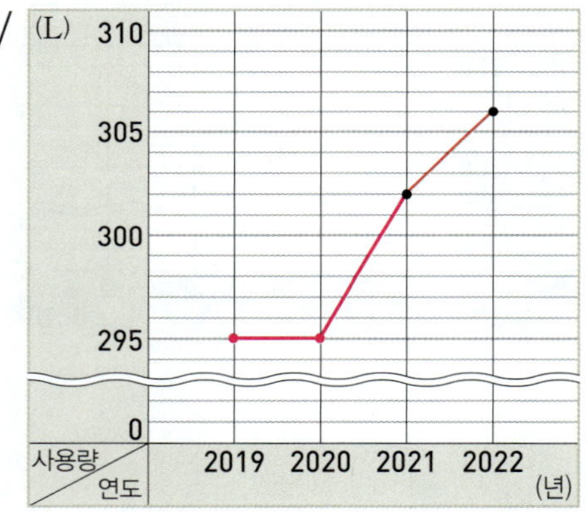

9  112, 124 /

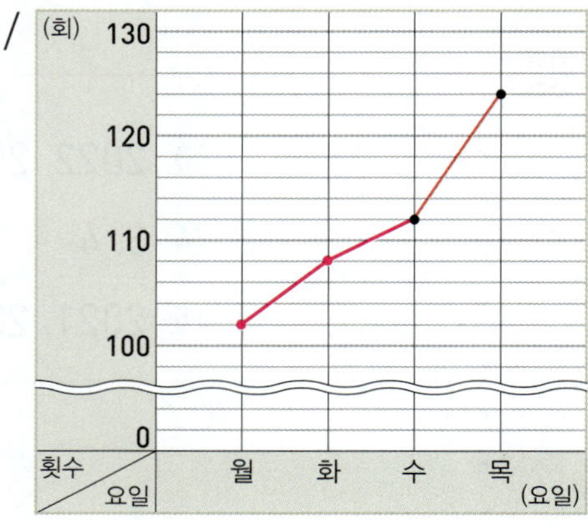

## 38회  다각형

**146쪽 | 개념**

1 ( ○ ) (    )  
2 (    ) ( ○ )  
3 ( ○ ) (    )  
4 (    ) ( ○ )  
5 (    ) ( ○ )  
6  5, 오각형  
7  4, 사각형  
8  6, 육각형  
9  8, 팔각형  
10  7, 칠각형

**147쪽 | 연습**

11 가, 다  
12 나, 다  
13 가, 라  
14 가, 나  
15 나, 라  
16 (    ) ( ○ ) (    )  
17 ( ○ ) (    ) (    )  
18 (    ) ( ○ ) (    )  
19 (    ) (    ) ( ○ )  
20 (    ) (    ) ( ○ )

**148쪽 | 적용**

21 육각형  
22 팔각형  
23 칠각형  
24 십각형  
25 구각형  
26 오각형  
27 십이각형

**28** 예 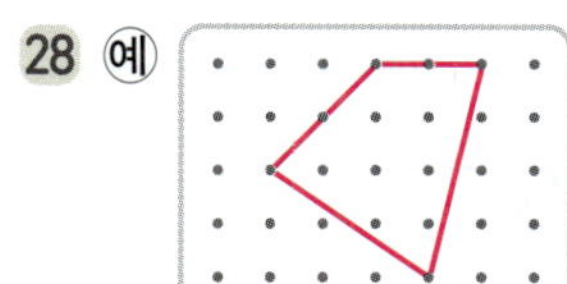

**29** 예 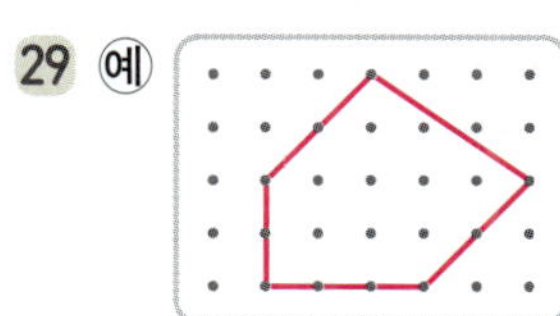

**30** 예 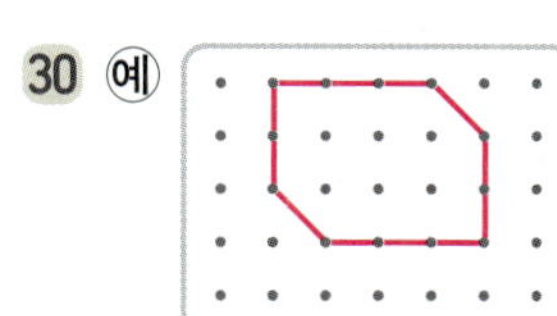

**31** 예 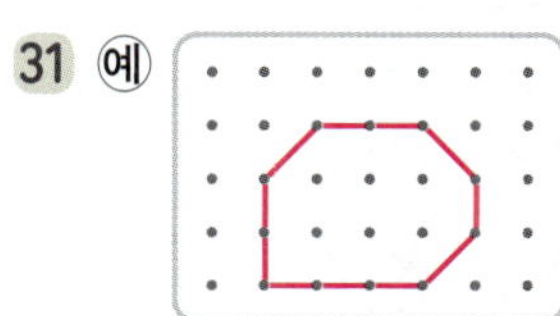

**32** 예 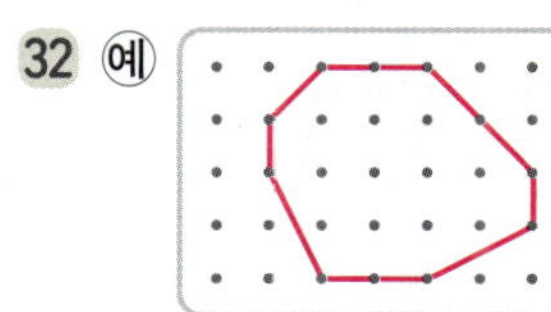

**33** 예 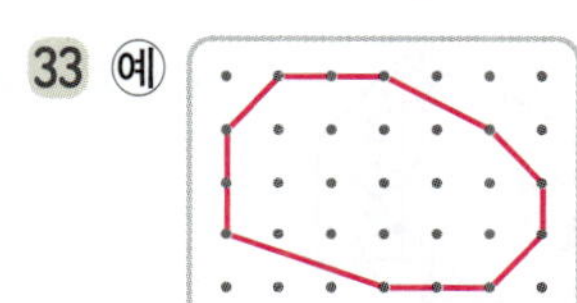

## 39회 정다각형

### 150쪽 | 개념

1 ( ○ ) (　　)
2 (　　) ( ○ )
3 (　　) ( ○ )
4 ( ○ ) (　　)
5 (　　) ( ○ )
6 6, 정육각형
7 4, 정사각형
8 8, 정팔각형
9 5, 정오각형
10 10, 정십각형

### 151쪽 | 연습

11 가, 라
12 나, 다
13 가, 라
14 다, 라
15 가, 나
16 나, 다
17 (　　) ( ○ ) (　　)
18 (　　) ( ○ ) (　　)
19 ( ○ ) (　　) (　　)
20 (　　) (　　) ( ○ )
21 (　　) (　　) ( ○ )

### 149쪽 | 완성

**34** 

**36** 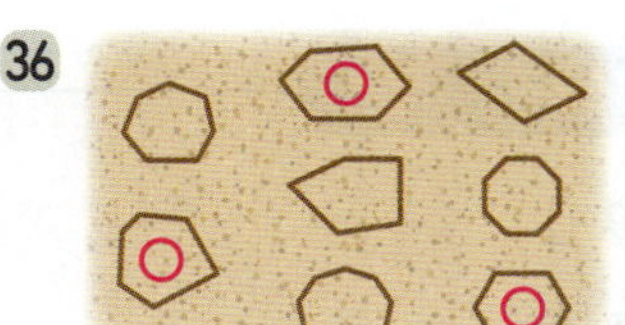

**35** 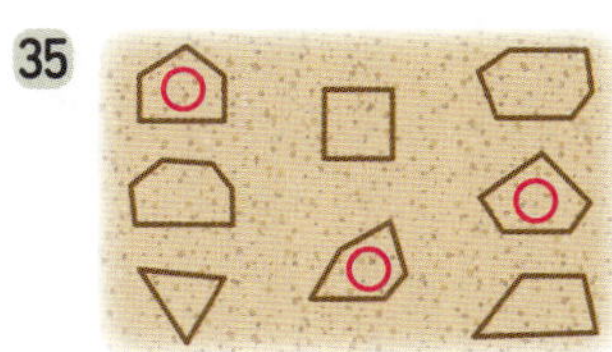

**37** 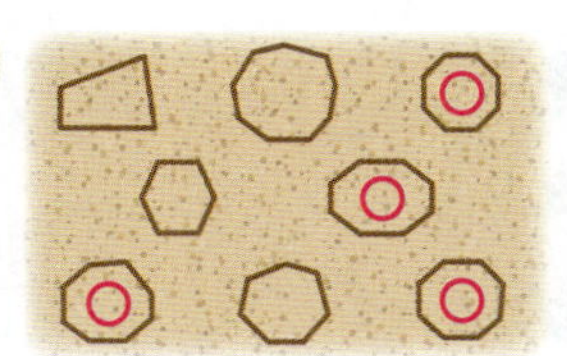

+문해력
38 가, 다, 라 / 3

### 152쪽 | 적용

22 정육각형
23 정팔각형
24 정오각형
25 정구각형
26 정십이각형
27 정칠각형
28 정십각형
29 5
30 6
31 4
32 120
33 135
34 144

## 153쪽 | 완성

35 

38 

36 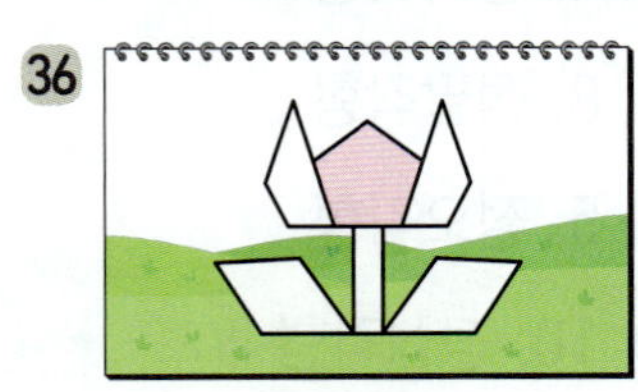

39 

37 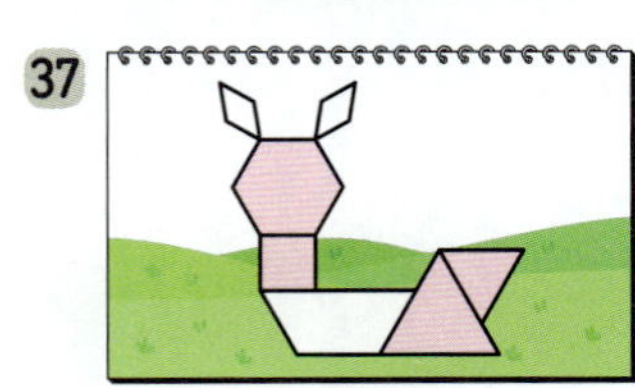

40 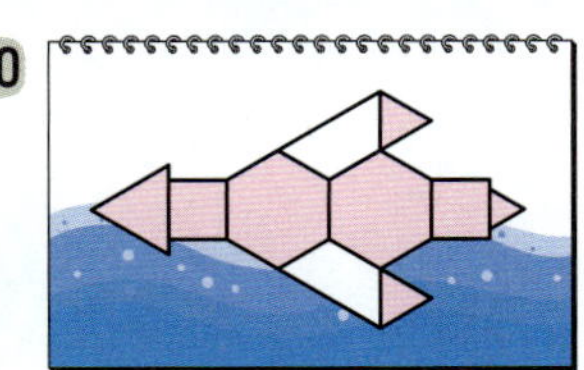

**+문해력**

41 7, 5, 35 / 35

# 40회 대각선

## 154쪽 | 개념

1 ( ○ )(   )

2 ( ○ )(   )

3 (   )( ○ )

4 ( ○ )(   )

5 ① 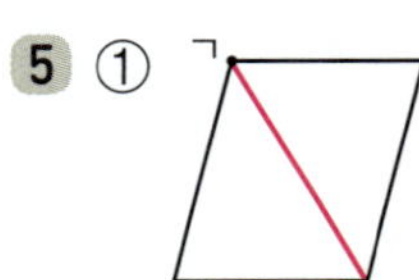 ② 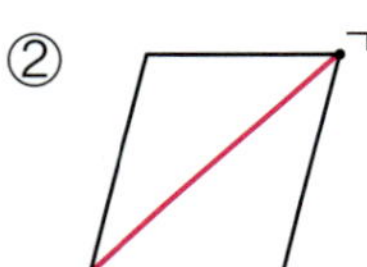

6 ① 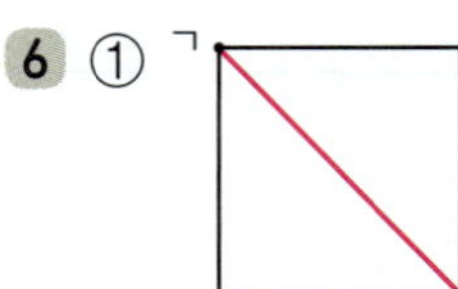 ② 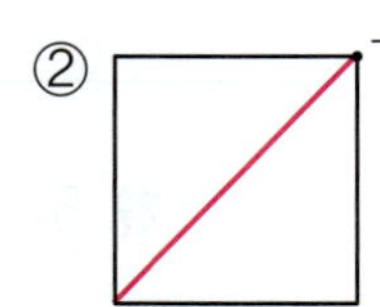

7 ① 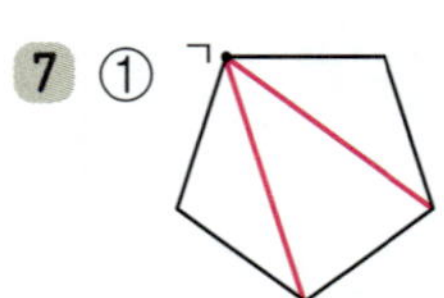 ② 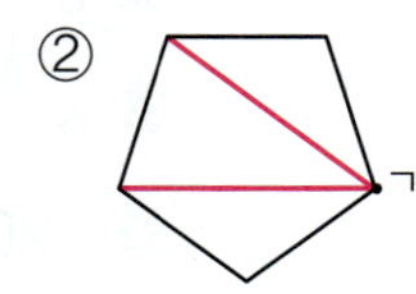

8 ① 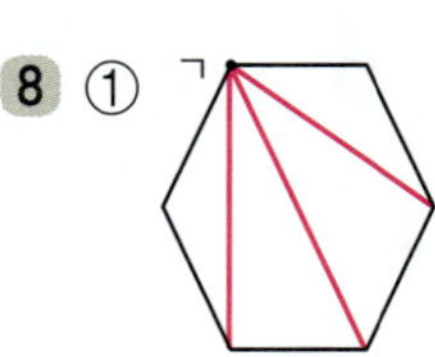 ② 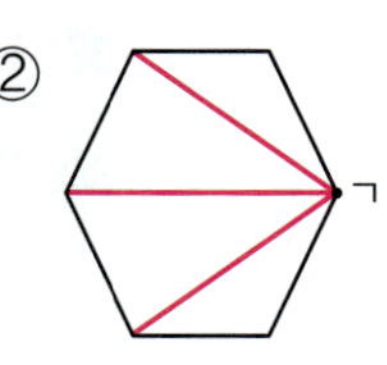

## 155쪽 | 연습

9 2

10 3

11 3

12 4

13 5

14 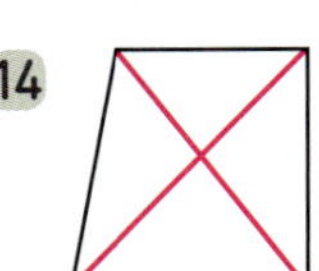

15 

16 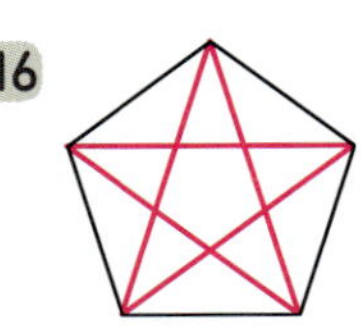

17 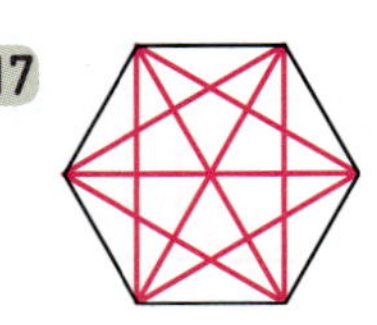

18 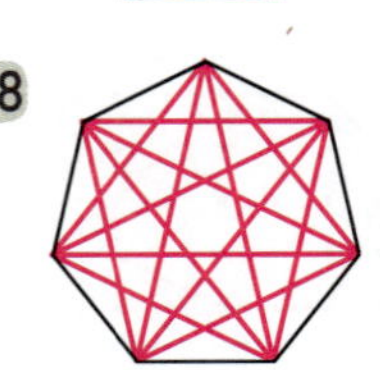

19 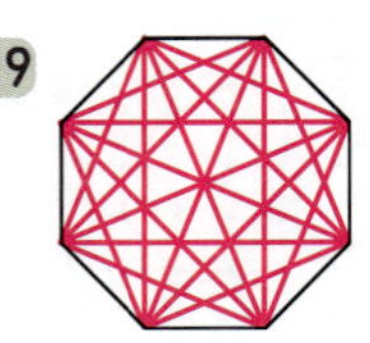

## 156쪽 | 적용

20 0

21 2

22 5

23 9

24 14

25 27

26 

27

28

29

## 157쪽 | 완성

**30**

**+문해력**
**31** 5, 2, 7 / 7

## 41회 모양 만들기와 채우기

### 158쪽 | 개념

**1** 정사각형, 정육각형

**2** 정삼각형, 사다리꼴

**3** 평행사변형, 마름모

**4** 정사각형, 사다리꼴

**5** ( ○ ) ( )

**6** ( ) ( ○ )

**7** ( ○ ) ( )

**8** ( ) ( ○ )

### 159쪽 | 연습

**9** 2, 2, 2

**10** 1, 3, 1

**11** 4, 2, 2

**12** 6, 6, 1

**13** 2, 2, 2

**14** 2

**15** 2, 1

**16** 2, 4

**17** 2, 3

**18** 4, 2

**19** 6, 1

## 160쪽 | 적용

**20** 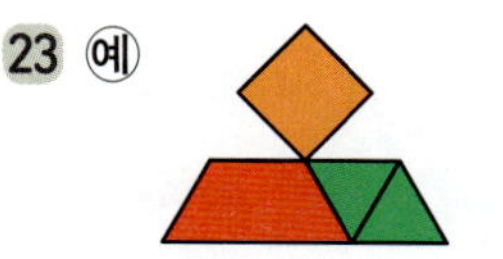

**21**

**22** 

**23** 예 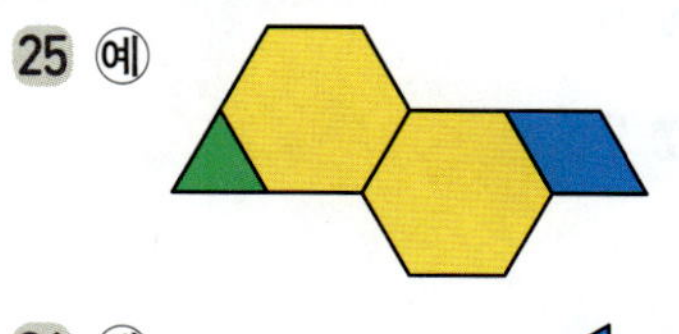

**24**

**25** 예 

**26** 예

## 161쪽 | 완성

**27** 예 

**+문해력**
**28** 6, 3, 6, 3, 3 / 3

## 42회 평가 A

### 162쪽

**1** 가, 다

**2** 다, 라

**3** 나, 다

**4** 가, 라

**5** 가, 나

**6** 나, 라

**7** ( ○ ) ( ) ( )

**8** ( ) ( ) ( ○ )

**9** ( ) ( ○ ) ( )

**10** ( ) ( ) ( ○ )

**11** ( ) ( ○ ) ( )

## 163쪽

**12** 1
**13** 2
**14** 3
**15** 4
**16** 5
**17** 7
**18** 3, 1, 2
**19** 1, 3, 2
**20** 4, 2, 2
**21** 4, 2, 2
**22** 2, 2, 1

## 43회 평가 B

### 164쪽

**1** 육각형
**2** 구각형
**3** 오각형
**4** 칠각형
**5** 팔각형
**6** 십일각형
**7** 십각형
**8** 8
**9** 6
**10** 7
**11** 108
**12** 135
**13** 144

### 165쪽

**14** 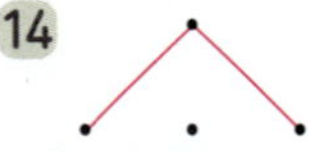
**15** 
**16** 
**17** 
**18** 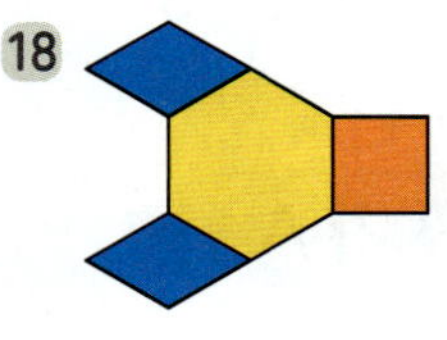
**19** 예 
**20** 예 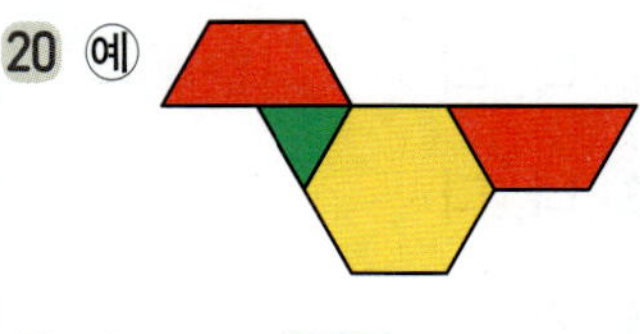
**21** 예 

## 44회  1~6단원 총정리

### 166쪽

**1** ① $\dfrac{4}{5}$  ② $1\dfrac{2}{5}\left(=\dfrac{7}{5}\right)$

**2** ① $3\dfrac{7}{9}\left(=\dfrac{34}{9}\right)$  ② $5\dfrac{2}{9}\left(=\dfrac{47}{9}\right)$

**3** ① $\dfrac{4}{8}$  ② $\dfrac{3}{8}$

**4** ① $5\dfrac{3}{6}\left(=\dfrac{33}{6}\right)$  ② $4\dfrac{1}{6}\left(=\dfrac{25}{6}\right)$

**5** ① $5\dfrac{6}{7}\left(=\dfrac{41}{7}\right)$  ② $2\dfrac{5}{7}\left(=\dfrac{19}{7}\right)$

**6** ① $1\dfrac{4}{5}\left(=\dfrac{9}{5}\right)$  ② $2\dfrac{3}{5}\left(=\dfrac{13}{5}\right)$

**7** 가
**8** 나
**9** 다
**10** 40
**11** 30
**12** 60

### 167쪽

※ **23** ~ **25** 는 왼쪽에서부터 채점하세요.

**13** ① 1.7  ② 4.4
**14** ① 3.76  ② 6.11
**15** ① 5.39  ② 6.04
**16** ① 0.6  ② 0.3
**17** ① 2.12  ② 0.57
**18** ① 4.21  ② 1.81
**19** ① 7.32  ② 1.66
**20** 다
**21** 다
**22** 가
**23** 8, 5
**24** 50, 130
**25** 8, 60

### 168쪽

**26** ① 80  ② 180
**27** ① 120  ② 160
**28** ① 360  ② 300
**29** 나, 다
**30** 가, 다
**31** 가, 나
**32** 가, 라
**33** 나, 다
**34** 나, 라

바른 독해의 빠른시작
초등 국어
문학 독해 4

바른 독해의 빠른시작
초등 국어
비문학 독해 3

독해력을 키우는 바른 어휘 학습
빠작
초등 국어
어휘 X 독해 5단계

믿고 보는
초등 국어
베스트셀러
빠작 3총사

문학, 비문학에 맞는 바른 독해법부터, 독해력을 키우는 어휘 학습까지!

#초등문해력 #완벽라인업
#빠작

NEW
빠작
초등 비문학 독해
통합과학

빠작
초등 비문학 독해
통합사회 3학년

NEW
빠작
초등 국어
문법 5·6학년

비문학 독해에 사회, 과학 교과 개념 더하고!

초등 눈높이에 맞는 문법까지!

동아출판

# 큐브 연산

정답 | 초등 수학 **4·2**

**연산** | 전 단원 연산을 다잡는 기본서

**개념** | 교과서 개념을 다잡는 기본서

**유형** | 모든 유형을 다잡는 기본서

## 큐브 찐-후기

### 시작만 했을 뿐인데 완북했어요!

시작만 했을 뿐인데 그 끝은 완북으로! 학습할 땐 힘들었지만 큐브 연산으로 기초를 튼튼하게 다지면서 새 학기 때 수학의 자신감은 덤으로 뿜뿜할 수 있을 듯 해요^^

초1중2민지사랑민찬

### 아이 스스로 얻은 성취감이 커서 너무 좋습니다!

아이가 방학 중에 개념 공부를 마치고 수학이 세상에서 제일 싫었다가 이제는 좋아졌다고 하네요. 아이 스스로 얻은 성취감이 커서 너무 좋습니다. 자칭 수포자 아이와 함께 이렇게 쉽게 마친 것도 믿어지지 않네요.

초5 초3 유유

### 결과는 대성공! 공부 습관과 함께 자신감 얻었어요!

겨울방학 동안 공부 습관 잡아주고 싶었는데 결과는 대성공이었습니다. 다른 친구들과 함께한다는 느낌 때문인지 아이가 책임감을 느끼고 참여하는 것 같더라고요. 덕분에 공부 습관과 함께 수학 자신감을 얻었어요.

스리마미

### 엄마표 학습에 동영상 강의가 도움이 되었어요!

동영상 강의가 있어서 설명을 듣고 개념 정리 문제를 풀어보니 보다 쉽게 이해할 수 있었어요. 엄마표로 진행하는 거라 엄마인 저도 막히는 부분이 있었는데 동영상 강의가 많은 도움이 되었네요.

3학년 칭칭맘

### 자세한 개념 설명 덕분에 부담없이 할 수 있어요!

처음에는 할 수 있을까 욕심을 너무 부리는 건 아닌가 신경 쓰였는데, 선행용, 예습용으로 하기에 입문하기 좋은 난이도와 자세한 개념 설명 덕분에 아이가 부담없이 할 수 있었던 거 같아요~

초5워킹맘

### 심리적으로 수학과 가까워진 거 같아서 만족해요!

아이는 처음 배우는 개념을 정독한 후 문제를 풀다 보니 부담감 없이 할 수 있었던 것 같아요. 매일 아이가 제일 먼저 공부하는 책이 큐브였어요. 그만큼 심리적으로 수학과 가까워진 거 같아서 만족스러워요.

초2 산들바람

### 수학 개념을 제대로 잡을 수 있어요!

처음에는 어려웠던 개념들도 차분히 문제를 풀어보면서 자신감을 얻은 거 같아서 아이도 엄마도 즐거웠답니다. 6주 동안 큐브 개념으로 4학년 1학기 수학 개념을 제대로 잡을 수 있어서 너무 뿌듯했어요.

초4초6 너굴사랑